JN097117

毒物劇物安全性研究会編

わかる 毒物劇物取扱者 試験問題集

第 8 版

この一冊でわかる!
わかる解説付!
傾向と対策に最適!

薬務公報社

著しい化学の発展により、毒物劇物があらゆる用途に広く使われております。このことから毒物劇物における保健衛生上の危害の防止についての取締のため、毒物及び劇物取締法が制定されています。この毒劇法においては、毒物又は劇物を直接に取り扱う製造所、営業所又は店舗ごとに専任の毒物劇物取扱責任者を置くことが義務付けられています。

　この毒物劇物取扱責任者になるためには、毒物劇物に関する法律・基礎化学・性状取扱い等をよく熟知しなければなりません。このような点を踏まえて本書は、毒物劇物取責任者を受験する方々にとって、よりわかりやすくするために例題と解説〔法規・基礎化学・性状及び取扱い〕を設け、次いで問題編と解答解説編とし、その内容を項目別に分類編集いたしました。

　特に、性状取扱の項では、全般・貯蔵の方法・廃棄の方法・中毒症状・解毒方法等に分類して、より毒物劇物の品目に理解が深まるように編集しております。今回の第8版では頁ごとに見出しを設けて、より使い易くしました。

　本書が、毒物劇物取扱責任者試験を受験する方々の一助になることを願って編纂に心懸けました。

編　著

1．毒物劇物取扱責任者とは

毒物劇物営業者は、毒物又は劇物を直接に取り扱う製造所、営業所又は店舗ごとに、専任の毒物劇物取扱責任者を置き、毒物又は劇物による保健衛生上の危害の防止に当たらせなければならない。と法第7条に定められています。

2．毒物劇物取扱責任者の資格とは

① 薬剤師

② 厚生労働省令で定める学校（高等学校又は同等以上の学校）で、応用化学に関する学課を修了した者

上記の『応用化学に関する学課を修了した者』とは、

ア 高等学校（旧中学校令に規定する実業学校を含む。また、全日制、定時制の別を問わない。）において、化学に関する科目を30単位以上修得した者

イ 高等専門学校において、工業化学科の課程を修了した者

ウ 大学（短期大学、旧大学令に基づく大学又は旧専門学校令に基づく専門学校を含む。）において、次の学部を又は学科の課程を修了した者

薬学部

理学部又は教育学部 ——— 化学科、理学科、生物化学科等

農学部 ———————— 農業化学科、農芸化学科、農産化学科、園芸化学科、水産化学科、生物化学工業科等

工学部 ———————— 応用化学科、工業化学科、化学工業科、合成化学科、合成化学工業科、応用電気化学科、化学有機工業科、燃料化学科、高分子化学科等

上記以外に授業課目の必須課目のうち、化学に関する授業課目が単位数において50％をこえるか、又は28単位以上である学科

③ 都道府県知事が行う毒物劇物取扱責任者試験に合格した者

注）②に該当する方の場合は、その詳細を各都道府県の薬務課へお問い合わせください。

3．それでは、逆に**毒物劇物取扱責任者となることのできない者**とは、次のとおりです。

① 年齢18年未満の者

② 心身の障害により毒物劇物取扱者の業務を適正に行うことができない者として厚生労働省令で定めるもの

③ 麻薬、大麻、あへん又は覚せい剤の中毒者

④ 毒物若しくは劇物又は薬事に関する罪を犯し、罰金以上の刑に処せられ、その執行を終り、又は執行を受けることがなくなった日から起算して3年を経過していない者

以上述べたように毒物劇物取扱責任者の資格要件とはどういうものか御理解いただけましたでしょうか。

4．上記2．③の都道府県知事が行う毒物劇物取扱責任者試験とは

一般毒物劇物取扱責任者試験、農業用品目毒物劇物取扱責任者試験、特定用品目毒物劇物取扱責任者試験の3種類があります。ただし、その他にメタノールのみに限定された「メタノールに限る特定品目」もあります。では、その3種類の試験の区分とは、次のとおりです。

a　一般毒物劇物取扱責任者試験……毒物又は劇物の全品目を取り扱う責任者
b　農業用品目毒物劇物取扱責任者試験……農業上毒物又は劇物のみの販売業に係る
　　責任者

（毒物又は劇物取締法施行規則別表第1に
掲げる毒物及び劇物）

c　特定用品目毒物劇物取扱責任者試験……限定された毒物又は劇物のみの販売業に
　　係る責任者

（毒物又は劇物取締法施行規則別表第2に
掲げる毒物及び劇物）→20品目

　このように試験は3種類あるわけですから、上記のことをよく考慮にいれて受講者の方は願書を提出してください。

5．試験科目について

　　試験は、筆記試験と実地試験の2つを行います。その科目の内容は次のとおりです。
　　　＜筆記試験＞
　　　　1．毒物及び劇物に関する法規
　　　　2．基礎化学
　　　　3．毒物及び劇物の性質及び貯蔵その他取扱方法
　　　＜実地試験＞
　　　　毒物及び劇物の識別及び取扱方法

6．受験資格について

　　この試験は、年齢、学歴や経験等に何らの制限もありません。
　　ただし、3．で前述した方、つまり『年齢18歳未満の者、心身の障害により毒物劇物取扱責任者の業務を適正に行うことができない者として厚生労働省令で定めるもの、麻薬、大麻、あへん又は覚せい剤の中毒者、毒物若しくは劇物又は薬事に関する罪を犯し、罰金以上の刑に処せられ、その執行を終り、又は執行を受けることがなくなった日から起算して3年を経過していない者』の方は毒物劇物取扱責任者となることができません。

7．受験の手続きについて

　　各都道府県の所定の願書、写真、その他各都道府県において戸籍抄本あるいは住民票等必要となる県等がありますので、その点については各都道府県の薬務課へ問い合わせてください。
　　その他、受験手数料についても、各都道府県により異なります。

8．試験期日について

　　各都道府県ごとに、行われています。自分が受ける都道府県へ事前に問い合わせしてください。
　　なお、自ら居住する都道府県以外の他の都道府県における毒物劇物取扱責任者試験を受験することも出来ます。また、その都道府県で合格をすれば毒物劇物取扱責任者としての資格は、全国共通の業務が出来ます。

目　　次

解答・解説編

例題と解説
［法規・基礎化学・性状及び取扱い］

第1編　毒物及び劇物取締法の例題と解説

〔第1条関係【目的】〕

問1　次の文は、毒物及び劇物取締法の条文の一部である。文中の〔　　〕内にあてはまる適当な語句を下欄から選びなさい。

　　この法律は、毒物及び劇物について〔　　　〕の見地から必要な取締を行うことを目的とする。

<下欄>
　　1　危害防止上　　2　公衆衛生上　　3　保健衛生上　　4　環境衛生上

解答　3

〔解説〕
　　毒物及び劇物取締法第1条は、この法律についての目的を述べたものである。

〔第2条関係【定義】〕

問2−1　次の文は、毒物及び劇物取締法の条文の一部である。文中の〔　　〕内にあてはまる適当な語句を下欄から選びなさい。

　　第二条　この法律で「毒物」とは、別表第一に掲げる物であつて、医薬品及び〔　　　〕以外のものをいう。

<下欄>
　　1　化粧品　　2　医薬部外品　　3　危険物　　4　健康食品

解答　2

〔解説〕
　　法第2条は毒劇物の定義のことで、法別表第一は毒物、法別表第二は劇物、法別表第三は特定毒物が掲げられている。

〔第2条関係【定義】〕

問2−2　次のうち、(1)毒物、(2)劇物、(3)特定毒物について該当するものがそれぞれ2つあります。それはどれか選びなさい。
　(1)毒物　1　塩化水素　　　2　シアン化水素　　3　過酸化水素　　4　砒素
　(2)劇物　1　黄燐（りん）　2　蓚酸（しゅう）　3　硝酸　　　　　4　弗化水素（ふっ）
　(3)特定毒物　　1　四アルキル鉛　　2　モノフルオール酢酸
　　　　　　　　3　硫酸　　　　　　4　ブロムメチル

解答　(1)毒物　2、4　　　(2)劇物　2、3　　　(3)特定毒物　1，2

〔解説〕
　　(1)毒物は、法別表第一を参照。1の塩化水素と3の過酸化水素は劇物。(2)劇物は、法別表第二を参照。1の黄燐と4の弗化水素は毒物。(3)特定毒物は、法別表第三を参照。3の硫酸と4のブロムメチルは劇物。なお、特定毒物とは毒物の中で、特に毒性の強いもの。

〔第３条関係【禁止規定】〕

問３　次の文は、毒物及び劇物取締法の条文の一部である。文中の〔　〕内にあてはまる適当な語句を下欄から選びなさい。

　毒物又は劇物の製造業の登録を受けた者でなければ、毒物又は劇物を販売又は〔　〕の目的で製造してはならない。

<下欄>

1　貯蔵　　　2　運搬　　　3　授与　　　4　陳列

解答　3

〔解説〕

　この設問は法第３条第１項のことで、毒物又は劇物の製造業の登録を受けた者以外は、毒物又は劇物の販売又は授与の目的で製造することはできない。

〔第３条の２関係【特定毒物】〕

問４　次の文章は、毒物及び劇物取締法令に関する記述である。文中の〔　〕内にあてはまる適当な語句を下欄から選びなさい。

①　毒物若しくは劇物の製造業者又は〔　ア　〕のため特定毒物を製造し、若しくは使用することができる者としてその主たる研究所の所在地の都道府県知事（その主たる研究所の所在地が、地方自治法（昭和二十二年法律第六十七号）第二百五十二条の十九第一項の指定都市（以下「指定都市」という。）の区域にある場合においては、指定都市の長。第六条の二及び第十条第二項において同じ。）の許可を受けた者（以下「特定毒物研究者」という。）でなければ、特定毒物を製造してはならない。

②　毒物若しくは劇物の輸入業者又は〔　イ　〕でなければ、特定毒物を輸入してはならない。

③　毒物劇物営業者、特定毒物研究者又は〔　ウ　〕でなければ、特定毒物を譲り渡し、又は譲り受けてはならない。

<下欄>

1　公衆衛生　　　2　保健衛生　　　3　学術研究　　　4　陳列
5　特定毒物研究者　　　6　毒物劇物取扱責任者　　　7　特定毒物使用者

解答　ア　3　　イ　5　　ウ　7

〔解説〕

　①は法第３条の２第１項のことで、特定毒物を製造できる者は、毒物又は劇物製造業者と特定毒物研究者である。　②は法第３条の２第２項における特定毒物を輸入できる者は、毒物又は劇物の輸入業者と特定毒物研究者である。③は法第３条の２第６項における特定毒物を譲り渡し及び譲り受けできる者として、①毒物劇物営業者、②特定毒物研究者及び特定毒物使用者と規定されている。

〔第３条の３関係【興奮、幻覚又は麻酔作用を毒物又は劇物】〕

問５　次の文は、毒物及び劇物取締法第３条の３において、興奮、幻覚又は麻酔作用を有する毒物又は劇物（これらを含有する物を含む。）で政令で定めるものとして、みだりに摂取し、若しくは吸入し、又はこれらの目的で所持を禁止されているもの下欄にあるア～エについて○印を、そうでないものには×印をつけなさい。

〈下欄〉
ア　トルエン　　　　　　イ　メタノールを含有するシンナー
ウ　塩化水素　　　　　　エ　酢酸エチルを含有する塗料

解答　○→ア、イ、エ　×→ウ

〔解説〕
　この設問は法第３条の３→施行令第32条の２に掲げられている品目〔①トルエン、②酢酸エチル、トルエン又はメタノールを含有するシンナー、接着剤、塗料及び閉そく用又はシーリング用の充てん料〕については、業務その他正当な理由を除いては、所持してはならないと規定されている。なお、メタノール、酢酸エチルについては原体として、この政令で定められていない。いわゆるこの設問のイ及びエについて本条の対象となる。

〔第３条の４関係【引火性、発火性又は爆発性のある毒物又は劇物】〕

問６　次の文は、毒物及び劇物取締法第３条の４において、引火性、発火性又は爆発性のある毒物又は劇物について、業務その他正当な理由による場合を除いて所持してはならないものはどれか。下欄から選びなさい。

〈下欄〉
ア　水酸化ナトリウム　　　　イ　ナトリウム
ウ　ピクリン酸　　　　　　　エ　クロロホルム

解答　イ、ウ

〔解説〕
　この設問は法第３条の４→施行令第32条の３に掲げられている品目〔①亜塩素酸ナトリウム及びこれを含有する製剤(30％以上を含有する)、②塩素酸塩類及びこれを含有する製剤(35％以上を含有する)、③ナトリウム、④ピクリン酸について爆発性、発火性のある劇物として規定されてる。

〔第４条関係【登録】〕

問７　毒物及び劇物取締法の規定に関する記述について、（　　）の中に正しい字句の番号を下欄から選びなさい。

　　毒物又は劇物の製造業の登録は、　ア　ごとに、毒物又は劇物の販売業の登録は、　イ　ごとに、更新を受けなければ、その効力を失う。

＜下欄＞
　　１　５年　　　　２　３年　　　　３　６年　　　　４　４年

解答　ア　１、イ　３

〔解説〕
　　この設問は、法第４条第３項における登録の更新のことで、毒物又は劇物の製造業及び輸入業は、_5年ごとに_、毒物又は劇物の販売業は、_6年ごとに_登録の更新を受けなければ、その効力を失うである。

〔第４条の２関係【販売業の登録の種類】〕

問８　次の毒物及び劇物取締法上で、毒物又は劇物の販売業の登録に関する記述で正しいものを選びなさい。

　　１　毒物又は劇物の販売業の登録には、①一般販売業、②特定毒物販売業、③特定品目販売業、④農業用品目販売業の４種類がある。
　　２　毒物又は劇物の販売業の登録には、①一般販売業、②特定毒物販売業、③卸売販売業、④農業用品目販売業の４種類がある。
　　３　毒物又は劇物の販売業の登録には、①一般販売業、②農業用品目販売業、③特定品目販売業の３種類がある。
　　４　毒物又は劇物の販売業の登録には、①一般販売業、②卸売販売業、④農業用品目販売業の３種類がある。

解答　３

〔解説〕
　　この設問は、法第４条の２は販売業の登録の種類のことで、①一般販売業、②農業用品目販売業、③特定品目販売業の３種類である。

〔第4条の3関係【販売品目の制限】〕

問8　次の文は、毒物及び劇物取締法の条文の一部である。〔　　〕の中に正しいものを下欄の番号及び字句を選びなさい。

　　特定品目販売業の登録を受けた者は、厚生労働省令で定める毒物又は劇物以外の毒物又は劇物を販売し、授与し、又は販売若しくは授与の目的で貯蔵し、運搬し、若しくは〔　　〕してはならない。

<下欄>
　　1　所持　　　　2　陳列　　　　3　保管　　　　4　規制

解答　2
〔解説〕
　　この設問は、法第4条の3第2項における特定品目販売業の範囲のことで、施行規則第4条の3→施行規則別表第に示されている。

〔第5条→施行規則第4条の4関係【登録基準→製造所等の設備】〕

問9　次の文は、毒物及び劇物取締法施行規則第4条の4第2項で規定されている毒物又は劇物の販売業の店舗の設備の基準についてで該当しないものはどれか。その番号を選びなさい。

1　毒物又は劇物とその他の物とを区分して貯蔵できるものであること。
2　毒物又は劇物を含有する粉じん、蒸気又は排水の処理に要する設備又は器具を備えていること。
3　毒物又は劇物を貯蔵するタンク、ドラムかん、その他の容器は、毒物又は劇物が飛散し、漏れ、又はしみ出るおそれのないものであること。
4　毒物又は劇物を陳列する場所にかぎをかける設備があること。

解答　2
〔解説〕
　　この設問は、施行規則第4条の4第2項における毒物又は劇物の販売業店舗の設備基準についてで、同規則第4条の4第1項第二号～第四号が輸入業の営業所及び販売業の店舗の設備基準のことである。この設問では該当しないものはとあるので同規則第4条の4第1項第一号の規定は製造所の設備基準のみ適用される。

〔第6条関係【登録事項】〕

問10　次の文は、毒物及び劇物取締法第六条に規定されている登録事項のことである。〔　　〕の中にあてはまる正しい組み合わせを下欄から1つ選びなさい。

　　一　申請者の〔　ア　〕（法人にあつては、その名称及び主たる事務所の所在地）
　　二　製造業又は輸入業の登録にあつては、製造し、又は輸入しようとする〔　イ　〕
　　三　製造所、営業所又は店舗の所在地

〈下欄〉

	ア	イ
①	（氏名及び住所	毒物又は劇物の品目）
②	（社名及び住所	特定毒物の品目　）
③	（名称及び住所	数量又は含量　　）

解答　①

〔解説〕
　　この設問は法第六条については、法第四条における登録の記載する事項のことである。その登録事項は、①申請者の氏名及び住所、②毒物又は劇物の品目、③製造所等の所在地のこと。

〔第6条の2関係〕

問11　毒物及び劇物取締法の条文の一部である。〔　ア　〕～〔　ウ　〕にあてはまる正しい語句の組み合わせとして正しいものを選びなさい。

2　〔　ア　〕は、毒物に関し相当の知識を持ち、かつ、学術研究上特定毒物を製造し、又は使用することを必要とする者でなければ、特定毒物研究者の許可を与えてはならない。
3　〔　ア　〕は、次に掲げる者には、特定毒物研究者の許可を与えないことができる。
　　一　心身の障害により特定毒物研究者の業務を適正に行うことができない者として厚生労働省令で定めるもの
　　二　〔　イ　〕、大麻、あへん又は覚せい剤の中毒者
　　三　毒物若しくは劇物又は薬事に関する罪を犯し、罰金以上の刑に処せられ、その執行を終わり、又は執行を受けることがなくなつた日から起算して〔　ウ　〕を経過していない者
　　四　（略）

〈下欄〉

	ア	イ	ウ
①	（都道府県知事	麻　薬	三年　）
②	（厚生労働大臣	アルコール	五年　）
③	（都道府県知事	麻　薬	三年　）
④	（厚生労働大臣	麻　薬	六年　）

解答　①

〔解説〕
　　この設問は法第6条の2第2項及び第3項のことで、本条第2項の規定で適格事由として学術研究上特定毒物を製造し、又は必要とするものと示されている。本条第3項で欠格事由が示されている。

〔第7条関係【毒物劇物取扱責任者】〕

> **問12** 毒物及び劇物取締法第7条についての記述である。ア〜オの中から正しいものを選びなさい。
>
> ア 毒物又は劇物を販売する際、現品を取り扱わない場合でも、その店舗に毒物劇物取扱責任者を置かなければならない。
> イ 毒物劇物営業者が、毒物劇物取扱責任者を置いたときは、30日以内に、その店舗の所在地の都道府県知事に、その毒物劇物取扱責任者の氏名を届け出なければならない。
> ウ 毒物又は劇物を直接取り扱わない伝票操作のみによる販売を行う毒物劇物販売業者は、毒物劇物取扱責任者を置かなくてもよい。
> エ 毒物又は劇物の輸入業と販売業を併せ営む場合は、その営業所又は店舗が互いに隣接しているときは毒物劇物取扱責任者は一人で足りる。

解答 イ、ウ、エ

〔解説〕

この設問は法第7条における毒物劇物取扱責任者を置いて、保健衛生上の危害の防止に当たらせる規定のこと。この設問で正しいのはイ、ウ、エ。イは法第7条第3項に示されている。エは法第7条第2項に示されている。なお、ウについては、「毒物又は劇物を販売する際、現品を取り扱わない場合」とあるので法第7条第1項により直接に取り扱う製造所、営業所又は店舗とあるので毒物劇物取扱責任者を置かなくてもよい。このことによりこの設問は正しい。よってアが誤り。アの設問については、「現品を直接取り扱わない場合」とあるからである。法第7条第1項を参照。

〔第8条関係【毒物劇物取扱責任者の資格】〕

> **問13** 次の記述は、毒物劇物取扱責任者の資格についてである。正しいものを一つ選びなさい。
>
> 1 18歳未満の者は毒物劇物取扱責任者になることができる。
> 2 毒物劇物取扱者試験に合格した者でなければ、毒物劇物取扱責任者になることはできない。
> 3 麻薬、大麻、あへん又は覚せい剤の中毒者は、毒物劇物取扱責任者になることができない。
> 4 特定品目毒物劇物取扱者試験に合格した者は、特定品目のみを製造する毒物又は劇物の製造所の毒物劇物取扱責任者になることができる。

解答 3

〔解説〕

この設問は法第8条の毒物劇物取扱責任者の資格についてで、3が正しい。3は法第8条第2項第三号に示されている。なお、1については法第8条第2項第一号により18歳未満の者は毒物劇物取扱責任者になることができない。2については、①薬剤師、②厚生労働省令で定める学校で、応用化学を修了した者も、毒物劇物取扱責任者になることができる。法第8条第1項に示されている。4は、法第8条第4項についてで、製造する毒物又は劇物の製造所ではなく、輸入業の営業所及び販売業の店舗においてである。

〔第9条関係【登録の変更】〕

問14　次は、Ｘ株式会社が既に毒物又は劇物を輸入業を行っている会社である。新たに劇物である四塩化炭素を追加して輸入する為に行うべき手続きについて、正しいものを一つ選びなさい。

1　四塩化炭素を輸入する開始する後30日以内に四塩化炭素についての変更を届け出なければならない。
2　四塩化炭素を輸入する開始する前に四塩化炭素に関する登録の変更を受ける。
3　四塩化炭素を輸入する開始する前に、新たに毒物又は劇物の輸入業の登録を受ける。
4　四塩化炭素を輸入する開始する後30日以内に四塩化炭素についての登録の変更を届け出なければならない。

解答　2

〔解説〕
　この設問は法第9条の登録申請されている毒物又は劇物以外の製造及び輸入は品目ごとにの登録をあらかじめ受ける。このことから2が正しい。

〔第10条関係【届出】〕

問15　次の記述は、毒物及び劇物取締法の一部である。〔　〕の中に下欄から正しい番号を選びなさい。

ア　毒物劇物営業者は、毒物又は劇物を製造し、貯蔵し、又は運搬する重要な部分を変更したときは、〔　〕以内にその店舗の所在地の都道府県知事に、その旨を届け出なければならない。
イ　毒物劇物営業者は、当該製造所、営業所又は店舗における営業を廃止したときは、〔　〕以内に、その旨を届け出なければならない。

〈下欄〉
1　15　　　2　20　　　3　30　　　4　35

解答　3

〔解説〕
　この設問は法第10条第1項の届出についてで、この設問にある他に①毒物劇物営業者の氏名又は住所(法人にあっては名称又は主たる事務所の所在地)、②厚生労働省令(施行規則第11条の2)で定める事項〔製造所、営業所又は店舗の名称、登録に係わる毒物又は劇物の品目〕を廃止したとき。

〔第11条関係【毒物又は劇物の取扱】〕

問16　次の記述は、毒物及び劇物取締法の一部である。誤っている番号を一つ選びなさい。

1　毒物劇物営業者は、毒物又は劇物が盗難にあい、又は紛失することを防ぐのに必要な措置を講じなければならない。

2　毒物劇物営業者は、毒物又は劇物をその製造所、営業所又は店舗の外に飛散し、漏れ、流れ出、若しくはしみ出、又はこれらの施設の地下にしみ込むことを防ぐのに必要な措置を講じなければならない。

3　毒物劇物営業者は、通常使用される飲食物の容器を劇物の容器として使用してもよい場合がある。

4　毒物劇物営業者は、その製造所、営業所又は店舗の外において毒物又は劇物を運搬する場合には、これらの物が飛散し、漏れ、流れ出、又はしみ出ることを防ぐのに必要な措置を講じなければならない。

解答　3

〔解説〕

　この設問は法第11条は毒物劇物営業者又は特定毒物研究者が毒物及び劇物を取り扱うについて、必要な措置を講じることを定めたものである。なお、この設問では誤っているものはどれかとあるので、3が誤り。3については法第11条第4項→施行規則第11条の4において、すべての飲食物容器の使用禁止である。

〔第12条関係【毒物又は劇物の表示】〕

問17　次の記述は、毒物又は劇物の表示について、誤っている番号を一つ選びなさい。

1　劇物の容器及び被包に、「医薬用外」の文字及び赤地に白色をもって「劇物」の文字を表示しなければならない。

2　毒物の容器及び被包に、「医薬用外」の文字及び赤地に白色をもって「毒物」の文字を表示しなければならない。

3　毒物劇物営業者は、毒物又は劇物を販売する際、その容器及び被包に掲げる事項として毒物又は劇物の名称、成分及びその含量を表示しなければならない。

4　毒物劇物営業者は、有機燐化合物及びこれを含有する製剤たる毒物又は劇物を販売する際、その容器及び被包に、厚生労働省令で定める解毒剤の名称を表示しなければならない。

解答　1

〔解説〕

　この設問の法第12条は毒物又は劇物の容器及び被包、貯蔵、陳列する場所について、表示すべき事項のことである。なお、この設問では誤っているものはどれかとあるので、1が誤り。1は法第12条第1項により、劇物については「医薬用外」の文字及び白地に赤色をもって「劇物」の文字である。なお、2は1と同様、法第12条第1項に示されている。3は法第12条第2項で、毒物又は劇物を販売し、授与する場合に、表示しなければならない事項のこと。4は法第12条第2項第四号→施行規則第11条の5に示されている。

〔第13条関係【着色する農業品目における販売等】〕

問18　次の記述は、毒物及び劇物取締法上の規定で、毒物劇物営業者が農業用として燐化亜鉛を含有する製剤たる劇物を販売する際、着色方法が規定されている正しい番号を一つ選びなさい。

1　あせにくい黄色で着色されている。
2　あせにくい深紅色で着色されている。
3　あせにくい赤色で着色されている。
4　あせにくい黒色で着色されている。

解答　4

〔解説〕
　　この設問は法第13条は農業用の用途に供せられる毒物又は劇物の販売し、授与される際に、着色が規定されている。このことは法第13条→施行令第39条で①硫酸タリウムを含有する製剤たる劇物、②燐化亜鉛を含有する製剤たる劇物については、施行規則第12条で、あせにくい黒色で着色する方法と規定されている。

〔第14条関係【毒物又は劇物の譲渡手続】〕

問20　次の記述は、毒物劇物営業者が毒物又は劇物を毒物劇物営業者以外のものにに販売する際に、譲受人が押印した書面についての記載事項である。〔　　〕の中にあてはまる適当な語句を下欄から選びなさい。

ア　毒物又は劇物の〔　①　〕及び数量
イ　販売又は〔　②　〕の年月日
ウ　譲受人の氏名、〔　③　〕及び住所(法人にあつては、その名称及び主たる事務所の所在地)

〈下欄〉
①　1　名称　　　2　成分　　　3　含量
②　1　名称　　　2　授与　　　3　年齢
③　1　年月日　　2　年齢　　　3　職業

解答　①　1　　②　2　　③　3

〔解説〕
　　この設問は法第14条第2項は一般人に譲渡した場合についてで、法第14条第2項→施行規則第12条の2において、譲受人が押印した書面がなければ毒物又は劇物を譲渡できない規定されている。

〔第15条関係【毒物又は劇物の交付の制限等】〕

問21　次の文は、毒物及び劇物取締法第15条についての抜粋である。ア〜オの中から正しいものを下欄から選びなさい。

（毒物又は劇物の交付の制限等）

第十五条　毒物劇物営業者は、毒物又は劇物を次に掲げる者に交付してはならない。

一　〔　①　〕の者

二　心身の障害により毒物又は劇物による〔　②　〕上の危害の防止の措置を適正に行うことができない者として厚生労働省令で定めるもの

三　麻薬、大麻、あへん又は〔　③　〕の中毒者

＜下欄＞

①　1　二十歳未満　　　2　十五歳未満　　　3　十八歳未満
②　1　公衆衛生　　　　2　保健衛生　　　　3　社会衛生
③　1　アルコール　　　2　覚せい剤　　　　3　シンナー

解答　①　3　　②　2　　③　2

〔解説〕

　この設問は法第15条は保健衛生上の危害を防止についての交付の制限等のことで、①18歳未満の者には交付してはならないと規定されている。

　②心身の障害のある者については、平成13年（2001）6月29日法律第87号「障害者等に係る欠格事由の適正化等を図るための医師法等の一部を改正する法律により、障害者に係る絶対的欠格事由の相対的結核事由の見直しがなされ、視覚、聴覚、音声機能若しくは言語機能又は精神の機能の障害により業務を適正に行うに当たって必要な認知、判断及び意思疎通を適切に行うことができない者と規定された。

　③薬物中毒者には交付してはならいと規定されている。

〔第15条の2→施行令第40条関係【廃棄→廃棄の方法】〕

問22　次の文は、毒物又は劇物における毒物及び劇物取締法上の廃棄方法の記述である。正しいものには○印を、誤りには×印をつけなさい。

ア　中和、加水分解、酸化、還元、稀釈その他の方法により、毒物及び劇物並びに法第十一条第二項に規定する政令で定める物のいずれにも該当しない物とすること。

イ　ガス体又は揮発性の毒物又は劇物は、人口密集地でない所において、大量に放出し、又は揮発させること。

ウ　可燃性の毒物又は劇物は、保健衛生上危害を生ずるおそれがない場所で、少量ずつ燃焼させること。

解答　ア　○　　イ　×　　ウ　○

〔解説〕

　この設問は法第15条の2→施行令第40条における毒物又は劇物の廃棄方法について、施行令第40条で四つの廃棄基準が規定されている。

〔第16条→施行令第40条の５係【運搬等の技術上基準→運搬方法】〕

問23　次の記述は、劇物である硫酸80％を含有する製剤を、車両を使用して、１回につき50,00キロクラム以上運搬する場合の運搬方法について、正しいものには○印を、誤りには×印をつけなさい。

　ア　車両には、防毒マスク、ゴム手袋、保護手袋、保護長ぐつ、保護衣、保護眼鏡を２人分以上備えなければならない。
　イ　車両には、運搬する毒物又は劇物の名称、成分及びその含量並びに事故の際に講じなければならない応急の措置の内容を記載した書面を備えなければない。
　ウ　車両には、0.3メートル平方の板に地を黒色、文字を白色として「劇」と表示しなければならない。

解答　ア　○　　　イ　○　　　ウ　×

〔解説〕
　　アは設問のとおり。施行令第40条の５第２項第三号→施行規則第13条の６。なお、事故の際に応急措置を講ずる必要な保護具については、施行規則別表五を参照。
　　イは設問のとおり。施行令第40条の５第２項第四号に示されている。
　　ウの設問は、施行令第40条の５第２項→施行規則第13条の６における毒物又は劇物を運搬する車両に掲げる標識のこと。このことから「劇」ではなく、「毒」である。

〔第17条関係【事故の際の措置】〕

問24　次の記述は、毒物及び劇物取締法第16条の２のことである。〔　　〕の中にあてはまる正しいものを下欄から選びなさい。

　法第17条　毒物劇物営業者及び特定毒物研究者は、その取扱いに係る毒物若しくは劇物又は第十一条第二項に規定する政令で定める物が飛散し、漏れ、流れ出し、しみ出、又は地下にしみ込んだ場合において、不特定又は多数の者について保健衛生上の危害が生ずるおそれがあるときは、直ちに、その旨を〔　①　〕、警察署又は〔　②　〕に届け出るとともに、保健衛生上の危害を防止するために必要な応急の措置を講じなければならない。
　２　毒物劇物営業者及び特定毒物研究者は、その取扱いに係る毒物又は劇物が盗難にあい、又は紛失したときは、直ちに、その旨を〔　③　〕警察署に届け出なければならない。

〈下欄〉
　①　１　医療機関　　　　２　保健所　　　　３　都道府県
　②　１　消防機関　　　　２　都道府県　　　３　市町村
　③　１　消防機関　　　　２　保健所　　　　３　警察署

解答　①　２　　　②　１　　　③　３

〔解説〕
　　この設問は法第17条における毒物又は劇物等の取扱い中に事故が起きた際の措置についてである。法第17条第１項は毒物劇物営業者及び特定毒物研究者について毒物又は劇物の取扱い中の事故の際の措置のこと。本法第２項は毒物劇物営業者及び特定毒物研究者について毒物又は劇物の取扱い中に盗難又は紛失した際の措置のこと。

〔第18条関係【立入検査等】〕

> 問25　次の記述は、毒物及び劇物取締法第18条の立入検査等のことである。正しいものには○印を、誤りには×印をつけなさい。
>
> 　ア　都道府県知事が、犯罪捜査のために必要であると認める場合は、毒物劇物監視員に、毒物又は劇物の販売業者の店舗に立ち入って、試験のため必要な最小限度の分量に限り、毒物又は劇物の疑いのある物を収去させることができる。
> 　イ　毒物劇物監視員は、その身分を証票を携帯し、関係者野請求があった場合、これを提示しなくてもよい。
> 　ウ　業務上取扱者の届出が不要な者が、毒物又は劇物を業務上取り扱う場合、都道府県知事等が保健衛生上必要である認める時は、毒物劇物監視員に立入検査を行うことができる。

解答　ア　×　　　イ　×　　　ウ　○　　　　　　　　　　☑

〔解説〕

　アについては、法第18条第4項で犯罪捜査に解してはならないと示されているので、誤り。イについては、法第18条第3項により、提示しなければならないである。ウについては、法第22条第4項→法第18条第1項に示されている。

〔第21条関係【登録が失効した場合等の措置】〕

> 問26　次の記述は、毒物及び劇物取締法上のことである。正しいものを下欄から選びなさい。
>
> 　毒物劇物営業者の登録が失効した場合、現に所有する特定毒物の品名及び数量について、何日以内に届け出なければならないか。
>
> 〈下欄〉
> 　1　10　　　　2　20　　　　3　15　　　　4　30

解答　3　　　　　　　　　　　　　　　　　　　　　　　☑

〔解説〕

　この設問は法第21条第1項についてで、毒物又は劇物の製造業者及び輸入業者は、その所在地の都道府県知事を経て厚生労働大臣に、毒物又は劇物の販売業者にあってはその店舗の所在地の都道府県知事(指定都市の長)に届け出なければならない。

例題と解説〔法規〕

〔第22条関係【業務上取扱者の届出等】〕

問27　次の記述は、業務上取扱者の届出についてで、正しいものは○を、誤っているものには×をつけなさい。

1　電気メッキを行う事業者については、すべて業務上取扱者としての届出をしなければならない。

2　毒物である砒素化合物を取り扱う事業者は、業務上取扱者として届出をしなければならない。

3　最大積載量5,000kg以上の自動車若しくは被牽引自動車に固定された容器を用いて、8％硝酸を含有する製剤を1,000リットルを運搬する事業者は、業務上取扱者として届出をしなければならない。

4　殺虫剤である DDVPを大量に使用している農家については、業務上取扱者としての届出を要する。

解答　　1　×　　　2　○　　　3　×　　　4　×

〔解説〕

　　この設問は法第22条における業務上取扱者の届出についてである。1については、すべての業務上取扱者ではなく、法第22条第1項及び第2項→施行令第41条及び施行令第42条に規定されているシアン化ナトリウム又は無機シアン化合物たる毒物及びこれを製剤として扱う場合は、業務上取扱者の届出を要する。2は設問のとおり。法第22条第1項及び第2項→施行令第41条第四号→施行令第42条第三号に示されている。3については、設問の中に8％硝酸とあるので、硝酸10％以下については、施行令別表第二に示されているので業務上取扱者の届出を要しない。4については法第22条における業務上取扱者に該当しないので届出を要しない。

第2編　基礎化学の例題と解説

> **問1**　次の原子番号が同じで質量数の異なる原子〔　　〕という。その数字を選びなさい。
> 　　1　同素体　　2　同位体　　3　異性体　　4　同族元素

解答　2

〔解説〕

　　同素体：単体（同じ元素からできているもの）で、性質のことなるものどうし。ダイヤモンドとグラファイト（黒鉛）、赤リンと黄リン、酸素とオゾンなど。同位体：陽子数が同じで（原子番号が同じで）、質量数（陽子数＋中性子数）が異なる。水素と重水素など。異性体：分子式が同じで性質のことなる化合物どうし。

> **問2**　次の1～5の記述のうちで、誤っているものはどれか、番号を選びなさい。
> 　　1　すべての原子には、陽子、電子、中性子が含まれている。
> 　　2　原子核の陽子数が同じ原子は、同じ電子配置を持っている。
> 　　3　質量数とは原子核に含まれる陽子と中性子の数の和である。
> 　　4　同素体は性質が互いに異なっているが、同じ数の陽子、電子をもつ原子からなる。
> 　　5　互いに同位体の関係にある原子は、中性子数が異なるが、化学的性質は似ている。

解答　1

〔解説〕

　　誤りは、1である。1は、次のとおり、<u>1　通常の水素原子（1H）のみ</u>、原子核中には陽子のみが存在し、中性子は存在しない。その他の原子は必ず陽子と中性子の両方が存在する。なお、2～5については、「2　電気的に中性で陽子数が同じ原子（同じ原子番号）は、同じ電子数および配置をもつ。　3　質量数＝陽子数＋中性子数　4　同素体：単体（同じ元素からできているもの）で、性質のことなるものどうし。ダイヤモンドとグラファイト（黒鉛）、赤リンと黄リン、酸素とオゾンなど。5　同位体とは陽子数が同じで（原子番号が同じで）、質量数（陽子数＋中性子数）が異なる。水素と重水素など。化学的な性質は似ている。」

> **問3**　次の水溶液のうち、酸性が最も強いものはどれか。正しいものを下から選びなさい。（pHとは、水溶液中の水素イオン濃度指数を指す。）
> 　　1　pH＝1の水溶液　　　　2　pH＝4の水溶液　　　　3　pH＝7の水溶液
> 　　4　pH＝10の水溶液　　　5　pH＝12の水溶液

解答　1

〔解説〕

　　pHが小さい程強い酸となり、pHが大きい程強い塩基となる。

問4　電子、陽子、中性子の中で、最も質量の小さいものはどれか。該当する数字を選びなさい。

　　1　電子　　　　2　陽子　　　　3　中性子　　　　4　質量はすべて等しい

解答　1

〔解説〕
　　この設問では質量の小さいものはどれかとあるので、電子は陽子あるいは中性子の1／1840程度の質量で、陽子、中性子はほぼ同じ質量。

問5　次の1～4の物質で、次のうち芳香族化合物はどれか。該当する数字を選びなさい。

　　1　メタノール　　　2　アセトン　　　3　トルエン　　　4　ホルムアルデヒド

解答　3

〔解説〕
　　芳香族化合物とは、ベンゼン環などをもつものを芳香族化合物という。このことからトルエン $C_6H_5CH_3$（芳香族）である。因みに、メタノール CH_3OH（脂肪族）、アセトン CH_3COCH_3（脂肪族）、ホルムアルデヒド $HCHO$（脂肪族）。

問6　次の記述のうち1～4について該当する番号を選びなさい。
　　　酸素2.4gは、何gの水素と化合して水になるか。

　　1　0.3g　　　　2　3.3g　　　　3　6.6g　　　　4　7.5g

解答　1

〔解説〕
　　酸素と水素が化合して水になる反応式は、$O_2 + 2H_2 \rightarrow 2H_2O$ で表される。すなわち酸素（O2）1モル（16×2＝32g）と水素（H2）2モル（2×1×2＝4g）が反応して水を生じる。
　　酸素2.4gと反応する水素の量をx〔g〕とすると
　　　32：4＝2.4：x　　　x＝4×2.4／32＝0.3〔g〕

問7　次の1～4における反応のうち、中和反応はどれか。該当する数字を選びなさい。

　　1　$H_2SO_4 + 2NaOH \rightarrow Na_2SO_4 + 2H_2O$
　　2　$CH_3COOH + C_2H_5OH \rightarrow CH_3COOC_2H_5 + H_2O$
　　3　$CH_3CH = CH_2 + H_2 \rightarrow CH_3CH_2CH_3$

解答　1

〔解説〕
　　中和反応とは、酸と塩基が反応して塩と水を生じる反応。
　　1が中和反応。なお、2：エステル化（酸とアルコールが反応してエステルと水を生じる）　3：不飽和結合への付加　4：エステルの加水分解

問8　次の記述の　　　内に入る**正しい語句**を選びなさい。
　混合物である液体を加熱し、生じた蒸気を冷やして回収し、目的とする成分を
残りの溶液と分離する操作を　　　という。
1　再結晶　　2　蒸留　　3　ろ過　　4　ペーパークロマトグラフィー

解答　2
〔解説〕
　液体の混合物から目的とする物質を効率よく得るためにはその各成分液体のも
つ沸点の差を利用した蒸留を用いることで精製が可能である。

問9　27℃、5気圧の状態で体積は6 Lである気体について、127℃、10気圧の状
　態での体積として、最も適当なものを①〜⑤の中から選びなさい。
①　1 L　　②　2 L　　③　3 L　　④　4 L　　⑤　5 L

解答　④
〔解説〕
　ボイル-シャルルの公式 (PV/T = P'V'/T'　P=圧力, V=体積, T=絶対温
度(273+t))より、求める体積をX Lとすると、5 × 6/(273+27) = 10 × X/(273+127)
X = 4 L

問10　次の記述の（　　　）内に入る語句として、正しい数字を選びなさい。
　「液体の中で、特に大きなエネルギーを得た分子はまわりの分子の引力に打
ち勝って、液体の表面から飛び出す。この現象が（　　　）である。」
　1　凝固　　2　融解　　3　蒸発　　4　凝縮

解答　3
〔解説〕
　3の蒸発が正しい。なお、凝固：液体から固体への状態変化。融解：固体から液
体への状態変化。気化(蒸発)：液体から気体への状態変化。凝縮：気体から液体へ
の状態変化。

問11　次の記述の（　　　）内に入る語句として、正しい数字を選びなさい。
　ドライアイスのように固体から直接気体になる現象を（　　　）という。
　1　気化　　2　凝縮　　3　昇華　　4　溶解　　5　凝固

解答　3
〔解説〕
　3のが正しい。昇華：固体から気体へ、気体から固体への状態変化。なお、気化(蒸
発)：液体から気体への状態変化。凝縮：気体から液体への状態変化。融解：固体か
ら液体への状態変化。凝固：液体から固体への状態変化。

問12　プロパンの燃焼熱が2,200kJ/mol であるとすると、プロパン1gを完全燃焼させたときに発生する熱量（kJ）はいくらですか。

　　1　22 kJ　　　2　50 kJ　　　3　100 kJ　　　4　550 kJ　　　5　1,100 kJ

解答　2
〔解説〕
　　プロパン(C_3H_8)の分子量は 12 × 3+8 ＝ 44 であることから、44 g のプロパンが燃焼

問13　コロイド溶液に強い光線を当てると、光の通路が輝いて見える現象を1〜4から1つ選びなさい。
　　　　1：電気泳動　　　2：ブラウン運動　　　3：チンダル現象　　　4：塩析

解答　3
〔解説〕
　　正しいのは、3のチンダル現象。チンダル現象：コロイド溶液に横から強い光を当てると、光の進路が明るく輝いて見える現象（コロイド粒子によって光が散乱されるため）。なお、電気泳動：正または負の電荷を帯びたコロイドの溶液に電極を入れて直流電圧をかけると、コロイド粒子が陽極または陰極に向かって移動する。ブラウン運動：コロイド粒子の不規則な運動（ジグザグな運動をしているが、溶媒分子がコロイド粒子に不規則に衝突するため）。塩析：親水コロイドに多量の電解質を加えると沈殿を生じる現象。この設問は、法第4条の3第2項における特定品目販売業の範囲のことで、施行規則第4条の3→施行規則別表第に示されている。

問14　塩水9gに水を加えて150gの塩水を作りました。この塩水の濃度を何％になるか。次にある1〜4の該当数字を選びなさい。
　　　1．3％　　　　　2．5％　　　　　3．6％　　　　　4．10％

解答　3
〔解説〕
　　重量百分率濃度の式より
　　　　　　　　9/150×100＝6％

問15　30w/v％の水酸化ナトリウム水溶液100mL に、水を加えて10w/v％の水酸化ナトリウム水溶液にするためには、何gの水が必要であるか。次の1〜5のうちから一つ選びなさい。
　　1　50g　　　2　100g　　　3　150g　　　4　200g　　　5　300g

解答　4
〔解説〕
　　加える水の量をXgとすると、体積重量百分率の式より

$$\frac{100+\dfrac{20}{100}}{100+X} \times 100 = 10 \qquad X = 200mL \qquad 水の比重1だから200g$$

問16　5 W/V％水酸化ナトリウム水溶液1 Lをつくるには、水酸化ナトリウムが何 g 必要であるか。　次の1〜5のうちから一つ選びなさい。

　　1　5 g　　　　　2　10 g　　　　　3　20 g　　　　　4　50 g

解答　　4
〔解説〕
　　必要な水酸化ナトリウムの量を x [g]とすると
　　　x[g]/100[mL]*100＝5w/v%　　　x ＝50[g]

問17　10ppm は何％か。正しいものを一つ選びなさい。

　　1　0.001％　　2　0.01　　％　　3　0.1％　　4　1％　　5　10％

解答　　1
〔解説〕
　　1ppm ＝0.0001％より、10ppm ＝0.001％

問18　濃度2.5mol/L の塩化ナトリウム水溶液500mL 中に含まれる塩化ナトリウムの量として最も近いものを選びなさい。
　　　ただし、原子量を H ＝ 1、O ＝16、Na ＝23、Cl ＝35.5とする。

　　1　50.0g　　2　73.1g　　3　100.0g　　4　146.3g　　5　731.3g

解答　　2
〔解説〕
　　モル濃度＝ w/M × 1000/V より、　2.5 ＝ w/58.8 × 1000/500　　w ＝ 73.125 g

問19　次の1〜4の指示薬のうち、酸性で赤色を呈し、アルカリ性で青色を呈するものはどれか。

　　1　リトマス　　　　　2　フェノールフタレイン
　　3　メチルオレンジ　　4　フェノールレッド

解答　　1
〔解説〕
　　リトマス：変色域 pH4.2〜6.3　酸性側(赤)　アルカリ性側(青)。なお、フェノールフタレイン：変色域 pH8.3〜10.0　酸性側(無)　アルカリ性側(赤)。メチルオレンジ：変色域 pH3.1〜4.4　酸性側(赤)　アルカリ性側(黄)。メチルレッド：変色域 pH4.2〜6.3　酸性側(赤)　アルカリ性側(黄)。

例題と解説〔基礎化学〕

問20　0.2mol/L の硫酸20mL を0.4mol/L の水酸化カルシウム水溶液で中和するとき、何mLを要するか。正しいものを一つ選びなさい。

　　1　5mL　　　　　2　10mL　　　　3　15mL　　　　4　20mL　　　　5　25mL

解答　2
〔解説〕
　中和滴定の公式は酸のモル濃度(ac)×酸の価数(av)×酸の体積(aV)＝塩基のモル濃度(bc)×塩基の価数(bv)×塩基の体積(bV)で求められる。硫酸は２価の酸、水酸化カルシウムは２価の塩基である。従って求める水酸化カルシウム水溶液の体積をXとおくと、0.2×2×20＝0.4×2× X，X ＝10 mL となる。

問21　次の記述の（　　　　）内に入る語句として、正しい数字を選びなさい。
　　　pH 3の水溶液は、（　　）である。
　　1　アルカリ性　　　2　中性　　　3　酸性

解答　3
〔解説〕
　3の酸性が正しい。この設問ではpH 3とあるので、pHは7以下が酸性、7以上はアルカリ性、7が中性。

問22　0.001mol/L の水酸化ナトリウム水溶液の pH はいくつか。下欄から正しいものを選びなさい。ただし、水溶液の温度は25℃、電離度は1とする。
　　＜下欄＞
　　1　11　　　　2　12　　　　3　13　　　　4　14

解答　1
〔解説〕
　0.001mol/L の NaOH 水溶液の水酸化物イオン濃度[OH⁻]は電離度が 1 より
[OH⁻] ＝ [0.001] ＝ 10^{-3} である。従ってこの溶液の pOH は pOH ＝ –log[OH⁻]より、pOH ＝–$\log 10^{-3}$ ＝ 3。pH + pOH ＝ 14 から、求める pH は pH ＝ 14 － 3 ＝ 11 である。

問23　次のア〜ウのうちで、金属のイオン化傾向の大きい順に並んでいるものを選びなさい。
　　ア　K ＞ Mg ＞ Sn ＞ Fe
　　イ　Zn ＞ Pb ＞ Ni ＞ Cu
　　ウ　Na ＞ Ca ＞ Ag ＞ Hg
　　エ　Ca ＞ Na ＞ Zn ＞ Cu

解答　エ
〔解説〕
　イオン化系列(金属元素をイオン化傾向の大きいものから順に並べた序列)の問題
(大)K Ca Na Mg Al Zn Fe Ni Sn Pb (H) Cu Hg Ag Pt Au (小)

問24　次のa〜cの（　）に入る字句の正しい組み合わせを下表から一つ選びなさい。

○亜鉛板と銅板を導線で結び、希硫酸に浸して図のような装置を作った。このような装置を一般に電池といい、図の亜鉛板のように、導線に向かって電子が（　a　）極を（　b　）という。

○イオン化傾向の差が（　c　）組み合わせほど、電池の正極と負極の間の起電力(電圧)は大きい。

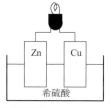

	a	b	c
1	流れ出る	負極	大きい
2	流れ込む	正極	大きい
3	流れ込む	負極	小さい
4	流れ出る	正極	小さい
5	流れ出る	負極	小さい

解答　　1

〔解説〕
　この電池では次のような反応が起こる。
　正極) $2H^+ + 2e^- \rightarrow H_2$　負極) $Zn \rightarrow Zn^{2+} + 2e^-$。従って亜鉛板は負極となりこの時の電子が流れ出る。また電池の起電力は用いる金属のイオン化傾向の差が大きい程大きくなる。

問25　次の反応式で示される反応のうち、下線部の物質が酸化剤として作用しているものはどれか選びなさい。
1　$\underline{MnO_2} + 4HCl \rightarrow MnCl_2 + Cl_2 + 2H_2O$
2　$\underline{2H_2S} + O_2 \rightarrow 2S + 2H_2O$
3　$\underline{Zn} + CuSO_4 \rightarrow ZnSO_4 + Cu$
4　$\underline{2Al} + Fe_2O_3 \rightarrow Al_2O_3 + 2Fe$

解答　　1

〔解説〕
　酸化剤とは自らは還元されて、相手を酸化する物質である。すなわち、酸化数が減少しているものが酸化剤となる。

例題と解説〔基礎化学〕

問26　白金電極を用いて、塩化銅（Ⅱ）水溶液を電気分解したとき、陽極及び陰極での反応式は以下のとおりである。

[陽極] $2Cl^- \rightarrow Cl_2 + 2e^-$
[陰極] $Cu^{2+} + 2e^- \rightarrow Cu$

　　塩化銅（Ⅱ）水溶液に7.72Aの電流を10分間流したとき、陰極に析出する Cu の物質量として正しいものはどれか。
　　ただし、ファラデー定数を$9.65×10^4$ C/mol とする。
1　$8.0×10^{-4}$ mol　　　2　$4.0×10^{-4}$ mol　　　3　$2.0×10^{-4}$ mol
4　$4.8×10^{-2}$ mol　　　5　$2.4×10^{-2}$ mol

解答　　5

〔解説〕
　　7.72Aで10分間(600秒）流した時のクーロン[C]は　$7.72 × 600$　＝　4632C。ファラデー定数より $4632C ÷ 9.65 × 10^4$C/mol　＝　0.048　mol の電子が流れた事になる。銅イオン1つは2個の電子を受け取って1つの銅原子を生成する事から、析出した銅のモル数は $0.048 ÷ 2$ ＝　0.024 mo となる。

問27　次の物質のうち、炎色反応が黄色を示すものを1つ選びなさい。
　　ア　Cu　　　イ　K　　　ウ　Na

解答　　ウ

〔解説〕
　　ナトリウム Na の炎色反応は黄色。
　　（炎色反応　K：赤紫、Na：黄、Cu：青緑、Ba：黄緑）

問28　次のア〜コの官能基の構造について、官能基の名称をそれぞれ下から選びなさい。。
　　ア　－CHO　　　イ　－COOH　　　ウ　＝CO　　　エ　＞CO
　　オ　$CH_2 = CH^-$　　カ　$-N = N^-$　　キ　$-NO_2$　　　ク　$-NH_2$
　　ケ　－OH　　　コ　$-SO_3H$

1　ヒドロキシル基　　　2　カルボキシル基　　　3　ケトン基
4　アゾ基　　　　　　　5　アミド基　　　　　　6　アミノ基
7　アルデヒド基　　　　8　カルボニル基　　　　9　スルホ基
10　ニトロ基　　　　　11　ビニル基　　　　　12　メチル基

解答　ア　7　　　イ　2　　　ウ　3　　　エ　8　　　オ　11
　　　カ　4　　　キ　10　　ク　6　　　ケ　1　　　コ　9

〔解説〕
　　－CHO アルデヒド基、－COOH　カルボキシル基、＝CO カルボニル基（ケトン基）、＞CO カルボニル基（ケトン基）、　$CH_2 = CH^-$ ビニル基、　$-N = N^-$ アゾ基、$-NO_2$ ニトロ基、$-NH_2$ アミノ基、－OH ヒドロキシル基（水酸基）、$-SO_3H$ スルホ基

－ 24 －

問29　次のア〜エで有機化合物はどれか。該当するものを選びなさい。
　　ア　H_2O　　　　イ　H_2SO_4　　　ウ　O_3　　　エ　CH_4

解答　エ
〔解説〕
　有機化合物は、CH_4のメタン。H_2O水は無機化合物、H_2SO_4硫酸は無機化合物、O_3オゾンは無機化合物。

問30　次に示す金属イオンのうち、アンモニア水を加えると沈殿が生じ、過剰のアンモニア水を加えると溶解するものとして、正しいものを下から一つ　選びなさい。
　　1　Pb^{2+}　　　　2　Cu^{2+}　　　3　Fe^{2+}　　　4　Ca^{2+}

解答　2
〔解説〕
　Cu^{2+}は少量のアンモニア水と反応し淡青色沈殿の水酸化銅（Ⅱ）を生じる。
　$Cu^{2+}+2OH^-→ Cu(OH)_2$　この水酸化銅（Ⅱ）は過剰のアンモニアと反応し濃青色のテトラアンミン銅（Ⅱ）イオン$[Cu(NH_3)_4]^{2+}$を生じ、溶解する。

例題と解説〔基礎化学〕

問1　次の記述は、アンモニアの性状及び用途等についてである。文中の〔　　〕内にあてはまる適当な語句を下欄から選びなさい。

　アンモニアの化学式は〔　①　〕であり、〔　②　〕%以下は劇物から除外される。特有の刺激臭のある〔　③　〕の気体であり、空気中では燃焼しないが、酸素中では〔　④　〕の炎を上げて燃焼する。また、主な用途は、〔　⑤　〕、医薬及び試薬として用いられる。

＜下欄＞
① 　1　CH$_3$　　　　2　Cl$_3$　　　3　NH$_3$
② 　1　5　　　　　　2　10　　　　3　8
③ 　1　赤色　　　　 2　無色　　　3　黄色
④ 　1　赤色　　　　 2　無色　　　3　黄色
⑤ 　1　化学工業　　 2　漂白剤　　3　果樹の殺虫剤

解答　①　3　　　②　2　　　③　2　　　④　3　　　⑤　1

〔解説〕
　アンモニア NH$_3$ は劇物(10%以下は劇物から除外)。常温では無色刺激臭の気体、冷却圧縮すると容易に液化する。水、エタノール、エーテルに可溶。強いアルカリ性を示し、腐食性は大。水溶液は弱アルカリ性を呈する。主な用途は医薬及び試薬、化学工業原料(硝酸、窒素肥料の原料)、冷媒。

問2　次の記述は、塩化水素の性状及び取扱いについてである。文中の〔　　〕内にあてはまる適当な語句を下欄から選びなさい。

　塩化水素の化学式は〔　①　〕であり、〔　②　〕%以下は劇物から除外される。塩化水素の水溶液は〔　③　〕と呼ばれ、強酸性を示す。また、常温で無色の刺激臭のある〔　④　〕気体である。廃棄方法は、〔　⑤　〕である。

＜下欄＞
① 　1　HCl　　　　　2　Cl$_3$　　　3　CH$_3$
② 　1　5　　　　　　2　10　　　　3　8
③ 　1　硝酸　　　　 2　塩酸　　　3　希酸
④ 　1　固体　　　　 2　気体　　　3　液体
⑤ 　1　中和法　　　 2　燃焼法　　3　活性汚泥法

解答　①　1　　　②　2　　　③　2　　　④　2　　　⑤　1

〔解説〕
　塩化水素 HCl は、劇物(10%以下は劇物から除外)。常温で無色の刺激臭のある気体。湿った空気中で発煙し塩酸になる。白色の結晶。水、メタノール、エーテルに溶ける。用途は塩酸の製造に用いられるほか、無水物は塩化ビニル原料にもちいられる。塩化水素 HCl は酸性なので、石灰乳などのアルカリで中和した後、水で希釈する中和法。

問3　次の記述は、塩素の性状及び取扱いについてである。文中の〔　〕内にあてはまる適当な語句を下欄から選びなさい。

　　塩素は劇物で、組成は〔　①　〕である。常温では窒息性臭気をを持つ、〔　②　〕の〔　③　〕で、冷却すると黄色溶液を経て黄白色固体となる。主な用途は漂白剤、殺菌剤、消毒剤等として用いられる。多量のアルカリ水溶液中に吹き込んだ後、多量の水で希釈して処理する〔　④　〕である。

〈下欄〉
| ① | 1 | HCl | 2 | C l₂ | 3 | CH₃ |

① 1 HCl　　　　　2 Cl_2　　　3 CH_3
② 1 黄緑色　　　2 黄色　　　3 赤色
③ 1 液体　　　　2 固体　　　3 気体
④ 1 アルカリ法　2 酸化法　　3 燃焼法

解答　①　2　　　②　1　　　③　3　　　④　1

〔解説〕
　　塩素 Cl_2 は、黄緑色の刺激臭の空気より重い気体で、酸化力があるので酸化剤、用途は漂白剤、殺菌剤、消毒剤として使用される(紙パルプの漂白、飲用水の殺菌消毒などに用いられる)。塩素の廃棄法にはアルカリ法又は還元法を用いた処理する方法がある。

問4　次の記述は、過酸化水素の性状及び取扱いについてである。文中の〔　〕内にあてはまる適当な語句を下欄から選びなさい。

　　過酸化水素の化学式は〔　①　〕であり、〔　②　〕％以下は劇物から除外される。性状は〔　③　〕の濃厚な液体であり、強く冷却すると稜状結晶に変化する。用途は漂白剤、消毒・防腐の目的で医療用に使用され、廃棄方法は、〔　④　〕で、鑑識法は、過マンガン酸カリウムを〔　⑤　〕し、クロム酸塩を酸化する。

〈下欄〉
① 1 H_2O_2　　　　2 $C_6H_5(CH_3)$　　3 $C_6H_4(CH_3)$
② 1 5　　　　　　2 10　　　　　　3 6
③ 1 無色透明　　　2 赤褐色　　　　3 黒色
④ 1 還元法　　　　2 希釈法　　　　3 酸化法
⑤ 1 結合　　　　　2 還元　　　　　3 酸化

解答　①　1　　　②　3　　　③　1　　　④　2　　　⑤　2

　　過酸化水素 H_2O_2 は、無色透明の濃厚な液体で、弱い特有のにおいがある。強く冷却すると稜柱状の結晶となる。不安定な化合物であり、常温でも徐々に水と酸素に分解する。酸化力、還元力を併有している。用途は漂白、医薬品、化粧品の製造。貯蔵法は少量なら褐色ガラス瓶(光を遮るため)、多量ならば現在はポリエチレン瓶を使用し、3分の1の空間を保ち、日光を避けて冷暗所保存。廃棄法は、多量の水で希釈して処理する希釈法。

例題と解説〔性状及び取扱い〕

問5　次の記述は、キシレンの性状及び取扱いについてである。文中の〔　　〕内にあてはまる適当な語句を下欄から選びなさい。

　　キシレンの別名はキシロールといい、化学式は〔　①　〕であり、その性状は重質〔　②　〕な液体で、芳香族炭化水素特有な臭いがあり、〔　③　〕である。用途は〔　④　〕である。廃棄方法は、〔　⑤　〕である。

〈下欄〉

① 1　H_2O_2　　　　　2　$C_6H_5(CH_3)_2$　　3　$C_6H_5(CH_3)$

② 1　無色透明　　　2　赤褐色　　　　　3　黒色

③ 1　不燃性　　　　2　可燃性　　　　　3　引火性

④ 1　漂白剤　　　　2　界面活性剤　　　3　溶剤

⑤ 1　燃焼法　　　　2　中和法　　　　　3　アルカリ法

解答　　①　2　　　②　1　　　③　3　　　④　3　　　⑤　1

〔解説〕

　　キシレン$C_6H_5(CH_3)_2$（別名キシロール、ジメチルベンゼン、メチルトルエン）は、重質無色透明な液体でo-、m-、p-の3種の異性体がある。水にはほとんど溶けず、有機溶媒に溶ける。蒸気は空気より重い。用途は溶剤。揮発性、引火性。廃棄法は珪そう土等に吸収させて開放型の焼却炉で少量ずつ焼却する燃焼法。

問6　次の記述は、クロム酸カリウムの性状等について述べたものである。文中の〔　　〕内にあてはまる適当な語句を下欄から選びなさい。

　　クロム酸カリウムは劇物で、化学式は〔　①　〕である。その性状は〔　②　〕の結晶で、水に〔　③　〕でアルコールに不溶である。また、硝酸銀で〔　④　〕の沈殿を生じる。

〈下欄〉

① 1　K_2CrO_4　　　2　H_2O_2　　　　　3　$(COOH)_2$

② 1　赤紫色　　　　2　橙黄色　　　　　3　白色

③ 1　易溶　　　　　2　難溶　　　　　　3　ほとんど溶けない

④ 1　赤褐色　　　　2　黄色　　　　　　3　白色

解答　　①　1　　　②　2　　　③　1　　　④　1

〔解説〕

　　クロム酸カリウムK_2CrO_4は、橙黄色の結晶。（別名：中性クロム酸カリウム、クロム酸カリ）。水に溶解する。またアルコールを酸化する作用をもつ。用途は試薬。

問7　次の記述は、クロム酸鉛の性状等について述べたものである。文中の〔　　〕内にあてはまる適当な語句を下欄から選びなさい。

　　クロム酸鉛は〔　①　〕で、〔　②　〕％以下は除外される。性状は〔　③　〕又赤黄色の粉末で、水にほとんど溶けない。廃棄方法は〔　④　〕である。

〈下欄〉

①	1	毒物	2	特定毒物	3	劇物
②	1	10%	2	40%	3	70%
③	1	黄色	2	白色	3	赤色
④	1	燃焼法	2	還元法	3	中和法

解答　　①　3　　　②　3　　　③　1　　　④　2

〔解説〕
　　クロム酸鉛 PbCrO₄ は黄色または赤黄色粉末、沸点：844℃、水にほとんど溶けず、希硝酸、水酸化アルカリに溶ける。酢酸、アンモニア水には不溶。別名はクロムイエロー。用途は顔料、分析用試薬。吸入した場合、クロム中毒を起こすことがある。廃棄法は、希硫酸を加えた後、還元剤(硫酸第一鉄等)の水溶液を過剰に用いて残存する可溶性クロム酸塩類を還元した後、消石灰、ソーダ灰等の水溶液で処理し、沈殿ろ過する。

問8　次の記述は、クロロホルムの性状等について述べたものである。〔　　〕内にあてはまる適当な語句を下欄から選びなさい。

　　クロロホルムは劇物で、化学式は〔　①　〕である。その性状は〔　②　〕、揮発性の液体で、特異の香気とかすかな甘味を有する。廃棄方法は〔　③　〕である。また、貯蔵法は純品は空気と日光によって変質するので、遮光した気密容器に少量の〔　④　〕を加えて冷暗所に保管する。

〈下欄〉

①	1	CHCl₃	2	C₂H₃Cl	3	(COOH)₂
②	1	赤色	2	無色	3	黄色
③	1	燃焼法	2	還元法	3	中和法
④	1	消石灰	2	水	3	アルコール

解答　　①　1　　　②　2　　　③　1　　　④　3

〔解説〕
　　クロロホルム CHCl₃ は、無色、揮発性の液体で特有の香気とわずかな甘みをもち、麻酔性がある。空気中で日光により分解し、塩素、塩化水素、ホスゲンを生じるので、少量のアルコールを安定剤として入れて冷暗所に保存。クロロホルム CHCl₃ は含ハロゲン有機化合物なので廃棄方法はアフターバーナーとスクラバーを具備した焼却炉で焼却する燃焼法。

例題と解説〔性状及び取扱い〕

問9 次の記述は、硅弗化ナトリウムの性状等について述べたものである。〔　〕内にあてはまる適当な語句を下欄から選びなさい。

硅弗化ナトリウムは劇物。その性状は〔　①　〕の結晶で、水に溶けにくく、アルコールには〔　②　〕。主な用途は〔　③　〕である。廃棄方法は〔　④　〕である。

〈下欄〉

①	1	赤色	2	白色	3	黄色
②	1	溶けない	2	よく溶ける	3	溶けやすい
③	1	釉薬、試薬等	2	消毒、防腐等	3	爆薬、染料等
④	1	分解沈殿法	2	中和法	3	燃焼法

解答　　①　2　　②　1　　③　1　　④　1

〔解説〕

硅弗化ナトリウム Na_2SiF_6 は劇物。無色の結晶。水に溶けにくい。アルコールにも溶けない。用途は釉薬、試薬。廃棄法は水に溶かし、消石灰等の水溶液を加えて処理した後、希硫酸を加えて中和し、沈殿濾過して埋立処分する分解沈殿法。

問10 次の記述は、酢酸エチルの性状等について述べたものである。〔　〕内にあてはまる適当な語句を下欄から選びなさい。

酢酸エチルは劇物で、化学式は〔　①　〕である。その性状は果実様の香気のある〔　②　〕無色の液体である。廃棄方法は〔　③　〕である。また、用途は〔　④　〕として用いられる。

〈下欄〉

①	1	$CHCl_3$	2	$CH_3COOC_2H_5$	3	H_2SO_4
②	1	可燃性	2	不燃性	3	麻酔性
③	1	燃焼法	2	還元法	3	中和法
④	1	香料原料、有機溶媒	2	漂白剤、殺菌剤	3	石鹸製造等

解答　　①　2　　②　1　　③　1　　④　1

〔解説〕

酢酸エチル $CH_3COOC_2H_5$（別名酢酸エチルエステル、酢酸エステル）は、劇物。強い果実様の香気ある可燃性無色の液体。揮発性がある。蒸気は空気より重い。引火しやすい。水にやや溶けやすい。沸点は水より低い。毒性として、蒸気は粘膜を刺激し、持続的に吸入すると肺、腎臓および心臓の障害をきたすこともある。用途は主に溶剤や合成原料、香料に用いられる。廃棄法は可燃性であるので、珪藻土などに吸収させたのち、燃焼により焼却処理する燃焼法。

問11 次の記述は、酸化鉛（別名一酸化鉛、リサージ）の性状及び取扱いについてである。文中の〔　〕内にあてはまる適当な語句を下欄から選びなさい。

　　酸化鉛の化学式は〔　①　〕であり、性状は、黄色〜赤色まで種々のものがある重い〔　②　〕である。水には〔　③　〕。また、酸、アルカリには可溶。硫化水素により、〔　④　〕の硫化鉛を沈殿する。廃棄方法は、セメントを用いて固化し、溶出試験を行い、溶出量が判定基準以下であることを確認して埋立処分する〔　⑤　〕である。

＜下欄＞

①	1	PbO	2	Cl_3	3	CH_3
②	1	液体	2	粉末	3	気体
③	1	溶ける	2	ほとんど溶けない	3	よく溶ける
④	1	赤色	2	黒色	3	黄色
⑤	1	固化隔離法	2	中和法	3	活性汚泥法

解答　　①　1　　②　2　　③　2　　④　2　　⑤　1

〔解説〕
　　酸化鉛（別名一酸化鉛、リサージ、密陀僧）PbO は、劇物。黄色〜赤色までの種々のものがある重い粉末。水にはほとんど溶けない、酸、アルカリに可溶。熱すると帯赤褐色になる。また、赤色のものを720℃に加熱すると黄色になる。空気中で徐々に炭酸ガスを吸収し、塩基性炭酸鉛になる。希硝酸に溶かした液は、硫化水素により、黒色の硫化鉛を沈殿する。用途は顔料、鉛、ガラスの原料、ゴム加硫促進剤、鉛丹（Pb_3O_4）の原料。廃棄法は、セメントを用いて固化し、溶出試験を行い、溶出量が判定基準以下であることを確認して埋立処分する固化隔離法の他に、多量の場合には還元焙焼法により金属鉛として回収する焙焼法がある。

問12 次の記述は、酸化第二水銀の性状及び取扱いについてである。文中の〔　〕内にあてはまる適当な語句を下欄から選びなさい。

　　酸化第二水銀は水銀化合物であり、その性状は赤色又は黄色の〔　①　〕であり、〔　②　〕％以下は劇物となる。水には〔　③　〕。酸に可溶。用途は、〔　④　〕として使われる。廃棄方法は、還元焙焼法により金属鉛として回収する〔　⑤　〕がある。

＜下欄＞

①	1	液体	2	粉末	3	気体
②	1	5	2	10	3	6
③	1	溶ける	2	ほとんど溶けない	3	よく溶ける
④	1	漂白剤	2	殺虫剤	3	塗料
⑤	1	焙焼法	2	アルカリ法	3	還元法

解答　　①　2　　②　1　　③　2　　④　3　　⑤　1

　　酸化第二水銀 HgO は、赤色又は黄色の粉末。5％以上は毒物で、5％以下を含有する製剤は、劇物。水にはほとんど溶けない。酸に可溶である。500℃で分解して、水銀と酸素になる。水銀に入れて熱すると黒色になり試験管の側面に水銀がつき、なお熱すると揮散してしまう。強熱すると煙霧及びガスを発生する。煙霧及びガスは有害なので注意をようする。又、付着、接触されたまま放置すると吸入することがあるので注意する。用途は塗料、試薬、種子消毒剤に使われる。廃棄法は、還元焙焼法により金属鉛として回収する焙焼法の他に、沈殿隔離法がある。

例題と解説〔性状及び取扱い〕

問13 次の記述は、四塩化炭素の性状等について述べたものである。〔　〕内にあてはまる適当な語句を下欄から選びなさい。

四塩化炭素は劇物で、化学式は〔　①　〕である。その性状は揮発性、麻酔性の芳香臭を有する無色の〔　②　〕である。水に〔　③　〕。アルコール、エーテル、クロロホルムに可溶で、蒸気は空気より重く〔　④　〕である。主な用途は〔　④　〕である。

〈下欄〉

	1		2		3	
①	1	CCl₄	2	H₂O₂	3	H₂SO₄
②	1	気体	2	液体	3	固体
③	1	よく溶ける	2	溶ける	3	溶けにくい
④	1	不燃性	2	引火性	3	風解性
⑤	1	顔料	2	釉薬	3	溶剤

解答　　①　1　　②　2　　③　3　　④　1　　⑤　3　　　▨

〔解説〕

四塩化炭素(テトラクロロメタン)CCl_4 は、劇物。揮発性、麻酔性の芳香を有する無色の重い液体。水に溶けにくく有機溶媒には溶けやすい。強熱によりホスゲンを発生。蒸気は空気より重く、低所に滞留する。溶剤として用いられる。

問14 次の記述は、重クロム酸カリウムの性状等について述べたものである。〔　〕内にあてはまる適当な語句を下欄から選びなさい。

重クロム酸カリウムは劇物。化学式は〔　①　〕である。その性状は〔　②　〕の柱状結晶で水に〔　③　〕が、アルコールには〔　④　〕。強力な酸化剤である。また、アルカリ性にすると橙から〔　⑤　〕に変わる。

〈下欄〉

	1		2		3	
①	1	H₂SO₄	2	Cl₂	3	K₂Cr₂O₇
②	1	白色	2	橙赤色	3	青色
③	1	溶けやすい	2	溶けない	3	ほとんど溶けない
④	1	溶けやすい	2	溶けない	3	ほとんど溶けない
⑤	1	黄色	2	赤色	3	白色

解答　　①　3　　②　2　　③　1　　④　2　　⑤　1　　　▨

〔解説〕

重クロム酸カリウム $K_2Cr_2O_7$ は、橙赤色柱状結晶。水にはよく溶けるが、アルコールには溶けない。強力な酸化剤。用途として強力な酸化剤、焙染剤、製革用、電池調整用、顔料原料、試薬。

問15　次の記述は、蓚酸の性状等について述べたものである。文中の〔　〕内にあてはまる適当な語句を下欄から選びなさい。

　　蓚酸は〔　①　〕で、〔　②　〕％以下は除外される。性状は〔　③　〕、稜柱状の結晶で、乾燥空気中で風化する。注意して加熱すると昇華するが、急速に加熱すると分解する。廃棄方法は〔　④　〕である。

〈下欄〉

	1		2		3	
①	1	毒物	2	特定毒物	3	劇物
②	1	10％	2	8％	3	5％
③	1	黄色	2	白色	3	無色
④	1	燃焼法	2	還元法	3	中和法

解答　　①　3　　②　1　　③　3　　④　1

〔解説〕

　　蓚酸 $C_2H_2O_4・2H_2O$ は劇物、10％以下は劇物から除外。一般に流通しているものは二水和物で無色の結晶である。注意して加熱すると昇華するが、急に加熱すると分解する。水溶液は、過マンガン酸カリウムの溶液を退色する。用途は木・コルク・綿などの漂白剤。その他鉄錆びの汚れ落としに用いる。

問16　次の記述は、硝酸の性状等について述べたものである。文中の〔　〕内にあてはまる適当な語句を下欄から選びなさい。

　　硝酸は、〔　①　〕％以下は劇物から除外される。性状は〔　②　〕の液体で、特有の臭気がある。〔　③　〕が激しく空気に接すると白霧を発し、水を吸収する性質が強い。廃棄方法は〔　④　〕である。

〈下欄〉

	1		2		3	
①	1	10％	2	8％	3	5％
②	1	赤色	2	白色	3	無色
③	1	腐食性	2	可燃性	3	潮解性
④	1	燃焼法	2	希釈法	3	中和法

解答　　①　1　　②　3　　③　1　　④　3

〔解説〕

　　硝酸 HNO_3 は、劇物。無色の液体。特有な臭気がある。腐食性が激しい。空気に接すると刺激性白霧を発し、水を吸収する性質が強い。硝酸は白金その他白金属の金属を除く。処金属を溶解し、硝酸塩を生じる。10％以下で劇物から除外。廃棄方法は徐々にソーダ灰又は消石灰の攪拌溶液に加えて中和させた後、多量の水で希釈して処理する。消石灰の場合は上澄液のみを流す。

例題と解説〔性状及び取扱い〕

問17　次の記述は、水酸化カリウムの性状等について述べたものである。文中の
〔　　〕内にあてはまる適当な語句を下欄から選びなさい。

水酸化カリウムは、〔　①　〕％以下は劇物から除外。化学式は〔　②　〕である。その性状は、白色の〔　③　〕で、水溶液は〔　④　〕を示す。また、目に入った場合は失明の恐れがあり、皮膚に触れると、激しく侵す。主な用途は〔　⑤　〕である。

〈下欄〉

①	1	10％	2	5％	3	8％
②	1	KOH	2	H₂O₂	3	H₂SO₄
③	1	液体	2	気体	3	固体
④	1	強酸性	2	強アルカリ性	3	弱酸性
⑤	1	各種化学工業用試薬	2	農薬用防虫剤	3	殺虫剤

解答　　①　2　　②　1　　③　3　　④　2　　⑤　1

〔解説〕
　　水酸化カリウム KOH（別名苛性カリ）は白色の固体で、空気中の水分や二酸化炭素を吸収する潮解性がある。水溶液は強いアルカリ性を示す。また、腐食性が強い。

問18　次の記述は、水酸化ナトリウムの性状等について述べたものである。文中の
〔　　〕内にあてはまる適当な語句を下欄から選びなさい。

水酸化ナトリウムは、〔　①　〕％以下は劇物から除外。化学式は〔　②　〕である。その性状は、白色の〔　③　〕で、空気中に放置すると、二酸化炭素と水を吸収して潮解する。水溶液は〔　④　〕で、炎色反応は黄色を呈する。廃棄方法は〔　⑤　〕である。

〈下欄〉

①	1	10％	2	5％	3	8％
②	1	HNO₃	2	H₂O₂	3	NaOH
③	1	液体	2	気体	3	固体
④	1	強アルカリ性	2	強酸性	3	弱酸性
⑤	1	中和法	2	燃焼法	3	還元法

解答　　①　2　　②　3　　③　3　　④　1　　⑤　1

〔解説〕
　　水酸化ナトリウム（別名：苛性ソーダ）NaOH は、劇物。白色結晶性の固体、潮解性（空気中の水分を吸って溶解する現象）および空気中の炭酸ガス CO₂ と反応して炭酸ナトリウム Na₂CO₃ になる。廃棄法については水溶液は強アルカリ性なので、水に溶解後、酸で中和し、水で希釈処理する中和法。用途は試薬や農薬のほか、石鹸製造などに用いられる。

問19 次の記述は、トルエンの性状等について述べたものである。文中の〔　〕内にあてはまる適当な語句を下欄から選びなさい。

　　トルエンの化学式は〔　①　〕である。その性状は、無色の〔　②　〕で、〔　③　〕であり、ベンゼン臭を有し、水に不溶で、アルコール、エーテル、ベンゼンには〔　④　〕。用途は〔　⑤　〕で、廃棄方法は〔　⑥　〕である。

＜下欄＞

	1		2		3	
①	1	$C_6H_5CH_3$	2	Cl_2	3	H_2O_2
②	1	液体	2	気体	3	固体
③	1	腐食性	2	不燃性	3	可燃性
④	1	溶ける	2	溶けない	3	ほとんど溶けない
⑤	1	爆薬、香料、サッカリンの原料等	2	釉薬、試薬	3	冶金、塗料
⑥	1	中和法	2	燃焼法	3	希釈法

解答　　①　1　　②　1　　③　3　　④　1　　⑤　1　　⑥　2

〔解説〕
　　トルエン $C_6H_5CH_3$ は、劇物。特有な臭い(ベンゼン様)の無色液体。水に不溶。比重1以下。可燃性。引火性。劇物。用途は爆薬原料、香料、サッカリンなどの原料、揮発性有機溶媒。トルエンの廃棄法は可燃性の溶液であるから、これを珪藻土などに付着して、焼却する燃焼法。蒸気の吸入により頭痛、食欲不振などがみられる。大量では緩和な大血球性貧血をきたす。常温では容器上部空間の蒸気濃度が爆発範囲に入っているので取扱いに注意。

問20 次の記述は、ホルマリンの性状等について述べたものである。〔　〕内にあてはまる適当な語句を下欄から選びなさい。

　　ホルマリンは劇物。〔　①　〕％以下は劇物から除外。化学式は〔　②　〕である。その性状は、無色透明な〔　③　〕で、刺激性の臭気をもち、寒冷にあえば混濁することがある。水、アルコールには混和し、エーテルには混和しない。主な用途は〔　④　〕で、廃棄方法は〔　⑤　〕である。

＜下欄＞

	1		2		3	
①	1	10％	2	5％	3	1％
②	1	HCHO	2	CH_3CHO	3	CH_3COOH
③	1	液体	2	気体	3	固体
④	1	種子の消毒、温室の燻蒸等	2	殺鼠剤	3	漂白剤
⑤	1	中和法	2	還元法	3	酸化法

解答　　①　3　　②　2　　③　1　　④　1　　⑤　3

〔解説〕
　　ホルマリンは、ホルムアルデヒ HCHO を水に溶かしたもの。無色透明な液体で刺激臭を有し、寒冷地では白濁する場合がある。水、アルコールに混和するが、エーテルには混和しない。廃棄はアルカリ性下で酸化剤で酸化した後、水で希釈処理する(①酸化法)。②燃焼法　では、アフターバーナーを具備した焼却炉でアルカリ性とし、過酸化水素水を加えて分解させ多量の水で希釈して処理する。③活性汚泥法。毒性について、蒸気は粘膜を刺激し、鼻カタル、結膜炎、気管支炎などをおこさせる

例題と解説〔性状及び取扱い〕

問21 次の記述は、メタノールの性状等について述べたものである。〔　〕内にあてはまる適当な語句を下欄から選びなさい。

メタノールは劇物。化学式は〔　①　〕である。その性状は、無色透明、揮発性の〔　②　〕で、水、エチルアルコール、エタノール、クロロホルムなどと随の割合で混合する。火を付けると燃える（可燃性）。メタノールの鑑識法は、あらかじめ熱灼した酸化銅を加えると、ホルムアルデヒドができ、酸化銅は、〔　③　〕。主な用途は、〔　④　〕である。

〈下欄〉

①	1	CH_3OH	2	CH_3CHO	3	CH_3COOH
②	1	液体	2	気体	3	固体
③	1	還元	2	遊離	3	酸化
④	1	防虫剤	2	殺虫剤	3	燃料

解答　　①　1　　　②　1　　　③　2　　　④　1　　　⑤　3

〔解説〕

　メタノール（メチルアルコール）CH_3OH は、劇物。（別名：木精）>無色透明の液体で。動揺しやすい揮発性の液体で、水、エタノール、エーテル、クロロホルム、脂肪、揮発油とよく混ぜる。用途は主として溶剤や合成原料、または燃料など。あらかじめ熱灼した酸化銅を加えると、ホルムアルデヒドができ、酸化銅は還元されて金属銅色を呈する。

問22 次の記述は、メチルエチルケトンの性状等について述べたものである。〔　〕内にあてはまる適当な語句を下欄から選びなさい。

メチルエチルケトンは劇物。化学式は〔　①　〕である。その性状は、無色のの〔　②　〕で、〔　③　〕臭を有する。〔　④　〕がある。主な用途は〔　⑤　〕である。

〈下欄〉

①	1	CH_3COOH	2	CH_3CHO	3	CH_3COCH_5
②	1	液体	2	気体	3	固体
③	1	イオウ	2	アセトン	3	クロロホルム
④	1	引火性	2	揮発性	3	不燃性
⑤	1	溶剤	2	乾燥剤	3	消火剤

解答　　①　3　　　②　1　　　③　2　　　④　1　　　⑤　1

〔解説〕

　メチルエチルケトン CH_3COCH_5 は、劇物。アセトン様の臭いのある無色液体。引火しやすく、その蒸気は空気と混合して爆発性の混合ガスとなるので、火気には絶対に近づけない。吸入すると眼、鼻、のどなどの粘膜を刺激し、高濃度で麻酔状態となる。有機溶媒。用途は接着剤、印刷用インキ、合成樹脂原料、ラッカー用溶剤。

問23 次の記述は、硫酸の性状等について述べたものである。〔　〕内にあてはまる適当な語句を下欄から選びなさい。

　　硫酸は劇物。〔　①　〕％以下は劇物から除外。化学式は〔　②　〕である。その性状は、無色透明の油様の〔　③　〕であるが、粗製のものは微褐色のものもある。猛烈に〔　④　〕を吸収する。廃棄方法は〔　⑤　〕である。濃硫酸は、濃度の高いものは比重がきわめて大きく、水で薄めると激しく発熱する。ショ糖、木片などに触れると、それらを炭化して〔　⑥　〕させる。

〈下欄〉

①	1	10%	2	5％	3	1％
②	1	H_2SO_4	2	CH_3CHO	3	CH_3COOH
③	1	固体	2	気体	3	液体
④	1	アルコール	2	水	3	エーテル
⑤	1	中和法	2	燃焼法	3	酸化法
⑥	1	赤変	2	黒変	3	黄変

解答　①　1　　②　1　　③　3　　④　2　　⑤　1　　⑥　2

〔解説〕
　　硫酸 H_2SO_4 は、劇物。無色無臭澄明な油状液体、腐食性が強い、比重1.84、水、アルコールと混和するが発熱する。空気中および有機化合物から水を吸収する力が強い。主な用途は肥料、石油精製、冶金、試薬など用いられる。濃硫酸は、ショ糖、木片に触れると、それらを炭化して黒変させる。濃硫酸を水でうすめると激しく発熱する。

問24 次の記述は、ピクリン酸の性状等について述べたものである。〔　〕内にあてはまる適当な語句を下欄から選びなさい。

　　ピクリン酸は劇物。その性状は、〔　①　〕の光沢のある小葉状あるいは針状結晶で、〔　②　〕には溶けにくい。純品は無臭。アルコール溶液は、白色の羊毛または絹糸を〔　③　〕に染める。主な用途は、〔　④　〕である。また、廃棄方法は、〔　⑤　〕である。

〈下欄〉

①	1	暗黄色	2	淡黄色	3	鮮赤色
②	1	冷水	2	熱湯	3	湯
③	1	鮮黄色	2	淡黄色	3	鮮赤色
④	1	染料、試薬、爆発薬	2	殺鼠剤の原料	3	電解液、試薬
⑤	1	中和法	2	燃焼法	3	酸化法

解答　①　2　　②　1　　③　1　　④　1　　⑤　2

〔解説〕
　　ピクリン酸（$C_6H_2(NO_2)_3OH$）は、淡黄色の光沢ある小葉状あるいは針状結晶で、純品は無臭であるが、普通品はかすかに臭気をもち、苦味がある。用途は試薬、染料。塩類は爆発薬として用いられる。廃棄法は大過剰の可燃性溶剤と共に、アフターバーナー及びスクラバーを具備した焼却炉の火室へ噴霧して焼却する燃焼法。鑑識法についてはアルコール溶液は、白色の羊毛又は絹糸を鮮黄色に染める。

問25 次の記述は、塩素酸ナトリウムの性状等について述べたものである。〔　　〕内にあてはまる適当な語句を下欄から選びなさい。

　塩素酸ナトリウムは劇物。化学式は〔　①　〕である。その性状は、〔　②　〕の正方単斜状の結晶で、水に〔　③　〕。空気中の水分を吸ってべとべとに潮解する。主な用途は、〔　④　〕である。また、廃棄方法は、〔　⑤　〕である。

〈下欄〉
①	1	H₂SO₄	2	NaOH	3	NaClO₃
②	1	白色	2	赤色	3	黄色
③	1	ほとんど溶けない	2	溶けやすい	3	溶けにくい
④	1	除草剤	2	殺虫剤	3	殺菌剤
⑤	1	中和法	2	還元法	3	酸化法

解答　　①　3　　②　1　　③　2　　④　1　　⑤　2

〔解説〕
　塩素酸ナトリウム $NaClO_3$ は、劇物。無色無臭結晶で潮解性をもつ。酸化剤、水に易溶。有機物や還元剤との混合物は加熱、摩擦、衝撃などにより爆発することがある。酸性では有害な二酸化塩素を発生する。また、強酸と作用して二酸化炭素を放出する。除草剤。廃棄方法は、還元剤（例えばチオ硫酸ナトリウム等）の水溶液に希硫酸を加えて酸性にし、この中に少量ずつ投入する。反応終了後、反応液を中和し、多量の水で希釈して処理する還元法。

問26 次の記述は、シアン化ナトリウムの性状等について述べたものである。〔　　〕内にあてはまる適当な語句を下欄から選びなさい。

　シアン化ナトリウムは毒物。化学式は〔　①　〕である。その性状は、〔　②　〕の粉末、粒状またはタブレット状の固体である。また、酸と反応すると有毒かつ〔　③　〕の青酸ガスを発生する。主な用途は、〔　④　〕である。毒性については、猛烈な毒性を有し、少量の場合でも呼吸困難、呼吸けいれんを起こし、呼吸麻痺を起こす。解毒剤として、〔　⑤　〕である。

〈下欄〉
①	1	NaCN	2	NaOH	3	NaClO₃
②	1	白色	2	赤色	3	黄色
③	1	揮発性	2	不燃性	3	引火性
④	1	除草剤	2	殺虫剤	3	殺菌剤
⑤	1	チオ硫酸ナトリウム、亜硝酸ナトリウム投与	2	アセトアミド、ブドウ糖投与
	3	PAM製剤、硫酸アトロピン投与		

解答　　①　1　　②　1　　③　3　　④　2　　⑤　1

〔解説〕
　シアン化ナトリウム $NaCN$ は毒物。白色の粉末、粒状またはタブレット状の固体。水に溶けやすく、水溶液は強アルカリ性である。酸と反応すると、有毒でかつ引火性のガスを発生する。吸入すると、頭痛、めまい、悪心、意識不明、呼吸麻痺などを起こす。亜硝酸ナトリウム水溶液とチオ硫酸ナトリウム水溶液を用いた解毒手当が有効である。

問27　次の記述は、クロルピクリンの性状等について述べたものである。〔　〕内にあてはまる適当な語句を下欄から選びなさい。

　　クロルピクリンは劇物。化学式は〔　①　〕である。その性状は、純品は無色油状の〔　②　〕。市販品は微黄色の〔　③　〕の液体で強い粘膜刺激臭がある。青酸ガスを発生する。主な用途は、〔　④　〕である。吸入すると気管支を刺激してせきや鼻汁が出る。多量に吸入すると、悪心、呼吸困難、肺水腫を起こす。解毒剤として、〔　⑤　〕である。廃棄方法は〔　⑥　〕である。

〈下欄〉

	1		2		3	
①	1	CCl_3NO_2	2	Cl	3	$NaClO_3$
②	1	気体	2	固体	3	液体
③	1	揮発性	2	不燃性	3	催涙性
④	1	燻蒸剤	2	殺虫剤	3	殺鼠剤
⑤	1	チオ硫酸ナトリウム、亜硝酸ナトリウム投与	2	PAM 製剤、硫酸アトロピン投与		
	3	酸素吸入、人工呼吸をし、強心剤、興奮剤を投与				
⑥	1	中和法	2	燃焼法	3	分解法

解答　①　1　　②　3　　③　3　　④　1　　⑤　3　　⑥　3

〔解説〕

　　クロルピクリン CCl_3NO_2 は、純品は無色の油状体であるが、市販品は普通、微黄色を呈している。催涙性があり、強い粘膜刺激臭を有する。水にはほとんど溶けないが、アルコール、エーテルなどには溶ける。熱には比較的不安定で、180℃以上に熱すると分解するが、引火性はない。酸、アルカリには安定である。金属腐食性が大きい。粘膜刺激臭を持つことから、気管支を刺激してせきや鼻汁が出る。多量に吸入すると、胃腸炎、肺炎、尿に血が混じる。悪心、呼吸困難、肺水腫を起こす。手当は酸素吸入をし、強心剤、興奮剤を与える。

問28　次の記述は、臭素の性状等について述べたものである。〔　〕内にあてはまる適当な語句を下欄から選びなさい。

　　臭素は劇物。化学式は〔　①　〕である。その性状は、常温では〔　②　〕の重い液体。主な用途は、〔　④　〕である。廃棄方法は〔　⑤　〕である。

〈下欄〉

	1		2		3	
①	1	Br_2	2	Cl_2	3	I_2
②	1	赤褐色	2	固体	3	液体
③	1	揮発性	2	不燃性	3	催涙性
④	1	化学薬品、アニリン染料の製造	2	農薬としての除草剤		
	3	殺鼠剤				
⑤	1	中和法	2	燃焼法	3	アルカリ法

解答　①　1　　②　1　　③　1　　④　1　　⑤　3

〔解説〕

　　臭素 Br_2 は、劇物。赤褐色・特異臭のある重い液体。比重3.12(20℃)、沸点58.8℃。強い腐食作用があり、揮発性が強い。引火性、燃焼性はない。水、アルコール、エーテルに溶ける。用途は化学薬品、アニリン染料の製造、酸化剤、殺虫剤、殺菌剤。酸化法(還元法)、過剰の還元剤(亜硫酸ナトリウムの水溶液)に加えて還元し($Br_2 \rightarrow 2Br^-$)、余分の還元剤を酸化剤(次亜塩素酸ナトリウム等)で酸化し、水で希釈処理。アルカリ法は、アルカリ水溶液中に少量ずつ多量の水で希釈して処理する。

問29　次の記述は、ナトリウムの性状等について述べたものである。〔　　〕内にあてはまる適当な語句を下欄から選びなさい。

ナトリウムは劇物。化学式は〔　①　〕である。その性状は、銀白色の光輝をもつ〔　②　〕。空気中で酸化されやすく、水中に入れると直ちに爆発する。空気中に貯えることができないので、通常石油中に貯蔵する。主な用途は〔　③　〕である。

<下欄>

①	1	Na	2	NaOH	3	I_2
②	1	液体	2	気体	3	金属
③	1	電気メッキ	2	アマルガムの製造	3	燻蒸剤

解答　　①　1　　②　3　　③　2

〔解説〕

ナトリウム Na は、銀白色の光輝をもつ金属である。常温ではロウのような硬度を持っており、空気中では容易に酸化される。冷水中に入れると浮かび上がり、すぐに爆発的に発火する。用途はアマルムガム製造、漂白剤の過酸化ナトリウムの製造、試薬等

問30　次の記述は、ジクロルボスの性状等について述べたものである。〔　　〕内にあてはまる適当な語句を下欄から選びなさい。

ジクロルボスはジメチル－２・２－ジクロルビニルホスフエイト（別名 DDVP）と呼ばれ、〔　①　〕製剤である。その性状は、刺激性で無色油状の微臭を有する〔　②　〕。水に〔　③　〕、有機溶媒に可溶。主な用途は〔　④　〕で、廃棄方法は〔　⑤　〕である。

<下欄>

①	1	無機シアン	2	有機燐	3	有機塩素
②	1	液体	2	気体	3	固体
③	1	ほとんど溶けない	2	溶けやすい	3	溶けにくい
④	1	殺虫剤	2	殺菌剤	3	燻蒸剤
⑤	1	中和法	2	燃焼法	3	酸化法

解答　　①　2　　②　1　　③　3　　④　1　　⑤　2

〔解説〕

DDVP（別名ジクロルボス）は有機リン製剤で接触性殺虫剤。刺激性で微臭のある比較的揮発性の無色油状液体、水に溶けにくく、有機溶媒に易溶。水中では徐々に分解。用途は、接触性殺虫剤。。廃棄方法は木粉（おが屑）等に吸収させてアフターバーナー及びスクラバーを具備した焼却炉で焼却する燃焼法と10倍量以上の水と攪拌しながら加熱乾留して加水分解し、冷却後、水酸化ナトリウム等の水溶液で中和するアルカリ法。

例題と解説〔性状及び取扱い〕

問31 次の記述は、ダイアジノンの性状等について述べたものである。〔 〕内にあてはまる適当な語句を下欄から選びなさい。

　ダイアジノンは別名で、２－イソプロピル－４－メチルピリミジル－６－ジエチルホスフエイトと呼ばれ、〔 ① 〕製剤である。〔 ② 〕％以下は劇物から除外。その性状は、純品は無色で特異臭を有する〔 ③ 〕。水に〔 ④ 〕。エーテル、ベンゼンには溶ける。主な用途は〔 ⑤ 〕である。また、治療法(応急措置)は〔 ⑥ 〕。

〈下欄〉
①	1	無機シアン	2	有機燐	3	有機塩素
②	1	10％	2	５％	3	１％
③	1	液体	2	気体	3	固体
④	1	ほとんど溶けない	2	溶けやすい	3	溶けにくい
⑤	1	殺虫剤	2	殺菌剤	3	燻蒸剤
⑥	1	チオ硫酸ナトリウム、亜硝酸ナトリウム投与	2	PAM製剤、硫酸アトロピン投与		
	3	酸素吸入、人工呼吸をし、強心剤、興奮剤を投与				

解答　① 2　② 2　③ 1　④ 3　⑤ 1　⑥ 2

〔解説〕
　ダイアジノンは劇物。有機リン製剤、接触性殺虫剤、かすかにエステル臭をもつ無色の液体、水に難溶、エーテル、アルコールに溶解する。有機溶媒に可溶。用途は接触性殺虫剤。

問32 次の記述は、モノフルオール酢酸ナトリウムの性状等について述べたものである。〔 〕内にあてはまる適当な語句を下欄から選びなさい。

　モノフルオール酢酸ナトリウムの性状は、純品は重い〔 ① 〕の粉末で、吸湿性がある。〔 ② 〕と酢酸の臭いがする。水に〔 ③ 〕。有機溶媒に溶けない。施行令第12条で〔 ④ 〕に着色する規定されている。主な用途は〔 ⑤ 〕である。また、分類としては〔 ⑥ 〕である。

〈下欄〉
①	1	赤色	2	白色	3	褐色
②	1	甘い味	2	からい味	3	苦い味
③	1	溶ける	2	溶けない	3	ほとんど溶けない
④	1	黄色	2	赤色	3	深紅色
⑤	1	殺虫剤	2	殺鼠剤	3	殺菌剤
⑥	1	無機化合物	2	有機燐系	3	有機弗素系

解答　① 2　② 2　③ 1　④ 3　⑤ 2　⑥ 3

〔解説〕
　モノフルオール酢酸ナトリウム FCH_2COONa は、特定毒物。重い白色粉末。からい味と酢酸の臭いとを有する。吸湿性、冷水に易溶、メタノールやエタノールに可溶。用途は野ネズミの駆除に使用される。

問33 次の記述は、黄燐の性状及び取扱いについてである。文中の〔　〕内にあてはまる適当な語句を下欄から選びなさい。

　　黄燐は別名白燐とも言われ〔　①　〕で、化学式は〔　②　〕である。性状は、白色又は淡黄色の〔　③　〕であり、臭い〔　④　〕がする。暗所で空気に触れるとリン光を放つ。用途は酸素の吸収剤、殺鼠剤の原料、または発煙剤の原料として用いられる。廃棄方法は、廃ガス水洗設備及び必要あればアフターバーナーを具備した焼却設備で焼却する〔　⑤　〕。

〈下欄〉
①　1　毒物　　　　　　2　劇物　　　　　　3　特定毒物
②　1　CH_2　　　　　2　P_4　　　　　　3　NH_3
③　1　液体　　　　　　2　固体　　　　　　3　気体
④　1　ニンニク臭　　　2　ベンゼン臭　　　3　甘味のある臭い
⑤　1　中和法　　　　　2　活性汚泥法　　　3　焼却法

解答　①　1　　②　2　　③　2　　④　1　　⑤　3　　▨

〔解説〕
　　黄リン P_4 は、無色又は白色の蝋様の固体。毒物。別名を白リン。暗所で空気に触れるとリン光を放つ。水、有機溶媒に溶けないが、二硫化炭素には易溶。湿った空気中で発火する。空気に触れると発火しやすいので、水中に沈めてビンに入れ、さらに砂を入れた缶の中に固定し冷暗所で貯蔵する。廃棄法は廃ガス水洗設備及び必要あればアフターバーナーを具備した焼却設備で焼却する焼却法。

問34　次の記述は、パラコートの性状及び取扱いについてである。文中の〔　〕内にあてはまる適当な語句を下欄から選びなさい。

　　パラコートは〔　①　〕であり、ジピリジル誘導体で〔　②　〕結晶で、水、メタノール、アセトンに〔　③　〕。また、金属を腐食する。用途は、〔　④　〕として使われる。廃棄方法は、おが屑等に吸収させてアフターバーナー及びスクラバーを具備した焼却炉で焼却する〔　⑤　〕。

〈下欄〉
①　1　劇物　　　　　　2　毒物　　　　　　3　特定毒物
②　1　無色　　　　　　2　赤色　　　　　　3　黄色
③　1　溶けない　　　　2　溶ける　　　　　3　ほとんど溶けない
④　1　殺虫剤　　　　　2　漂白剤　　　　　3　除草剤
⑤　1　燃焼法　　　　　2　アルカリ法　　　3　還元法

解答　①　2　　②　1　　③　2　　④　3　　⑤　1　　▨

　　パラコートは、毒物。ジピリジル誘導体で無色結晶で、水、メタノール、アセトンに溶ける。水に非常に溶けやすい。金属を腐食する。また不揮発性である。用途としては、除草剤として使われる。廃棄方法は、おが屑等に吸収させてアフターバーナー及びスクラバーを具備した焼却炉で焼却する燃焼法。

問　題　編

問1　次の記述は、毒物及び劇物取締法第1条についてのものであるが、正しいものを選びなさい。

　　1　この法律は、毒物及び劇物について、有効性及び安全性の見地から必要な取締を行うことを目的とする。
　　2　この法律は、毒物及び劇物について、保健衛生上の見地から必要な取締を行うことを目的とする。
　　3　この法律は、毒物及び劇物について、公衆衛生上の見地から必要な取締を行うことを目的とする。
　　4　この法律は、毒物及び劇物について、環境衛生上の見地から必要な取締を行うことを目的とする。

問2　次のうち、劇物に該当するものを選びなさい。

　　1　アンモニアを5％含有する製剤
　　2　塩化水素を5％含有する製剤
　　3　硫酸を5％含有する製剤
　　4　ホルムアルデヒドを5％含有する製剤

問3　次の劇物のうち、引火性、発火性又は爆発性のあるものとして政令で定める正しいものの組み合わせはどれか。下記より選びなさい。

　　1　（カリウム、ピクリン酸）
　　2　（50％亜塩素酸ナトリウム、30％亜塩素酸ナトリウム）
　　3　（クロルピクリン、ナトリウム）
　　4　（30％塩素酸ナトリウム、ナトリウム）
　　5　（シアン化ナトリウム、ピクリン酸）

問4　次の毒物劇物販売業者に関する記述で正しいものはどれか。下記より選びなさい。

　　1　毒物劇物販売業者の種類は、一般販売業、農業用品目販売業、特定品目販売業の三つである。
　　2　毒物劇物販売業者は、毒物又は劇物を直接取り扱わない場合でも毒物劇物取扱責任者を置かなければならない。
　　3　毒物劇物販売業者は、毒物又は劇物を貯蔵する場所にはかぎをかける設備がなければならない。

問5 次の(1)から(10)までの文章のうち、正しいものには○印を、誤っているものには×印をつけなさい。

(1) 毒物又は劇物の製造作業を行う場所は、コンクリート、板張り又はこれに準ずる構造とする等その外に毒物又は劇物が飛散し、漏れ、しみ出若しくは流れ出、又はしみ込むおそれのない構造であることを要する。

(2) 毒物又は劇物の製造作業を行う場所には、毒物又は劇物を含有する粉じん、蒸気又は廃水の処理に要する設備又は器具を備えなければならない。

(3) 毒物又は劇物の貯蔵については、特に他のものと区別する必要はない。

(4) 毒物又は劇物を貯蔵するタンク、ドラムかん、その他の容器は、毒物又は劇物が飛散し、漏れ、しみ出るおそれのないものであることを要する。

(5) 毒物又は劇物を貯蔵するには、必ず容器を用いなければならず、容器を用いないで貯蔵することはできない。

(6) 毒物又は劇物を貯蔵する場所は、必ずかぎをかける設備がなければならず、このことに例外はない。

(7) 毒物又は劇物を貯蔵する場所にかぎをかける設備がある場合でもその周囲には、必ず堅固なさくを設けなければならない。

(8) 毒物又は劇物を陳列する場所には、かぎをかける設備がなければならない。

(9) 毒物又は劇物の運搬用具は、毒物又は劇物が飛散し、漏れ、しみ出るおそれがないものであることを要する。

(10) 毒物又は劇物の輸入業の営業所及び販売業の店舗の設備基準については、毒物又は劇物の製造所の設備基準が準用される。

問6 次のA～Dの毒物劇物取扱責任者に関する規定で、正しいものには1、誤っているものには2の数字をつけなさい。

A　毒物劇物営業者は製造所、営業所又は店舗ごとに、必ず専任の毒物劇物取扱責任者を置かなければならない。

B　毒物劇物営業者は、毒物劇物取扱責任者を置いたときは、三十日以内に、製造業又は輸入業の登録を受けている者にあっては厚生労働大臣に、その毒物劇物取扱責任者の氏名を届け出なければならない。

C　毒物劇物取扱者試験を受けようとする者についての、資格についての制限はない。

D　毒物劇物販売業において、毒物劇物取扱責任者の住所の変更があった場合は都道府県知事に三十日以内に届け出なければならない。

問7　毒物劇物取扱責任者の資格について、（　）の中に入れる語句の組み合わせとして正しいものの組み合わせはどれか。下記より選びなさい。

ア　（　a　）
イ　厚生労働省令で定める学校で、（　b　）に関する学科を終了した者
ウ　（　c　）が行う毒物劇物取扱者試験に合格した者

	a	b	c
1	薬剤師	工業化学	厚生労働大臣
2	薬剤師	応用化学	厚生労働大臣
3	獣医師	工業化学	都道府県知事
4	薬剤師	応用化学	都道府県知事
5	獣医師	工業化学	経済産業大臣

問8　毒物劇物販売業者は、次の場合、毒物及び劇物取締上どのような手続きをしなければならないか。新たに登録申請を行い、現に登録を受けている営業所の廃止届を必要とする場合はA、事後30日以内に届出を必要とする場合は B、登録も届出も必要でない場合は Cを、それぞれ選びなさい。

ア．毒物劇物取扱責任者を変更する場合。
イ．店舗の名称を変更する場合。
ウ．店舗を移転する場合。
エ．法人営業から個人営業にする場合。
オ．毒物劇物取扱責任者が氏名を変更する場合。
カ．毒物又は劇物を廃棄する場合。
キ．法人たる販売業者の代表者を変更する場合。
ク．毒物劇物貯蔵設備の重要な部分を変更する場合。
ケ．毒物劇物販売業者が住所を変更する場合。
コ．毒物劇物販売業者(個人)が死亡し、相続人がその営業を継続する場合。

問9　次の1～3の記述のうち、正しいものを選びなさい。

1　毒物劇物営業者及び特定毒物研究者は、その取扱に係る毒物又は劇物が盗難にあい、又は紛失したときは、直ちに、その旨を都道府県知事に届け出なければならない。
2　毒物劇物一般販売業の登録を受けた者は、すべての毒物及び劇物を販売することができる。
3　毒物劇物営業者及び特定毒物研究者は、毒物又は厚生労働省令で定める劇物については、その容器として、飲食物の容器として通常使用される物を使用してはならない。

問10　次の文章は、毒物及び劇物取締法第11条に規定する毒物又は劇物の取扱いについて述べたものです。（　　　）の中にあてはまる適当な字句を下欄から選びなさい。

1　毒物劇物営業者及び特定毒物研究者は、毒物又は劇物が盗難にあい、又は（　①　）することを防ぐのに必要な措置を講じなければならない。

2　毒物劇物営業者及び特定毒物研究者は、毒物若しくは劇物又は毒物若しくは劇物を含有する物であって（　②　）で定めるものがその（　③　）、営業所若しくは店舗又は研究所の外に飛散し、漏れ、流れ出、若しくはしみ出、又はこれらの施設の地下にしみ込むことを防ぐのに必要な措置を講じなければならない。

3　毒物劇物営業者及び特定毒物研究者は、毒物又は厚生労働省令で定める劇物については、その容器として、（　④　）の容器として通常使用される物を使用してはならない。

下欄

1．飛散	2．流出	3．紛失	4．政令
5．厚生労働省令	6．施設	7．製造所	8．飲食物
9．保存用	10．特定		

問11　次の文のうち、正しいものはどれか。

ア　特定毒物研究者は、毒物の容器及び被包に、「医薬用外」の文字及び白地に赤色をもって「毒物」の文字を表示しなければならない。

イ　毒物劇物営業者は、劇物の容器及び被包に、「医薬用外」の文字及び赤地に白色をもって「劇物」の文字を表示しなければならない。

ウ　劇物には、医薬品の劇薬に該当するものがある。

エ　毒物には、医薬部外品に該当するものはない。

問12　次の①〜⑤にある品目については、農業用として販売又は授与する際には、法令の規定により着色が義務づけられています。正しいものはどれか。

ア　水銀化合物を含有する塗末用製剤たる毒物

イ　モノフルオール酢酸の塩類を含有する製剤

ウ　砒酸鉛を含有する製剤

エ　硫酸タリウムを含有する製剤

オ　燐化亜鉛を含有する製剤

問13 17歳の少年が親から頼まれて、必要事項を記載した譲受書を提出し、劇物を購入しようとしたが、毒物劇物販売業者は劇物を交付しなかった。その理由のうち正しいものを選びなさい。

1 少年の印がなかったため
2 少年の年齢が17歳であったため
3 少年の身分証明書の提示がなかったため

問14 毒物又は劇物販売業者が、爆発性のある劇物を交付するとき、運転免許証により交付を受けた者の確認を行った。このとき、この販売業者が帳簿に記載すべき事項として規定されているものに○、規定されていないものに×を（　）に記入しなさい。

（　　）(1)　劇物の名称
（　　）(2)　劇物の数量
（　　）(3)　交付年月日
（　　）(4)　交付を受けた者の氏名及び住所
（　　）(5)　交付を受けた者の職業

問15 次の文章は毒物又は劇物の譲渡手続について述べたものである。
　　　　（　）に最も適当な語句を下から選び、その記号を記入しなさい。

(1)　毒物劇物営業者は、毒物又は劇物を他の毒物劇物営業者に販売し、又は授与したときは、その都度、次に掲げる事項を書面に記載しておかなければならない。

① 毒物又は劇物の　（　　　　）　　　② 販売又は授与の（　　　　　）
③ 譲受人の氏名、（　　　　）

(2)　毒物劇物営業者は、譲受人から(1)の①～③に掲げる事項を記載し、（　　　）を押した書面の提出を受けなければ、毒物又は劇物を毒物劇物営業者以外の者に販売し、又は授与してはならない。

(3)　毒物劇物営業者は、販売又は授与の日から（　　　）年間、(1)及び(2)の書面を保存しなければならない。

A	区分及び数量	B	成分及び容量	C	名称及び数量
D	名称及び容量	E	場所	F	年月日
G	日付及び時間	H	住所及び電話番号	I	年齢及び性別
J	年齢及び職業	K	職業及び住所	L	印
M	スタンプ	N	2	O	3
P	5				

問16 毒物劇物営業者が、毒物劇物営業者以外に毒物又は劇物を販売するとき、譲受人から提出を受ける押印した書面の記載事項で正しいものはどれか。下記より選びなさい。

1 毒物又は劇物の名称、数量、販売の年月日、譲受人の氏名、職業、住所
2 毒物又は劇物の名称、販売の年月日、譲受人の氏名、住所、年齢
3 毒物又は劇物の名称、使用目的、譲受人の氏名、職業、住所
4 毒物又は劇物の名称、販売の年月日、使用目的、譲受人の氏名、住所
5 毒物又は劇物の名称、数量、販売の年月日、使用目的、譲受人の氏名、住所

問17 毒物劇物販売業者が35%塩素酸塩類を交付する際、交付を受けた者を確認し、帳簿に記載しなければならない法定事項の正しい組み合わせはどれか。

1 氏名、住所
2 氏名、住所、交付した劇物の名称
3 氏名、住所、交付した劇物の名称、交付の年月日
4 氏名、住所、交付した劇物の名称、数量、交付の年月日

問18 次の文章は法令に基づく廃棄の方法及び廃棄の基準に関するものである。（　）の中に入る語句の正しい組み合わせはどれか。下記より選びなさい。

　毒物劇物を廃棄する場合には、中和、（　ア　）、酸化、還元、（　イ　）その他の方法により毒物又は劇物に該当しない物にすることが必要である。
　その他、廃棄の基準が定められている物としては、無機シアン化合物たる毒物を含有する液体状の物（シアン含有量が1ℓにつき（　ウ　）mg以下のものを除く。）等がある。

	（ア）	（イ）	（ウ）
1	加水分解	濃縮	10
2	加熱分解	濃縮	10
3	加水分解	濃縮	3
4	加熱分解	希釈	1
5	加水分解	希釈	1

問19 次の A 、 B 、 C 及び D に当てはまる正しい語句の組み合わせはどれか。

毒物及び劇物取締法第15条
　毒物劇物営業者は、毒物又は劇物を次に掲げる者に交付してはならない。
　一　年齢 A 未満の者。

　二 B 、大麻、あへん又は C の中毒者
第2項　略
第3項　略
第4項　毒物劇物営業者は、前項の帳簿を、最終の記載をした日から

	A	B	C	D
1	18歳 － メタノール － 覚 せ い 剤 － 5年間			
2	16歳 － トルエン － アルコール － 3年間			
3	18歳 － シンナー － 覚 せ い 剤 － 3年間			
4	18歳 － 麻薬 － 覚 せ い 剤 － 5年間			

問20　次の文は、毒物及び劇物取締法施行令第40条の6（荷送人の通知義務）について述べたものであるが、空欄A及びBにあてはまる正しい組み合わせはどれか。

　　毒物又は劇物を車両を使用して、又は鉄道によって運搬する場合で、当該運搬を他に委託するときは、その荷送人は、　A　に対し、あらかじめ、当該毒物又は劇物の名称、成分及びその含量並びに数量並びに　B　を記載した書面を交付しなければならない。ただし、厚生労働省令で定める数量以下の毒物又は劇物を運搬する場合は、この限りではない。

	A	B
1	運送人	事故の際に講じなければならない応急の措置の内容
2	譲受人	販売の際に提出しなければならない譲渡記録の内容
3	運送人	販売の際に提出しなければならない譲渡記録の内容
4	譲受人	事故の際に講じなければならない応急の措置の内容

問21　毒物劇物営業者は、その取扱いに係る毒物又は劇物が、漏れ、流れ出た場合において、不特定又は多数の者について保健衛生上の危害が生ずるおそれがあるときは、直ちにその旨を届けなければならないものとされている。次のうち届け先として正しい組み合わせはどれか。下記より選びなさい。

a　消防機関　　b　市役所又は町村役場　　c　保健所
d　警察署　　e　労働基準監督署

1（a、b、e）　　2（a、c、d）　　3（a、c、e）
4（a、d、e）　　5（b、c、d）

問22　次の記述は法の条文である。　　　にあてはまる語句を記入しなさい。

　　毒物劇物営業者及び特定毒物研究者は、その取扱いに係る毒物若しくは劇物又は第11条第2項に規定する政令で定める物が飛散し、　(1)　、　(2)　しみ出、又は地下にしみ込んだ場合において、不特定又は　(3)　について保健衛生上の危害が生ずるおそれがあるときは、直ちに、その旨を　(4)　、　(5)　又は消防機関に届け出るとともに、保健衛生上の危害を防止するために必要応急の措置を講じなければならない。

問23 四アルキル鉛を含有する製剤の運搬に関する規定について、誤っているものはどれか。

ア　ドラムかん内に10パーセント以上の空間が残されていること。

イ　ドラムかんごとにその内容が四アルキル鉛を含有する製剤である旨の表示がなされていること。

ウ　積載時、ドラムかんの下に厚いむしろの類がしかれていること。

エ　積載時、ドラムかんが落下、転倒、破損することのないように積み重ねられていること。

問24 次の文章は、毒物及び劇物取締法第18条の立入検査等に関する条文である。（　　）にあてはまる正しい語句を記入しなさい。

都道府県知事は、（　①　）必要があると認めるときは、毒物劇物営業者若しくは（　②　）から必要な報告を徴し、又は薬事監視員のうちあらかじめ指定する者に、これらの者の（　③　）、営業所、店舗、（　④　）その他業務上毒物若しくは劇物を取り扱う場所に立入り、（　⑤　）その他の物件を検査させ、関係者に（　⑥　）させ、試験のため必要な最小限度の（　⑦　）に限り、毒物、劇物、第11条第2項の政令で定める物若しくはその疑いのある物を収去させることができる。政令で定める物とは、

(1)　（　⑧　）たる毒物を含有する液体状の物（シアン含有量が1リットルにつき1ミリグラム以下のものを除く。）

(2)　塩化水素、（　⑨　）若しくは硫酸又は水酸化カリウム若しくは水酸化ナトリウムを含有する液体状の物（水で10倍に希釈した場合の（　⑩　）が水素指数2.0から12.0までのものを除く。）

ア　質問	イ　研究所	ウ　帳簿	エ　硝酸
オ　製造所	カ　保健衛生上	キ　水素イオン濃度	
ク　分量	ケ　無機シアン化合物	コ　特定毒物研究者	

問25 届出を要する業務上取扱者として毒物及び劇物取締法施行令第41条で定める事業はどれか。

1　電気溶接を行う事業　　　2　金属熱処理を行う事業
3　倉庫の燻蒸を行う事業　　4　農薬の分析を行う事業

問26 次のうち毒物及び劇物取締法で30日以内に届け出なければならないのはいくつあるか。下記より選びなさい。

a　毒物劇物の流出事故を起こしたとき。

b　シアン化ナトリウムを使って金属熱処理業を行うとき。

c　営業を廃止した際に特定毒物を所有しているとき。

d　貯蔵設備など重要な部分を変更したとき。

e　保管庫から毒物が盗まれたと気づいたとき。

1　一つ　　2　二つ　　3　三つ　　4　四つ　　5　五つ

問27　次のうち毒物劇物取扱責任者を設置しなければならないのはいくつあるか。下記より選びなさい。

a　特定毒物を学術研究に使用する研究所
b　シアン化ナトリウムを使用して電気めっきを行う事業所
c　毒物劇物を直接に取り扱う輸入業者
d　劇物である農薬を取り扱う農家
e　臭素2,000リットルをタンクローリーで運ぶ運送事業者
f　化学実験を行う小・中・高等学校及び大学

1　一つ　　2　二つ　　3　三つ　　4　四つ　　5　五つ

問28　次の文章は、毒物及び劇物取締法の条文から抜粋したものであるが、（　　　）の中に入る語句の正しい組み合わせはどれか。下記より選びなさい。

a　この法律は、毒物及び劇物について（　ア　）の見地から必要な取締を行うことを目的とする。
b　毒物又は劇物の販売業の登録を受けた者でなければ、毒物又は劇物を販売し、（　イ　）し、又は販売又は（　イ　）の目的で貯蔵し、運搬し、若しくは（ウ　）してはならない。

	（ア）	（イ）	（ウ）
1	保健衛生上	授与	陳列
2	環境衛生上	授与	陳列
3	公衆衛生上	賃貸	保管
4	保健衛生上	授与	管理
5	環境衛生上	賃貸	保管

問29　次のうち、政令で定める興奮、幻覚又は麻酔の作用を有するものはどれか。該当する番号を選びなさい。

1　トルエンを含有するシンナー
2　クロロホルムを含有する有機溶剤
3　メタノールを含有する燃料
4　キシレンを含有する有機溶剤
5　アセトニトリルを含有する有機溶剤

問30　次のうち、みだりに摂取し、若しくは吸入し、又はこれらの目的で所持してはならないとされているものはどれか。番号を選びなさい。

1　トルエン　　2　クロロホルム　　3　クロムピクリン
4　ナトリウム　　5　カリウム

問31　次のうち、政令で定める引火性、発火性又は爆発性のある毒物又は劇物はどれか。番号を選びなさい。

1　メタノール　　　　2　黄燐^{りん}　　　　　3　発煙硫酸
4　水酸化ナトリウム　5　ピクリン酸

問32　次のうち、毒物又は劇物の製造所等の設備の基準にないものの番号を選びなさい。

1　毒物又は劇物の運搬用具は、毒物又は劇物が飛散し、漏れ、又はしみ出るおそれがないものであること。
2　毒物又は劇物を陳列する場所にかぎをかける設備があること。
3　毒物又は劇物を貯蔵する場所が性質上かぎをかけることができないものであるときは、その周囲を覆い外部から見えないようにすること。
4　毒物又は劇物の製造作業を行う場所は、毒物又は劇物を含有する粉じん、蒸気又は廃水の処理に要する設備又は器具を備えていること。
5　毒物又は劇物とその他の物を区分して貯蔵できるものであること。

問33　次のうち、毒物劇物取扱責任者を設置しなくてもよいものを1つ選びなさい。

1　濃硫酸を販売している薬局
2　最大積載量5,000kgのタンクローリーで35%塩酸を運搬している運送業者
3　シンナーを製造するためにトルエンを使用している工場

問34　次の文章の（　ア　）から（　コ　）にあてはまる語句を下欄から選び、その記号を記入しなさい。

(1)　次に掲げる者でなければ、法に定める毒物劇物取扱責任者になることができない。
　1　（　ア　）
　2　厚生労働省令で定める（　イ　）で、（　ウ　）に関する学課を修了した者
　3　（　エ　）が行う毒物劇物取扱者試験に合格した者
(2)　次に掲げる者は、法に定める毒物劇物取扱責任者となることができない。
　1　年齢（　オ　）に満たない者
　2　麻薬、大麻、（　カ　）又は（　キ　）の中毒者
　3　（　ク　）の障害により毒物劇物取扱責任者の業務を適正に行うことができない者として厚生労働省令で定めるもの
　4　毒物若しくは劇物又は（　ケ　）に関する罪を犯し、罰金以上の刑に処せられ、その執行を終わり、又は執行を受けることがなくなった日から起算して（　コ　）を経過していない者

a	応用化学	b	禁治産者	c	学校	d	あへん
e	危険物取扱者	f	1年	g	医事	h	厚生労働大臣
i	シンナー	J	18年	k	薬剤師	l	大学
m	都道府県知事	n	基礎化学	o	20年	p	覚せい剤
q	薬事	r	近視	s	3年	t	心身

☑
問35 次のうち、毒物劇物営業者が新たに登録を受けなければならない
場合に該当するものの組み合わせはどれか。下記より選びなさい。

a 個人から法人に変更した場合
b 法人の代表取締役を変更した場合
c 営業所（店舗）を移転した場合
d 毒物劇物の貯蔵設備を変更した場合
e 毒物劇物取扱責任者を変更した場合

1 （a、b） 2 （a、c） 3 （b、d） 4 （d、e） 5 （c、e）

☑
問36 次の場合、毒物及び劇物取締法の規定により、営業の登録申請の手続きを要するものにはAを、届け出の手続きを要するものにはBを、いずれの手続きも要しないものにはCをつけなさい。

(1) 営業者が毒物又は劇物を廃棄する場合
(2) 営業者が毒物又は劇物を盗まれた場合
(3) 営業者が個人営業から法人営業に変更する場合
(4) 営業者が15日間店舗を休業する場合
(5) 法人である営業者がその代表者の住所を変更する場合
(6) 営業者が毒物劇物取扱責任者を変更する場合
(7) 営業者が支店を開設し、毒物又は劇物を販売する場合
(8) 営業が店舗を取り壊し、同じ場所に新築して、引き続き営業する場合
(9) 法人である営業者がその代表者を変更する場合
(10) 営業者が特定品目販売業から一般販売業に登録を変更する場合

☑
問37 次の記述のうち、毒物及び劇物取締法の規定により、新規登録を要するものには〇印を、届出を要するものには△印を、届出を要しないものには×印を（ ）内に記入しなさい。

(1) （ ）毒物劇物営業者が個人営業から法人営業になったとき
(2) （ ）毒物劇物営業者が氏名又は住所を変更したとき
(3) （ ）毒物劇物営業者が支店を開設し、毒物又は劇物を販売しようとするとき
(4) （ ）毒物劇物営業者が毒物又は劇物を廃棄するとき
(5) （ ）毒物劇物営業者が店舗の名称を変更したとき
(6) （ ）毒物劇物営業者が毒物劇物取扱責任者を変更したとき
(7) （ ）毒物劇物営業者が毒物又は劇物を紛失したとき
(8) （ ）毒物劇物営業者が営業を廃止したとき
(9) （ ）毒物劇物営業者が毒物又は劇物を貯蔵する設備の重要な部分を変更
(10) （ ）毒物劇物営業者が登録に係る毒物又は劇物の製造又は輸入品目を廃止したとき

問38 次の問いに答えなさい。

(1) 現在毒物又は劇物の販売業者が下記のア～オの場合において、その登録を受けている営業所を廃止し、業を行う際には新たに販売業の登録の申請が必要なものには○印を、必要でないものには×印をつけなさい。

ア 毒物又は劇物の販売業者（個人）が死亡し、その相続人が毒物又は劇物の販売業を継続する場合

イ 店舗を移転する場合

ウ 個人営業から法人にする場合

エ 法人たる毒物又は劇物の販売業者の代表者を変更す場合

オ 毒物又は劇物の販売業者（法人）が他の法人と対等合併する場合

(2) 次のア～オの文章は、毒物及び劇物の登録の要、不要についての記述であるが、正しいものには○印を、誤っているものには×印をつけなさい。

ア 自家消費の目的で劇物を製造する場合、製造業の登録は必要である。

イ 販売業の登録を受けておけば、200ℓ㌘ドラム缶入りホルマリンを購入し、18㍑缶に小分けし、化学工業薬品株式会社に販売できる。

ウ 毒物劇物を無料で配布する場合、販売業の登録は必要である。

エ 岐阜県下にある本社で、販売業の登録を受けておけば、県下にある各支店は販売業の登録を受けなくても毒物劇物を販売できる。

オ 毒物を輸入し、消費者に販売する場合は、輸入業及び販売業の登録が必要である。

問39 次の文は毒物及び劇物取締法の条文の抜粋である。文中の（　　）の中に適当な語句を記入しなさい。

毒物劇物営業者及び特定毒物研究者は、毒物又は厚生労働省令で定る劇物については、その容器として、（　　）の容器として通常使用される物を使用してはならない。

問40 次の文は、毒物及び劇物取締法第12条の条文の一部である。
 　　　　 中に入る語句の組合せとして、正しいものを選びなさい。

毒物劇物営業者及び特定毒物研究者は、毒物又は劇物の容器及び被包に、「　ア　」の文字及び毒物については 　イ　 をもって「毒物」の文字、劇物については 　ウ　 をもって「劇物」の文字を表示しなければならない。

	ア	イ	ウ
1	医薬用外	白地に赤色	赤地に白色
2	医薬用外	赤地に白色	白地に赤色
3	医薬用	白地に赤色	赤地に白色
4	医薬用	赤地に白色	白地に赤色

問41 次は、毒物及び劇物取締法に関する記述であるが、正しいものの組合せを下欄から選びなさい。

ア　毒物劇物営業者は、毒物の容器及び被包に、「医薬用外」の文字及び白地に赤色をもって「毒物」の文字を表示しなければならない。

イ　都道府県知事に届出を要する毒物又は劇物の業務上取扱者は、劇物を他の容器に移し替えた場合、その移し替えた容器にも「医薬用外」の文字及び赤地に白色をもって「劇物」の文字を表示しなければならない。

ウ　毒物劇物営業者は、劇物の容器及び被包に、「医薬用外」の文字及び白地に赤色をもって「劇物」の文字を表示しなければならない。

エ　厚生労働省令で定める毒物又は劇物を業務上取り扱う者は、劇物を他の容器に移し替えた場合、その移し替えた容器にも「医薬用外」の文字及び白地に赤色をもって「劇物」の文字を表示しなければならない。

オ　特定毒物研究者は、毒物の容器及び被包に、「医薬用外」の文字及び黒地に白色をもって「毒物」の文字を表示しなければならない。

```
1.（ア、イ、オ）    2.（イ）        3.（ア、オ）
4.（ウ、エ）        5.（イ、エ、オ）
```

問42 次のうち、解毒剤の名称を容器及び被包に表示しなければ販売できないものはどれか。番号を選びなさい。

1　パラコートを含有する製剤たる毒物及び劇物

2　有機塩素化合物を含有する製剤たる毒物及び劇物

3　有機水銀化合物を含有する製剤たる毒物及び劇物

4　有機燐化合物を含有する製剤たる毒物及び劇物

5　有機弗素化合物を含有する製剤たる毒物及び劇物

問43 次の毒物又は劇物は、毒物及び劇物取締法第13条の規定により、農業用として販売又は授与する場所、厚生労働省令で着色の方法が定められています。該当する着色方法を下欄から1つ選びなさい。

I　砒酸鉛及びこれを含有する製剤

II　燐化亜鉛を含有する製剤たる劇物

III　弗化砒酸カルシウム及びこれを含有する製剤

```
A　あせにくい黒色で着色する。
B　あせにくい緑色で着色する。
C　あせにくく、かつ、鮮明な赤色で全質均等に着色する。
D　あせにくく、かつ、鮮明な黄色で全質均等に着色する。
E　あせにくく、かつ、鮮明な青色で全質均等に着色する。
```

問44　次のうち、毒物劇物営業者が他の毒物劇物営業者に毒物又は劇物を販売したときに、法に規定する事項を記載した書面の保存期間として正しいものの番号を選びなさい。

1　販売した年の翌年の12月31日まで
2　販売した年の翌々年の12月31日まで
3　販売した日から2年間
4　販売した日から3年間
5　販売した日から5年間

問45　次のうち、販売業者が譲受人の求めに応じ、劇物の直接の容器を開き、分割して販売するとき、直接の容器に表示された事項のほかに表示しなければならない事項は何か。正しいものの番号を選びなさい。

1　販売業者の氏名、住所及び製造業者の氏名、住所
2　販売業者の氏名並びに毒物劇物取扱責任者の氏名及び住所
3　販売業者の氏名、毒物劇物取扱責任者の氏名、製造業者の氏名
4　販売業者の氏名及び住所並びに毒物劇物取扱責任者の氏名
5　販売業者の氏名及び毒物劇物取扱責任者の住所

問46　毒物劇物販売者が、毒物劇物営業者以外の者に毒物又は劇物を販売するとき、毒物及び劇物取締法第14条に規定されている譲受人から提出を受ける押印した書面の記載事項として正しいものはどれか。

1　毒物又は劇物の名称、使用目的、販売年月日、譲受人の保証書
2　毒物又は劇物の名称、成分、販売年月日、譲受人の氏名・年齢
3　毒物又は劇物の名称、数量、販売年月日、譲受人の氏名・職業・住所
4　毒物又は劇物の名称、数量、成分、使用目的、販売年月日

問47　次に掲げる者について、毒物及び劇物取締法上、毒物劇物販売業者が毒物又は劇物を交付してはならない者はどれか。

(1)　覚せい剤の中毒者
(2)　年齢18歳の者
(3)　毒物若しくは劇物に関する罪を犯した者
(4)　アルコール中毒者

問48　毒物及び劇物の廃棄の方法について、下欄から正しい語句を選び（　　）内に記入しなさい。

　ア．中和、加水分解（　　　）、（　　　）希釈その他の方法により、毒物若しくは劇物又は法第11条第2項に規定する政令で定める物のいずれにも該当しない物とすること。

　イ．ガス体又は（　　　）の毒物又は劇物は、保健衛生上危害を生ずるおそれがない場所で、少量ずつ（　　　）し、又は（　　　）させること。
　　（　　　）の毒物又は劇物は保健衛生上危害を生ずるおそれがない場所で、少量ずつ（　　　）させること。

　ウ．アおよびイにより難い場合には、地下（　　　）以上で、かつ、
　　（　　　）を（　　　）するおそれがない地中に確実に埋め、海面上に引き上げられ、若しくは浮き上がるおそれがない方法で海水中に沈め、又は保健衛生上危害を生ずるおそれがないその他の方法で処理すること。

酸化	揮発性	揮発	地下水	放出	還元	可燃性
燃焼	汚染	液体	乾燥	1メートル		
0.5メートル		河川	不燃性	濃縮		

問49　毒物劇物営業者は、その取扱いに係る毒物若しくは劇物が漏れ、流れ出て、不特定又は多数の者について保健衛生上の危害が生ずる恐れがあるときは、直ちにその旨を届け出なければならないものとされている。次のうち、届出先の組合せとして正しいものを選びなさい。

　ア　労働基準監督署　イ　消防機関　　ウ　市役所又は町村役場
　エ　保健所　　　　　オ　警察署

1　（ア、イ、オ）　　2　（ア、ウ、エ）　　3　（イ、エ、オ）　　4　（ウ、エ、オ）

問50　車両を使用し、劇物である水酸化ナトリウム（液状のもの）を一回につき5千キログラム以上運搬する場合は、車両の前後の見やすい箇所に標識を掲げなければならない。正しい標識を下から選びなさい。

　1．0.2メートル平方の板に地を白色、文字を黒色として「毒」の表示
　2．0.2メートル平方の板に地を黒色、文字を白色として「毒」の表示
　3．0.3メートル平方の板に地を白色、文字を黒色として「毒」の表示
　4．0.3メートル平方の板に地を黒色、文字を白色として「毒」の表示

問51　毒物劇物営業者が取り扱っている毒物又は劇物が飛散等により不特定多数の者に、危害が生ずる恐れがある場合、届け出先の正しい組み合わせはどれか。

　1　警察署、労働基準監督署、消防機関
　2　保健所、労働基準監督署、消防機関
　3　保健所、警察署、消防機関
　4　市町村、警察署、保健所

問52 (1)、(2)は毒物又は劇物の運搬に関する事項である。それぞれ答えなさい。

(1) 毒物又は劇物を運送する場合の荷送人の通知義務について説明したものです。（ ）内にあてはまる語句を下欄から記号を選びなさい。

1回の運搬につき（ ① ）キログラムを超える毒物又は劇物を車両を使用して、又は（ ② ）によって運搬する場合で、当該運搬を他に委託するときには、その荷送人は（ ③ ）に対し、あら かじめ、当該毒物又は劇物の（ ④ ）、成分及びその（ ⑤ ）並 びに数量並びに（ ⑥ ）の際に講じなければならない（ ⑦ ） の内容を記載した書面を交付しなければならない。

(ア)	500	(イ)	1,000	(ウ)	2,000	(エ)	5,000
(オ)	10,000	(カ)	販売者	(キ)	運送人	(ク)	購入者
(ケ)	使用者	(コ)	送付先	(サ)	性質	(シ)	名称
(ス)	化学名	(セ)	含量	(ソ)	製造番号	(タ)	届出
(チ)	用途	(ツ)	公害処理	(テ)	廃棄処理	(ト)	応急の措置
(ナ)	盗難	(ニ)	事故	(ヌ)	都道府県	(ネ)	市町村
(ノ)	鉄道	(ハ)	船舶	(ヒ)	飛行機		

(2) 次の(ア)から(ウ)までの文章で、正しいものには○印、誤っているものには×印を記入しなさい。

(ア) 1回の運搬につき濃硫酸を7,000キログラム運搬する際に、高速自動車国道170kmとその他の道路200kmの距離を運搬する場合、車両1台について運転者の他交替して運転する者又は助手を同乗させなければならない。

(イ) 1回の運搬につきアクロレイン500キログラムを運搬する際には、防毒マスク、ゴム手袋その他事故の際に応急の措置を講ずるために必要な保護具で厚生労働省令で定めるものを2人分以上備えなければならない。

(ウ) 1回の運搬につき5,000キログラムの硝酸を車両で運搬する場合、0.3メートル平方の板に地を黒色、文字を黄色として「劇」と表示した標識を掲げなければならない。

問53 次のうち、毒物及び劇物取締法施行令第41条で定める業務上取扱者の届出を要する事業として、正しいものを選びなさい。

1 シアン化ナトリウムを取り扱う「農薬の分析業」
2 シアン化ナトリウムを取り扱う「金属熱処理業」
3 シアン化ナトリウムを取り扱う「倉庫等の消毒業」
4 シアン化ナトリウムを取り扱う「廃棄物処理業」

問54　次のうち、業務上取扱者としてその事業場の所在地の都道府県知事に届け出なければならない事業者に該当するものの組合せの番号を下欄から選びなさい。

① 電気めっきを行なう事業であって、その業務上シアン化ナトリウムを取り扱うもの。
② 金属熱処理を行なう事業であって、その業務上シアン化ナトリウムを取り扱うもの。
③ 農家
④ 廃棄物処理を行うものであって35％塩酸を使用するもの。
⑤ 下水道処理施設で次亜塩素酸ナトリウムを使用するもの。

1 ①-②	2 ①-③	3 ①-④	4 ②-⑤	5 ④-⑤

問55　次のうち、毒物及び劇物取締法の目的として、正しいものを選びなさい。

1　毒物及び劇物について、危害防止上の見地から必要な取締を行う。
2　毒物及び劇物について、犯罪防止上の見地から必要な取締を行う。
3　毒物及び劇物について、保健衛生上の見地から必要な取締を行う。
4　毒物及び劇物について、環境保全上の見地から必要な取締を行う。

問56　次の文章の（　　）内に入れる語句の正しい組合せを1つ選びなさい。

この法律は、毒物及び劇物について、（　ア　）の見地から必要な（　イ　）を行うことを目的とする。

	ア	イ
①	保健衛生上	取　締
②	公衆衛生上	取　締
③	公衆衛生上	指　導

問57　次のうち、政令で定める引火性、発火性又は爆発性のある毒物又は劇物はどれか。番号を選びなさい。

1　クロルピクリン　　　2　ナトリウム　　　3　黄燐（りん）
4　クロロホルム　　　　5　カリウム

問58　次の文章は、シンナー等の乱用の禁止規定等に関するものですが、正しいものの番号を選びなさい。

1　興奮、幻覚又は麻酔の作用を有する物として、トルエン、メタノール及び酢酸エチルが政令で定められている。
2　シンナーの販売業者は毒物劇物販売業者としての規制を受けず、シンナーが乱用されることを知って販売しても毒物及び劇物取締法上の罰則はかからない。
3　シンナーが乱用されることを知って授与しても、営業行為にあたらなければ毒物及び劇物取締法上の罰則はかからない。
4　シンナーを用いる工場で、作業中その蒸気を含んだ空気を吸入する場合は、みだりに吸引したことにはならない。

問59　毒物及び劇物取締法第3条の4に規定する引火性、発火性又は爆発性のある毒物又は劇物であって、政令で定めているものの正しい組合せを、下欄から該当する記号をえらびなさい。

ア　亜塩素酸ナトリウム　　イ　塩酸　　　　　　ウ　トルエン
エ　ナトリウム　　　　　　オ　ピクリン酸

A. (ア、イ、ウ)　　　B. (ア、エ、オ)　　　C. (イ、ウ、エ)
D. (イ、ウ、オ)　　　E. (ウ、エ、オ)

問60　製造業及び輸入業の登録について正しいものはどれか。

1　登録は、1年ごとに、更新を受けなければ、その効力を失う。
2　登録は、3年ごとに、更新を受けなければ、その効力を失う。
3　登録は、5年ごとに、更新を受けなければ、その効力を失う。
4　登録は、10年ごとに、更新を受けなければ、その効力を失う。

問61　次は、毒物又は劇物の製造所の設備基準について述べたものであるが、誤っているものはどれか。

(1)　毒物又は劇物を貯蔵するタンク、ドラムかん、その他の容器は、毒物又は劇物が飛散し、漏れ、又はしみ出るおそれのないものであること。
(2)　毒物又は劇物の貯蔵設備は、毒物又は劇物とその他の物とを区分して貯蔵できるものであること。
(3)　貯水池その他容器を用いないで毒物又は劇物を貯蔵する設備は、毒物又は劇物が飛散し、地下にしみ込み、又は流れ出るおそれがないものであること。
(4)　毒物又は劇物を陳列する場所に、かぎをかける設備があること。
　　　ただし、その場所が性質上かぎをかけることができないものであるときは、この限りでない。

問62　次の文章は毒物劇物販売業者の設備について述べたものですが、正しいものを番号を選びなさい。

1　毒物と普通物である農薬を同一の棚に貯蔵する。
2　移動が容易なため、かぎのかかる手さげ金庫を貯蔵設備とする。
3　盗難防止のため、毒物及び劇物を貯蔵する場所に、表示をしない。
4　毒物及び劇物を貯蔵する場所が性質上かぎをかけることができないので、その周囲に堅固なさくを設けている。

☑ 問63 毒物劇物取扱責任者の資格について誤りのあるものはどれか。

1 歯科医師は、毒物劇物取扱責任者となることができる。
2 薬剤師は、毒物劇物取扱責任者となることができる。
3 年齢が18歳未満の者は、毒物劇物取扱責任者となることができない。
4 厚生労働省令で定める学校で、応用化学に関する学課を終了した者は、毒物劇物取扱責任者となることができる。

☑ 問64 毒物又は劇物販売業者が次の事項について変更したとき、30日以内に都道府県知事に届け出る必要のないものはどれか。

1 販売する品目を変更したとき
2 店舗を廃止したとき
3 毒物劇物取扱責任者を変更したとき
4 店舗設備の重要な部分を変更したとき

☑ 問65 毒物劇物販売業者が次の事項について変更したとき、30日以内に都道府県知事に届け出なければならないものはどれか。

1 販売する毒物又は劇物の品目を変更したとき
2 店舗の名称を変更したとき
3 毒物劇物取扱責任者が、住所又は氏名を変更したとき
4 法人の役員を変更したとき

☑ 問66 次の場合、毒物及び劇物取締法の規定により、営業の登録申請の手続きを要するものにAを、届出の手続きを要するものにBを、いずれの手続きも要しないものにはCをそれぞれ答えなさい。

(1) 営業者が営業を廃止した場合。
(2) 営業者が個人営業から法人営業になった場合。
(3) 毒物劇物取扱責任者の住所が変わった場合。
(4) 毒物劇物一般販売業の営業者が農業用品目の取り扱いをしなくなった場合。
(5) 営業者が毒物を大量に廃棄する場合。
(6) 法人である営業者がその代表者の住所を変更した場合。
(7) 営業者が貯蔵設備の重要な部分を変更する場合。
(8) 営業者が20日間店舗を休業する場合。
(9) 営業者が劇物を盗まれた場合。
(10) 営業者が店舗を別のところへ移転した場合。

☑ 問67 毒物劇物営業者に係る次の文を読んで、毒物劇物営業について新規申請の手続きが必要なものには〇印を、変更届の手続きを要するものには△印を、何も手続きを要しないものには×印をつけなさい。

(1) 毒物劇物取扱責任者が変わったとき。
(2) 毒物劇物営業者が個人から法人に変わったとき。
(3) 法人である毒物劇物営業者が、その代表者を変更したとき。

(4)　毒物劇物営業者が店舗を移転し、移転場所で引き続き毒物劇物の営業をするとき。
(5)　毒物劇物営業者が毒物又は劇物を廃棄するとき。
(6)　毒物又は劇物を貯蔵する設備の重要な部分を変更したとき。
(7)　毒物又は劇物の主たる購入先を変更したとき。
(8)　毒物劇物営業者の住所を変更したとき。
(9)　毒物劇物営業者が5日間店舗を休業するとき。
(10)　店舗の名称を変えたとき。

問68　次のうち、毒物劇物取扱責任者を置かなくてもよいのはどれか。該当する番号を選びなさい。

1　シアン化ナトリウムを使用する電気めっき業者
2　10％水酸化ナトリウムを1万リットルのタンクから20リットル缶に充てんし、他社へ出荷している工場
3　内容積が2千リットルのタンクを最大積載量が1万キログラムの自動車に積載して20％硫酸を運搬している運送業者
4　食品添加物の発色剤として亜硝酸ナトリウムを使用している工場
5　35％塩酸を販売している薬局

問69　次の文章は、毒物及び劇物取締法の一部を抜粋したものです。
　　　（　　）の中にあてはまる適当な字句を下欄から番号を選びなさい。

　毒物劇物営業者及び特定毒物研究者は、毒物又は劇物の容器及び被包に、「医薬用外」の文字及び毒物については（　①　）に（　②　）をもって「毒物」の文字、劇物については（　③　）に（　④　）をもって「劇物」の文字を表示しなければならない。

下欄

1．黒色　2．黒地　3．白色　4．白地　5．赤色　6．赤地

問70　毒物又は劇物の販売業者が、製造した劇物である水酸化ナトリウムを販売する場合、毒物及び劇物取締法第12条の規定により、その容器及び被包に表示しなければならない事項を列記しなさい。

問71　特定毒物については、毒物及び劇物取締法施行令で着色基準を定めているが、次のうち正しいものはどれか。

ア　四アルキル鉛を含有する製剤 ……………………赤色、青色、黄色、緑色
イ　モノフルオール酢酸の塩類を含有する製剤 …………………………………青色
ウ　ジメチルエチルメルカプトエチルチオホスフェイトを含有する製剤 ……………………………黄色
エ　モノフルオール酢酸アミドを含有する製剤 ………………………………………緑色

問72 つぎの薬物のうち、毒物及び劇物取締法に定められている着色として正しいものには○印を、誤っているものには×印をつけなさい。

(1) 硝酸タリウムを含有する製剤 ……………………………………… 赤色
(2) チオセミカルバジドを含有する製剤たる劇物 ………………… 黒色
(3) 弗化砒素カルシウムを含有する製剤 ………………………… 青色
(4) 水銀化合物を含有する液剤用製剤たる毒物 ………………… 黄色
(5) モノフルオール酢酸アミドを含有する製剤 ………………… 青色
(6) 酢酸タリウムを含有する製剤 ………………………………… 黒色

問73 毒物劇物営業者が、毒物又は劇物を毒物劇物営業者以外の者に販売する場合、毒物及び劇物取締法第14条にいう譲渡に必要な記載事項及び手続行為には○印を、必要でないものには×印を（　　）の中に記入しなさい。

(1) 譲受人の住所　　　　　（　　　　　）
(2) 毒物劇物の使用目的　　（　　　　　）
(3) 譲受人の押印　　　　　（　　　　　）
(4) 毒物劇物の名称　　　　（　　　　　）
(5) 譲受人の職業　　　　　（　　　　　）
(6) 販売の年月日　　　　　（　　　　　）
(7) 譲受人の年齢　　　　　（　　　　　）
(8) 毒物劇物の数量　　　　（　　　　　）
(9) 譲受人の性別　　　　　（　　　　　）
(10) 毒物劇物の保管場所　　（　　　　　）

問74 次の問いに答えなさい。

1　次の条文は、毒物又は劇物の譲渡手続に関するものであるが、（　　　）内に適当な字句を記入しなさい。
(1) 毒物劇物営業者は、毒物又は劇物を他の毒物劇物営業者に販売し、又は授与したときは、その都度、次に掲げる事項を書面に記載しておかなければならない。
① （　　　　）又は（　　　　）の（　　　　）及び数量
② （　　　　）又は（　　　　）の（　　　　）
③ 譲受人の（　　　　）、（　　　　）及び（　　　　）
(2) 毒物劇物営業者は、譲受人から(1)に掲げる事項を（　　　　）し、（　　　　）をおした書面の提出を受けなければ、毒物又は劇物を（　　　　）の者に（　　　　）し、又は（　　　　）してはならない。

2　次の条文は、毒物又は劇物の交付の制限等に関するものであるが、（　　　）内に適当な字句を記入しなさい。

毒物劇物営業者は、毒物又は劇物を次に掲げる者に交付してはならない。
① 年齢（　　　　）年に満たない者
② （　　　　）又は（　　　　）、（　　　　）、（　　　　）若しくは（　　　　）の中毒者

☑

問75　毒物劇物営業者が、毒物又は劇物を毒物劇物営業者以外の者に販売又は授与する際に、譲受人から書面の提出を受けなければ譲渡してはならないが、この書面に記載すべき必要な事項を正確に記載しなさい。

(1)　　　　　(2)　　　　　(3)　　　　　(4)

☑

問76　毒物劇物営業者が毒物又は劇物を毒物劇物営業者以外の者に販売する場合、譲受人から書面の提出を受けることになっているが、書面の記載事項として必要なものに○印を、不要なものに×印を（　　）内につけなさい。

1　（　　）譲受人の生年月日　　6　（　　）販売授与の年月日
2　（　　）譲受人の職業　　　　7　（　　）使用目的
3　（　　）譲受人の住所、氏名　8　（　　）毒物劇物の名称及び数量
4　（　　）譲受人の印　　　　　9　（　　）毒物又は劇物の成分
5　（　　）譲受人の性別　　　10　（　　）毒物又は劇物の区別

☑

問77　毒物及び劇物の譲渡及び交付の制限に関する次の問について、適当なものを下欄から選びその記号を記入しなさい。

(1)　毒物劇物営業者は、毒物又は劇物を毒物劇物営業者以外の者に販売し、又は授与するとき譲受人から、必要事項を記載し印を押した書面の提出を受けなければならないが、その書面に記載しなければならない事項を5つ選べ。
(2)　上記の書面の保存期間は。
(3)　毒物劇物営業者が、毒物又は劇物を交付してはならない者を3つ選べ。

ア　3年間　　　　　イ　譲受人の性別　　　ウ　年齢20年に満たない者
エ　譲受人の年齢　オ　譲受人の職業
カ　あへん若しくは覚せい剤の中毒者　キ　毒物劇物取扱責任者の氏名
ク　販売又は授与の年月日　ケ　譲受人の氏名　　コ　5年間
サ　年齢18歳未満の者　　　シ　譲受人の住所
ス　毒物劇物製造業者の住所、氏名　セ　毒物又は劇物の名称及び数量
ソ　アルコール中毒者　　　　　　　　タ　毒物又は劇物の製造年月日
チ　麻薬、大麻の中毒者
ツ　毒物若しくは劇物に関する罪を犯し、罰金以上の刑に処せられた者

☑

問78　次のうち、毒物劇物営業者が毒物又は劇物を交付してはならない者を1つ選びなさい。

①　覚せい剤の中毒者　　②　年齢19歳の者　　③　アルコール中毒者

問79 1回の運搬につき、1,000kgを超えて毒物又は劇物を車両等を使用して運搬する場合で、当該運搬を他に委託する場合に、荷送人が運送人に対し交付しなければならない書面の記載事項として定めのあるものは、次のうちどれか。正しい組合せの番号を下欄から選びなさい。

① 毒物又は劇物の成分及びその含量
② 保健所及び警察の連絡先
③ 事故の際に講じなければならない応急措置の内容
④ 毒物劇物取扱責任者の氏名、住所
⑤ 毒物又は劇物の名称及び数量

```
1 ①-②-③    2 ①-③-④    3 ①-③-⑤    4 ②-③-⑤
5 ③-④-⑤
```

問80 次の文は、毒物及び劇物取締法の条文です。（　　）の中に入る字句の正しい組合せの番号を下欄から選びなさい。

　毒物劇物営業者及び特定毒物研究者は、その取扱いに係る（　　）が盗難にあい、又は紛失したときは（　　）、その旨を（　　）に届け出なければならない。

① 多量の毒物　　② 毒物又は劇物　　③ 30日以内に
④ 直ちに　　　　⑤ 警察署　　　　　⑥ 都道府県知事

```
1 ①-③-⑤    2 ①-④-⑥    3 ②-③-⑤    4 ②-③-⑥
5 ②-④-⑤
```

問81 毒物及び劇物取締法施行令第40条の6に規定する荷送人の通知義務について、次の問いに答えなさい。

(1) 荷送人が運送人に対し、あらかじめ交付すべき書面に記載する必要な事項を次の中から4つ選び、その記号に○印を付けなさい。

　　ア　運搬を委託する毒物又は劇物の名称
　　イ　運搬を委託する毒物又は劇物の成分及び含量
　　ウ　運搬を委託する毒物又は劇物の数量
　　エ　運搬を委託する毒物又は劇物の解毒剤の名称
　　オ　事故時の発生時の連絡先
　　カ　事故の際に講じるべき応急の措置内容
　　キ　荷送人の氏名又は毒物劇物取扱責任者の氏名
　　ク　運搬経路を示した概略図

(2) 1回の運搬につき何キログラム以下であれば、この通知義務が免除されるか。正しい数量を（　　）の中に記入しなさい。

　　（　　　　　　　）キログラム

問82 毒物劇物営業者は、毒物又は劇物が盗難にあい、又は紛失することを防ぐのに必要な措置を講じなければならないが、万一その取扱いに係る毒物又は劇物が盗難にあい、又は紛失したとき、毒物劇物営業者の取るべき措置として正しいものを一つ選びなさい。

① 直ちに、その旨を警察署に届け出なければならない。
② 直ちに、その旨を保健所に届け出なければならない。
③ 直ちに、その旨を消防署に届け出なけれはならない。

問83 次の問に答えなさい。

(1) 硫酸99.9％、5,000kgを車両を使用して運搬する場合に、車両の前後の見やすい箇所に、掲げなければならない標識は次のうちどれか。正しい番号に○をつけなさい。

1 0.3m平方の板に白地に黒色で「毒」の文字を表示したもの。
2 0.5m平方の板に白地に黒色で「毒」の文字を表示したもの。
3 0.3m平方の板に白地に黒色で「劇」の文字を表示したもの。
4 0.5m平方の板に白地に黒色で「劇」の文字を表示したもの。
5 0.3m平方の板に黒地に白色で「毒」の文字を表示したもの。
6 0.5m平方の板に黒地に黒色で「毒」の文字を表示したもの。
7 0.3m平方の板に赤地に白色で「劇」の文字を表示したもの。
8 0.5m平方の板に赤地に白色で「劇」の文字を表示したもの。

問83 次の問に答えなさい。
(2) 運搬中の事故により、車両が横転し多量の硫酸が流出した場合において、直ちに届出をする先で正しい組合せはどれか。正しいものに○をつけなさい。

1 保健所、警察署又は消防機関　　2 保健所、警察署又は自衛隊
3 保健所、警察署又は報道機関　　4 警察署、消防機関又は厚生労働省
5 警察署、消防機関又は自衛隊

問84 業務上、無機シアン化合物たる毒物及びこれを含有する製剤を取り扱うもののうち、その事業所の名称、所在地などを届け出なければならないとされる政令で定められる事業は次のうちどれか。番号を選びなさい。

1 薬品の合成を行なう事業　　　2 廃棄物の処理を行なう事業
3 塗装を行なう事業　　　　　　4 電気めっきを行なう事業
5 医薬品の製造を行なう事業

問85 次の事業者のうち毒物劇物取扱責任者の設置が義務づけられているものはどれかその番号を選びなさい。

1 毒物及び劇物を直接取り扱わないで毒物劇物の輸入を行う事業者
2 シアン化ナトリウムを使用して電気メッキを行う事業者
3 劇物を使用して医薬品を製造する事業者
4 トルエンを使用してシンナーを製造する事業者

問86 次のA～Gの毒物及び劇物取締法に関する記述で、（　）に当てはまる字句を下から選び番号で答えなさい。

A　（　　　　　）は、特定毒物を品目ごとに政令で定める用途以外の用途に供してはならない。

1　毒物劇物研究者　　　2　特定毒物使用者　　　3　特定毒物研究者
4　毒物劇物使用者

B　毒物又は劇物の販売業の登録は、店舗ごとにその店舗の所在地の
（　　　　）が行う。

1　市町村長　　2　保健所長　　3　都道府県知事　　4　厚生労働大臣

C　毒物又は劇物の販売業の登録は、（　　　　）ごとに更新を受けなければその効力を失う。

1　1年　　　　　2　2年　　　　　3　3年　　　　　4　6年

D　毒物又は劇物の販売業の登録を受けている者は、毒物劇物取扱責任者を置いたときは、（　　　　）以内に都道府県知事にその者の氏名を届け出なければならない。

1　7日　　　　　2　10日　　　　3　20日　　　　4　30日

E　毒物劇物営業者は、（　　　　）未満の者に毒物又は劇物を交付してはならない。

1　14歳　　　　　2　16歳　　　　3　18歳　　　　4　20歳

F　毒物劇物営業者は、毒物又は劇物の容器及び被包に、「医薬用外」の文字及び毒物については、（　　　　）をもって「毒物」の文字を表示しなければならない。

1　赤地に白色　　2　白地に赤色　　3　赤地に黒色　　4　白地に黒色

G　毒物劇物営業者は、毒物又は劇物の容器及び被包に、「医薬用外」の文字及び劇物については、（　　　　）をもって「劇物」の文字を表示しなければならない。

1　赤地に白色　　2　白地に赤色　　3　赤地に黒色　　4　白地に黒色

問87 次の毒物及び劇物取締法の記述中（　）内にあてはまる字句を下から選び、その番号を答えなさい。

a　毒物又は劇物の販売業の（　ア　）を受けた者でなければ、毒物又は劇物を販売し、又は販売若しくは（　イ　）の目的で貯蔵し、（　ウ　）し、若しくは（　エ　）してはならない。

1　運搬　　　　2　授与　　　　3　陳列　　　　4　登録

b　毒物劇物営業者及び特定毒物研究者は、毒物又は劇物の容器及び（　ア　）に、（　イ　）の文字及び毒物については（　ウ　）に（　エ　）をもって「毒物」の文字、劇物については（　オ　）に（　カ　）をもって「劇物」の文字を表示しなければならない。

1　赤地　　　2　「医薬用外」　　3　白地　　　4　赤色
5　白色　　　6　被包

問88 次の文について、正しいものには○印を間違っているものには×印を（　）の中につけなさい。

(1) （　） 毒物又は劇物の製造業の登録は厚生労働大臣が、輸入業及び販売業の登録は都道府県知事が行う。

(2) （　） 毒物劇物販売業者は塩素酸塩類の販売には所定の手続きの他に運転免許証等で住所氏名の確認が必要である。

(3) （　） 電気メッキ事業者であつて、その業務上シアン化ナトリウムを取扱う者は、都道府県知事に届け出なければならない。

(4) （　） 毒物及び劇物取締法の規定による表示があれば、毒物を清涼飲料水の容器に小分けできる。

(5) （　） 特定品目販売業の登録を受けていれば、トルエンの販売は行ってもよい。

(6) （　） 一般販売業の登録を受けていれば、全ての特定毒物を所持することができる。

(7) （　） 毒物は特定毒物に含まれる。

(8) （　） 一般毒物劇物取扱責任者試験に合格すれば、農業用品目販売業の毒物劇物取扱責任者となることができる。

(9) （　） 毒物劇物販売業者は毒物又は劇物を直接取扱わない店舗であれば、毒物劇物取扱責任者を置かなくてもよい。

(10) （　） 農家は「劇物である農薬が盗難にあい、又は紛失することを防ぐのに必要な措置」を講じなくてもよい。

問89 上欄と関係のある物を下欄から選び（　　）内にその記号をつけなさい。

＜上欄＞

(1) （　） 引火性、発火性又は爆発性のある劇物

(2) （　） 興奮、幻覚又は麻酔の作用を有する物

(3) （　） 倉庫内、コンテナの昆虫駆除する特定毒物

(4) （　） 農業協同組合等が行う野ねずみの駆除

(5) （　） 業務上取扱者の運送の事業の届出を要する物

(6) （　） オレンジ色に着色

(7) （　） 劇物たる家庭用品

(8) （　） 業務上取扱者の金属熱処理業の届出を要する物

(9) （　） 有機燐製剤の解毒剤

(10) （　） 青色に着色

＜下欄＞

A　モノフルオール酢酸の塩類を含有する製剤

B　ＤＤＶＰを含有する衣料用防虫剤

C　ピクリン酸　　　　　D　トルエンを含有する接着剤

E　硫酸アトロピン　　　F　燐化アルミニウム

G　硫酸２千リットル　　H　モノフルオール酢酸アミドを含有する製剤

I　無機シアン化合物　　J　加鉛ガソリン

問90 (1)～(10)について最も適切なものを選び、その記号を答えなさい。

(1) 毒物劇物販売業者（個人）が死亡し、営業を廃止する場合の手続きについて
 （ア） 死亡後15日以内に業務廃止の届出を行う。
 （イ） 死亡後30日以内に業務廃止の届出を行う。
 （ウ） 死亡後60日以内に業務廃止の届出を行う。

(2) 毒物劇物営業者（法人）の代表者が変更する場合の手続きについて
 （ア） 変更後15日以内に変更の届出を行う。
 （イ） 変更後30日以内に変更の届出を行う。
 （ウ） 変更の届出の必要はない。
 （エ） すみやかに登録申請を行い、変更後30日以内に廃止の届出を行う。
 （オ） すみやかに登録申請を行い、変更後60日以内に廃止の届出を行う。

(3) 個人営業から法人営業に変更する場合の手続きについて
 （ア） 変更後15日以内に変更の届出を行う。
 （イ） 変更後30日以内に変更の届出を行う。
 （ウ） 変更の届出の必要はない。
 （エ） すみやかに登録申請を行い、変更後30日以内に廃止の届出を行う。
 （オ） すみやかに登録申請を行い、変更後60日以内に廃止の届出を行う。

(4) 毒物劇物取扱者責任者が住所を変更した場合の手続きについて
 （ア） 変更後15日以内に変更の届出を行う。
 （イ） 変更後30日以内に変更の届出を行う。
 （ウ） 変更の届出の必要はない。

(5) 店舗又は営業所を移転する場合の手続きについて
 （ア） 変更後15日以内に変更の届出を行う。
 （イ） 変更後30日以内に変更の届出を行う。
 （ウ） すみやかに登録申請を行い、移転後30日以内に廃止の届出を行う。
 （エ） すみやかに登録申請を行い、移転後60日以内に廃止の届出を行う。
 （オ） 変更の届出の必要はない。

(6) 特定毒物を販売していた毒物劇物販売業者が法第19条第4項の規定により登録を取り消された場合の届出について
 （ア） 15日以内に現に所有する特定毒物の品名及び数量を届け出る。
 （イ） 30日以内に現に所有する特定毒物の品名及び数量を届け出る。
 （ウ） 50日以内に現に所有する特定毒物の品名及び数量を届け出る。
 （エ） 60日以内に現に所有する特定毒物の品名及び数量を届け出る。

(7) 特定毒物研究者が住所を変更する場合の手続きについて
 （ア） 変更後15日以内に変更の届出を行う。
 （イ） 変更後30日以内に変更の届出を行う。
 （ウ） すみやかに許可申請を行い、変更後30日以内に廃止の届出を行う。
 （エ） すみやかに許可申請を行い、変更後60日以内に廃止の届出を行う。
 （オ） 変更の届出の必要はない。

(8) 法第22条第1項に規定する毒物劇物業務上取扱者が事業場の名称を変更した場合の手続きについて
（ア）　変更の届出を行う。　　　　（イ）　変更の届出の必要はない。

(9) 毒物劇物製造業者が登録を更新する場合の手続きについて
（ア）　登録の日から起算して3年を経過した日の15日前までに申請書に登録票を添えて更新申請を行う。
（イ）　登録の日から起算して3年を経過した日の1月前までに申請書に登録票を添えて更新申請を行う。
（ウ）　登録の日から起算して5年を経過した日の15日前までに申請書に登録票を添えて更新申請を行う。
（エ）　登録の日から起算して5年を経過した日の1月前までに申請書に登録票を添えて更新申請を行う。

(10) 毒物劇物販売業の登録を受けずに毒物又は劇物を販売した場合、その罰則について
（ア）　罰則はない。
（イ）　100万円以下の罰金に処する。
（ウ）　1年以下の懲役若しくは200万円以下の罰金に処し、又はこれを併科する。
（エ）　2年以下の懲役若しくは200万円以下の罰金に処し、又はこれを併科する。
（オ）　3年以下の懲役若しくは200万円以下の罰金に処し、又はこれを併科する。

問91　次の記述は、毒物および劇物取締法ならびにその施行令の一部を抜粋したものです。（　　）に当てはまる適当な字句を下欄から選び、その記号をつけなさい。

1　定義　－法第2条－
　この法律で「毒物」とは別表題一に掲げる物であって、医薬品および（　①　）以外のものをいう。
2　＜興奮、幻覚または麻酔の作用を有する物＞－施行令第32条の2－法第3条の3に規定する（　②　）で定めるものはトルエンならびに（　③　）、トルエンまたは（　④　）を含有するシンナー、接着剤、（　⑤　）および閉そく用またはシーリング用充てん料とする。
3　＜廃棄の方法＞－施行令第40条－
　・中和、（　⑥　）、酸化、還元、（　⑦　）その他の方法により、毒物および劇物ならびに法第11条第2項に規定する政令で定めるもののいずれにも該当しない物であること。
　・ガス体または、（　⑧　）の毒物または劇物は、保健衛生上危害を生ずるおそれがない場所で、少量ずつ（　⑨　）し、または揮発させること。
　・可燃性の毒物または劇物は、保健衛生上危害の使用するおそれがない場所で、少量ずつ（　⑩　）させること。

A. 食品　B. 顔料　C. 塗料　D. 政令　E. 規則　F. 放流
G. 埋却　H. 分離　J. 稀釈　K. 廃棄　L. 放出　M. 燃焼
N. 揮発性　P. 化粧品　Q. 昇華性　R. エーテル　S. 加水分解
T. 有機溶剤　W. 医薬部外品　X. メタノール　Y. 酢酸エチル
Z. クロロホルム

問92 次の(1)～(3)の文章は、毒物及び劇物取締法の条文の一部であるが、（　　）内の①～⑮にあてはまる正しい字句を記入しなさい。

(1) 法第8条第2項
左に掲げる者は、前条の毒物劇物取扱責任者となることができない。
一　年齢（　①　）年に満たない者
二　心身の障害により毒物劇物取扱責任者の業務を適正に行うことができない者として厚生労働省令で定めるもの
三　（　②　）、大麻、（　③　）又は（　④　）の中毒者
四　毒物若しくは劇物又は（　⑤　）に関する罪を犯し、（　⑥　）以上の刑に処せられ、その執行を終り、又は執行を受けることがなくなった日から起算して（　⑦　）年を経過していない者

(2) 法第11条第2項
毒物劇物営業者及び（　⑧　）は、毒物若しくは劇物又は毒物若しくは劇物を含有する物であって政令で定めるものがその製造所、営業所若しくは（　⑨　）又は研究所の外に（　⑩　）し、漏れ、（　⑪　）、若しくは（　⑫　）、又はこれらの施設の地下にしみ込むことを防ぐのに必要な措置を講じなければならない。

(3) 法第13条の2
毒物劇物営業者は、毒物又は劇物のうち主として一般消費者の（　⑬　）の用に供されると認められるものであって政令で定めるものについては、その成分の（　⑭　）又は（　⑮　）若しくは被包について政令で定める基準に適合するものでなければ、これを販売し、又は授与してはならない。

問93 次の文は、毒物及び劇物取締法の条文の一部である。（　　）の中に適当な字句を記入しなさい。

(1) 厚生労働大臣又は都道府県知事は、毒物又は劇物の製造業、（　　　）又は販売業の登録を受けようとする者の（　　　）が、厚生労働省令で定める基準に適合しないと認めるとき、又はその者が第19条第2項若しくは第4項の規定により登録を取り消され、取消の日から起算して（　　　）を経過していないものであるときは、第4条の登録をしてはならない。

(2) 毒物劇物営業者は、毒物又は劇物を直接に取り扱う製造所、（　　　）又は店舗ことに、（　　　）の毒物劇物取扱責任者を置き、毒物又は劇物による保健衛生上の危害の防止に当たらせなければならない。

(3) 毒物劇物営業者は、毒物劇物取扱責任者を置いたときは、（　　　）に、製造業又は輸入業の登録を受けている者にあっては厚生労働大臣に、販売業の登録を受けている者にあっては都道府県知事に、その毒物劇物取扱責任者の氏名を届け出なければならない。毒物劇物取扱責任者を（　　　）したときも、同様とする。

(4) 毒物劇物営業者及び特定毒物研究者は、毒物又は劇物が（　　　）にあい、又は紛失することを防ぐのに必要な（　　　）を講じなければならない。

- 71 -

(5) 毒物劇物営業者及び特定毒物研究者は、毒物又は厚生労働省令で定める劇物については、その容器として、（　　　　　）の容器として（　　　　　）使用される物を使用してはならない。

(6) 毒物劇物営業者及び特定毒物研究者は、その取扱いに係る毒物若しくは劇物が（　　　　）し、漏れ、流れ出し、しみ出、又は地下にしみ込んだ場合において、（　　　　）又は多数の者について保健衛生上の危害が生ずるおそれがあるときは、直ちに、その旨を保健所、（　　　　）又は消防機関に届け出るとともに、保健衛生上の危害を防止するために必要な（　　　　）を講じなければならない。

問94 次の文中の（　　）の中に、下欄から正しい字句を選び、その記号をつけなさい。（重複可）

(1) 製造業又は輸入業の登録は（　　　）ごとに、販売業の登録は（　　　）ごとに更新を受けなければその（　　　）を失う。

(2) 毒物劇物営業者は、毒物又は劇物を直接に取り扱う製造所、（　　　）又は店舗ごとに（　　　）の毒物劇物取扱責任者を置き、毒物又は劇物による（　　　）上の危害の防止に当たらせなければならない。

(3) 興奮、（　　　）又は麻酔の作用を有する毒物又は劇物（これらを含有する物を含む）であって政令で定めるものは、みだりに摂取し、若しくは（　　　）し、又はこれらの目的で（　　　）してはならない。

(4) 毒物劇物営業者及び特定毒物研究者は、毒物又は劇物を貯蔵し、又は（　　　）する場所に（　　　）の文字及び毒物については（　　　）の文字を表示しなければならない。

(5) 都道府県知事は（　　　）に関し相当の知識を持ち、かつ、学術研究上特定毒物を（　　　）し、又は使用することを必要とする者でなければ（　　　）の許可を与えてはならない。

下欄

ア．登録	イ．陳列	ウ．5年	エ．2年	オ．6年　　カ．毒物
キ．営業所	ク．注射	ケ．吸入	コ．販売	サ．所持　　シ．妄想
ス．劇物	セ．医薬用外	ソ．効力	タ．保健衛生	チ．環境衛生
ツ．医薬用外毒物	テ．特定毒物研究者	ト．製造	ナ．幻覚	
ニ．支店	ヌ．専任	ネ．主任	ノ．毒物劇物研究者	

問95 次の文の（　　）内に該当するものを1〜10の中からそれぞれ1つ選び、その番号を答えなさい。

ア　毒物又は劇物販売業の登録は（　　　）年ごとに更新を受けなければ、その効力を失う。

イ　毒物又は劇物販売業の登録を受けようとする者の設備が法第19条第2項若しくは第4項の規定により登録を取り消され、取消の日から起算して（　　　）年を経過していないものであるときは、登録をしてはならない。

ウ　毒物劇物営業者は、毒物又は劇物を年齢（　　）歳未満の者に交付してはならない。

エ　塩素を車両を使用して１回につき5,000キログラム以上運搬する場合には、（　　）メートル平方の板に地を黒色、文字を白色として「毒」と表示した標識を車両の前後の見やすい箇所に掲げなければならない。

オ　毒物劇物営業者が、毒物劇物営業者以外の者に毒物又は劇物を販売又は授与したときは、譲受人から提出を受けた必要事項を記載し、印を押した書面を販売又は授与した日から（　　）年間保存しなければならない。

1	0.3	2	0.5	3	0.7	4	1	5	2
6	6	7	4	8	5	9	18	10	20

問96　次の文章のうち、正しいものには○印を、誤っているものには×印をつけなさい。

(1)　酢酸エチルを含有する接着剤は、何人も所持してはならない。

(2)　毒物劇物営業者は、引火性、発火性又は爆発性のある毒物又は劇物であって、政令で定めるものを交付するときは、その交付を受ける者の氏名及び住所を確認しなければならない。

(3)　母親の使いで劇物である塩酸500mLを購入に来た中学生（14歳）が、品名、数量及び母親の住所、氏名等を記載し、押印した書面を提出したが、販売しなかった。

(4)　毒物劇物営業者は、特定毒物の容器及び被包に解毒剤の名称を記載しなければ、当該特定毒物を販売し、又は授与してはならない。

(5)　毒物劇物営業者は、特定毒物の容器及び被包には、毒物として必要とされる表示のほか、「特定毒物」の文字が記載されていなければならない。

(6)　シアン化ナトリウムを業務上使用する金属熱処理を行う事業者は、事業所を所管する都道府県知事に届けなければならない。

(7)　毒物劇物営業者及び特定毒物研究者は、その取扱いに係る毒物又は劇物が盗難にあい、又は紛失したときは、直ちに、その旨を保健所に届けなければならない。

(8)　特定毒物研究者になるためには、都道府県知事が行う試験に合格しなければならない。

(9)　毒物又は劇物の販売業の登録には、一般販売業の登録、農業用販売業の登録及び特定品目販売業の登録の３種類がある。

(10)　毒物又は劇物の販売業の店舗においては、毒物劇物を貯蔵する場所にかぎをかける設備が必要であるが、陳列する場所にはかぎをかける設備を必要としない。

(11)　毒物劇物営業者は、毒物劇物営業者以外の者に毒物又は劇物を販売したときは、その都度、毒物又は劇物の名称及び数量等を書面に記載しておかなければならない。

問97 次の文章のうち正しいものには○印を、間違っているものには×印を（　）内につけなさい。

(1) （　）　毒物劇物販売業者が、複数の店舗を営む場合には、主たる事務所に毒物劇物取扱責任者を1名設置すればよい。

(2) （　）　一般毒物劇物取扱者試験に合格した者は、農業用品目販売業の店舗で毒物劇物取扱責任者となることができる。

(3) （　）　毒物又は劇物の製造業又は輸入業の登録及び販売業の登録は、すべて厚生労働大臣が行う。

(4) （　）　毒物又は劇物の販売業の登録は6年ごとに、更新を受けなければその効力を失う。

(5) （　）　毒物劇物販売業者は、毒物劇物取扱責任者を変更したときは、30日以内に厚生労働大臣にその旨を届け出なければならない。

(6) （　）　毒物劇物取扱責任者の業務は、毒物又は劇物による保健衛生上の危害防止に当たることである。

(7) （　）　毒物劇物営業者が個人営業から法人営業に変更したときには、30日以内に変更届を提出しなければならない。

(8) （　）　毒物劇物販売業者が30％硫酸を販売するときは、その貯蔵所に「医薬用外劇物」の文字を表示しなければならない。

(9) （　）　毒物又は劇物を多量に使用する工業高校には、毒物劇物取扱責任者を置かねばならない。

(10) （　）　毒物劇物営業者は毒物又は劇物を貯蔵する場所にはかぎをかける設備が必要であるが、陳列する場所には不要である。

問98 次の記述が正しくなるように、（　）内に適当な語句を下欄から選び、その記号をつけなさい。

(1) 毒物劇物営業者が毒物劇物取扱責任者を変更した場合は（　）以内に届出る。

(2) 毒物劇物取扱責任者になることのできる年齢は満（　）以上である。

(3) 毒物劇物営業者は、その営業の登録が効力を失った場合は、（　）以内に届出る。

(4) 毒物・劇物又は薬事に関し罪を犯し罰金刑に処せられた者が、毒物劇物取扱責任者になれるのは、その執行を終えて（　）を経過した後である。

(5) 毒物劇物営業者は毒物・劇物を販売した時の譲渡記録を（　）保存しなければならない。

ア	10日	イ	15日	ウ	30日	エ	60日	オ	2年
カ	3年	キ	5年	ク	10年	ケ	16歳	コ	18歳
サ	20歳	シ	14歳								

問99 次のことが発生した場合、毒物及び劇物取締法に基づき最も適切な対応を下記の〈語群〉から選びなさい。

① 毒物劇物営業者について、万一その取り扱いに係る劇物が紛失をした場合。
〈語　群〉
　　ア　直ちに、その旨を警察署に届け出なければならない。
　　イ　直ちに、その旨を保健所に届け出なければならない。
　　ウ　直ちに、その旨を消防署に届け出なければならない。
　　エ　3日以内に、その旨を警察署に届け出なければならない。
　　オ　30日以内に、その旨を保健所に届け出なければならない。

② 毒物劇物営業者ではない一般の人が、不要になった毒物を廃棄する場合。
〈語　群〉
　　ア　家庭ごみとして廃棄する。
　　イ　廃棄の方法について政令で定める技術上の基準に従って廃棄する。
　　ウ　都道府県知事に届け出をし、家庭ごみとして廃棄する。
　　エ　政令で定める業務上取扱者に産業廃棄物として廃棄を委託する。
　　オ　都道府県知事の許可を受けないと廃棄できない。

③ 運送業を営む者が、その業務上、劇物である塩酸をタンクローリー車を使用して1回につき6000キログラムを運搬する場合。
　　　　　〈語　群〉
　　ア　その事業場の所在地の都道府県知事に、毒物劇物業務上取扱者の届け出をする。
　　イ　その事業場の所在地の都道府県知事に、毒物劇物業務上取扱者許可申請をする。
　　ウ　その事業場の所在地の都道府県知事に、毒物劇物業務上取扱者登録申請をする。
　　エ　通過する地域の保健所長に届け出をする。
　　オ　通過する地域の消防署長に届け出をする。

④ 毒物劇物営業者について、満20歳の者が法律に定められた適正な書面を持ちトルエンを購入しに来たが、みだりに吸入する目的であることが明らかである場合。
〈語　群〉
　　ア　特に規定がないので、法律に定められた手続きで販売してよい。
　　イ　シンナー中毒者でない旨の医師の診断書を要求する。
　　ウ　法律に定められた手続きで販売した後、警察署に届け出る。
　　エ　販売しない。
　　オ　トルエンは販売できないので、酢酸エチルを販売する。

⑤ 法人である毒物劇物営業者について、法人の役員に変更があった場合。
〈語　群〉
　　ア　規定がないので、特に手続きは必要ない。
　　イ　厚生労働大臣又は都道府県知事に変更を届け出る。
　　ウ　保健所長に変更を届け出る。
　　エ　厚生労働大臣又は都道府県知事に変更申請をする。
　　オ　保健所長に変更申請をする。

☑
問100 次の文章について、正しいものを5つ選びなさい。

1　毒物若しくは劇物の輸入業者又は特定毒物研究者でなければ、特定毒物を輸入してはならない。
2　この法律で「特定毒物」とは、毒物のうち毒物劇物特定品目販売業者が販売することができるものをいう。
3　毒物劇物販売業の登録は、5年ごとに、更新を受けなければ、その効力を失う。
4　毒物劇物販売業の営業を個人から株式会社に変更したときは、変更後30日以内に届け出なければならない。
5　劇物の原体の輸入のみを行う輸入業の登録は、都道府県知事が行う。
6　毒物の製剤の輸入のみを行う輸入業の登録は、厚生労働大臣が行う。
7　毒物又は劇物を直接扱わない営業所にあっては、毒物劇物取扱責任者を置かなくてよい。
8　店舗における営業を廃止したときは、30日以内にその旨を届け出なければならない。
9　毒物劇物製造業者がその製造した毒物又は劇物を他の毒物劇物営業者にのみ販売する場合は、毒物劇物販売業の登録を受ける必要はない。
10　特定毒物使用者は、特定毒物を品目ごとに政令で定める用途以外に供してはならない。

☑
問101 次の文章で正しいものに○印を、誤っているものに×印を（　　）内につけなさい。

(1)（　　）満18歳未満の者は、毒物劇物取扱責任者になることはできないが、毒物劇物取扱者試験を受験することはできる。
(2)（　　）毒物又は劇物を直接取り扱うことなく、伝票操作のみにより販売する店舗は、毒物又は劇物の販売業の登録を受ける必要はない。
(3)（　　）石油精製業者が、四エチル鉛を輸入してガソリンに混入し、いわゆる加鉛ガソリンとして市販する場合、毒物劇物輸入業の登録を受けないでよい。
(4)（　　）特定毒物を製造するために製造業の登録を受けている工場内の試験室又は研究室において、試験又は研究に従事する者であっても、特定毒物研究者の許可を得る必要がある。
(5)（　　）毒物劇物販売業者が、他の毒物劇物販売業者に毒物又は劇物を販売する場合、譲受書に押印してもらう必要はない。
(6)（　　）シアン化ナトリウムを使用して金属熱処理を行うものは、当該事業を始める前に都道府県知事に届け出なければならない。
(7)（　　）劇物を使用して医薬品を製造する医薬品製造業者には、毒物劇物取扱責任者の設置が義務づけられている。
(8)（　　）毒物劇物を業務上使用する農家、学校等においては、毒物劇物の盗難防止対策、保管場所の表示等を行っていなければ、毒物及び劇物取締法違反となる。
(9)（　　）農業用品目毒物劇物取扱者試験に合格した者は、法第4条の3第1項の政令で定める農業用品目の毒物劇物のみを製造する製造所の毒物劇物取扱責任者になることができる。
(10)（　　）毒物劇物営業者及び特定毒物研究者以外で業務上取り扱うものは、毒物又は劇物については、その容器として、飲食物の容器として通常使用される物を使用できる。

［Ⅰ］ 物質の構造

問1 次の文中の （ ） 内に当てはまる適切な語句の組み合わせを下欄から一つ選びなさい。

物質をつくる基本粒子を原子という。原子の構造は、（ア）と電子からなっている。電子は（イ）の電気を帯びている。（ア）はさらに（ウ）と（エ）に分けられる。（ウ）は（オ）の電気を帯びているが、（エ）はプラス・マイナスいずれの電気も帯びていない。

下　欄

	（ア）	（イ）	（ウ）	（エ）	（オ）
1	中心核	マイナス	中性子	陽子	プラス
2	中心核	プラス	中性子	陽子	マイナス
3	原子核	プラス	陽子	中性子	プラス
4	原子核	マイナス	陽子	中性子	プラス
5	原子核	マイナス	中性子	陽子	マイナス

問2 アルミニウム原子 $^{27}_{13}$Al （原子番号13、質量数27）に含まれる（陽子数、中性子数）の組合せとして正しい数字を下から選びなさい。

〔1．（13、13）　2．（13、14）　3．（13、27）　4．（14、13）〕

問3 集気びんに捕集した塩素ガスの中に、燃焼さじを用いて加熱して融解したナトリウムを入れたところ、激しく反応して、ある物質を生成した。
この生成した物質の化学結合の種類を下から選びなさい。

〔 1．共有結合　2．金属結合　3．イオン結合　4．水素結合 〕

問4 次の化学用語と物質の組合せのうち、正しいものはどれか。

1　単体　　　　　　　－　ドライアイス、水
2　化合物　　　　　　－　ダイヤモンド、黒鉛
3　イオン結合の物質　－　鉄、ナトリウム
4　共有結合の物質　　－　アンモニア、メタン

問5 次の元素のうち、同族元素の組合せを下から選びなさい。

〔1．(P, As)　2．(Al, Si)　3．(Cu, Zn)　4．(Ca, Cd)〕

☐

問6　次の元素の元素記号を下欄から選びなさい。

(1) 窒素　　　　（　　　）　　(6) リン　　　　　（　　　）
(2) 鉄　　　　　（　　　）　　(7) スズ　　　　　（　　　）
(3) 水素　　　　（　　　）　　(8) ヒ素　　　　　（　　　）
(4) 炭素　　　　（　　　）　　(9) マグネシウム（　　　）
(5) 銀　　　　　（　　　）　　(10) イオウ　　　（　　　）

＜下欄＞

> O　Sn　　H　　C　　Ag　　P　　Fe　　As　　Mg　　S　　N

☐

問7　次のうち、互いに同素体である組合せとして、誤っているものの番号を選びなさい。

1　黒鉛とダイヤモンド
2　質量数1の水素原子と質量数2の水素原子
3　酸素とオゾン
4　斜方硫黄と単斜硫黄
5　黄リンと赤リン

☐

問8　次の毒物又は劇物の化学式を下欄から選び、その数字を記入しなさい。

(1) シアン化ナトリウム　　　　(2) ニトロベンゼン
(3) シュウ酸　　　　　　　　　(4) メチルエチルケトン　　　　(5) トルエン

〔下欄〕

1．$C_6H_4(CH_3)OH$	2．$C_6H_5NO_2$	3．$CHCl_3$
4．$NaCN$	5．KCN	6．$NaNO_3$
7．$HCOOH$	8．CH_3OH	9．$CH_3COC_2H_5$
10．CCl_4	11．$(COOH)_2$	12．C_6H_5OH
13．$C_6H_5NH_2$	14．$C_6H_5CH_3$	15．HCN

☐

問9　1．次の表の空欄に該当する物質名又は分子式を記入しなさい。

物　質　名	分　子　式	物　質　名	分　子　式
三塩化リン	①	⑥	As
②	C_2H_5OH	一酸化炭素	⑦
硫化水素	③	⑧	C_6H_6
④	Fe	アセトアルデヒド	⑨
メタン	⑤	⑩	KI

　　2．1の10物質の中には4つの有機化合物が含まれています。該当する番号を書きなさい。

有機化合物	⑪	⑫	⑬	⑭

問10 次の化合物の化学式を下欄から選びその記号を記入しなさい。

(1) シアン化ナトリウム　　(2) メタノール　　　(3) 塩酸
(4) 塩化ナトリウム　　　　(5) クロロホルム

［下欄］

ア	KCN	イ	NaOH	ウ	C₂H₅OH	エ	HCHO
オ	HCN	カ	NaCN	キ	CH₃OH	ク	NH₃
ケ	NaCl	コ	HCl	サ	HNO₃	シ	KOH
ス	KCl	セ	CHCl₃	ソ	CCl₄		

問11 次の化学物質について、名称又は分子式を下記から選び、その記号を記入しなさい。

(1)過酸化水素　　(2)硫酸　　　　　(3)シアン化カリウム　　(4)メタノール
(5)HCHO　　　　(6)CuSO₄　　　(7)CaCO₃　　　　　　(8)HNO₃
(9)水酸化カリウム　　　　　　(10)CCl₄

ア NaCN　　　イ CH₃OH　　ウ C₂H₅OH　　　エ KOH
オ KCN　　　　カ H₂SO₄　　キ NaNO₃　　　ク H₂O₂
ケ 四塩化炭素　コ 硫酸銅　　サ ホルムアルデヒド　　シ 硝酸
ス 炭酸カルシウム　　セ 塩化アンモニウム　　ソ 水酸化カルシウム
タ 硝酸銀

問12 次の官能基の名称で適当なものをA群から各々1つ選び、その番号を記入しなさい。

① －C₆H₅　　② －NH₂　　③ －COOH　　④ －OH

A群

1．ニトロ基	2．アミノ基	3．メチル基
4．アルデヒド基	5．フェニル基	6．カルボニル基
7．水酸基	8．カルボキシル基	

問13 次の化合物の分子量を求め、記入しなさい。ただし、原子量はH＝1、C＝12、N＝14、O＝16、Na＝23、Al＝27、S＝32とする。

(a) CH₄　　　(b) NH₃　　　(c) NaOH　　　(d) C₆H₁₂O₆
(e) Al₂(SO₄)₃

問14 次は、沃化水素（ＨＩ）の分解反応に関する記述であるが、（　　）の中にあてはまる数字又は語句を下から選びなさい。

容積2.5Ｌの容器に、ある量の沃化水素を入れて一定温度に保ったところ、水素（H_2）が0.50mol、沃素（I_2）が0.50mol、沃化水素が5.0mol存在していた。この時、下記のような平衡状態になっている。

$$2HI \cdot H_2 + I_2$$

(1) 沃化水素のモル濃度は、（　①　）mol／Ｌである。
（1．1.0　　2．1.5　　3．2.0　　4．2.5　　5．5.0）

(2) 水素のモル濃度は、（　②　）mol／Ｌである。
（1．0.05　　2．0.1　　3．0.2　　4．0.3　　5．0.4）

(3) 沃素のモル濃度は、（　③　）mol／Ｌである。
（1．0.05　　2．0.1　　3．0.2　　4．0.3　　5．0.4）

(4) 沃化水素の分解反応のこの温度における平衡定数Kは、（　④　）である。ただし、［H_2］、［I_2］及び［ＨＩ］を平衡中の各物質のそれぞれのモル濃度としたとき、

$$K = \frac{[H_2][I_2]}{[HI]^2} \quad とする。$$

（1．0.001　　2．0.01　　3．0.1　　4．1.0　　5．10）

(5) 化学平衡について、次の記述のうち正しいものは、（　⑤　）である。
1．化学平衡の状態では、見かけ上反応が進まないように見える。
2．化学平衡の状態では、正反応と逆反応の速度は異なる。
3．平衡定数Kの値は、反応の種類や温度によって変化しない。
4．平衡定数Kの単位は、一定であり、反応式の係数によって変化しない。
5．触媒を用いても、化学反応速度を大きくすることはできない。

問15 次は、物質又は化学反応に関する法則についての記述であるが、該当する法則を下から選びなさい。

① すべての気体は、同温、同圧のときは、同体積の中に同数の分子が含まれている。
1．プルーストの定比例の法則　　　　2．ドルトンの倍数比例の法則
3．アボガドロの法則　　　　　　　　4．ラボアジエの質量保存の法則
5．ゲーリュサックの気体反応の法則

② 物質が変化する際に発生又は吸収する熱量は、変化する前の状態と、変化した後の状態によって決まり、変化の道すじや方法には関係しない。
1．ヘスの法則　　　　　　　　　　　2．ルシャトリエの平衡移動の法則
3．アボガドロの法則　　　　　　　　4．ファラデーの法則
5．ゲーリュサックの気体反応の法則

③ 一定量の気体の体積は、圧力に反比例し、絶対温度に比例する。

1．プルーストの定比例の法則　　2．ルシャトリエの平衡移動の法則
3．アボガドロの法則　　　　　　4．ラボアジエの質量保存の法則
5．ボイル・シャルルの法則

④ 物質が化学変化する場合、変化する前の物質の全質量と変化した後の物質の全
質量とは等しい。

1．ヘスの法則　　　　　　　　　2．ルシャトリエの平衡移動の法則
3．アボガドロの法則　　　　　　4．ラボアジエの質量保存の法則
5．ボイル・シャルルの法則

⑤ 複数種類の気体がかかわる化学反応において、反応物と生成物との気体の体積
の間には、同温、同圧の下で簡単な整数比が成り立つ。

1．プルーストの定比例の法則　　2．ドルトンの倍数比例の法則
3．アボガドロの法則　　　　　　4．ラボアジエの質量保存の法則
5．ゲーリュサックの気体反応の法則

問16 次のうち、触媒の働きとして誤っているものはどれか。

1　触媒は反応を開始させることができる。
2　触媒は反応の前後で見かけ上変化しない。
3　触媒は少量で、しばしば大量の反応を起こすことができる。
4　触媒は反応熱を変えて反応を促進させる。

問17 次の反応で発生する気体の組み合わせのうち誤っているものはどれか。下記よ
り選びなさい。

1　塩酸＋シアン化ナトリウム溶液…………（青酸ガス）
2　石灰石＋希塩酸　　　　　…………（塩素ガス）
3　濃硫酸＋銅片＋熱　　　　…………（亜硫酸ガス）
4　硫化鉄＋塩酸　　　　　　…………（硫化水素）
5　カーバイト＋水　　　　　…………（アセチレン）

問18 次の反応で生じる気体を下欄から1つ選び、その記号を記入しなさい。

(1) 亜鉛に希硫酸を加える。
(2) ギ酸に濃硫酸を加えて加熱する。
(3) 炭酸カルシウムに塩酸を加える。
(4) 二酸化マンガンに濃塩酸を加えて加熱する。
(5) 塩化アンモニウムに水酸化カルシウムを加えて加熱する。

(ｱ) 一酸化炭素　　(ｲ) アンモニア　　(ｳ) 塩素　　　　(ｴ) 二酸化炭素
(ｵ) 硫化水素　　　(ｶ) 水素　　　　　(ｷ) 塩化水素　　(ｸ) 酸素
(ｹ) 窒素　　　　　(ｺ) 臭素

問19 次の反応式中の（　　　）にあてはまる物質を下欄から選び、その記号を記入しなさい。

(1) CH_3COOH ＋（　①　）→ $CH_3COOC_2H_5$ ＋ H_2O

(2) $2HCl$ ＋ $Ca(OH)_2$ → $CaCl_2$ ＋（　②　）

(3) HCl ＋ $NaOH$ → $NaCl$ ＋（　③　）

(4) Zn ＋ $2HCl$ → $ZnCl_2$ ＋（　④　）

(5) （　⑤　）＋ HNO_3 → NH_4NO_3

(6) $2NaOH$ ＋（　⑥　）→ Na_2SO_4 ＋ $2H_2O$

(7) $2NH_4OH$ ＋ H_2SO_4 →（　⑦　）＋ $2H_2O$

(8) Cu＋ $2H_2SO_4$ → $CuSO_4$ ＋ $2H_2O$ ＋（　⑧　）

(9) $2Al$ ＋ $3H_2SO_4$ →（　⑨　）＋ $3H_2$

(10) $2NH_4Cl$ ＋ $Ca(OH)_2$ → $CaCl_2$ ＋ $2H_2O$ ＋（　⑩　）

〔下　欄〕
ア NH_3　　　　イ H_2　　　　ウ H_2SO_4　　エ H_2O
オ C_2H_5OH　カ $2H_2O$　　キ SO_2　　　　ク $(NH_4)_2SO_4$
ケ $2NH_3$　　　コ $Al_2(SO_4)_3$

問20 エタンの燃焼に関する記述である。(1)と(2)に答えなさい。

標準状態において、エタン（C_2H_6）4.50 g と酸素（O_2）16.8 L を混合し、完全に燃焼させた（下記反応式参照）ところ、エタンは全部反応したが、酸素が一部反応せず残った。

$$2C_2H_6 ＋ 7O_2 → 4CO_2 ＋ 6H_2O$$

ただし、各原子の原子量は各々、水素＝1.0、炭素＝12.0、酸素＝16.0とし、標準状態での気体1モルの体積は、22.4 L とする。

(1) 燃焼に用いたエタン4.50 g は、（　　　）モルである。
（　　　）の中にあてはまる数字を下から選びなさい。
〔1．0.15　　　2．0.25　　　3．2.00　　　4．3.50　　　〕

(2) 反応で生じた二酸化炭素は標準状態で、（　　　）L である。
（　　　）の中にあてはまる数字を下から選びなさい。
〔1．3.36　　　2．4.72　　　3．5.36　　　4．6.72　　　〕

問21 次の化学式を完成するために、（　　　）内の中に適当な化学式を記入しなさい。また、この化学反応に最も関係の深い反応名を下欄の中から選んで記号で記入しなさい。

(1) $NaOH$ ＋ HCl ─── （　　　）＋ H_2O

(2) KCN ＋ H_2O ─── （　　　）＋ KOH

(3) CuO ＋ H_2 ─── （　　　）＋ H_2O

(4) $AgNO_3$ ＋ $NaCl$ ─── （　　　）＋ $NaNO_3$

(5) $2Mg$ ＋ O_2 ─── （　　　）

<下欄>
　　ア　酸化反応　　イ　還元反応　　ウ　加水分解反応　　エ　中和反応
　　オ　沈殿反応

問22　次の比較的一般的な現象を表す化学反応式を下欄から選び、（　　　）内に記号を記入しなさい。

(1) 鉄が錆びる。　　　　　　　　　　（　　　　　　）
(2) 木炭(炭)が燃える。　　　　　　　（　　　　　　）
(3) 米から酒を作る。　　　　　　　　（　　　　　　）
(4) プロパンガスが爆発した。　　　　（　　　　　　）
(5) 食用の廃油から石けんをつくる。　（　　　　　　）

<下欄>
ア．$C_6H_{12}O_6 \rightarrow C_2H_5OH + 2CO_2$
イ．$4Fe + 3O_2 \rightarrow 2Fe_2O_3$
ウ．$C + O_2 \rightarrow CO_2$
エ．$C_3H_8 + 5O_2 \rightarrow 3CO_2 + 4H_2O$
オ．
$$RCOO-CH_2 \qquad\qquad\qquad\qquad H_2COH$$
$$\mid \qquad\qquad\qquad\qquad\qquad\qquad \mid$$
$$RCOO-CH + 3NaOH \rightarrow 3RCOONa + HCOH$$
$$\mid \qquad\qquad\qquad\qquad\qquad\qquad \mid$$
$$RCOO-CH_2 \qquad\qquad\qquad\qquad H_2COH$$

問23　次の化学反応式を完成させ、それぞれ該当する反応名を下欄から選び（　　　）内に記入しなさい。

　　　　　　　　　　　　　　　　　　　　　　（反　応　名）
(1) $2Mg + O_2 =$（　　　　）　　　　　　（　　　　　　）
(2) $NH_4Cl + H_2O =$（　　　　）$+ HCl$　（　　　　　　）
(3) $H_2SO_4 + 2NH_4OH =$（　　　　）$+ 2H_2O$　（　　　　　　）
(4) $AgNO_2 + NaCl =$（　　　　）$+ NaNO_3$　（　　　　　　）
(5) $CH_3COOH + C_2H_5OH =$（　　　　）$+ H_2O$　（　　　　　　）

| 中和 | 酸化 | 沈殿 | 加水分解 | エステル化 |

問24　次の計算をし、正しい数字を（　　　）内に記入しなさい。

(問)　酸化鉄　Fe_2O_3　2トンから得られる鉄の質量を求めなさい。
　　　ただし、$Fe = 56.0$、$O = 16.0$とする。

$Fe_2O_3 =$（　　　　）であるから、得られるFeをxトンとすると、
$Fe_2O_3 \rightarrow 2Fe$で　質量関係からすると
（　　　　）$\rightarrow 2 \times 56.0$
（　　　　）$: 2 \times 56.0 = 2 : x$
　　$\therefore x =$（　　　　）トン

問題・基礎化学

問25　次の化学反応式を完成させるため、（　　）の中に適当な化学式を、［　　］内
　　　にその名称を、またこの化学反応に最も関係の深い反応名を下から選び、それぞ
　　　れに記入しなさい。

(1)　$2Cu + O_2 \rightarrow 2$ （　　　　　）
　　　　　　　　　　　　　　　［　　　　　　］

(2)　$NaOH + HCl \rightarrow NaCl + H_2O$
　　　　　　　　　　　　　　　［　　　　　　］

(3)　$CH_3COOC_2H_5 + H_2O \rightarrow$ （　　　　　　　）$+ C_2H_5OH$
　　　　　　　　　　　　　　　　　　　　　　［　　　　　　］

（反応名：　　酸化　　　　還元　　　　置換　　　　中和　　　　加水分解　）

［Ⅱ］ 物質の状態

問26　「温度が一定なら、一定量の気体の体積は、圧力に反比例する。」法則をなん
　　　と言うか。下記より選びなさい。

1　シャルルの法則　　　　2　ファラデーの法則　　　3　気体反応の法則
4　質量不変の法則　　　　5　ボイルの法則

問27　次の文章の（　　）の中にあてはまる適当な語句を下から選び、
　　　その記号を解答用紙に記入しなさい。

(1)　液体から固体になることを（　①　）といい、固体から、液体にな
　　　ることを（　②　）という。

(2)　固体を加熱するとき、液体にならずに、直接固体から気体になり、
　　　この気体を冷却するときに、直ちに固体に変化する現象を（　③　）
　　　という。

(3)　純粋な物質の固体を加熱すると、ある温度で（　②　）が始まるが、
　　　この温度のことを（　④　）という。

(4)　液体の飽和蒸気圧が外圧に等しくなる温度を（　⑤　）という。

ア　凝縮	イ　凝固	ウ　融解	エ　潮解	オ　風解
カ　溶解	キ　飽和	ク　昇華	ケ　蒸発	コ　気化
サ　沸騰	シ　融点	ス　沸点	セ　凝点	ソ　蒸点

問28 次の図は物質の3変化を示したものである。(1)〜(5)の変化名を下欄から選び、その記号を記入しなさい。

〔下欄〕
ア 凝固　イ 潮解　ウ 液化　エ 蒸発　オ 固化　カ 昇華
キ 風解　ク 融解　ケ 気化

問29 次の文中の（　）内に当てはまる適切な語句の組み合わせを下欄から一つ選びなさい。

a　物質が、液体に混ざって均一な液体になることを溶解という。このとき、溶かす液体を溶媒、溶媒にとけ込む物質を溶質という。溶媒100グラムに溶ける溶質のグラム数を、その温度における（ア）という。

b　ある液体に溶質を溶かした場合、その液体の沸点は（イ）し、凝固点は（ウ）することが知られている。

c　bの現象は、溶質の種類によらず（エ）に比例する。

下　欄

	（ア）	（イ）	（ウ）	（エ）
1	溶解度	上昇	降下	溶質の粒子数
2	溶解度	降下	上昇	溶媒の粒子数
3	解離度	降下	上昇	溶媒の粒子数
4	溶解度	降下	上昇	溶質の粒子数
5	解離度	上昇	降下	溶媒の粒子数

問30 次の1〜5の文章で｛　｝内から正しい語句を選び、その数字を記入しなさい。

1　0.5パーセント溶液とは 1 ｛ 1 50／2 500／3 5000 ｝ ppmのことである。

2　0.1モルの水酸化ナトリウム溶液20ミリリットルを中和するには0.2モルの塩酸は 2 ｛ 1 2／2 10／3 20 ｝ ミリリットル必要である。

3　30パーセント水酸化ナトリウム溶液50グラムに水を加えて15パーセント溶液を作るとき、加える水の量は 3 ｛ 1 25／2 50／3 100 ｝ グラムである。

4　180グラムの水に30グラムの塩化ナトリウムを溶かした溶液がある。この溶液を加熱して水分を50パーセントだけ蒸発させると、残りの塩化ナトリウム水溶液の濃度は4　$\left\{\begin{array}{ll}1 & 15 \\ 2 & 20 \\ 3 & 25\end{array}\right\}$　w／wパーセントである。

5　35パーセントの濃塩酸(比重1.2とする)を水で薄めて10パーセントの希塩酸(比重1.0とする)を100ミリリットル作るには、この濃塩酸は

5約$\left\{\begin{array}{ll}1 & 12 \\ 2 & 24 \\ 3 & 36\end{array}\right\}$ミリリットル必要である。

問31　次の文の空欄に該当する数字を下欄から選び、記号で記入しなさい。

1　水酸化ナトリウム（分子量：40）2 gを水に溶かして全量100mLとした。この水溶液の濃度は　□(1)□　モル／Lである。

2　濃度0.1モル／Lの塩酸50mLを中和するには、濃度0.5モル／Lの水酸化ナトリウ水溶液　□(2)□　mLが必要である。

3　20％水酸化ナトリウム水溶液200mLに、5％水酸化ナトリウム水溶液を100mL加えたら　□(3)□　％水酸化ナトリウム水溶液が300mL得られる。

4　水酸化ナトリウム（水に対する溶解度が0℃で34 g）を0℃で、水300 gに80 g溶かしたが、あと　□(4)□　g溶ける。

5　30 gの塩化ナトリウムを120 gの水に溶かすと、この溶液の濃度は□(5)□％である。

（下　欄）
ア　0.5　　イ　1　　　ウ　2　　　エ　5　　　オ　8
カ　10　　　キ　15　　ク　20　　ケ　22　　コ　32

問32　次の問題の答えをそれぞれの〔　　　〕から選び、その数字を記入しなさい。

(1)　10ppmとは何w／vパーセント溶液のことですか。
　　〔　1.　0.1　　　2.　0.01　　3.　0.001　〕

(2)　水100 gに塩化ナトリウム25 g溶かしたときの塩化ナトリウム水溶液の重量パーセントは次のどれですか。
　　〔　1.　20　　　2.　25　　　3.　2.5　　〕

問33　次の語句の説明として正しいものには○印、間違っているものには×印を（　）内に記入しなさい。

【語句】	【説明】	
重量百分率(%)	－「溶液100 g中に含まれる溶質のグラム数」	（①）
モル濃度(mol/L)	－「溶液1000mL中に含まれる溶質のグラム当量数」	（②）
規定度（N）	－「溶液1000mL中に含まれる溶質のモル数」	（③）
ｐｐｍ	－「100万分の1を表す単位」	（④）
ｐｐｂ	－「1000分の1を表す単位」	（⑤）

☑

問34 水200 g に塩化ナトリウム50 g を溶かした水溶液がある。次の問題の答えをそれぞれの〔 〕内から選び、その数字を記入しなさい。

(1) この水溶液の重量%は次のどれか。
〔 1 . 20   2 . 25   3 . 50 〕

(2) この水溶液に水250 g を加えると何%の塩化ナトリウム水溶液になるか。
〔 1 . 5   2 . 10   3 . 12.5 〕

問35 次の(1)、(2)の問いに答えなさい。

(1) 水100 g に食塩25 g を溶解した食塩水溶液の重量%を求めなさい。

(2) $CuSO_4 \cdot 5H_2O$ 結晶50 g 中の $CuSO_4$ の量を求めなさい。
(Cu＝64.0、 S＝32.0、 O＝16.0、 H＝1.0)

問36 次の文章は、化学計算に関するものである。正しいものを選び、その記号を記入しなさい。

(1) 食塩15 g を水に溶かして1,000mLの水溶液としたとき、何%の食塩水となるか。
ア 1.5   イ 3   ウ 15   エ 30   オ 45

(2) 20%水酸化ナトリウム溶液200 g と10%水酸化ナトリウム溶液200 g を混合した溶液の濃度は何%になるか。
ア 30   イ 25   ウ 20   エ 15   オ 10

(3) ある化学物質が25mg含まれている溶液100mLを5倍に希釈したとき、その濃度は何mg／Lになるか。
ア 1,250   イ 125   ウ 50   エ 1   オ 0.25

(4) 25%水酸化カリウム溶液40mLに水を加えて10%溶液を作るとき、加える水の量は何mLになるか。
ア 40   イ 60   ウ 80   エ 100   オ 120

問37

(1) 50%の硫酸10mLを水でうすめて10%の硫酸にするには、何mLの水を必要とするか。ただし、硫酸の比重は1.40、水の比重は1.0とする。
計算式も記入すること。

(2) 20℃における硝酸鉛の溶解度は56.5である。20℃における硝酸鉛の飽和溶液の重量百分率を求めなさい。計算式も記入すること。答えは、小数点第2位を四捨五入し第1位まで求めなさい。

問38 次の各問いに答えなさい。

(1) 25%水酸化ナトリウム水溶液200gに、10%水酸化ナトリウム水溶液100gを加えると何%の水酸化ナトリウム水溶液となるか求めなさい。

(2) 比重1.2の希硫酸は濃度が27%である。この希硫酸のモル濃度を求めなさい。
　　　ただし、H_2SO_4の分子量＝98とします。

(3) メタンが燃焼するときの化学反応式は　$CH_4 + 2O_2 \rightarrow CO_2 + 2H_2O$である。
　　　メタン8.0gが燃焼したとき、生成する水は何gか求めなさい。
　　　ただし、原子量は　O＝16.0、C＝12.0、H＝1.0、とします。

問39 10%の水酸化ナトリウム液（NaOH）400gを10%硫酸（H_2SO_4）で中和して廃棄する場合、10%硫酸は何g必要か。下記より選びなさい。
　　　但し原子量　H＝1　　　Na＝23　　　O＝16　　　S＝32とする。

　　1　200g　　　2　400g　　　3　480g　　　4　490g　　　5　980g

問40 500倍液の溶液は、次のどの溶液と等しいか。下記より選びなさい。

　　1　5.0%溶液　　　2　2.0%溶液　　　3　0.5%溶液　　4　0.2%溶液
　　5　0.05%溶液

問41 30.0%の硫酸の比重は、1.20である。この30.0%の硫酸1.00ℓ中に含まれる硫酸は（　　　）gである。
　　　　　（　　　）の中にあてはまる数字を下から選びなさい。

　　〔1．98.0　　　2．196　　　3．300　　　4．360　　　〕

問42 30%硫酸80ミリリットルに20%硫酸20ミリリットルを加えると、硫酸の濃度は次のどれになるか。（ただし、比重は1.0とする。）

　　(1) 22%　　　(2) 24%　　　(3) 26%　　　(4) 28%

問43 次のうち、コロイド粒子に特有なものを1つ選びなさい。

　　①　吸熱反応　　　②　凝縮反応　　　③　チンダル現象

[Ⅲ] 物質の反応

☑
問44 次の文中の（ ）内に当てはまる適切な語句の組み合わせを下欄から一つ選びなさい。

酸とは、電離して（ア）を放出できるものであり、（イ）リトマス試験紙を（ウ）に変色させる性質を持つ。

塩基とは、電離して（エ）を放出できるもの又は（ア）を受け入れることができるもの、あるいは金属の水酸化物で、（ウ）リトマス試験紙を（イ）に変色させる性質を持つ。

下 欄

	（ア）	（イ）	（ウ）	（エ）
1	H^+	白色	赤色	OH^-
2	OH^-	赤色	青色	H^+
3	H^+	青色	赤色	OH^-
4	H^+	赤色	白色	OH^-
5	OH^-	青色	赤色	H^+

☑
問45 0.500モル／Lの水酸化ナトリウム水溶液100mLを中和するには、1.00モル／Lの塩酸が（   ）mL必要である。
（   ）の中にあてはまる数字を下から選びなさい。

〔1．50.0   2．100   3．150   4．200   〕

☑
問46 4.0mol濃度の硫酸20.0mLを中和するのに必要な2.0mol濃度の水酸化ナトリウム溶液は何mLか。次のうち正しいものの番号を選びなさい。

1 20.0mL   2 40.0mL   3 60.0mL   4 80.0mL   5 100.0mL

☑
問47 食塩と水酸化ナトリウムの混合物1.0gを水に溶かして100mLとした。その10mLをとって0.1モル/Lの塩酸で滴定したら、17.2mLで中和点に達した。
始めの混合物の食塩の重量は何gか。計算式を示して答えなさい。
（原子量　Na＝23　H＝1　O＝16）

☑
問48 弱酸と強塩基を中和するときに適した指示薬で、酸性で無色、アルカリ性で赤色を示すものはどれか。

1 リトマス   2 フェノールフタレイン   3 メチルオレンジ
4 メチルレッド

☑
問49 次の物質の水溶液で、赤色リトマス紙を青色に変えるものはどれか。

1 塩化アンモニウム（NH_4Cl）   2 炭酸ナトリウム（Na_2CO_3）
3 塩化ナトリウム（$NaCl$）   4 硫酸水素ナトリウム（$NaHSO_4$）

☑
問50　次の物質のうち、水に溶解した場合、両者が酸性を示す組合せを選び、その番号を記入しなさい。

1　Na_2CO_3　　$MgCl_2$　　2　$CuSO_4$　　$Ca(NO_3)_2$
3　NH_4Cl　　$ZnSO_4$　　4　KCN　　CH_3COONa

☑
問51　次の物質の水溶液のうち、酸性のものには○印を中性のものには△印を、アルカリ性のものには×印をそれぞれに記入しなさい。

①　$NaHSO_4$　②　Na_2CO_3　③　Na_2SO_4　④　CaO
⑤　$CuSO_4$　⑥　NH_4Cl　⑦　BaO　⑥　SO_2
⑨　CH_3COONa　⑩　$NaHCO_3$

☑
問52　次の文中の（　）内に当てはまる適切な語句の組み合わせを下欄から一つ選びなさい。

　酸性・アルカリ性（塩基性）の程度は、（ア）やpHで表す。中性の時はpH＝7、酸性ではpH（イ）、アルカリ性ではpH（ウ）となる。
　酸性の物質と塩基性の物質が反応して（エ）を生じる反応を中和反応という。このとき、酸性物質と塩基性物質の（オ）が等しい場合、完全に中和する。

下　欄

	（ア）	（イ）	（ウ）	（エ）	（オ）
1	水素イオン濃度	＞7	＜7	糖	グラム当量
2	酸素イオン濃度	＞7	＜7	糖	質　量
3	炭酸イオン濃度	＜7	＞7	塩	質　量
4	水素イオン濃度	＜7	＞7	塩	グラム当量
5	酸素イオン濃度	＞7	＜7	糖	モル濃度

☑
問53　次の酸化還元に関する記述で、正しいものはどれか。

1　ある物質が酸素を失うことと酸化という。
2　ある物質が電子を失うことを酸化という。
3　ある物質が水素を失うことを還元という。
4　ある原子の酸化数が増加したとき、その原子は還元されたという。

☑
問54　次の化学反応のうち、下線をつけた原子で酸化されたものはどれか。

1　$2\underline{Mg}+O_2 \rightarrow 2MgO$
2　$\underline{Pb}+PbO_2+2H_2SO_4 \rightarrow 2PbSO_4+2H_2O$
3　$\underline{S}O_2+2H_2S \rightarrow 2H_2O+3S$
4　$\underline{Cu}O+H_2 \rightarrow Cu+H_2O$

☑
問55　次の物質のうち、還元剤として使用されるものを選び、その番号を記入しなさい。

－　90　－

1 H_2SO_4 2 $K_2Cr_2O_7$ 3 $(COOH)_2$ 4 $KMnO_4$

問56　次の金属のうち、硝酸に溶けるが、塩酸、希硫酸、硫酸に溶けない物はどれか。下記より選びなさい。

1　鉄　　2　金　　3　銀　　4　銅　　5　鉛

問57　次は金属のイオン化傾向を大きい順に並べたものである。正しいものを下から選びなさい。

1．Mg＞Cu＞K＞Zn　　　2．K＞Mg＞Zn＞Cu
3．Zn＞K＞Cu＞Mg　　　4．Cu＞Zn＞Mg＞K

問58　食塩水を電気分解したとき、陽極に発生する気体を1つ選びなさい。

①　水素　　　　　②　酸素　　　　　③　塩素

［Ⅳ］物質の性質

問59　次の文の（　）内に当てはまる正しい組み合わせはどれか、その番号を記入しなさい。

結晶水を含む水蒸気圧が、大気中の水蒸気圧より（ア）場合、結晶は水分子を放出して結晶構造がこわれ粉末になっていく。この現象を（イ）という。

固体の水蒸気圧が大気中の水蒸気圧より（ウ）場合、固体は大気中の水蒸気を吸収してしだいに水分が多くなり、ついには水溶液になる、この現象を（エ）という。

	ア	イ	ウ	エ
1	大きい	風解	小さい	潮解
2	小さい	風解	大きい	潮解
3	大きい	潮解	小さい	風解
4	小さい	潮解	大きい	風解

問60　次の炎色反応の色で明らかに誤っているものを一つ選びなさい。

1　Sr－－－赤色　　2　Ca－－－橙色　　3　Na－－－黄色
4　Ba－－－緑色　　5　Li－－－青色

問61　次の水酸化ナトリウムについての記載のうち、正しいものはどれか。

1　黄色又は赤黄色の粉末で200～220℃付近で分解する。
2　空気中に放置すると多少不快な臭気をはなって揮散する。
3　水と炭酸ガスを吸収する性質が強い。
4　水に溶けやすく、水溶液はリトマス試験紙を赤くする。

問62　ナトリウムに関する次の文章の（　　）の中に適当な語句を下欄から選び、その記号を記入しなさい。

　　ナトリウムはアルカリ金属とよばれ、周期表（　　）に属する元素で、水よりも（　　）、炎色反応は（　　）を示す。化学的に活発で空気中では直ちに（　　）されるため、（　　）中で貯蔵する。
　　また、水と激しく反応して（　　）と（　　）を生成する。
　　ナトリウムの水酸化物は、すべて（　　）を示し、水溶液は亜鉛と反応して（　　）を発生する。
　　ナトリウムの廃棄方法としては、燃焼法と（　　）法がある。

【下欄】

ア．酸素	ケ．軽く	チ．中性	イ．水素	コ．赤色
ツ．弱酸性	ウ．二酸化炭素		サ．黄色	テ．酸化
エ．水酸化ナトリウム	シ．緑色	ト．還元		
オ．炭酸水素ナトリウム	ス．１Ａ族	ナ．希釈	カ．エタノール	
セ．２Ａ族	ニ．溶解中和		キ．石油	ソ．１Ｂ族
ヌ．活性汚泥	ク．重く	タ．強塩基性		

問63　次の生石灰に関する各問に答えなさい。

(1) 石灰石を石灰炉で焼いてつくられます。このときの化学反応式を書きなさい。
　　（　　①　　）→（　　②　　）＋（　　③　　）

(2) この化学反応は、次のうちのどれに該当しますか。
　　ａ．化合　　　　　　ｂ．分解　　　　　　ｃ．合成

(3) 生石灰の外観は次のうちのどれですか。
　　ａ．白色の粉末　　　ｂ．白色のかたまり　　　ｃ．白色の結晶

(4) 食品などの容器中に生石灰を入れておくと徐々に水分を吸収してくれます。このときの反応式を書きなさい。
　　（　　④　　）＋（　　⑤　　）→（　　⑥　　）

(5) この化学反応の結果、できるのは次のうちのどれですか。
　　ａ．消石灰　　　　　ｂ．石灰乳　　　　　ｃ．石膏

問64　次の文章はハロゲン元素に関して説明したものです。文中の（　　）の中に該当するハロゲン元素の分子式を記入しなさい。

(1) 常温で（　①　）と（　②　）は気体、（　③　）は液体、（　④　）は固体である。
(2) ハロゲン元素のうち、（　⑤　）が最も化合力が強く、（　⑥　）が最も弱い。

問65 次の記述は窒素化合物に関するものであるが、正しいものの組合せを下欄から選び、その記号を記入しなさい。

ア　二酸化窒素は水に溶けて硝酸と窒素になる。
イ　硝酸は強い酸で、銅、銀を除く多くの金属を溶かして塩をつくる。
ウ　濃硝酸と濃塩酸の混合物は王水といい、強い酸化力をもち、金や白金を溶かして塩をつくる。
エ　窒素の水素化合物であるアンモニアは、常温常圧では気体であり、その水溶液は塩基性を示す。

A．（ア、イ）　　　B．（ア、ウ）　　　C．（ア、エ）　　　D．（イ、ウ）
E．（イ、エ）　　　F．（ウ、エ）

問66 次は硫酸に関する記述であるが、（　　　）の中にあてはまる語句または化学式選択肢の中から選び○印をつけなさい。

硫酸の化学式は
（1．HCl　2．H_2SO_3　3．HNO_3　4．H_2SO_4　5．H_2S）
であらわされ、純粋な硫酸の性状は

1．白色の気体で水に溶けやすい。
2．黒色の液体で水に溶けやすい。
3．黄色の刺激臭のある気体で、水にほとんど溶けない。
4．無色油状の重い液体で、水に混ぜると激しく発熱する。
5．無色の液体で、水にほとんど溶けない。

その識別法としては

1．赤色リトマス試験紙を青変させる。
2．硝酸銀溶液を加えると黄色の沈殿を生じる。
3．アンモニアを吸収させると黄濁する。
4．ショ糖、木片などにふれると、それらを炭化して黒変させる。
5．銅片を加えて熱すると、塩素を発生する。

また、硫酸の希釈水溶液の識別法としては、塩化バリウムを加えると
（1．赤色　　2．白色　　3．緑色　　4．黄色　　5．黒色　　）
の沈殿を生じる。

問67 次の文中の　[　　　]　の(1)～(2)の中に入れる適当な字句はどれか。

酢酸にエタノールを加えて放置すると、酢酸エチルと水が生成する。
この化学変化を　[　(1)　]　という。
逆に、酢酸エチルと水を混合しておくと酢酸とエタノールが生成する。
この化学変化を　[　(2)　]　という。

下欄

（1　ケン化　　2　エステル化　　3　加水分解　　4　電離　　）

□
問68　次の文章の（　）の中にあてはまる正しい語句を下欄から選び、その数字を記
　　　入しなさい。

　　有機化合物には分子式が同じであっても性質が異なる物質が存在す
　る。これらを互いに（1）体であるという。
　　たとえば分子式C_2H_6Oで表わされる異なる物質が2つあるが、一方
　の（2）は、水によく溶け、金属ナトリウムと反応して（3）を発生す
　る。他方の（4）は、水に（5）、金属ナトリウムとは反応しない。

〔下欄〕
0　同族　　　　　　　1　エチルエーテル　　　　2　異性
3　ジメチルエーテル　　4　水素　　　　　5　ナトリウムエチラート
6　酸素　　　　　　　　7　よく溶け　　　　8　エチルアルコール
9　溶けにくく

□
問69　次の官能基について、正しいものを右記語群の中から選び、その記号を（　　）
　　　内に記入しなさい。

＜語群＞
　　(1)　（　　）$-C_6H_5$　　　　　　a　プロピル基
　　(2)　（　　）$-COCH_3$　　　　b　アセチル基
　　(3)　（　　）$-COOH$　　　　　c　アミノ基
　　(4)　（　　）$-CHO$　　　　　　d　スルホン酸基
　　(5)　（　　）$>C=O$　　　　　　e　硝酸基
　　(6)　（　　）$-SO_3H$　　　　　f　ニトロ基
　　(7)　（　　）$-C_3H_7$　　　　　g　アルデヒド基
　　(8)　（　　）$-NO_2$　　　　　　h　カルボニル基
　　(9)　（　　）$-NH_2$　　　　　　i　カルボキシル基
　　(10)　（　　）$-NO_3$　　　　　j　フェニル基

□
問70　CH_4の水素1原子を次の原子団で置換したときの物質名称を記入しなさい。

　(1)$-OH$　　　　(2)$-COOH$　　　(3)$-CHO$
　(4)$-OCH_3$　　　(5)$-C_6H_5$

□
問71　次は、アルコールの酸化について述べたものであるが、（　）の中に入れる字
　　　句の組合せとして正しいものはどれか。

　　第1級アルコールを酸化すると（　ア　）になり、さらに酸化すると
　（　イ　）になる。第2級アルコールを酸化すると（　ウ　）を生じる。

　　　　　　　　ア　　　　　　　イ　　　　　　　ウ
　(1)　ケトン　　　　　カルボン酸　　　アルデヒド
　(2)　アルデヒド　　　ケトン　　　　　カルボン酸
　(3)　アルデヒド　　　カルボン酸　　　ケトン

(4)　カルボン酸　　　ケトン　　　　　アルデヒド

問72　有機化合物の性質は原子団の種類により大きく影響される。とくに反応性の大きい水酸基－OHのような原子団を官能基といい、有機化合物を官能基により分類することができる。例えば鎖式炭化水素の水素と置換した水酸基をアルコール性水酸基といい、アルコールの一般式はR－OHである。
　　このように官能基により有機化合物を分類した次の表について、①〜⑤は一般式を、a〜eは基の名称を記入しなさい。

	分　類	一般式	基の名称
(例)	アルコール	R－OH	アルコール性水酸基
	アルデヒド	①	a
	カルボン酸	②	b
	ニトロ化合物	③	c
	ア　ミ　ン	④	d
	スルホン産	⑤	e

問73　次のメタンに関する各問に答えなさい。

　(1)　メタンは燃料として用いられます。完全燃焼したときの化学反応式を完成させ記入しなさい。
　　　CH_4 ＋ （　①　）　――→（　②　）＋（　③　）

　(2)　メタンCH_4の水素原子の1つを次の官能基で置き換えたときにできる物質名を記入しなさい。
　　　①　－OH　　②　－CHO　　③　－COOH

［Ⅴ］ 総合問題

問74　A、B．C、D、Eの5本の試験管に、硫酸、塩酸、水酸化ナトリウム水溶液、食塩水及びアンモニア水がそれぞれ入れてある。次の実欧結果から、A〜Eの試験管に入っている液の名称について、正しい組合せを1つ選びなさい。

　（実験1）A〜Eのそれぞれの試験管に青色リトマス紙を入れたら、BとDだけが赤く変わった。Aに硝酸銀水溶液を加えたら白く濁った。
　（実験2）A〜Eのそれぞれの試験管にフェノールフタレイン溶液を1〜2滴入れたらCとEだけが赤く変わった。DにCを加えるとAを生じた。

①　A　塩酸　　　　B　硫酸　　　　C　アンモニア水　　　D　食塩水
　　E　水酸化ナトリウム水溶液
②　A　食塩水　　　B　硫酸　　　　C　水酸化ナトリウム水溶液
　　D　塩酸　　　　E　アンモニア水
③　A　食塩水　　　B　水酸化ナトリウム水溶液　　　　C　硫酸
　　D　アンモニア水　　　　　　　E　塩酸

問題・基礎化学

問75 次の物質は何か、最も適当なものを下欄から選び、その記号を記入しなさい。

(1) この水溶液を赤色リトマス紙につけたら青くなった。また、この水溶液を白金線につけて、炎色反応を行うと黄色を呈した。

(2) この液の少量に硝酸銀溶液1〜2滴を加えたら、白い沈殿ができた。また、この液は青色リトマス紙を赤く変えた。

(3) この液を紙につけ乾燥したら、液のついた所が黒くなった。また、この液を水の中に加えたら、水の温度が非常に高くなった。

(4) この液は無色の液体で、特有の刺激臭を有する。微量でもネスラー試薬によって特有の褐色を呈する。また、フェノールフタレイン溶液を加えると赤変する。

(5) この水溶液にアンモニア水を加えると、始め青緑色の塩基性塩の沈殿をみるが、過剰のアンモニア水によって沈殿物は溶解して濃青色の液となる。

ア H_2SO_4	イ $CuSO_4$	ウ $NaCl$	エ HCl
オ $NaOH$	カ NH_3	キ H_2O_2	ク H_2O

問76 次の方法で鑑定したとき、該当する劇物を下欄から選びなさい。

(1) この水溶液に塩化第二鉄を加えると紫色となる。

(2) この溶液にでんぷん水溶液を加えると青紫色となる。

(3) この水溶液を白金線につけて、ガスバーナーの火災中に入れると火炎は黄色となる。

(4) この物質の水溶液にネスラー試薬を加えると赤褐色となる。

(5) 食塩水にこの物質の溶液を加えると白濁する。

〔下 欄〕

1．フェノール	2．硝酸銀	3．アンモニア水
4．ヨウ素	5．水酸化ナトリウム	

問77 次の反応により生成される気体はなにか。次の例を参考に化学式と気体名を記入しなさい。

例 $Zn + H_2SO_4 \rightarrow ZnSO_4 +$ [H_2]
(水素)

(1) $2H_2O_2 \rightarrow 2H_2O +$ [   ]
(   )

(2) $NaCl + H_2SO_4 \rightarrow NaHSO_4 +$ [   ]
(   )

(3) $2NH_4Cl + Ca(OH)_2 \rightarrow CaCl_2 + 2H_2O + 2$ [   ]
(   )

(4) $CaCO_3 + 2HCl \rightarrow CaCl_2 + H_2O +$ [   ]
(   )

(5) $4HCl+MnO_2→MnCl_2+2H_2O+$ [   ]
  (   )

問78　次の化学反応により発生する気体を下記の［語群］から選びなさい。

（1）塩化ナトリウムに濃硫酸を加えて加熱する。
（2）大理石に希塩酸を加える。
（3）亜硫酸ナトリウムに硫酸を作用させる。
（4）亜鉛に希硫酸を加える。
（5）硫化鉄に希硫酸を作用させる。

［語　群］
ア．塩素　　　イ．アンモニア　ウ．塩化水素　　エ．二酸化硫黄
オ．硫化水素　カ．酸素　　　　キ．二酸化炭素　ク．水素

問79　次の問題について、正しいものをそれぞれの［　］内から選びなさい。

(1) それ自体は変化しないで、他の物質の反応する速さを変化させる物質を何というか。
　　〔1．溶媒　　　2．溶質　　　3．触媒　〕
(2)固体から気体になることを何というか。
　　〔1．蒸発　　　2．溶解　　　3．昇華　〕
(3)水溶液中で電離してH^+となる水素原子を持つものを何というか。
　　〔1．塩　　　　2．酸　　　　3．アルカリ　〕
(4)固体が空気中の　水分を吸収して溶液になる現象を何というか。
　　〔1．潮解　　　2．溶化　　　3．風解　〕
(5)結晶体が空気中で水分を失って粉末状になる現象を何というか。
　　〔1．粉化　　　2．風解　　　3．融解　〕
(6)酸素と結合するか、水素を放出することを何というか。
　　〔1．還元　　　2．酸化　　　3．水素化　〕
(7)ダイヤモンド分子の結合状態を何というか。
　　〔1．イオン結合　　2．金属結合　　3．共有結合　〕
(8)ハロゲンはどれか。
　　〔1．ヨウ素　　　　2．ホウ素　　　3．ケイ素　〕
(9)次の反応が平衡状態にあるとき、アンモニアの生成量を増やすにはどうすれば
　　よいか。　　　$N_2+3H_2・2NH_3+22$キロカロリー
　　〔1．温度を上げる　　2．加圧する　　3．減圧する　〕
(10)両性金属はどれか。
　　〔1．クロム　　　　2．アルミニウム　　　3．ケイ素　〕

問題・基礎化学

問80 次の記述のうち正しいものには0の数字を、誤っているものには1の数字を記入しなさい。

(1) 酸性溶液は、青色リトマス試験紙を赤変する。

(2) グリセリンやメタノールはアルコール類である。

(3) オゾンと酸素のように同じ元素からなる単体で、性質の異なるものを同位体という。

(4) 塩とは、酸と塩基との中和反応によって生ずるものをいう。

(5) 温度が一定であるとき、一定量の理想気体の体積は圧力に反比例する。

(6) pH2はpH4より水素イオン濃度が2倍高い。

(7) カリウムはイオン化傾向の最も小さい金属である。

(8) 脱臭には、活性炭が一般に用いられる。

(9) タンパク質はアミノ酸がペプチド結合したものをいう。

(10) 1パーセント液は、1000倍液である。

問81 次の文章のうち正しいものには0の数字を、誤っているものには1の数字を記入しなさい。

(1) v／v％は、容量対容量百分率を示す記号である。

(2) ナトリウムの炎色反応は青色である。

(3) 塩酸は無機化合物、蓚酸は有機化合物である。

(4) 原子の中心には陽電気を帯びた原子核があり、その周囲を陰電気を帯びたいくつかの電子がとりまいている。

(5) 濃硫酸を希釈する場合には、硫酸に水を加え激しく振り混ぜる。

(6) 水を電気分解したとき、陽極側に発生する気体は酸素である。

(7) 一定質量の気体の体積は、圧力と絶対温度に比例する。

(8) 水酸化ナトリウム溶液は、青色リトマス紙を赤変する。

(9) 銅を燃やすと、炎の色は赤色である。この反応を炎化反応という。

(10) 水と油を均一に分散させる性状をもった物質を界面活性剤という。

問82 次の文中の（　）内に当てはまる適切な語句の組み合わせを下欄から一つ選びなさい。

a　気体は温度と圧力によってその（ア）が変化してくる。

b　気体を水に溶かすとき、圧力は（イ）、温度は（ウ）ほどよく溶ける。

c　混合気体の成分気体が示す圧力を（エ）といい、各成分気体の（エ）の和は（オ）に等しい。

下　欄

	（ア）	（イ）	（ウ）	（エ）	（オ）
1	濃度	低く	高い	気圧	総圧
2	体積	高く	低い	気圧	差圧
3	質量	低く	高い	分圧	全圧
4	質量	高く	低い	気圧	総圧
5	体積	高く	低い	分圧	全圧

問83 次の（　　　）にあてはまるものを下欄から選び、その記号を記入しなさい。

(1) 濃硫酸と濃硝酸のいずれにも溶解しない金属は、（　　　）である。
(2) 硝酸、塩酸及び硫酸のうち、もっとも強い酸は、（　　　）である。
(3) 水の中に入れたとき、アルカリ性を呈する塩は、（　　　）である。
(4) アルデヒド基は、（　　　）である。
(5) メチル基は、（　　　）である。
(6) 20％水溶液の比重が1.5であるとき、その水溶液1リットルに含まれる溶質の重量は、（　　　）g である。
(7) 30％の硫酸溶液150gに、15％硫酸溶液50gを加えると、（　　　）％硫酸溶液ができる。
(8) 10％とは、（　　　）ppmである。
(9) 固体から直接気体へ変化することを（　　　）という。
(10) アルカリ金属の水酸化物は、（　　　）を示す。

〔下欄〕

ア	Au	イ	Pb	ウ	CHO	エ	$NaNO_3$
オ	CH_3	カ	CH_2	キ	H_2SO_4	ク	HNO_3
ケ	HCl	コ	$NaHCO_3$	サ	200	シ	300
ス	26.25	セ	28	ソ	蒸発	タ	昇華
チ	10000	ツ	100000	テ	酸性	ト	塩基性

問84 次の(1)から(10)までの文章のうち、正しいものに〇印を、誤っているものには×印を記入しなさい。

(1) 酸と塩基が作用して、塩と水を生ずる化学変化を中和という。
(2) 水銀は、常温では固体である金属である。
(3) 水は水素と酸素との混合物である。
(4) アンモニアは、水に良く溶け、空気より軽い気体である。
(5) イオウの元素記号はSnである。
(6) 物質の変化の現象で液体が固体に変化する現象を凝縮という。
(7) ダイヤモンドは炭素からできている物質である。
(8) ヨウ素はデンプン溶液を青紫変させる。
(9) pH7.5の溶液は弱アルカリ性である。
(10) ナトリウムの炎色反応は緑色である。

問85 次の文章の（　　　　）の中に、最も適切な語句を下欄から選びなさい。

(1) コロイド溶液のかたまったもので、のり状になった半固形のものを（ ① ）という。

(2) 多数の分子が疎水性の部分を向け合って、コロイド粒子となる。このような分子の集合体を（ ② ）という。

(3) ある物質の $1\,cm^3$ の重さを（ ③ ）という。

(4) 水素イオンの濃度ｐＨが7の場合を（ ④ ）という。

(5) 組成式中の各原子の原子量の総和を（ ⑤ ）という。

(6) 物質が水素と結合するか、または酸素を失う化学変化のことを（ ⑥ ）という。

(7) ナトリウムの炎色反応は（ ⑦ ）である。

(8) 固体が吸湿性のため、水分を吸収し徐々に溶けてしまう現象を（ ⑧ ）という。

(9) 化合物がまったく異なった2種以上の物質に変化することを（ ⑨ ）という。

(10) 原子番号は同じであるが、質量数の違うものを（ ⑩ ）という。

〔下　欄〕
ア　融解　　イ　潮解　　　ウ　濃度　　エ　ミセル　　　オ　還元
カ　分解　　キ　酸性　　　コ　黄色　　サ　気化　　　　シ　化合物
ス　ゾル　　セ　化学式量　ソ　液性　　タ　密度　　　　チ　青色
ツ　重合　　テ　ゲル　　　ト　同位体　ナ　酸化　　　　ニ　中性　　ヌ　包装

問86 次の問について、該当するものの記号を記入しなさい。

(1) 炎色反応で紫色を呈するものは次のどれか。
　　ア　Na　　イ　Ba　　　ウ　K　　　　エ　Ca

(2) アセチレンからエチレンへの反応は次のどれか。
　　ア　置換　　イ　加水分解　ウ　付加　　　エ　重合

(3) 次の中でイオン化傾向が一番大きいものは次のどれか。
　　ア　Ni　　イ　Mg　　　ウ　Au　　　エ　Zn

(4) 次の元素の中で陰イオンになるのは次のどれか。
　　ア　Na　　イ　Ca　　　ウ　S　　　　エ　Zn

(5) 食塩水を電気分解したとき、陽極に発生する気体は次のどれか。
　　ア　H_2　　イ　O_2　　ウ　Cl_2　　エ　N_2

(6) 赤色リトマス紙を青く変えるのは次のどれか。
　　ア　アルカリ性　イ　中性　　ウ　酸性　　エ　酢

(7) 「気体はその種類に関係なく、同温、同圧、同体積の条件のもとでは、同数の分子を含んでいる」という法則は次のどれか。
　　ア　アボガドロの法則　　　　イ　ヘスの法則
　　ウ　ヘンリーの法則　　　　　エ　ボイルの法則

(8) 生物化学的酸素要求量は次のどれか。
　　ア　COD　　イ　AOD　　ウ　BOD　　エ　DOD

(9) 100万分の1は次のどれか
　　ア　ppb　　イ　ppc　　ウ　ppn　　エ　ppm

(10) 50%致死量は次のどれか

ア　LD₅₀　　イ　LC₅₀　　ウ　LB₅₀　　エ　LP₅₀

問87 次の文について（　　）内の正しい語句を○印で囲みなさい。

(1) 塩酸と水酸化ナトリウムの反応は、（　①　中和反応　②　還元反応　③　沈殿反応　）である。

(2) 官能基である「R－CHO」の名称は、（　①　水酸基　②カルボキシル基　③　アルデヒド基　）である。

(3) 官能基である「R－NO₂」の名称は、（　①　ニトロ基　②　アルキル基③　スルホン酸基　）である。

(4) 大理石に塩酸をそそぐと発生する気体は、（　①　SO₂　②　CO₂　③　NO₂　）である。

(5) CuSO₄がイオン化するとCuは、（　①　Cu⁺　②　Cu²⁺　③Cu³⁺　）となる。

(6) pHとは、水素イオン濃度のことであり、酸性であるのは、（　①　pH2　②　pH7　③　pH9　）である。

(7) ppmは、（　①　1000分の1　②　1万分の1　③　100万分の1　）の濃度を表す単位である。

(8) 水酸化カリウム25gを水100gに溶かした時の濃度は、（　①　20%　②　25%　③　30%　）である。

(9) イオウが燃焼して亜硫酸ガスになるとき、イオウは（　①　還元　②　酸化　③　昇華　）されたことになる。

(10) 次の物質を水に溶かした時、アルカリ性を示すのは、（①　NH₃　②　HNO₃　③　CO₂　）である。

問88 次の文のうち、正しいものには○印を、誤っているものには×印を、（　　）内に、記入しなさい。

(1) （　　）　コロイド溶液はその状態によって、液状のゾルと、半固体のゲルとに分けられる。

(2) （　　）　温度が一定であるとき、一定量の液体に溶ける気体の質量は気体の圧力に比例する。

(3) （　　）　同じ温度、同じ圧力のもとでは、すべての気体はその種類に関係なく、同体積に同数の分子を含んでいる。

(4) （　　）　ヨウ素はでんぷん液を赤変させる。

(5) （　　）　CODとは、生物化学的酸素要求量のことである。

(6) （　　）　固体から液体に変化することを融解という。

(7) （　　）　モル濃度は、溶液1Lに溶けている溶質のグラム数である。

(8) （　　）　二種以上の物質が化学的に結合したものを混合物という。

(9) （　　）　溶液100mL中に溶けている溶質の割合をmL数で表すには、容量百分率（V／V%）を用いる。

(10) （　　）　ある温度である物質を溶かした場台、それ以上溶けなくなる状態の溶液を不飽和溶液という。

問89 次の文の（　　　）内に適当な語句を下欄より選び、その記号を記入しなさい。

(1) 結晶体が空気中で水分を失って、粉末状になる現象を（　　　）という。
(2) 物質が水素を失う現象を（　　　）という。
(3) 同じ元素でありながら、質量数の違う元素を（　　　）という。
(4) 溶媒100 g 中に溶解しうる溶質の g 数を（　　　）という。
(5) ある金属が酸化するときに、無色の炎に金属特有の色を与える反応を（　　　）という。
(6) 固体から液体になることなく直ちに気体になり、気体が冷却されれば直ちに固体になる。このような現象を（　　　）という。
(7) 固体が大気中の水蒸気を吸収して、溶液となる現象を（　　　）という。
(8) 物質の質量と、これと同体積の標準物質（水4℃）の質量との比を（　　　）という。
(9) 酸とアルカリを混合して中性にすることを（　　　）という。
(10) 酸素とオゾンのように同一元素からなるが性質の異なる物質を（　　　）という。

＜下　欄＞

ア　溶解度	イ　融点	ウ　ゾル	エ　密度	オ　加水分解
カ　風化	キ　電離	ク　沸点	ケ　比重	コ　中和
サ　同位体	シ　還元	ス　酸化	セ　ゲル	ソ　潮解
タ　凝固	チ　昇華	ツ　融解	テ　密閉容器	ト　気密容器
ナ　密封容器	ニ　炎色	ヌ　同素体		

問90　次の問について、該当するものの記号を記入しなさい。

(1) 炎色反応で紫色を呈するものはどれか。
　　　ア　Na　　イ　Ba　　ウ　K　　エ　Ca
(2) アセチレンがエチレンへ変化する反応は何か。
　　　ア　置換　　イ　加水分解　　ウ　付加　　エ　重合
(3) 次の元素の中でイオン化傾向が一番大きいものはどれか。
　　　ア　Ni　　イ　Mg　　ウ　Au　　エ　Zn
(4) 次の元素の中で陰イオンになるのはどれか。
　　　ア　Na　　イ　Ca　　ウ　S　　エ　Zn
(5) 食塩水を電気分解したとき、陽極に発生する気体は何か。
　　　ア　H_2　　イ　O_2　　ウ　Cl_2　　エ　N_2
(6) カルボキシル基とはどれか
　　　ア　$-CH_3$　イ　$-CHO$　ウ　$-COOH$　エ　$-Cl$
(7) 食塩を水で溶かした場合、水は何というか。
　　　ア　溶媒　　イ　溶液　　ウ　溶質　　エ　容器
(8) 赤色リトマス紙を青く変えるのは何か。
　　　ア　アルカリ性　　イ　中性　　ウ　酸性　　エ　酢
(9) 気体が液体になることを何というか。
　　　ア　風化　　イ　凝縮　　ウ　気化　　エ　融解

(10) 「気体はその種類に関係なく、同温、同圧、同体積の条件のもとでは、同数の分子を含んでいる」の法則は何というか。
　　　ア　アボガドロの法則　　　　　イ　ヘスの法則
　　　ウ　ヘンリーの法則　　　　　　エ　ボイルの法則

問91

(1) ここに15%の濃度の食塩水が200ｇある。次の問いに答えなさい。

① 20%にするには、水を何ｇ蒸発させればよいか正しいものを選び、その記号を記入しなさい。
　　　ア　30ｇ　　イ　50ｇ　　ウ　70ｇ　　エ　100ｇ　　オ　150ｇ

② 10%にするには、水を何ｇ加えればよいか正しいものを選び、その記号を記入しなさい。
　　　ア　50ｇ　　イ　70ｇ　　ウ　100ｇ　　エ　120ｇ　　　オ　150ｇ

(2) 圧力が一定のとき、27℃で１Lの気体を０℃まで冷やすと、体積は何Lになるか正しいものを選び、その記号を記入しなさい。
　　　ア　0.85L　　イ　0.87L　　ウ　0.91L　　エ　0.95L　　　オ　0.98L

(3) 0.5規定の硫酸100mLを中和するのに、0.25規定の水酸化ナトリウムは何mL必要か正しいものを選び、その記号を記入しなさい。
　　　ア　10mL　　イ　35mL　　ウ　40mL　　エ　55mL　　　オ　200mL

(4) 下線を付けた原子の酸化数として正しいものを選び、その記号を記入しなさい。

$\underline{C}O_2$

　　　ア　1　　イ　2　　ウ　3　　エ　4　　オ　5

問92　次の文章のうち、□□□内の①〜⑩にあてはまる正しい字句を下欄から選び、その記号を記入しなさい。

(1) コロイド溶液では、その粒子が不規則な　①　運動をしており、光を散乱させる　②　現象がみられる。

(2) 異なる物質が互いに均一に混ざり合った液体を　③　という。
　　溶けている物質を　④　、溶かしている液体を　⑤　という。

(3) 陽子（H^+）を他に与える分子またはイオンを　⑥　といい、
　　陽子（H^+）を他から受け取る分子またはイオンを　⑦　という。

(4) 原子またはイオンが電子を失う変化を　⑧　といい、原子またはイオンが電子を受け取る変化を　⑨　という。

(5) 原子番号が同じで質量数の異なる原子を　⑩　という。

A．塩基　　　　　B．解離　　　　　C．還元　　　　　D．酸
E．酸化　　　　　F．質量保存　　　G．触媒　　　　　H．チンダル
I．定比例　　　　J．同位体　　　　K．同族体　　　　L．ブラウン
M．溶液　　　　　N．溶質　　　　　O．溶媒

問題・基礎化学

◻

問93 次の文章のうち、（　　　　　）内の①〜⑩にあてはまる正しい字句を下欄から選び、その記号を記入しなさい。

(1) ハロゲン元素は、原子量の小さいものから（　①　）、（　②　）、（　③　）、（　④　）で、周期表の第７B族にある。これらの元素の化学的性質は活発で、多くの金属や水素と反応する。単体の状態は常温常圧で（　①　）と（　②　）は気体、（　③　）は液体、（　④　）は固体である。また、これらは、すべて（　⑤　）色である。

A．塩素　　B．酸素　　C．臭素　　D．炭素　　E．窒素
F．フッ素　G．無　　　H．有　　　I．ヨウ素
---

(2) 酸とは、水素イオンを（　⑥　）ことができる物質であり、塩基とは、水素イオンを（　⑦　）ことができる物質である。（　⑧　）反応とは、酸と塩基から水と塩を生成することである。

　　酸性の水溶液は、リトマス試験紙を（　⑨　）色にする。アルカリ性の水溶液は、リトマス試験紙を（　⑩　）色にする。

A．青　　　B．赤　　C．与える　　D．イオン　　E．受け取る
F．黄　　　G．中和

◻

問94

1．次の化学反応式を完成させ、［　　　　　］に化学式を記入しなさい。

　なお、この化学反応に最も関係の深い化学反応名を下の ▭ から選び、《　　》に記号で記入しなさい。

(1) $4Fe + 3O_2$　　　　　　［　　　］《　　　　》
(2) $Ba(OH)_2 + 2HNO_3$　　［　　　］＋［　　　　］《　　　　》
(3) $CuSO_4 + 2H_2O$　　　　［　　　］＋［　　　　］《　　　　》
(4) $CH_3CHO + H_2$　　　　［　　　］《　　　　》

ア．加水分解　　イ．中和　　　ウ．酸化　　　エ．還元

2．次の文で正しいものに○印、誤っているものに×印を（　）の中に記入しなさい。

(1) （　　）冷所とは、10℃以下の場所をいう。
(2) （　　）PPMとは通常百分率のことをいう。
(3) （　　）水は、水素と酸素の混合物である。
(4) （　　）個体及び液体の異物又は水分が入らないような容器を、気密容器という。
(5) （　　）20％水酸化ナトリウム溶液に赤色リトマス紙をつけると青色になる。
(6) （　　）LD_{50}とは、50％致死量をいい、同一集団に属する動物の50％が死亡するであろうと推定する薬物量で、一般にその動物の体重1g当たりの薬物量をmgで表す。

(7) （　　　） 食塩水では、溶媒が食塩で溶質が水である。

(8) （　　　） ダイヤモンドと炭は同素体である。

(9) （　　　） 重量対容量百分率は通常w／v％で表す。

(10) （　　　） 有機燐（りん）製剤で中毒した場合、コリンエステラーゼの活性値
　　　　　　　　が低下する。

3．次の文の（　　　　）の中に正しい字句を記入しなさい。

(1) 個体が空気中の水蒸気を吸収して、これに溶ける現象を（　　　　）という。

(2) 個体が液体になることなく直接気体になったり、気体から個体になったりする
　　変化を（　　　　）という。

(3) 結晶性の物質が、空気中で結晶水を失って、粉末になる変化を（　　　　）と
　　いう。

(4) 液体の温度が上がると、液面から気化するのが（　　　　）で、液体中より
　　気化して水蒸気の泡が盛んに上がり、気化する現象を（　　　　）という。

4．10％の硫酸500mLを作るには、80％硫酸何mLが必要か。（計算式を書き答えなさい。）

5．30％水酸化ナトリウム溶液を希釈して15％溶液150ｇを作りたい。
　　必要な水酸化ナトリウム溶液と水の量はいくらか。（計算式を書き答えなさい。）

問95　次の問題の回答として最も適当なものを下欄から選び、その記号を記入しなさい。

(1)　ｐＨ２の水溶液の水素イオン濃度は、ｐＨ４の水溶液の水素イオン濃度の何
　　倍か。

(2)　180ｇの水に20ｇの水酸化ナトリウムを加え、完全に溶かした場合、その溶液
　　の濃度は何％になるか。

(3)　0℃で1気圧の空気10リットルを圧縮し、0℃で5リットルにすると何気圧
　　になるか。

(4)　溶液100ｋｇの中に、溶質が4ｇ溶けている場合の濃度は何ｐｐｍになるか。

(5)　2モル濃度の硫酸は、規定濃度で表現すると何規定か。

〔下　欄〕
| ア | 1 | イ | 2 | ウ | 4 | エ | 10 | オ | 20 | カ | 40 |
| キ | 100 | ク | 200 | ケ | 400 | コ | 1000 | サ | 2000 | シ | 4000 |

問96　次の記述について正しいものには○を、誤っているものには×を記入しなさい。

①　ｐＨ３はｐＨ５より2倍水素イオン濃度が高い。

②　ＮａはＭｇよりイオン化傾向が大きい。

③　重クロム酸カリウムや過マンガン酸カリウムは還元剤である。

④　物質の三態について、固体から直接気体に変化することを昇華という。

⑤　青色リトマス紙を赤く変色させる水溶液は、アルカリ性である。

⑥　硫酸銅の水溶液が付着した白金線を、無色の炎の中に入れると、炎の色は緑色
　　を呈する。

⑦　引火性の物質の構造式には、必ずニトロ基が含まれる。

⑧　希塩酸に亜鉛の粒を加えると、水素を発生する。

⑨　メチルアルコールは、日本酒に含まれるアルコールの大部分を占め、飲用に使用されるアルコールである。

⑩　同一の分子式で表されるが、構造の異なる物質同士を互いに異性体という。

問97　問97においては、原子量を次のとおりとする。

　　H 1　　C 12　　N 14　　O 16　　Na 23　　Cl 35.5

次の文章問題を解き、下欄の中から該当する数値の番号を選び記入しなさい。

a）15％HCl溶液100グラム中にはHClが何g含まれるか。

b）同じ質量（重量）のメタンと酸素を、同温、同体積で別々の容器に入れている。メタンの圧力が1.0atmであれば、酸素の圧力は何atmか。

c）60℃における硝酸ナトリウムの飽和水溶液100gを20℃に冷却すると、何gの結晶が析出するか。ただし、60℃と20℃における硝酸ナトリウムの溶解度はそれぞれ124、88である。

（1）0.25	（2）0.5	（3）0.75	（4）1.0	（5）1.5	（6）2.0
（7）3.0	（8）15	（9）16	（10）17	（11）18	（12）36

問98　次の文中の（　　）の中に最も適する語句を下記より選び記入しなさい。

　混合物から純物質を分離する操作を一般に精製という。液体状の混合物を加熱すると蒸発しやすいほうの液体が先に（　　）して蒸気となるので、この蒸気を冷却して分離する方法を（　　）法という。また、異なる2種類以上の液体混合物を沸点の差でそれぞれの液体に分離する方法を（　　）法とよぶ。

　一方、固体状の混合物と分離するときは、その固体をある溶媒に溶かして（　　）の差を利用する。この方法で固体状物質から純物質を得る方法を（　　）法という。

　〔溶解度、　昇華、　再結晶、　ろ過、　分留、　蒸留、　沸騰〕

問99　物質の化学反応の速度を増加させる方法として、<u>誤っているもの</u>を下から選びなさい。

1．反応物質が気体の場合は、濃度を増加させる。

2．触媒を用いて、反応に必要なエネルギーの値を小さくする。

3．発熱反応では冷却する。

4．反応物質が固体の場合は、粉末にしてよく混合する。

問題・基礎化学

問100 次は、物質の分離、精製方法に関する記述であるが、それぞれに該当する語句を下から選びなさい。

① 液体を加熱し、生じた気体を冷却、液化して分離する方法で、少量のニトロベンゼンを含むベンゼン溶液からベンゼンを精製するときなどに用いられる。

② コロイド溶液と分子やイオンが溶けている溶液とが混合しているとき、半透膜を用いてコロイド粒子だけを残して分子やイオンを除き、精製するときなどに用いられる。

③ 温度による溶解度の差を利用して、固体物質を精製する方法で、塩化ナトリウムを不純物として含んでいる硝酸カリウムから、硝酸カリウムを分離するときなどに用いられる。

④ 液体中に固体が混ざっている場合に、ろ紙などを用いて液体と固体とに分離する方法で、食塩水に混合した小砂を分離するときなどに用いられる。

⑤ 混合物を構成する固体や液体の中から、特定の成分物質を溶解させる液体を用いて分離する方法で、希塩酸に溶けたアニリンを分離するときなどに用いられる。

（1.蒸留法　2.ろ　過　3.再結晶　4.透　析　5.抽出法　）

問題・基礎化学

取扱・性状・全般

☐
問1　次の物質群から、劇物に該当する物質を下から選びなさい。

① ┌ 1．蓚酸
　　│ 2．二酸化炭素
　　│ 3．アセトン
　　│ 4．硫化水素
　　└ 5．酢酸

② ┌ 1．硫化アンチモンを含有する製剤
　　│ 2．酸化アンチモン（Ｖ）
　　│ 3．酸化アンチモン（Ⅲ）を含有する製剤
　　│ 4．アンチモン酸ナトリウム
　　└ 5．塩化アンチモン（Ⅲ）

③ ┌ 1．チオセミカルバジド
　　│ 2．シアン化水素
　　│ 3．シアン酸ナトリウム
　　│ 4．シアン化ナトリウム
　　└ 5．硫化燐

④ ┌ 1．過酸化尿素を20％含有する製剤
　　│ 2．2-ジフェニルアセチル-1.3-インダンジオンを0.01％含有する製剤
　　│ 3．アセチルサリチル酸を1％含有する製剤
　　│ 4．メチルシクロヘキシル-4-クロルフェニルチオホスフェイトを30％含有する製剤
　　└ 5．クロム酸鉛を60％含有する製剤

⑤ ┌ 1．ジエチルパラニトロフェニルチオホスフェイト（パラチオン）
　　│ 2．2・4-ジニトロ-6-（1-メチルプロピル）-フェノール
　　│ 3．2-イソプロピル-4-メチルピリミジル-6-ジエチルチオホスフェイト（ダイアジノン）
　　│ 4．ジメチル-（ジエチルアミド-1-クロルクロトニル）-ホスフェイト
　　└ 5．ヘキサクロルヘキサヒドロメタノベンゾジオキサチエピンオキサイド

☐
問2　次は、弗化水素の性状及びその水溶液の液性と、ホルムアルデヒドの化学式、性状及び製法に関する記述であるが、正しいものを下から選びなさい。

① 弗化水素の性状について
　　┌ 1．常温で黄色の可燃性気体であり、かすかな芳香がある。
　　│ 2．常温で黄色の可燃性固体であり、かすかな芳香がある。
　　│ 3．常温で無色の可燃性気体であり、激しい刺激臭がある。
　　│ 4．常温で無色の不燃性固体であり、激しい刺激臭がある。
　　└ 5．常温で無色の不燃性気体であり、激しい刺激臭がある。

② 弗化水素の水溶液の液性について
　　1．強酸性
　　2．弱酸性
　　3．中　性
　　4．弱アルカリ性
　　5．強アルカリ性

③ ホルムアルデヒドの化学式について
　　1．CH_2O
　　2．CH_2O_2
　　3．CH_4O
　　4．C_2H_4O
　　5．$C_2H_4O_2$

④ ホルムアルデヒドの性状について
　　1．常温で無色の刺激臭の強い固体で、強い酸化力を示す。
　　2．常温で無色の刺激臭の強い固体で、強い還元力を示す。
　　3．常温で無色の刺激臭の強い気体で、強い還元力を示す。
　　4．常温で黄色の刺激臭の強い気体で、強い酸化力を示す。
　　5．常温で黄色の刺激臭の強い気体で、強い還元力を示す。

⑤ ホルムアルデヒドの製法について
　　1．酢酸の還元
　　2．メタノールの酸化
　　3．エタノールの縮合反応
　　4．アセトアルデヒドの酸化
　　5．アセチレンの付加重合

問3　次は、それぞれの物質の性状等に関する記述であるが、正しいものを下から選びなさい。

① ベンゾニトリル
　　1．分子式はC_2H_3Nである。
　　2．分子内にアミノ基を有している。
　　3．常温で褐色の気体である。
　　4．加水分解すると、安息香酸に変化する。
　　5．別名ニトロベンゼンと呼ばれる。

② トルエン
　　1．50％を含有する製剤は、劇物に指定されている。
　　2．溶剤として使用されるほか、爆薬及び香料の原材料にもなる。
　　3．示性式は、$(CH_3)_2C_6H_4$である。
　　4．オルト、メタ、パラの3種の異性体が存在する。
　　5．常温で無色無臭の気体であり、水によく溶ける。

③ 黄燐
1．ベンゼンに不溶である。
2．水中に貯蔵する。
3．常温で刺激臭の強い黄色の気体である。
4．すべての同素体が劇物に指定されている。
5．国内では安全マッチにのみにその使用が認められている。

④ 塩素酸カリウム
1．化学式はKC・O₄である。
2．別名黄血カリと呼ばれる。
3．加熱により分解して酸素を放出する。
4．常温で淡赤色の気体で、水によく溶ける。
5．強い還元剤であり、硫黄との混合物は加熱により爆発する。

⑤ 三塩化燐
1．3％を含有する製剤は劇物に指定されている。
2．常温で黒色の固体である。
3．二硫化炭素にはよく溶けるが、エーテルにはほとんど溶けない。
4．有機化合物の脱塩素剤として使用され、五塩化燐に変化する。
5．湿った空気中に放置すると発煙する。

問4　次の各問いに答えなさい。

(1)　化学式群の中から、毒物に該当するものを下から選びなさい。

1．PbO_2　　2．$(NH_2OH)_2 \cdot H_2SO_4$　　3．$PbCl_2$
4．$H_3AsO_4 \cdot 1/2H_2O$

(2)　化学式群の中から、毒物に該当するものを下から選びなさい。

1．$CH_3COC_2H_5$　　2．CH_3CN　　3．$CH_2=CHCN$
4．CH_3SH

(3)　この物質は空気に触れると自然発火するので、水を満たした瓶の中に入れ、砂を入れた缶の中に固定して冷暗所に貯蔵する。該当する物質を下から選びなさい。

1．黄燐　　　2．水銀　　　3．セレン　　　4．砒素

(4)　クロロホルムは、空気及び日光により分解し変質するので、通常少量の物質を加えて貯蔵する。加える物質を下から選びなさい。

1．アンモニア　2．アルコール　3．硫酸　　　4．塩酸

(5)　この物質は水分を吸収して潮解するので、密栓して乾燥した場所に貯蔵する。
該当する物質を下から選びなさい。

１．塩化亜鉛　　　２．塩化第一水銀　　　３．蓚酸　　　４．ＤＤＶＰ

問5　次の薬物の貯蔵方法として、最も適当なものは下欄のどれか。
　　　ア　過酸化水素水　　　イ　黄燐（りん）　　　ウ　クロロホルム
　　　エ　ベタナフトール

１　空気や光に触れると赤変するため、遮光して貯蔵する。
２　空気に触れると発火しやすいので、水中に沈めてビンに入れ、さらに砂を
　入れた缶中に固定して、冷暗所に貯蔵する。
３　褐色ビンに入れて、冷暗所に貯蔵する。
４　遮光した気密容器に少量のアルコールを加えて、冷暗所に貯蔵する。

問6　次の薬物の廃棄方法として、最も適当なものは下欄のどれか。
　　　ア　塩素酸ナトリウム　　　　　イ　セレン
　　　ウ　重クロム酸ナトリウム　　　エ　クロルスルホン酸

１　中和法　　　２　還元法　　　３　還元沈殿法　　　４　固化隔離法

問7　次の性質を有する毒物及び劇物を下欄から選び、その記号を（　　　）内に記入
しなさい。

(1)（　　）　　　無色で特異臭のある液体で、猛烈な毒性を有し、少量でも呼吸
困難、呼吸痙れんを起こし、呼吸麻痺で倒れることがある。
(2)（　　）　　　アルコールと酸のエステル反応により生成され、無色の液体で、
臭いは特有の芳香がある。
(3)（　　）　　　白色の結晶で血液毒である。血液はどろどろになり、どす黒く
なる。腎臓をおかされるため尿に血液がまじる。
(4)（　　）　　　無色の液体で、その臭いは甘く、その蒸気は麻酔作用を有する。
純品は空気に触れたり、日光を受けると分解して有害なホスゲン
を生じる。
(5)（　　）　　　粘性のある無色の液体で、不揮発性、吸湿性、強酸性、強い腐
食性を有する。
(6)（　　）　　　無色または微黄色の吸湿性の液体で、摂取すると頭痛・めまい
を起こし、重いものは、苦悶、嘔吐、麻痺、痙れんをおこす。
(7)（　　）　　　無色、揮発性の液体で、誤って飲むと視神経を侵される。　　常温
(8)（　　）　で液体の金属で、他の多くの金属とアマルガムを生成する。

---

(9) （　　）　　　　　　無色透明の蒸発しやすい液体で、猛烈な毒性を有し、少量でも
　　　　　　　　　　　　　　呼吸困難、呼吸痙れんを起こし、呼吸麻痺でたおれることがある。
(10)（　　）　　　　　　特異の臭気と灼くような味を有する結晶あるいは結晶塊で、皮
　　　　　　　　　　　　　　膚や粘膜につくと火傷をおこしその部分は白色となる。

┌───┐
│　ア．水銀　　　　　イ．メタノール　　　ウ．硫酸　　　エ．酢酸エチル　　　　│
│　オ．クロロホルム　　カ．ニトロベンゼン　　　キ．シアン化水素　　　　　　　│
│　ク．塩素酸ナトリウム　　　ケ．アクリルニトリル　　　コ．フエノール　　　　│
└───┘

問8　次の薬物のうち、特定毒物には◎を、その外の毒物には〇を、劇物には△を（　）
　　の中に記入しなさい。

(1)　モノフルオール酢酸　（　　　　）　　　　ダイアジノン　　　（　　　　）
(2)　四アルキル鉛　　　　（　　　　）　　　　ブロムメチル　　　（　　　　）
(3)　クロルピクリン　　　（　　　　）　　　　塩化水素　　　　　（　　　　）
(4)　キシレン　　　　　　（　　　　）　　　　エンドリン　　　　（　　　　）
(5)　パラコート　　　　　（　　　　）　　　　ＥＰＮ　　　　　　（　　　　）

問9　毒物及び劇物の廃棄方法についてつぎの品目に最も適した方法を下欄から選び
　　その記号を（　）の中に記入しなさい。

(1)　クロルピクリン　　　　　（　　　　）
(2)　ホルムアルデヒド　　　　（　　　　）
(3)　黄燐（りん）　　　　　　（　　　　）
(4)　硫酸　　　　　　　　　　（　　　　）
(5)　無機シアン化合物　　　　（　　　　）
〈廃棄方法〉

┌───┐
│　ア　廃ガス水洗設備及びアフターバーナーを具備した焼却炉で焼却する。　　　│
│　イ　水酸化ナトリウム水溶液を加えアルカリ性とし、塩素ガスを注入して酸化　│
│　　　分解する。　　　　　　　　　　　　　　　　　　　　　　　　　　　　　│
│　ウ　少量の界面活性剤を加えた上、亜硫酸ナトリウムと炭酸ナトリウムの混合　│
│　　　溶液中で　分解させた後多量の水で希釈して処理する。　　　　　　　　　│
│　エ　徐々に石灰乳などで中和後、多量の水で希釈し処理する。　　　　　　　　│
│　オ　水で希薄な水溶液とし、次亜塩素酸塩水溶液を加えて分解する。　　　　　│
└───┘

問題・各論〔取扱・性状・全般〕

☑

問10　次の薬物の毒性及び解毒剤として適切なものをそれぞれ下欄から選び、その数字を答えなさい。

	毒　性	解毒剤
ア．有機フッ素化合物	（　①　）	（　②　）
イ．シアン化合物	（　③　）	（　④　）
ウ．有機塩素化合物	（　⑤　）	（　⑥　）
エ．有機リン化合物	（　⑦　）	（　⑧　）
オ．ヒ素化合物	（　⑨　）	（　⑩　）

（毒　性）
1．急性中毒においては、腹痛・嘔吐等コレラに似た症状が現れることがある。
2．生体細胞内のTCAサイクルが阻害される。
3．中枢神経毒であり、肝臓・腎臓に変性をおこす。
4．大量に体内に吸入すると、呼吸麻痺により即死する。
5．血液中のアセチルコリンエステラーゼが阻害される。

（解毒剤）
1．バルビタール製剤　　2．チオ硫酸ナトリウム　　3．PAM
4．BAL（ジメルカプロール）　　5．アセトアミド

☑

問11　次の方法で貯蔵する毒物又は劇物を下欄から選び、その数字を答えなさい。

(1)　水を満たしたビンに沈め、さらに砂を入れた缶中に固定し、冷暗所に貯蔵する。
(2)　鉛、エボナイトあるいは白金製の容器に貯蔵する。
(3)　石油中に貯蔵する。
(4)　遮光ビンに入れ、冷所に貯蔵する。
(5)　常温で貯蔵する。

1．過酸化水素水　　2．ホルマリン　　3．フッ化水素酸
4．ナトリウム　　5．黄リン

☑

問12　次の方法で貯蔵する毒物又は劇物を下欄から選び、その数字を答えなさい。

(1)　二酸化炭素と水を吸収するので、密栓をして貯蔵する。
(2)　圧縮冷却して液化し、圧縮容器に入れ温度が上昇しないよう冷暗所に貯蔵する。
(3)　直接空気にふれることをさけ、窒素のような不活性ガスの中に貯蔵する。
(4)　空気や光線にふれると赤変するので、遮光して保存する。
(5)　日光の直射を受けない冷所に、可燃性、発熱性、自然発火性のものから十分に引き離して貯蔵する。

☐
問13　次の文章の（　）に最も適当なものを下から選び、その記号を記入しなさい。

(1)　燐化水素は、無色の気体で（　　　）の臭いがある。

(2)　硫酸タリウムは、白色の結晶で（　　　）として使用される。

(3)　黄燐は空気中の酸素と反応して（　　　）する。

(4)　サリノマイシンナトリウムは、抗生物質で（　　　）として使用される。

(5)　過酸化ナトリウムは、酸化剤または（　　　）として使用される。

(6)　酢酸エチルは強い（　　　）臭のある可燃性無色の液体である。

(7)　ベンゾニトリルは、無色の液体で（　　　）や溶剤として使用される。

```
a　果実　b　腐った魚　　c　ニンニク　d　発光　　e　発火
f　分解　g　脱水剤　　　h　漂白剤　　i　海面活性剤
j　除草剤　k　飼料添加物　l　プラスチック原料　m　殺そ剤
n　植物成長調整剤
```

☐
問14　次の貯蔵法について最も適当な物質を下欄から1つ選び、その記号を答えなさい。

(1)　通常石油中に沈めて雨水などの漏れがないような場所に貯蔵する。

(2)　亜鉛または錫めっきをした鋼鉄性容器で保管し、高温に接しない場所に保管する。

(3)　純品は空気と日光によって変質するので、少量のアルコールを加えて冷暗所に貯蔵する。

(4)　少量ならば褐色ガラス壜、大量ならカーボイ（かご巻きまたは木箱入りの大壜）などを使用し、3分の1の空間を保って貯蔵する。

(5)　圧縮冷却して液化し、圧縮容器に入れ冷暗所に貯蔵する。

```
ア．ナトリウム　　イ．ブロムメチル　　ウ．四塩化炭素
エ．クロロホルム　オ．過酸化水素水
```

問題・各論〔取扱・性状・全般〕

☑

問15　次の物質による中毒に対する解毒、治療に使用される最も適切なものを下欄から１つ選び、その記号を答えなさい。

(1)　黄燐（りん）　　(2)　沃素（よう）　　(3)　シアン化カリウム　　(4)　蓚酸（しゅう）

(5)　亜砒酸（ひ）

```
(ア) BAL　　　　(イ) PAM　　　(ウ) EDTA
(エ) チオ硫酸ナトリウム　　　　(オ) 重曹
(カ) KMnO₄　　(キ) でんぷん　(ク) カルシウム剤
(ケ) さらし粉　　(コ) 塩化ナトリウム
```

☑

問16　次の毒物劇物とその貯蔵法の組合せのうち、誤っているものを選びなさい。

1　黄　　　燐（りん）　………　水中に貯蔵
2　弗化水素酸　………　ガラス製の容器に貯蔵
3　ホルマリン　………　密栓して、低温を避け、常温で貯蔵
4　二硫化炭素　………　水を入れて液面を覆（おお）い、揮発性を防いで貯蔵

☑

問17　次の劇物と別名と組合せのうち、誤っているものを選びなさい。

1　メタノール　………　メチルアルコール
2　水酸化カリウム　………　苛性カリ
3　トルエン　………　トルオール
4　フェノール　………　メチルベンゼン

☑

問18　次のうち、パラコートに関する記述として、誤っているものを選びなさい。

1　白色結晶で分解温度は約300度である。
2　特定毒物である。
3　除草剤として使用する。
4　水に非常に溶けやすく、強アルカリ性の状態で分解する。

☑

問19　次の性状に該当する物質はなにか。下欄から選び、その記号を答えなさい。

(1)　不燃性の無色液化ガスで空気より重く、腐食性がある。
(2)　特有の刺激臭のある無色の気体で、常温でも液化する。
(3)　無色の単斜晶系板状の結晶で、水に溶けるが、アルコールには溶けにくく、水溶液は中性反応を示す。
(4)　無色透明な油状の液体で、空気にふれて赤褐色を呈する。
(5)　暗赤色針状結晶で、潮解性があり水に溶け易く、きわめて強い酸化剤である。

```
ア　塩素酸カリウム　　イ　無水クロム酸　　ウ　弗（ふっ）化水素
エ　アニリン　　　　　オ　アンモニア
```

問20　次の問に答えなさい。

Ⅰ　次の廃棄方法について、最も適する物質を下欄から選び、その記号を答えなさい。
(1)　徐々に石灰乳などの撹拌溶液に加え中和させた後、多量の水で希釈して処理する。
(2)　多量の水を加え希薄な水溶液とした後、次亜塩素酸塩水溶液を加え分解させ廃棄する。
(3)　木粉（おが屑）等に吸収させて焼却炉で焼却する。
(4)　そのまま再生利用するため蒸留する。
(5)　水に溶かし、食塩水を加えて沈殿濾過する。

ア　クレゾール　　　　　イ　硝酸銀　　　ウ　水銀
エ　ホルムアルデヒド　　オ　塩化水素

Ⅱ　次の漏えい時の処置について、最も適する物質を下欄から選び、その記号を答えなさい。
(1)　徐々に注水して、ある程度希釈した後、消石灰等で中和し、多量の水を用いて洗い流す。
(2)　速やかに拾い集めて灯油又は流動パラフィンの入った容器に回収する。
(3)　空容器にできるだけ回収し、そのあとを還元剤の水溶液を散布し、消石灰等の水溶液で処理した後、多量の水を用いて洗い流す。
(4)　多量の水をかけて、濃厚な蒸気が発生しなくなるまで、十分に希釈して洗い流す。
(5)　薬物の表面を速やかに土砂又は、多量の水で覆い、水を満たした空容器に回収する。

ア　重クロム酸カリウム　　　　　イ　アクリルニトリル
ウ　ナトリウム　　　　エ　塩酸　　オ　黄リン

問21　次の薬物の廃棄方法として最も適当と思われる方法を、下欄から選び、その記号を答えなさい。

(1)　硫　酸　　(2)　クロロホルム　　(3)　過酸化水素水
(4)　硝酸銀　　(5)　アンモニア水

ア　水に溶かし、食塩水を加えて塩化物を沈殿ろ過する。
イ　多量の水で希釈して流す。
ウ　徐々に石灰乳などの撹拌溶液に加え、中和させたのち、多量の水で希釈して流す。
エ　保健衛生上危害を生ずるおそれのない場所で揮発させる。
オ　水を加えて希薄な水溶液とし、酸で中和させた後、多量の水で希釈して流す。

問22　次の薬物の性状を下欄から選び、その記号を答えなさい。

(1)　アンモニア　　　　　　　(6)　砒化水素
(2)　塩化水素　　　　　　　　(7)　硫酸銅
(3)　二硫化炭素　　　　　　　(8)　水酸化カリウム
(4)　水銀　　　　　　　　　　(9)　塩素
(5)　四塩化炭素　　　　　　　(10)　ピクリン酸

ア　濃い藍色の風解性のある結晶で、熱すると結晶水を失い白色の粉末となる。
イ　無色のニンニク臭を有する気体で、点火すると白色煙をはなって燃える。
ウ　常温、常圧においては無色の刺激臭をもつ気体で、湿った空気中で激しく
　　発煙する。
エ　純品は無臭で淡黄色の光沢ある小葉状あるいは針状結晶で、徐々に熱する
　　と昇華するが、急熱あるいは衝撃により爆発する。
オ　常温においては窒息性臭気をもつ黄緑色の気体である。
カ　揮発性、麻酔性の芳香を有する不燃性の無色の重い液体である。
キ　揮発性が強く、引火性のある無色透明の麻酔性芳香をもつ液体であるが、
　　一般にあるものは不快な臭気をもっている。
ク　特有の刺激臭のある無色の気体で、圧縮することにより、常温で簡単に液
　　化する。
ケ　常温で銀白色、金属光沢を有する液体の金属である。
コ　空気中に放置すると水分と二酸化炭素を吸収して潮解する白色の固体で、
　　水には熱を発して溶ける。

問23　次の性状について、正しいものには1、誤っているものには2を記入しなさい。

1　水酸化ナトリウムは、白色の結晶性のかたまりで、水と二酸化炭素を吸収する
　　性質が高い。
2　蓚酸（しゅう）は、2モルの結晶水を有する無色、稜柱状の結晶で、注意して加熱する
　　と液化するが、急に加熱すると分解する
3　硝酸銀は、無色透明結晶で光によって分解して赤変する。
4　塩素は、常温において窒息性臭気をもつ青色気体で、冷却すると黄色溶液を経
　　て黄白色気体となる。
5　ピクリン酸は、淡黄色の光沢のある小葉状あるいは針状結晶で、純品は無臭で
　　ある。

問24　次の薬物を含有する製剤で劇物から除外される濃度の数値を下欄から選び、そ
　　の数字を答えなさい。

(1)　蓚酸　　　(2)　過酸化水素　　　(3)　イソキサチオン
(4)　ホルムアルデヒド　　　(5)　フェノール

| 1　1％以下 | 2　2％以下 | 3　5％以下 | 4　6％以下 |
| 5　10％以下 | 6　12％以下 | 7　50％以下 | 8　70％以下 |

問25　次の薬物について、毒物及び劇物から除外される濃度を下記から選び、その記号を（　　）内に記入しなさい。

(1)　ホルムアルデヒド　（　　）％以下　　　(6)　硫酸　　　　　　　（　　）％以下
(2)　塩化水素　　　（　　）％以下　　　　(7)　クロム酸鉛　　　（　　）％以下
(3)　アンモニア　　　（　　）％以下　　　(8)　ＥＰＮ　　　　（　　）％以下
(4)　過酸化水素　（　　）％以下　　　　　(9)　水酸化ナトリウム　（　　）％以下
(5)　水酸化カリウム　（　　）％以下　　　(10)　蓚酸　　　　　　（　　）％以下

ア　10　　イ　1.5　　ウ　1　　エ　6　　オ　70　　カ　5

□

問26　次の文の〔　　〕内の中から正しい語句を選び、その記号を答えなさい。

(1)　臭素の化学式は、①〔　ア　Cl_2、イ　HBr、ウ　Br_2〕であり、
　②〔　ア　酸化剤、イ　還元剤、ウ　溶剤　〕として用いられる。
(2)　キシレンは、無色透明の液体で③〔　ア　有機塩素化合物、
　イ　脂肪族炭化水素、ウ　芳香族炭化水素　〕であり、④〔ア　除草剤、
　イ　溶剤、ウ　還元剤　〕として用いられる。
(3)　硫化カドミウムは、⑤〔　ア　白色、イ　青色、ウ　黄橙色　〕の粉末で、
　⑥〔　ア　顔料、イ　殺虫剤　　ウ　除草剤　〕として用いられる。
(4)　ニコチンは、猛烈な⑦〔　ア　神経毒、イ　細胞毒、ウ　血液毒　〕である。
　又、その硫酸塩は⑧〔　ア　溶剤、イ　殺虫剤、ウ　爆発薬　〕として用いられる。
(5)　シアン化カリウムは、⑨〔　ア　黄色、イ　白色又は灰色、
　ウ　無色又は暗褐色　〕の塊片又は粉末で、⑩〔　ア　毒物、イ　劇物、
　ウ　普通物　〕である。

□

問27　次の薬物の毒性及び解毒剤として適当なものを下欄から選び、その記号を
　　（　　）内に記入しなさい。

	【毒　性】	【解毒剤】
(1)　ＤＤＶＰ	（　　　　）	（　　　　）
(2)　メタノール	（　　　　）	（　　　　）
(3)　クロルピクリン	（　　　　）	（　　　　）
(4)　水酸化カリウム	（　　　　）	（　　　　）
(5)　シアン化ナトリウム	（　　　　）	（　　　　）

【毒　性】
ア　猛烈な毒性を有し、少量の場合でも頭痛、めまい、呼吸困難、呼吸麻痺を起こす。

イ　血液に入ってメトヘモグロビンを作り中枢神経や肺に障害を与える。

ウ　コリンエステラーゼ阻害作用により、頭痛、めまい、悪心、嘔吐、言語障害を起こす。

エ　腐食性が強く、皮膚にふれると皮膚を激しく侵す。またこれを飲めば死に至る。

オ　摂食すると、視神経がおかされ、目がかすみ、失明することがある。

【解毒剤】
A　硫酸アトロピン　　　　　　　B　希酢酸水
C　酸素吸入、強心剤、興奮剤　　D　胃洗浄、アルカリ剤、吐剤、下剤
E　チオ硫酸ソーダ注射液

問28　次の性質を有する薬物をア、イ、ウから選び、その記号を答えなさい。

(1)引火性があるもの
　　　ア　クロロホルム
　　　イ　トルエン
　　　ウ　クロルピクリン

(2)　水より比重が重いもの
　　　ア　トルエン
　　　イ　キシレン
　　　ウ　四塩化炭素

(3)酸化作用を有するもの
　　　ア　塩素酸カリウム
　　　イ　水酸化ナトリウム
　　　ウ　フェノール

(4)皮膚にふれると腐食性のあるもの
　　　ア　タルク
　　　イ　酸化マグネシウム
　　　ウ　トリクロロ酢酸

(5)催涙性の強いもの
　　　ア　酢酸タリウム
　　　イ　ブロムアセトン
　　　ウ　アンモニア水

(6)無機化合物のもの
　　　ア　ジメチル硫酸
　　　イ　重クロム酸カリウム
　　　ウ　ニコチン

(7)風化するもの
　　　ア　硫酸亜鉛
　　　イ　硝酸タリウム
　　　ウ　昇汞

(8)潮解性の強いもの
　　　ア　トルエン
　　　イ　ＰＣＰ
　　　ウ　水酸化ナトリウム

(9)刺激性のあるもの
　　　ア　ヒドロキシルアミン
　　　イ　クロロホルム
　　　ウ　クロルピクリン

(10)強い麻酔作用のあるもの
　　　ア　硫酸
　　　イ　アンモニア
　　　ウ　クロロホルム

問題・各論〔取扱・性状・全般〕

問29　次の薬物について、廃棄方法を下欄から選び、その記号を答えなさい。
　(1)　硅弗化ナトリウム　　　(2)　三塩化アンチモン
　(3)　シアン化ナトリウム　　(4)　過酸化尿素　　(5)　モノクロル酢酸

　(ア)　水に懸濁し、希硫酸を加えて分解した後、消石灰水溶液を加えて処理し、
　　　　沈殿ろ過して埋立処分する。
　(イ)　可燃性溶剤と共にアフターバーナー及びスクラバーを具備した焼却炉の
　　　　火室へ噴霧し焼却する。
　(ウ)　多量の水で希釈して処理する。
　(エ)　水酸化ナトリウム水溶液を加えてアルカリ性（ｐＨ11以上）とし、酸化
　　　　剤（次亜塩素酸ナトリウム）の水溶液を加えて酸化分解する。
　(オ)　セメントを用いて固化し、溶出試験を行い、溶出量が判定基準以下であ
　　　　ることを確認して埋立処分する。
　(カ)　水に溶かし、硫化ナトリウム水溶液を加えて沈殿させ、濾過して埋立処
　　　　分する。
　(キ)　水酸化ナトリウム水溶液で中和した後、多量の水で希釈して処理する。

問30　次の薬物について、最も関連のある性質、貯蔵法および用途を下欄から選び、
　　　　その番号を記入しなさい。

薬　物　名	性　質	貯蔵法	用途
過酸化水素水	①	⑥	⑪
四エチル鉛	②	⑦	⑫
硝酸銀	③	⑧	⑬
三硫化燐	④	⑨	⑭
フェノール	⑤	⑩	⑮

〈性質〉

　１．大気中で赤変、特異の臭気がある。
　２．無色の揮発性の液体で、日光で徐々に分解白濁する。引火性があり、金属
　　　に対し腐食性がある。
　３．引火性が強く、水分にあうと徐々に分解して硫化水素を発生する。
　４．水、アルコールに溶け、日光の下で有機物にふれると還元されて黒色を呈
　　　する。
　５．強い酸化力と還元力を併用し、殺菌力が強い。

〈貯蔵法〉

　１．遮光びんをもちいて密栓し、冷暗所に貯蔵する。
　２．褐色のガラスびんかカーボイを使用して、冷暗所に貯蔵する。
　３．密栓して、冷暗所に貯蔵する。
　４．容器を密封し、十分に換気が行われる倉庫内に貯蔵する。
　５．爆発物を遠ざけ、通風の良い冷所に貯蔵する。

〈用途〉

```
1．染料の原料防腐剤    2．写真用、試薬    3．漂白剤、傷の消毒
4．マッチの原料        5．ガソリンのオクタン価向上剤
```

問31　次の薬物の中毒症状および解毒剤を下欄から選び、その番号を記入しなさい。

薬　物　名	中毒症状	解毒剤
砒素化合物	①	⑥
モノフルオール酢酸アミド	②	⑦
硫酸ニコチン	③	⑧
有機リン剤	④	⑨
シアン化合物	⑤	⑩

〈中毒症状〉

```
1．縮瞳、意識混濁、全身けいれんを起こす。
2．人体の生理的機能TCAサイクルを阻害する。
3．消化器から吸収され、体内酵素を阻害する。
4．よだれ、吐き気が起こり、発汗、瞳孔縮少、呼吸困難、けいれんを起こす。
5．呼吸中枢を刺激し、次いで麻痺される。
```

〈解毒剤〉

```
1．アトロピン      2．アセトアミド     3．チオ硫酸ナトリウム
4．ＢＡＬ          5．ＰＡＭ
```

問32　次の薬物の廃棄方法について最も適当なものを下欄から選び、その番号を記入しなさい。

(1)　塩酸　　　　(2)　フェノール　　　(3)　酢酸エチル
(4)　無水クロム酸　　　　(5)　シアン化ナトリウム

```
1．水酸化ナトリウム水溶液を加え、さらし粉等水溶液の酸化剤で酸化分解し
  た後、硫酸を加え中和し多量の水で稀釈する。
2．希硫酸に溶かし、硫酸第一鉄等水溶液の還元剤で還元した後、消石灰等の
  水溶液で処理し沈殿濾過する。
3．徐々に石灰乳などの撹拌溶液に加え中和させた後、多量の水で稀釈する。
4．ケイソウ土等に吸収させて開放型の焼却炉で焼却する。
5．木粉等に混ぜて焼却炉で焼却する。
```

問題・各論〔取扱・性状・全般〕

☑

問33　次の薬物について、劇物となる最小の含有量（パーセント）を下欄から選びな
　　　さい。
　　ア　モルトール　　イ　ＥＰＮ　　ウ　蓚酸（しゅう）　　エ　ベタナフトール
　　オ　フェノール

| 1．0.3％を超える | 2．1％を超える | 3．5％を超える |
| 4　10％を超える | 5．1.5％以下 | |

☑

問34　次の各問いに答えなさい。

(1)　次の物質の構造式として正しいものの番号を選びなさい。

　　1　アニリン　…………　[構造式]NO₂ → NO_2

　　2　トルエン　…………　[構造式]OH

　　3　ニトロベンゼン　…………　CH₃ → CH_3 ─ CH₃ → CH_3

　　4　ｐ－クレゾール　…………　CH₃ → CH_3 ─ OH

　　5　ベンゾニトリル　…………　[構造式]CH₃ → CH_3

(2)　次の物質の用途として、正しい組合せの番号を選びなさい。
　　1　パラコート　　…………　防腐剤
　　2　アクロレイン　…………　消火剤
　　3　ホストキシン　…………　くん蒸殺虫剤
　　4　アンモニア　　…………　くん蒸殺菌剤
　　5　酢酸エチル　　…………　麻酔剤

(3)　次の組合せのうち、誤っているものの番号を選びなさい。
　　1　塩素　　　　　　…………　吸入毒性
　　2　クロルピクリン　…………　吸入毒性
　　3　塩素酸ナトリウム　…………　血液毒
　　4　硝酸　　　　　　…………　血液毒
　　5　水酸化ナトリウム　…………　局所刺激性

(4)　次のうち、密封容器に貯蔵する必要があるものの番号を選びなさい。

　　1　臭素　　2　カリウム　　3　ピクリン酸　　4　シアン酸ナトリウム
　　5　発煙硫酸

(5)　濃硫酸を水で希釈する場合は、水の中へ静かに硫酸を加え、撹はんするのが
　　　よい。その理由として正しいものの番号を選びなさい。
　　1　二層に分離するのを防ぐため。
　　2　硫酸に水を加えると、表面で激しく発熱し、飛散するため。
　　3　急激な発熱により有害ガスが発生するため。
　　4　硫酸が上層になると、ゆっくり混合するので安全である。
　　5　水と硫酸の比重の差を利用して、自然にゆっくり希釈できるから。

問35 次の各問いに答えなさい。

(1) 塩素酸ナトリウムと塩素酸カリウムの識別方法として正しいものの番号を選びなさい。

1 結晶の色 　　　　　　2 苦みの有無
3 臭気の有無 　　　　　4 潮解性の有無
5 局所刺激性の有無

(2) 次はメタノールの漏えい事故の際の措置に関する記述である。正しいものの番号を選びなさい。

1 徴燃性アルコールであり、引火のおそれはない。
2 蒸気は空気よりも軽く飛散するので付近への影響はない。
3 経皮毒性はないが、吸入毒性は強いので、マスクが必要である。
4 多量の水で十分に希釈してから洗い流す。
5 河川へ流入しないように1か所へ集め焼却する。

(3) 次のうち、引火のおそれのないものの番号を選びなさい。

1 メチルエチルケトン
2 酢酸エチル
3 二硫化炭素
4 アクロレイン
5 四塩化炭素

(4) 次のうち、水に溶けにくいものの番号を選びなさい。

1 アニリン
2 亜硝酸ナトリウム
3 亜塩素酸ナトリウム
4 ジメチルアミン
5 クロム酸ナトリウム

(5) 次の組合せのうち、誤っているものの番号を選びなさい。

1 硫酸ニコチン 　　　………… 　殺虫剤
2 モノフルオール酢酸 　………… 　殺菌剤
3 硫酸銅 　　　　　………… 　殺菌剤
4 硫酸タリウム 　　………… 　殺そ剤
5 サリチオン 　　　………… 　殺虫剤

問36 次は、毒物又は劇物の人体に対する作用や中毒症状について述べたものであるが、誤っているものはどれか。

1 有機塩素化合物は、中枢神経毒であって、その中毒症状は、まず食欲不振、嘔気、嘔吐、頭痛等の初期症状が現れる。
2 水銀化合物は、血液中のコリンエステラーゼの活性を阻害することにより中毒症状を起こす。
3 砒素化合物は、消化管から吸収されて中毒が起こり、急性中毒と慢性中毒がある。
4 青酸化合物は、猛毒性であり、呼吸麻痺を起こす。

右側縦書き：問題・各論〔取扱・性状・全般〕

□

問37 次は、アクリルアミドについて述べたものであるが、誤っているものはどれか。

1 無色の結晶である。
2 水に溶ける。
3 エタノールに溶けない。
4 土木工事用の土質安定剤として用いられる。

□

問38 次は、毒物又は劇物と廃棄方法の組合せであるが、適当でないものはどれか。

1 水銀　　　　　　　………… 燃焼法
2 弗化水素酸　　　………… 沈殿法
3 過酸化水素　　　………… 希釈法
4 亜硝酸ナトリウム ………… 分解法

□

問39 次の文章は薬物の毒性に関する記述です。正しいものには○印を、誤っているものには×印を記入しなさい。

(1) モノフルオール酢酸は、皮膚を刺激したり、皮膚から吸収されることはない。
(2) 四エチル鉛は、その蒸気の吸入により鼻、口腔などから体内にはいるが、皮膚に触れても皮膚からは体内に入らない。
(3) 臭化水素酸は、目、のどの粘膜に炎症を起こすが、皮膚に対しては、炎症を起こさない。
(4) ニトロベンゼンは、皮膚、呼吸器、消化器などから吸収され、嘔吐、麻痺、痙攣などを起こす。
(5) アニリンは、血液に作用して、メトヘモグロビンをつくりチアノーゼを起こさせる。

□

問40 次の薬物の貯蔵方法として適当なものを下から選び、その記号を答えなさい。

(1) ベタナフトール　　(2) クロロホルム
(3) ナトリウム　　　　(4) 水酸化ナトリウム
(5) 燐化アルミニウム

ア 空気や光線に触れると赤変するから、遮光して貯蔵しなければならない。
イ 空気中にそのまま貯蔵することはできないので、通常石油中に貯蔵する。
ウ 冷暗所に貯蔵する。純品は空気と日光によって変質するので、少量のアルコールを加えて分解を防止する。
エ 空気中の水分により有機ガスを発生するので、密封した容器に貯蔵する。
オ 炭酸ガスと水を吸収する性質が強いから、密栓して貯蔵する。

問41　次の薬物の性状（イ）と性質・用途（ロ）の記述として、正誤の組合わせを番号で答えなさい。

	薬　物　名	性状（イ）	性質・用途（ロ）
a	クレゾールは	褐色の固体で	水に可溶な消毒剤である。
b	クロルピクリンは	無色の液体で	水に難溶な除草剤である。
c	水酸化カリウムは	白色の固体で	水に可溶な香料の主な原料である。
d	アンモニア水は	無色の液体で	塩素ガスと反応して白煙を生じる。
e	二硫化炭素は	ほぼ無色の液体で	毒性の少ない種子、生果の燻蒸剤である。

組み合わせ番号　　　　性状（イ）　　　性質・用途（ロ）
　　　1　　　　　　　　　正　　　　　　　　正
　　　2　　　　　　　　　正　　　　　　　　誤
　　　3　　　　　　　　　誤　　　　　　　　正
　　　4　　　　　　　　　誤　　　　　　　　誤

問42　次の薬物の代表的な人体に対する作用や中毒症状を下から選び、その記号を答えなさい。

(1)　クロロホルム　　　(2)　クロルピクリン　　　(3)　弗化水素酸

(4)　クロム酸塩類　　　(5)　ニコチン

ア　強い麻酔作用があり、吸入した場合、めまい、頭痛、吐き気をおぼえはなはだしい場合は、嘔吐、意識不明などを起こす。

イ　皮膚に触れた場合、激しい痛みを感じ、皮膚の内部にまで浸透腐食する。薄い溶液でも指先に触れるとつめの間に浸透し、激痛を感じる。数日後につめがはく離することがある。

ウ　猛烈な神経毒である。急性中毒では、よだれ、吐気、悪心、嘔吐があり、ついで脈拍緩徐不整となり、発汗、瞳孔縮小、人事不省、呼吸困難、痙攣をきたす。

エ　口と食道が帯赤黄色にそまり、のち青緑色に変化する。お腹が痛くなり、緑色のものを吐き出し、血の混じった便をする。

オ　目の粘膜を刺激し催涙する。吸入すると、分解しないで組織内に吸収され、各器官に障害を与える。血液にはいってメトヘモグロビンをつくる。

問43　次の薬物の貯蔵方法として適当なものを下から選び、その記号を答えなさい。
(1)　黄燐(りん)　　　　　(2)　二硫化炭素　　　　　(3)　カリウム
(4)　水酸化カリウム　　(5)　アクロレイン

> ア　少量ならば共栓ガラスビン、多量ならば鋼製ドラムなどを使用する。日光
> 　　の直射をうけない冷所に、可燃性、発熱性、自然発火性のものからは、十
> 　　分に引きはなしておくことが必要である。
> イ　空気に触れると発火しやすいので、水中に沈めてビンにいれ、さらに砂を
> 　　いれた缶中に固定して、冷暗所にたくわえる。
> ウ　火気厳禁。非常に反応性に富む物質なので、安定剤を加え、空気を遮断し
> 　　て貯蔵する。
> エ　空気中にそのままたくわえることはできないので、ふつう石油中にたくわ
> 　　える。水分の混入、火気をさけ貯蔵する。
> オ　二酸化炭素と水を強く吸収するから、密栓をして貯蔵する。

問44　次の文の空欄A及びBにあてはまる語句の組合せはどれか。
　　　「燐(りん)化アルミニウムとその分解促進剤とを含有する製剤」は　　A　　に指
　　定されており大気中の湿気により徐々に分解して有害な　　B　　を発生する。

　　　　　　　　A　　　　　　　　B
1　毒　　物　　　燐(りん)酸アルミニウム
2　毒　　物　　　燐(りん)化水素
3　特 定 毒 物　　燐(りん)酸アルミニウム
4　特 定 毒 物　　燐(りん)化水素

問45　次のうち、誤っているものはどれか。
1　四塩化炭素は亜鉛又は錫メッキをした鋼鉄製容器で保管する。
2　弗(ふっ)化水素酸は遮光したガラスびんで貯蔵する。
3　アクリルニトリルは火気を避けて貯蔵する。
4　臭素は少量ならば共栓ガラスびん、多量ならば陶製壺等を使用し、直射日光を
　　避け、通風の良い冷所に保管する。

問46　次のうち、可燃性物質と混合して摩擦すると爆発する危険性を持つものはどれ
　　か。
1　亜砒酸　　　2　硫酸銅　　　3　燐化亜鉛　　　4　塩素酸カリウム

☐
問47　次の文の空欄A及びBにあてはまる語句の組合せはどれか。

　　　四塩化炭素は、　　A　　の液体であり、高熱下で酸素と水分が共存すると
きは　　B　　を生じる危険がある。

　　　　A　　　　B
1　可燃性　　ホスゲン
2　可燃性　　ホスフィン
3　不燃性　　ホスゲン
4　不燃性　　ホスフィン

☐
問48　次の貯蔵方法についての記載のうち、誤っているものはどれか。

1　ピクリン酸は鉄、銅又は鉛製の金属容器に入れて貯蔵する。
2　沃素は気密容器を用い、通風の良い冷所で貯蔵する。
3　ベタナフトールは空気や光線に触れると赤変するから、遮光して貯蔵する。
4　二硫化炭素は少量ならば共栓ガラスびん、多量ならば銅製ドラム缶等を用い、
　日光の直射を受けない冷所に可燃性、発熱性、自然発火性のものから十分離して
　貯蔵する。

☐
問49　次の貯蔵方法について、最も適当と思われる薬物を下から選び、その番号を答
　えなさい。

①　火災、爆発の危険性があり、換気良好な冷暗所に保存
②　安定剤を加え、空気をしゃ断して保存
③　亜鉛または錫メッキをした鋼鉄製容器で保存
④　光線にふれると赤変するので遮光して保存

┌─────────────────────────────────────┐
│ 1．アクロレイン　　2．四塩化炭素　　3．ベタナフトール │
│ 4．五硫化燐 │
└─────────────────────────────────────┘

☐
問50　次の薬物の代表的な人体に対する作用や中毒症状を下から選び、その番号を答
　えなさい。

①　ニコチン　　　　②　発煙硫酸　　　③　アクロレイン
④　ジメチル－2・2－ジクロルビニルホスフェイト（別名DDVP）

┌──┐
│ 1．催涙作用が強く、目と呼吸器系を激しく刺激する。 │
│ 2．コリンエステラーゼと結合しその作用を阻害するため、アセチルコリンが │
│ 　体内に蓄積することによる神経毒である。 │
│ 3．皮膚粘膜に対する腐食性、刺激性が強い。 │
│ 4．コリンエステラーゼと結合せず、神経細胞に直接作用する神経毒である。 │
└──┘

問51 塩素の廃棄方法として正しいものの組合せは、下欄のうちどれか。

a アルカリ法　　b 還元法　　c 酸化法　　d 燃焼法
e 活性汚泥法

1（a、b）	2（a、c）	3（a、d）	4（a、e）	5（b、c）
6（b、d）	7（b、e）	8（c、d）	9（c、e）	10（d、e）

問52 二硫化炭素の廃棄方法として正しいものの組合せは、下欄のうちどれか。

a 燃焼法　　b 中和法　　c 還元法　　d 酸化法　　e 希釈法

1（a、b）	2（a、c）	3（a、d）	4（a、e）	5（b、c）
6（b、d）	7（b、e）	8（c、d）	9（c、e）	10（d、e）

問53 農薬・有機リン製剤について**誤っているもの**を選び、その番号を答えなさい。

1 農薬・有機リン製剤の中毒の治療には、主にPAMが用いられる。
2 スミチオン、マラソンは、いわゆる低毒性の有機リン製剤である。
3 除草剤として使用される。
4 皮膚に触れた場合は、汚染された衣服やくつ等を脱がせ、付着部又
　は接触部を石けん水で洗浄し、多量の水を用いて洗い流す。

問54 次の記述のうち**誤っているもの**を選び、その番号を答えなさい。

1 クレゾールは消毒・殺菌剤として用いられる。
2 アクリルニトリルは合成樹脂製造の原料として用いられる。
3 キシレンは溶媒、有機合成原料として用いられる。
4 モノフルオール酢酸ナトリウムは除草剤として用いられる。

問55 ピクリン酸の記述として**誤っているもの**を選び、その番号を答えなさい。

1 試薬、染料として用いられ、塩類は爆発薬として用いられる。
2 火気に対して安全で隔離された場所に保管する。
3 青色の液体である。
4 燃焼法により廃棄する。

問56 次の薬物の性状について正しいものを選び、その番号を記入しなさい。

アセトニトリル	①
クロロホルム	②
ニトロベンゼン	③
アニリン	④

1　無色、揮発性の液体で、特異な香気とかすかな甘味を有する。水にわずかに溶ける。
2　無色透明な油状の液体で、特有の臭気がある。空気に触れて赤褐色を呈する。
3　無色の液体で、エーテル様の臭気を有する。
4　淡黄色又は褐色の油状の液体で、特有の臭いがある。

問57　次の薬物が多量に漏えいした時の措置について正しいものを選び、その番号を記入しなさい。

燐化水素	①
シアン化カリウム	②
臭素	③
クロルピクリン	④

1　空容器にできるだけ回収する。砂利等に付着している場合は、砂利等を回収し、その後に水酸化ナトリウム、ソーダ灰などの水溶液を散布してアルカリ性（pH11以上）とし、更に酸化剤の水溶液で酸化処理を行い、多量の水を用いて洗い流す。
2　漏えいした容器を多量の水酸化ナトリウム水溶液と酸化剤の水溶液の混合溶液に容器ごと投入してガスを吸収させ、酸化処理し、その後を多量の水を用いて洗い流す。
3　漏えいした箇所や漏えいした液には消石灰を十分散布して吸収させる。
4　多量の活性炭又は消石灰を散布して覆い、至急関係先に連絡し専門家の指示により処理する。

問58　次の性状を有する薬物を下欄から選び、その記号を答えなさい。

(1)　無色透明の液体で芳香がある。
(2)　無色の結晶で昇華性がある。
(3)　無色の液体で特有な臭気があり、腐食性が激しく、空気に触れると白霧を発する。
(4)　橙赤色単斜晶系結晶である。
(5)　無色の催涙性透明液体で刺激臭がある。

A．無水亜砒酸	B．塩化第二銅（二水和物）	C．キシレン
D．重クロム酸ナトリウム（二水和物）		E．臭素
F．硝酸	G．ホルマリン	H．硫酸

問題・各論〔取扱・性状・全般〕

☑

問59 次の薬物の廃棄方法として最も適当な記述を下欄から1つ選び、その記号を答えなさい。

① 一酸化鉛　　② ダイアジノン　　③ 水酸化ナトリウム
④ トルエン　　⑤ ホルマリン

> A．水に溶かして消石灰、ソーダ灰等の水溶液を加えて処理し、沈殿ろ過して埋立処分する。
> B．セメントを用いて固化し、溶出試験を行い、溶出量が判定基準以下であることを確認して、埋立処分する。
> C．ケイソウ土等に吸収させて開放型焼却炉で少量ずつ焼却する。
> D．木粉（おが屑）等に吸収させてアフターバーナー及びスクラバーを具備した焼却炉で焼却する。
> E．撹拌している石灰乳等の溶液に少量ずつ加え、中和させた後、多量の水で希釈して処理する。
> F．水を加えて希薄な水溶液とし、酸（希塩酸、希硫酸など）で中和させた後、多量の水で希釈して処理する。
> G．多量の水を加えて希薄な水溶液とした後、次亜塩素酸塩水溶液を加え、分解させ廃棄する。

☑

問60 次の薬物の取扱いに関する注意事項について、該当する記述を下欄から1つ選び、その記号を答えなさい。

① 塩酸　　② クロム酸ナトリウム　　③ 四塩化炭素
④ ホルマリン　　⑤ 二硫化炭素

> A．火災などで強熱されるとホスゲンを発生するおそれがあるので注意を要する。
> B．本体は引火性ではないが、溶液が高温に熱せられると含有アルコール（メタノール等）がガス状となって揮散し、これに着火して燃焼する場合がある。
> C．大部分の金属、コンクリートを腐食する。直接中和剤を散布すると発熱し、飛散することがある。
> D．揮発性が高く、空気と混ざり爆発性ガスとなる。静電気に対する対策を十分考慮しなければならない。
> E．可燃物と混合しないように注意しなければならない。

☑

問61 次の文章は、シアン化カリウムに関するものである。 ▢ 内の①〜⑤にあてはまる正しい字句を下欄から選び、その記号を答えなさい。

(1) シアン化カリウムは、水に ▢①▢ 。

(2) シアン化カリウムの水溶液は、 ▢②▢ 性を呈する。

(3) ▢③▢ と反応すると有毒かつ引火性のシアン化水素を発生する。

(4)　シアン化カリウムの廃棄方法としては、アルカリ性（ｐＨ１１以上）下で、次亜塩素酸ナトリウム、さらし粉等の水溶液を加えて　④　分解し、さらに　⑤　を加えて、中和し、多量の水で希釈して処理する。

①の選択肢：	A．溶けやすい	B．溶けにくい
②の選択肢：	A．弱酸 B．強酸 C．弱アルカリ D．強アルカリ	
③の選択肢：	A．酸	B．アルカリ
④の選択肢：	A．酸化	B．還元
⑤の選択肢：	A．塩化ナトリウム B．水酸化ナトリウム C．硫酸 D．過マンガン酸ナトリウム	

問62　次の薬物の取扱いに関する注意事項について、該当するものを下欄から１つ選び、その記号を答えなさい。

①　過酸化水素水　　②　キシレン　　　③　クロロホルム
④　ダイアジノン　　⑤　無水クロム酸

A．中毒症状が発現した場台には、至急医師によるＰＡＭ製剤、硫酸アトロピン製剤を用いた適切な解毒手当てを受ける。
B．引火しやすく、また、その蒸気は空気と混合して爆発性混合ガスとなるので火気は絶対に近づけない。
C．強力な酸化剤で、潮解している場合でも可燃物と混合すると、常温でも発火することがある。
D．分解が起こると激しく酸素を発生し、周囲に易燃物があると火災になるおそれがある。
E．火災等で強熱されると、ホスゲンを発生するおそれがある。

問63　次の文章は、劇物である硫酸の運搬事故時における応急措置の基準に関するものであるが、（　）内の①～⑤にあてはまる正しい字句を下欄から選び、その記号を答えなさい。

（1）　漏えい時の措置
　　漏えいした場所の周辺にはロープを張るなどして人の立入りを禁止する。
　　作業の際には必ず保護具を着用する。
　　多量に漏えいした場合には、漏えいした液は（　①　）等でその流れを止め、これに吸着させるか、又は安全な場所に導いて、（　②　）から徐々に注水してある程度希釈した後、（　③　）、ソーダ灰等で中和し、多量の水を用いて洗い流す。
　　この場合、濃厚な排液が河川等に排出されないよう注意する。

(2) 暴露・接触時の人体への影響

皮膚に触れた場合は、激しい（　④　）を起こす。

眼に入った場合は、粘膜を激しく刺激し、失明することがある。

(3) 救急方法

眼や皮膚に付着した場合は、直ちに付着又は接触部を多量の水で、（　⑤　）分間以上洗い流す。汚染された衣服やくつを速やかに脱がせる。速やかに医師の手当てをうける。

A. くしゃみ	B. 消石灰	C. 近く	D. 遠く	E. 土砂
F. やけど	G. 3	H. 15		

問64　ナトリウムに関する次の文章の（　　）の中に適当な語句を下欄から選び、その記号を記入しなさい。

ナトリウムはアルカリ金属とよばれ、周期表（　①　）に属する元素で、水よりも（　②　）、炎色反応は（　③　）を示す。化学的に活発で空気中では直らに（　④　）されるため、（　⑤　）中で貯蔵する。

また、水と激しく反応して（　⑥　）と（　⑦　）を生成する。

ナトリウムの水酸化物は、すべて（　⑧　）を示し、水溶液は亜鉛と反応して（　⑨　）を発生する。

ナトリウムの廃棄方法としては、燃焼法と（　⑩　）法がある。

ア．酸素	ケ．軽く	チ．中性
イ．水素	コ．赤色	ツ．弱酸性
ウ．二酸化炭素	サ．黄色	テ．酸化
エ．水酸化ナトリウム	シ．緑色	ト．還元
オ．炭酸水素ナトリウム	ス．1Ａ族	ナ．希釈
カ．エタノール	セ．2Ａ族	ニ．溶解中和
キ．石油	ソ．1Ｂ族	ヌ．活性汚泥
ク．重く	タ．強塩基性	

問65　次の薬物の性状について適当なものを下欄から選び、その記号を（　　）の中に記入しなさい。

(1) クロルスルホン酸　（　　　）　　(2) アクリルニトリル　（　　　）

(3) トリクロル酢酸　　（　　　）　　(4) 塩素酸カリウム　　（　　　）

(5) 弗化水素　　　　　（　　　）

ア．無色透明の液体で弱い刺激臭があり、極めて引火し易い。蒸気は空気よりも重く、空気と混合して爆発性混合ガスとなる。
イ．不燃性の無色液化ガスで激しい刺激臭がある。ガスは空気より重く、空気中の水や湿気と作用して白煙を生じ、強い腐食性を示す。
ウ．無色ないし炎黄色の油状の液体で激しい刺激臭がある。水と激しく反応して塩化水素と硫酸とになる。
エ．強い腐食性をもつ潮解性の結晶である。
オ．無色無臭の結晶で有機物、イオウ、金属粉等の可燃物が混在すると、加熱、摩擦又は衝撃により爆発する。

問66 次の各問いに答えなさい。

1．次の薬物について種別として適当なものを下の [＿＿＿＿] の中から選び、[　]に記号で記入しなさい。又それぞれについての用途を（　　）内に書きなさい。

	薬　物　名	種別	用　途
(1)	フラトール	[　　]	（　　　　）
(2)	五塩化燐	[　　]	（　　　　）
(3)	二硫化炭素	[　　]	（　　　　）
(4)	６％過酸化水素水	[　　]	（　　　　）
(5)	30％塩素酸ナトリウム	[　　]	（　　　　）

ア．特定毒物　　　イ．毒物　　　ウ．劇物　　　エ．普通物

2．次の薬物のうち、その容器として飲食物の容器を使用してはならないものに○印、特にその規定がないものには、×印を（　　）に記入しなさい。

(1) （　　　） クロルエチル　　(2) （　　　） しきみの実
(3) （　　　） 発煙硫酸　　　　(4) （　　　） ホルマリン
(5) （　　　） ＥＰＮ

3．次の薬物の廃棄方法として、最も適当な方法を下記項目（A～E）の中から選び、その記号を（　　）内に記入しなさい。

(1) （　　　） トルエン　　　　(2) （　　　） 臭素
(3) （　　　） クロロホルム　　(4) （　　　） 硝酸
(5) （　　　） 水酸化ナトリウム

A．アルカリ性水溶液中に少量づつ滴下し、多量の水で希釈して処理するか、チオ硫酸ナトリウム水溶液を加えて、中和した後、多量の水で希釈して処理する。
B．ケイソウ土等に吸収させ、開放型の焼却炉で少量ずつ焼却する。
C．保健衛生上危害を生じるおそれがない場所で、少量ずつ揮発させる。
D．石灰乳又はソーダ灰のかくはん溶液中に徐々に加え、中和した後、それを多量の水で希釈して処理する。
E．希薄な水溶液とした後、弱酸で中和させ、その後に多量の水で希釈して流す。

問67 次の各問いに答えなさい。

1．次の薬物のうち毒物（毒物のうち特定毒物であるものは、特定毒物）、劇物、普通物の区別及び用途について書きなさい。

薬 物 名	区 別	用 途
硅弗化ナトリウム（けいふつか）		
硝酸銀		
チオメトンを25％含有する製剤		
四メチル鉛		
ダイアジノンを３％含有する製剤		

2．次の薬物の廃棄の方法を下欄から選んで、その記号を（　　）内に記入しなさい。

(1)　塩酸　　　　　　　　　　（　　）　　(2)　フェノール　　　　　　（　　）
(3)　シアン化ナトリウム（　　）　　(4)　クロルピクリン　　　　（　　）
(5)　酸化鉛　　　　　　　　　（　　）

> ア．水酸化ナトリウム水溶液等を加えアルカリ性とし、塩素ガスを注入し分解し、多量の水で希釈して廃棄する。
> イ．木粉等に混ぜて、吸収させ、焼却炉にて焼却する。
> ウ．少量の界面活性剤を加えたうえ、亜硫酸ナトリウムと炭酸ナトリウムの混合溶液中で攪拌分解した後、多量の水で希釈して廃棄する。
> エ．徐々に石灰乳等のアルカリ攪拌溶液（かくはん）に加えて中和した後、多量の水で希釈して廃棄する。
> オ．セメントを用いて固化し、埋める。

3．次の薬物の貯蔵方法を下欄から選んで、その記号を（　　）内に記入しなさい。

(1)　ブロムメチル　　　　　（　　）　　(2)　カリウム　　　　　　　（　　）
(3)　過酸化水素水　　　　　（　　）　　(4)　トルエン　　　　　　　（　　）
(5)　ホルマリン　　　　　　（　　）

> ア．空気中の酸素で一部が酸化され、又寒冷にあえば混濁し、更に空気と日光によって変質するので、少量のアルコールを加えて分解を防止し、遮光ガラス瓶を用い密栓し、低温をさけ常温にて貯蔵する。
> イ．日光や空気に触れると分解するので、日光をさけ、又は温度上昇の原因をさけて耐圧密栓容器に入れ、冷暗所に貯蔵する。
> ウ．空気中にそのまま蓄えると自然発火する。又水と爆発的に反応して発火するので石油中に貯蔵する。
> エ．引火点が低いので、火気・高温を全くさけて密栓して冷所に貯蔵する。
> オ．安定剤として少量の酸を加え、熱や光により分解しやすいので、少量なら褐色遮光ガラス瓶を用い、日光の直射をさけ冷暗所に貯蔵する。

☑

問68 次の薬物について、毒物に該当するものにA、劇物に該当するものにB、毒物又は劇物に該当しないものにCを記入しなさい。

(1)　蓚酸亜鉛10%を含有する製剤

(2)　クロム酸カリウム５％を含有する製剤

(3)　硫酸鉛

(4)　黄燐１％を含有する製剤

(5)　パラジシアンベンゼン

☑

問69 次に掲げる性状に該当する薬物を下欄から１つ選び、その記号を記入しなさい。

(1)　橙黄色の結晶で、水によく溶けるが、アルコールには溶けない。

A　DDVP　　　B　ニコチン　　　C　モノフルオール酢酸ナトリウム
D　硫酸亜鉛　　　E　クロム酸カリウム

(2)　酢酸に似た刺激臭のある無色の液体。水と混合する。沸点141度。融点13度。

A　アクリル酸　　　B　トリクロル酢酸　　　C　テフルトリン
D　エトプロホス　　　E　クロルピクリン

(3)　無色の固体。比重1.468。融点37度。沸点163度。

A　ヒドラジン　　　B　硅弗化水素酸　　　C　硼弗化水素酸
D　メチルホスホン酸ジメチル　　　E　メチルホスホン酸ジクロリド

(4)　純品は、無色透明な油状の液体で、特有の臭気がある。空気にふれて赤褐色を呈する。水に溶けにくいが、エーテルにはよく溶解する。沸点184度。

A　酢酸エチル　　　B　アニリン　　　C　重クロム酸ナトリウム
D　チオメトン　　　E　ぎ酸

(5)　無色の光沢のある小葉状結晶あるいは白色の結晶性粉末で、灼くような味があり、水に溶けにくく、熱湯にはやや溶けやすい。

A　四塩化炭素　　　B　ホルマリン　　　C　キシレン
D　酸化第二水銀　　　E　ベタナフトール

☐

問70　次の方法により鑑定したとき、該当する薬物を下欄から１つ選び、その記号を記入しなさい。

(1)　小さな試験管に入れて熱すると、初めに黒色に変わり、最終的に、まったく揮散してしまう。

A　セレン	B　酸化カドミウム	C　酸化第二水銀

(2)　アルコール性の水酸化カリウムと銅粉とともに煮沸すると、黄赤色の沈殿を生ずる。

A　四塩化炭素	B　蓚酸 しゆう	C　ぎ酸

(3)　澱粉にあうと藍色を呈し、これを熱すると退色し、冷えると再び藍色を現す。

A　カリウム	B　ナトリウム	C　沃素 よう

(4)　水酸化ナトリウム溶液を加えて熱すれば、クロロホルムの臭気をはなつ。

A　ロテノン	B　トリクロル酢酸	C　メチルエチルケトン

(5)　アルコール溶液は、白色の羊毛又は絹糸を鮮黄色にそめる。

A　硫酸	B　アンモニア水	C　ピクリン酸

☐

問71　次の文は、薬物の性状について述べたものです。正しいものには○を、誤っているものには×を（　　）内に記入しなさい。

(1)（　　）黄リンは白色又は淡黄色のろう様半透明の結晶で、ニンニク臭を有し、水に溶けない。

(2)（　　）トルエンは無色、可燃性のベンゼン臭を有する液体である。

(3)（　　）硝酸銀は、無色透明の結晶で、光によって分解して黒色に変わる。水溶液に塩酸を加えると黒色の塩化銀を沈殿する。

(4)（　　）アニリンの純品は無色透明な液体で、特有の臭気がある。空気に触れて赤褐色を呈する。

(5)（　　）ＤＤＶＰは、殺虫剤としてよく使われるもので、性状は刺激性で、微臭の有る比較的揮発性の黄濁色油状の液体である。

□

問72　次の文は、それぞれの物質の性状等に関する記述である。該当する物質を下欄から選び記号を記入しなさい。

(1)　無色の斜方６面形結晶、潮解性があり、水にはきわめて溶けやすくアルコール及びエーテルにも溶ける。

(2)　無色透明、揮発性の液体で水、エタノール、エーテル、クロロホルム、脂肪、揮発油と随意の割合で混合する。
　　　火をつけると容易に燃える。

(3)　無色の液体で刺激性の臭気をもち、寒冷にあえば混濁することがある。
　　　硝酸を加え、さらにフクシン亜硫酸溶液を加えると藍紫色を呈する。

(4)　エーテル様の臭気を有する無色の液体で、水、メタノール、エタノールに可溶である。加水分解すればアセトアミドを経て、酢酸とアンモニアになる。

(5)　無色の結晶で急に加熱すると分解する。本品の水溶液は過マンガン酸カリウムの溶液を退色する。

a．ホルムアルデヒド	b．シュウ酸	c．メタノール
d．アセトニトリル	e．トリクロル酢酸	

□

問73　次の化合物に最も関連のある中毒の特徴とその解毒剤を下群から選び、その記号をそれぞれ（　　）及び［　　］内に記入しなさい。

	（中毒の特徴）	［解毒剤］
(1)　シアン化合物	（　　　）	［　　　　］
(2)　有機弗素化合物	（　　　）	［　　　　］
(3)　有機塩素化合物	（　　　）	［　　　　］
(4)　有機燐化合物	（　　　）	［　　　　］
(5)　ヒ素化合物	（　　　）	［　　　　］

（中毒の特徴）
ア．血液中のアセチルコリンエステラーゼが阻害される。
イ．大量に体内に吸入すると呼吸麻痺により即死する。
ウ．中枢神経毒であり、肝臓・腎臓に変性をおこす。
エ．生体細胞内のTCAサイクルが阻害される。
オ．急性中毒においては、腹痛・嘔吐等コレラに似た症状が現れることがある。

　［解毒剤］
a．アトロピン　　b．チオ硫酸ナトリウム　　c．バルビタール製剤
d．アセトアミド　e．BAL

問74　次の毒物及び劇物の作用として、関連のある薬物を下欄から選び、その記号を（　　）内に記入しなさい。

1．接触した局部の細胞に作用して凝固崩壊又は壊疽を起こす。
（　　）、（　　）

2．血色素の溶解やメトヘモグロビンなどの生成で酸素の供給を阻害する。
（　　）、（　　）

3．主として中枢神経と心臓をおかす。　　　　　　　　（　　）、（　　）

4．生活細胞の原形質をおかし、酸素供給妨害や代謝作用障害により脂肪変性をおこす。
（　　）、（　　）

ア．メタノール	イ．ニトロベンゼン	ウ．クロロホルム
エ．シアン化ナトリウム	オ．塩酸	カ．黄燐
キ．水酸化ナトリウム	ク．砒酸カリウム	

問75　次の記述は、有機燐製剤の中毒及び治療に関するものである。適切な語句を下欄から選び、その記号を（　　）内に記入しなさい。（重複解答可）

　　有機燐製剤は、他の毒物のように口からとか、呼吸により気管から体内に摂取されるばかりでなく、（　①　）からの吸収が激しい。

　　有機燐製剤の本体は、血液中にある（　②　）という（　③　）を分解する酵素としっかり結合し、その作用を止めてしまうので、体内の（　④　）が次第に蓄積されてくる。

　　アセチルコリンは、（　⑤　）を刺激する作用があるので、体内に蓄積されてくると、（　⑥　）が刺激されっぱなしになってくる。

ア．神経　　イ．皮膚　　ウ．細胞膜　　エ．コリンエステラーゼ
オ．アセチルコリン　　カ．コリン

問76　次の薬物の用途及び貯蔵法について、正しいものを各欄から選び、その記号を記入しなさい。

薬　物　名	用　途	貯蔵方法
1．ブロムメチル		
2．ホルマリン		
3．弗化水素酸		
4．ナトリウム		
5．黄りん		

【用　途】

ア	ガラスの加工
イ	アマルガムの製造
ウ	くん蒸剤
エ	殺そ剤
オ	殺菌剤

【貯蔵方法】

カ　低温で貯蔵すると混濁することがあるので、常温で貯蔵する。
キ　水を満たした瓶に沈め、さらに砂を入れた缶中に固定し、冷暗所に貯蔵する。
ク　鉛、エボナイトあるいは白金製の容器に貯蔵する。
ケ　冷却圧縮して液化し、耐圧容器に入れ、冷暗所に貯蔵する。
コ　石油中に貯蔵する。

問77　次の薬物の毒性について、正しいものを右欄から選び、その記号を記入しなさい。

薬　物　名	毒　性
1．硫酸ニコチン	
2．シアン化カリウム	
3．硫酸	
4．リンデン（BHC）	
5．メチルジメトン	

ア　コリンエステラーゼ活性値の低下

イ　血液毒

ウ　接触毒で、角皮から吸収され神経系を冒す。

エ　猛烈な神経毒

オ　腐食毒

問78　次の薬物について、劇物から除かれる濃度を（　　）内に数字で記入しなさい。

1．硫酸　　　　　　　（　　　　）％以下
2．酸化水銀　　　　　（　　　　）％以下
3．ロテノン　　　　　（　　　　）％以下
4．ベータナフトール　（　　　　）％以下
5．過酸化水素　　　　（　　　　）％以下

問79　次の各問いに答えなさい。

(1)　次のうち、ナトリウムの貯蔵方法として正しいものを1つ選びなさい。
①　石油中に貯える。　　　　②　水中に貯える。
③　アルコール中に貯える。

(2)　次のうち、硅弗化ナトリウムの用途として正しいものを1つ選びなさい。
①　防腐剤　　②　溶剤　　③　肥料

(3)　次のうち、モノフルオール酢酸アミドの用途として正しいものを1つ選びなさい。
①　殺虫剤　　②　消毒剤　　③　殺菌剤

(4)　次のうち、エチルパラニトロフェニルチオノベンゼンホスホネイト（別名EPN）の用途として正しいものを1つ選びなさい。
①　除草剤　　②　殺虫剤　　③　植物成長調整剤

(5)　次のうち、最も比重が大きいものを1つ選びなさい。
①　濃硫酸　　②　クロルエチル　　③　メチルアルコール

問80 次の各問いに答えなさい。

(1) 次のうち、ホルムアルデヒドの廃棄方法として誤っているものを1つ選びなさい。
① 多量の水を加えて希薄な水溶液とした後、次亜塩素酸塩水溶液を加えて、分解して廃棄する。
② 硫酸第一鉄を加えて、鉄の錯塩として沈殿除去する。
③ アフターバーナーを具備した焼却炉の火室へ噴霧し焼却する。

(2) 次のうち、誤っているものを1つ選びなさい。
① ジメチル－2・2－ジクロルビニルホスフェイト（別名DDVP）は皮膚への浸透性がある。
② 硫酸亜鉛は無色透明結晶である。
③ 燐化アルミニウムは淡黄白色の液体である。

(3) 次のうち、劇物であるものを1つ選びなさい。
① ホルムアルデヒドを2％含有する製剤
② 水酸化カリウムを3％含有する製剤
③ 塩酸を5％含有する製剤

(4) 次のうち、ジメチルエチルメルカプトエチルジチオホスフェイト（別名チオメトン）の別名として正しいものを1つ選びなさい。
① イソフェンホス
② エカチン
③ ブロムメチル

(5) 次のうち、特定毒物を1つ選びなさい。
① シアン化ナトリウム
② チオセミカルバジド
③ ジメチルエチルメルカプトエチルチオホスフェイト（別令メチルジメトン）

問81 次の各問いに答えなさい。

(1) 次のうち、四塩化炭素の性状として誤っているものを1つ選びなさい。
① 水に溶けにくいが、エーテルにはよく溶ける。
② 化学式はCCl$_4$であり、水より軽い液体である。
③ 不燃性である。

(2) 次のうち、トルエンの性状として正しいものを1つ選びなさい。
① 褐色の液体である。　　② 無色の液体である。
③ 黄色の液体である。

(3) 次のうち、エチレンオキシドの性状として正しいものを1つ選びなさい。
① 黄褐色の気体である。　　② 無色の気体である。
③ 赤色の気体である。

(4) 次のうち、クラーレの性状として誤っているものを1つ選びなさい。
① 猛毒性アルカロイドである。　　② 水に可溶である。
③ 赤色の結晶である。

(5)　次のうち、1・1'－ジメチル－4・4'－ジピリジニウムジクロリド（別名パ
　　ラコート）の性状として正しいものを1つ選びなさい。
　　①　白色の結晶である。　　　　　②　赤色の結晶である。
　　③　青色の結晶である。

問82　次の各問いに答えなさい。

(1)　次のうち、アンモニア水の廃棄方法として正しいものを1つ選びなさい。
　　①　中和法　　　　　②　酸化法　　　　　③　アルカリ法

(2)　次のうち、毒物であるものを1つ選びなさい。
　　①　アニリン　　　②　モノフルオール酢酸　　　　③　クロルピクリン

(3)　次のうち、劇物であるものを1つ選びなさい。
　　①　エタノール42％を含有する製剤　　　②　メタノール30％を含有する製剤
　　③　フェノール20％を含有する製剤

(4)　次のうち、ヘキサクロルエポキシオクタヒドロエンドエキソジメタノナフタ
　　リンの別名として正しいものを1つ選びなさい。
　　①　ディルドリン　　　　②　アルドリン　　　　③　エンドリン

(5)　次のうち、特定毒物であるものを1つ選びなさい。
　　①　塩化第一水銀を含有する製剤　　　②　ブロム水素を含有する製剤
　　③　四アルキル鉛を含有する製剤

問83　次のア～オの文の（　）に該当する最も適当な毒物又は劇物について、下欄の
　　1～10の中からそれぞれ1つずつ選び、その番号を記入しなさい。

ア　（　　　）は無色透明の揮発性の液体で、特異な香気があり、火をつけると容易
　　に燃える。摂取した場合の中毒症状としては、視神経がおかされ、目がかすみ、
　　ついには失明することがある。
イ　（　　　）は濃い藍色の結晶で、風解性がある。加熱すると150度で結晶水を失
　　って、白色の無水物となる。用途は、工業用に電解液用、媒染剤、農薬として使
　　用されるほか、試薬として用いられる。
ウ　（　　　）は無色の針状結晶あるいは白色の放射状結晶塊で、空気中で容易に赤
　　変する。特有の臭気と灼くような味を有する。用途は、サリチル酸、グアヤコー
　　ル、ピクリン酸などの種々の医薬品及び染料の製造原料となる。
エ　（　　　）は無色の揮発性液体であるが、特殊の臭気があり、比較的不安定で日
　　光によって徐々に分解、白濁する。特定毒物に指定されており、ガソリンのオク
　　タン価の向上に用いられる。
オ　（　　　）は白色、結晶性のかたいかたまりで、水と炭酸を吸収する性質が強く、
　　水溶液はアルカリ性反応を示す。なお、本品の5％以下を含有する製剤は劇物の
　　指定から除かれる。

1	アニリン	2	水酸化ナトリウム	3	フェノール
4	四エチル鉛	5	三塩化燐	6	メタノール
7	クロロホルム	8	硫酸銅	9	水銀
10	重クロム酸カリウム				

問題・各論〔取扱・性状・全般〕

問84 次の薬物について、劇物からはずれる濃度を下記から選び、その記号を（　）内に記入しなさい。

(1) アンモニア ………… （　） 以下を含有するものを除く。
(2) 塩化水素 ………… （　） 以下を含有するものを除く。
(3) 過酸化水素 ………… （　） 以下を含有するものを除く。
(4) シクロヘキシミド ………… （　） 以下を含有するものを除く。
(5) ジノカップ ………… （　） 以下を含有するものを除く。
(6) フェノール ………… （　） 以下を含有するものを除く。
(7) ベタナフトール ………… （　） 以下を含有するものを除く。
(8) ホルムアルデヒド ………… （　） 以下を含有するものを除く。
(9) ロダン酢酸エチル ………… （　） 以下を含有するものを除く。
(10) ロテノン ………… （　） 以下を含有するものを除く。

ア 0.2%　イ 1%　ウ 2%　エ 3%　オ 5%　カ 6%　キ 10%

問85 次の(1)～(5)に該当する農薬を下欄から選び、その記号を答えなさい。

(1) 有機リン剤　　(2) 有機塩素剤　　(3) カーバメイト剤

(4) 天然有機化合物　(5) 有機弗素剤

A. モノフルオール酢酸カリウム
B. DDVP
C. DEP（ディプレテックス、トリクロルホン）
D. NAC（カルバリル、デナポン）
E. ロテノン

問86 次の薬物の有する用途を下欄から選び、その記号を答えなさい。

(1) 塩酸と硫酸を含有する製剤　　(6) トルエン
(2) パラコート　　　　　　　　(7) 水酸化カリウム
(3) 酢酸エチル　　　　　　　　(8) 塩素酸ナトリウム
(4) 蓚酸カリウム　　　　　　　(9) アンモニア
(5) 重クロム酸ナトリウム　　　(10) ホルマリン

(ア)香料、有機溶剤　　　　(イ)皮なめし　　　　(ウ)タイルの洗浄
(エ)シンナーの主原料　　　(オ)漂白剤　　　　　(カ)二酸化炭素の吸収剤
(キ)殺菌剤、合成原料、試薬　　　　　　　　　　(ク)冷凍用寒剤
(ケ)除草剤　　　　　　　　(コ)殺虫剤

問87 次の薬物の貯蔵法で最も適切な方法をA欄から、その理由をB欄から選んで、それぞれの記号と番号を答えなさい。

(a) シアン化カリウム　　(b) 弗化水素酸　　　(c) 硝酸銀
(d) ブロムメチル　　　(e) 水酸化ナトリウム

A　群〈貯蔵法〉	B　群〈理　由〉
ア．鉛、エボナイト又は白金製の容器に貯蔵する。	① 炭酸ガスと水をよく吸収するため。
イ．密栓をして貯蔵する。	② ガラス、金属を腐食するため。
ウ．酸類と離して密栓をし、換気のよい乾燥した冷暗所に貯蔵する。	③ 常温では気体のものを液化しているため。
エ．耐圧容器で、冷暗所に貯蔵する。	④ 光で還元され、黒変するため。
オ．日光をさけて、褐色ビンで冷暗所に貯蔵する。	⑤ 酸と反応してシアン化水素を発生するため。

問88 次の薬物の用途、毒性、治療法に最も関連のある適当なものを下欄から選び、その記号を（　）内に記入しなさい。（同じ記号を何回記入してもよい。）

	〈用　途〉	〈毒　性〉	〈治療法〉
(1) クロルピクリン	（　　）	（　　）	（　　）
(2) メトミル（別名メソミル）	（　　）	（　　）	（　　）
(3) ベンゾエピン	（　　）	（　　）	（　　）
(4) 塩素酸ナトリウム	（　　）	（　　）	（　　）
(5) ダイアジノン	（　　）	（　　）	（　　）

〈用途〉
ア　除草剤　　　イ　殺虫殺菌剤として土壌燻蒸剤に使われる。
ウ　殺そ剤　　　エ　殺虫剤

〈毒性〉
ア　水質汚濁性農薬であり魚類に対して強い毒性を示す。人には意識喪失、てんかん様の強直性及び間代性けいれんを起こす。
イ　吸入すると、血液に入ってメトヘモグロビンをつくり、また中枢神経や心臓、眼結膜をおかす。
ウ　血液毒
エ　コリンエステラーゼ阻害

〈治療法〉
ア　硫酸アトロピンの投与
イ　ＢＡＬの投与
ウ　チオ硫酸ナトリウムの投与
エ　抗けいれん剤、鎮静剤の投与
オ　酸素吸入をし、強心剤、興奮剤を与える。

問89 次の薬物の鑑別方法として最も適したものを下欄から１つ選び、その番号を答えなさい。

(1) 四塩化炭素　　(2) ピクリン酸　　(3) 硝酸銀　　(4) メタノール
(5) フェノール

1　水溶液に１／４量のアンモニア水と数滴のさらし粉溶液を加えてあたためると藍色を呈する。
2　アルコール溶液は、白色の羊毛又は絹糸を鮮黄色に染める。
3　あらかじめ熱灼した酸化銅を加えるとホルムアルデヒドができ、酸化銅は還元されて金属銅色を呈する。
4　アルコール性の水酸化カリウムと銅粉と共に煮沸すると黄褐色の沈殿を生じる。
5　水に溶かして塩酸を加えると、白色の沈殿を生じ、それに硫酸と銅屑を加えて熱すると、赤褐色の蒸気を発生する。

問90 次の化合物について、その毒性をⅠ欄から、適当な解毒剤をⅡ欄から一つ選び、その番号を記入しなさい。

化　合　物	毒　性	解毒剤
有機リン化合物	①	⑥
シアン化合物	②	⑦
砒素化合物	③	⑧
有機弗素化合物	④	⑨
ニトロ化合物	⑤	⑩

〈Ⅰ欄〉
1　アセチルコリンエステラーゼと結合しその作用を阻害するため、アセチルコリンが蓄積される。
2　血液毒で、赤血球を変形、溶解し、血液はチョコレート色となり、いわゆるメトヘモグロビンを形成する。
3　中枢刺激及び麻痺が同時に起こり、また血液中の酸化還元の代謝が失われ、瞬間的に死亡する。
4　細胞内のＴＣＡサイクルを中断し、エネルギー生成を阻害する。
5　ＳＨ系酵素と結合してその作用を阻害し、急性中毒ではコレラ様の症状が現れ、呼気や便はニンニク臭を呈する。
〈Ⅱ欄〉
1　アトロピン、ＰＡＭ
2　強心剤、興奮剤
3　ジメルカプロール（別名ＢＡＬ）
4　亜硝酸ナトリウム、チオ硫酸ナトリウム
5　高張ブドウ糖液、アセトアミド

問91　次の廃棄方法に最も適する毒物又は劇物をそれぞれの ［　］内から選び、その記号を答えなさい。

(1)　中和法［ア　キシレン　イ　水酸化ナトリウム　ウ　クロロホルム］

(2)　希釈法［ア　過酸化水素水　イ　無機シアン化合物　ウ　四アルキル鉛］

(3)　燃焼法［ア　水酸化ナトリウム　　イ　硝酸銀　　　ウ　キシレン］

(4)　沈澱法［ア　硝酸銀　イ　無機シアン化合物　ウ　キシレン］

(5)　アルカリ塩素法
　　　　　　　［ア　キシレン　イ　クロロホルム　ウ　無機シアン化合物］

問92　次の記述の（　）内の語句が正しれば〇印を、誤っていれば訂正するのに最も適当な語句を下欄から選び、その記号を記入しなさい。

①　（　エチレンオキシド　）は可燃性の気体であり、殺菌や燻蒸消毒に使用される。

②　（　水酸化ナトリウム　）は、石けんの製造用として使用される潮解性の結晶又は粉末で、その水溶液はアルカリ性を呈する。

③　（　トルエン　）を大量に吸入すると、その麻酔作用により呼吸抑制をおこし、死に至ることがある。

④　（　PCP　）で中毒を起こした場合の解毒剤は、PAM及び硫酸アトロピン等である。

⑤　（　シアン化カリウム　）に希塩酸を加えると、有害な青酸ガスを発生する。

⑥　塩酸を、（　硝酸　）に近づけると白煙を生じる。

⑦　（　クロロホルム　）は、エーテル様の臭いをもつ無色の液体で、空気等により、徐々に分解してホスゲンを生じる。

⑧　（　塩化水素　）は、ガラスを腐食するので、ガラス製品の目盛り付け等に使用される。

⑨　（　亜硝酸銀　）は、橙色の結晶又は粉末であり、水に溶けやすく、電気メッキに使用される。

⑩　（　沃化第二水銀　）の純粋なものは無色の油状液体で、特有の臭気があり、空気に触れると赤褐色に変色する。

ア　アンモニア水	イ　ブロムアセトン	ウ　ふっ化水素酸
エ　重クロム酸カリウム	オ　アニリン	カ　砒素
キ　ロテノン	ク　黄燐	
ケ　イソフェンホス	コ　フェリシアン化カリウム	

問93　次の文章は、薬物の廃棄方法について述べたものです。（　）の中に当てはまる最も適当な語句を下欄から選び、その番号を記入しなさい。

(1)　アンモニアを含有する製剤は、水で希薄な水溶液とし（　ア　）で（　イ　）させた後、多量の水で希釈して流す。

(2)　臭素は、多量の水で希釈し（　ウ　）水溶液を加えた後、中和し多量の水で希釈して流す。

(3)　（　エ　）は、おがくずと混ぜて焼却するか、または（　オ　）に溶かして焼却炉へ噴霧し焼却する。

(4)　（　カ　）を含有する製剤は、（　キ　）水溶液を加えアルカリ性とし、塩素を注入して（　ク　）分解する。

(5)　（　ケ　）を含有する製剤は、多量の（　コ　）水溶液を加えて、分解させた後、沈殿処理を行って鉛を除去する。

1．ニトロベンゼン	2．酸化	3．酸
4．水酸化ナトリウム	5．次亜塩素酸ナトリウム	6．中和
7．チオ硫酸ナトリウム	8．無機シアン化合物	9．アセトン
10．四アルキル鉛		

問94　次の中毒症状をあらわす薬物を下欄から選び、その番号を答えなさい。

a）　肺機能障害、肝機能障害、腎機能障害（ＳＯＤ酵素阻害）

b）　頭痛、めまい、瞳孔縮小、チアノーゼ（コリンエステラーゼ阻害）

c）　緑青色のものを吐く、よだれ、消化器のうずき

d）　ニンニク臭あくび、悪心、嘔吐（吐物は暗所で光る）

e）　めまい、動悸亢進、けいれん、死亡した時は鮮紅色の死斑が現れる（組織呼吸阻害）

(1)　銅製剤	(2)　パラコート剤	(3)　有機燐剤
(4)　シアン化合物	(5)　黄燐剤	

問95　次の記述の（　）にあてはまる語句を下欄から選び、その番号を答えなさい。（重複使用可）

a）　塩素は常温、常圧では刺激臭を有する（　ア　）の（　イ　）である。

b）　塩素は、強い（　ウ　）作用を有し（　エ　）や標白剤に使用され、また水に対して（　オ　）溶け、飲料水やプールの消毒にも用いられる。（　カ　）性の洗浄剤を塩素系の漂白剤と同時に使用すると塩素が発生し、中毒を起こすことがある。

c）　塩素の廃棄には多量の（　キ　）性水溶液に吹き込んだ後、多量の水で希釈して流す。

d）　アンモニアは常温、常圧では刺激臭を有する（　ク　）の（　ケ　）で、水に対してよく溶け、（　コ　）性の水溶液となる。

| (1) 白色 | (2) 無色 | (3) 黄緑色 | (4) 気体 | (5) 液体 |

(1)	白色	(2)	無色	(3)	黄緑色	(4)	気体	(5)	液体
(6)	酸化	(7)	還元	(8)	中和	(9)	殺虫剤	(10)	殺菌剤
(11)	よく	(12)	わずかに			(13)	濃塩酸		
(14)	水酸化ナトリウム			(15)	酸	(16)	アルカリ		

問96 次の毒物又は劇物の貯蔵方法を下記のA群から、また、その理由をB群からそれぞれ最も適当なものを選び、記号で答えなさい。

1 アクリルニトリル　　2 カリウム　　3 クロロホルム
4 アクロレイン　　　　5 ブロムメチル

〈A 群〉
1 少量のアルコールを加えて冷暗所にたくわえる。
2 圧縮冷却して液化し、圧縮容器に入れて冷暗所に貯蔵する。
3 ふつう、石油中にたくわえる。
4 ドラム等の貯蔵所は、火気並びに強酸と離すことが必要である。
5 安定剤を加え、空気をしゃ断して貯蔵する。

〈B 群〉
1 非常に反応性に富む物質である。
2 引火性が高く、強酸との反応性が高い。
3 常温で気体なので、温度上昇の原因をさけて貯蔵する。
4 純品は空気と日光によって変質するので分解を防止する。
5 空気中では酸化されやすく、ときに発火することがある。

問97 次の文中の｛ ｝内の最も正しい字句を選び、記号で答えなさい。

1 塩素酸ナトリウムは、無色・ ① ｛ ア 芳香性 / イ 無臭 / ウ 刺激臭 ｝ の結晶で、潮解性

があり、化学式は、 ② ｛ ア $NaClO_3$ / イ $NaClO$ / ウ Na_2ClO_2 ｝ である。

2 酢酸エチルは、 ③ ｛ ア 青色 / イ 黄色 / ウ 無色 ｝ 透明の ④ ｛ ア 固体 / イ 液体 / ウ 気体 ｝ で、蒸気は

空気より重くて、引火しやすい。

問題・各論〔取扱・性状・全般〕

3　塩化第二水銀は、別名　⑤ $\begin{bmatrix} ア & 昇こう \\ イ & 黄こう \\ ウ & 甘こう \end{bmatrix}$ といい、エタノールに

⑥ $\begin{bmatrix} ア & 可溶 \\ イ & 難溶 \\ ウ & 微溶 \end{bmatrix}$ である。

4　弗化水素は、　⑦ $\begin{bmatrix} ア & 可燃性 \\ イ & 助燃性 \\ ウ & 不燃性 \end{bmatrix}$ の無色の液化ガスで、激しい刺激

　　臭がある。廃棄方法は、　⑧ $\begin{bmatrix} ア & 希釈法 \\ イ & 酸化法 \\ ウ & 沈殿法 \end{bmatrix}$ によって処理する。

5　硝酸は、　⑨ $\begin{bmatrix} ア & 揮発性 \\ イ & 腐食性 \\ ウ & 風解性 \end{bmatrix}$ が激しい無色又は淡黄色の液体で、硝酸

　　⑥ $\begin{bmatrix} ア & 20\% \\ イ & 15\% \\ ウ & 10\% \end{bmatrix}$ 以下を含有するものは、劇物から除かれる。

☑

問98　次の各問に該当するものを選び、その記号を答えなさい。

1　アクリロニトリルの保護具について、厚生省令で定められているものはどれか。
　　①　有機ガス用防毒マスク　　　②　酸性ガス用防毒マスク
　　③　ハロゲン用防毒マスク　　　④　防じんマスク

2　水銀による中毒の解毒方法のうち、誤っているものはどれか。
　　①　薬用炭末を飲ませる。　　　②　亜砒酸解毒剤を飲ませる。
　　③　牛乳を飲ませる。　　　　　④　酢を飲ませる。

3　シアン化銀の廃棄方法は次のどれか。
　　①　アルカリ法　　　②　還元沈殿法　　　③　培焼法

4　次の劇物のうち白色で針状結晶のものはどれか。
　　①　ダイアジノン　　　②　塩化第二水銀　　　③　ＥＤＢ　　　④　ＤＤＶＰ

5　次の記述のうち正しいものはどれか。
　　①　蓚酸は潮解性がある。
　　②　トリクロル酢酸は風化する。
　　③　ピクリン酸は徐々に熱すると気化する。
　　④　フェノールは空気中で容易に赤色に変化する。

問99 次の薬物の廃棄方法として適切なものを下欄から選び、その記号を答えなさい。
（重複使用可）

(1) アンモニア (6) 塩化第二水銀
(2) 塩化カドミウム (7) 水酸化ナトリウム
(3) クロロホルム (8) 硫酸
(4) トルエン (9) 過酸化尿素
(5) 過酸化水素 (10) 硝酸

A　多量の水で希釈する方法
B　酸で中和し、中性塩の水溶液とする方法
C　アルカリで中和し、中性塩の水溶液とする方法
D　スクラバー等を具備した焼却炉で燃焼する方法
E　炭素等還元性物質の共存下に焙焼し、金属として回収する方法

問100　A群に示した作用機序にあてはまる化合物をB群からそれぞれ2つ選びその
番号を答えなさい。

【A　群】
1） 接触した局部の細胞に作用して凝固、崩壊または壊疽を起こさせるもの。
2） 主として体内に吸収されて、生活細胞の原形質をおかし、酸素の供給を妨げ、
代謝作用に障害をきたし、諸種の器官に脂肪変性を起こさせる。
3） 血色素を溶解したり、メトヘモグロビンとしたり、あるいは結合力の強いヘ
モグロビン結合体をつくって、酸素の供給を不十分ならしめるもの。
4） 体内に吸収されて、主として中枢神経や心臓をおかすもの。
5） 体内に吸収されて、コリンエステラーゼを阻害し、神経の正常な機能を妨げ
るもの。

【B　群】
1　硝酸　　　　　2　亜砒酸　　　　　3　黄燐
4　EPN　　　　5　水酸化ナトリウム　6　シアン化ナトリウム
7　パラチオン　　8　メタノール　　　9　ニトロベンゼン
10　スルホナール

問題・各論〔取扱・性状・全般〕

〔問題・貯蔵方法（問1～問30）〕

問 1 　次の文のうち、正しいものには○を、誤っているものには×を選びなさい。

(1)　アンモニア水は、アンモニアが揮発するので密栓をして保管する。

(2)　四塩化炭素の蒸気は空気より重いので、地下室等の空気の置換の少ないところに保管するほうがよい。

(3)　過酸化水素水は、日光の直射を避け冷所に、有機物、金属塩、樹脂、油類、その他有機性蒸気を放出する物質と引き離して貯蔵する。

(4)　水酸化ナトリウムは、窒素ガスと酸素を吸収する性質があるので、密栓をして貯蔵する。

(5)　硫酸は、金属製容器に入れると金属を腐食し、発生する水素ガスと空気が混合して引火爆発することがあるのでガラス瓶又はポリエチレン製容器等に入れ密栓して保存する。

問2 　次の文のうち、正しいものには○を、誤っているものには×を選びなさい。

(1)　クロロホルムは、少量のアルコールを加えて分解を防止し、冷暗所に貯蔵する。

(2)　水酸化カリウムは、酸素を強く吸収するので、密栓して貯蔵する。

(3)　硫酸は、少量のアルコールを加えて分解を防止し、密栓して冷所に貯蔵する。

(4)　酢酸エチルは、密栓し、火気を避けて、冷暗所に貯蔵する。

(5)　過酸化水素水は、温度の上昇、動揺などによって爆発することがあるので、通常は安定剤を加え、冷暗所に貯蔵する。

問3 　次の薬物と貯蔵方法の組み合わせのうち、誤っているものを選びなさい。

ア　硫酸亜鉛　――――――――銅製容器に密栓して、保存

イ　ＤＤＶＰ　――――――――密栓し、乾燥した冷暗所に保存

ウ　塩素酸ナトリウム――――――可燃性物質と離して冷暗所に密栓保存

エ　クロルピクリン　――――――ガラスびんで、冷暗所に密栓保存

オ　ブロムメチル　――――――耐圧密封容器に入れ、冷暗所に保存

問4　次の記述の中で、誤っているものを選びなさい。

ア　四塩化炭素は亜鉛または錫メッキをした鋼鉄製容器で保管する。
イ　弗化水素酸は遮光したガラスビンで貯蔵する。
ウ　アクリルニトリルは火気をさけて貯蔵する。
エ　臭素は少量ならば共栓ガラスびん、多量ならば陶製壺等を使用し、
　　直射日光を避け、通風のよい冷所に保管する。

問5　劇物と貯蔵方法の組み合わせのうち、誤っているものを選びなさい。

ア　30％過酸化水素水　————————　安定剤として、少量の酸を加えて保存
イ　28％アンモニア水　————————　揮発性が高いので、密栓して冷暗所に保存
ウ　30％硫酸　————————　密栓して気密容器に保存
エ　35％ホルマリン　————————　遮光した気密容器に寒冷を避けて保存
オ　水酸化カリウム　————————　空気を二酸化炭素で置換した鋼鉄製容器に保存

問6　次の容器に関する記述の中で、誤っているものを選びなさい。

ア　気密容器とは、固体及び液体の異物が入らないような容器をいう。
イ　密閉容器とは、固体の異物が入らないような容器をいう。
ウ　遮光容器とは、光の透過を防ぐような容器をいう。
エ　袋類、箱は密封容器である。
オ　フタ付きのびんなどは気密容器である。

問7　次の記述の中から、過酸化水素水の貯蔵法について最も適当なものを選びなさい。

ア　少量ならば褐色ガラスびん、大量ならばカーボイなどを使用し、3分の1の空間をたもって貯蔵する。
イ　銀めっきをした鋼鉄製容器で保管し、高温に接しない場所に貯蔵する。
ウ　純品は、空気と日光により変質するので分解防止のために少量のアルコールを加えて冷暗所に貯蔵する。
エ　二酸化炭素と水を強く吸収するから、密栓して貯蔵する。

問8 次の記述の中から、塩素酸ナトリウムについて最も適当なものを選びなさい。

ア 揮発性のため、密栓して冷暗所に貯蔵する。
イ 吸湿性、酸化性のため、密栓して乾燥した冷暗所に貯蔵する。
ウ 希薄な蒸気でも有毒であるので銅製シリンダーに貯蔵する。
エ 吸湿により猛毒ガスを発生するため、密栓して通気の良い冷暗所に貯蔵する。

問9 次の記述の中から、硫酸亜鉛の貯蔵法について最も適当なものを選びなさい。

ア 常温で気体、冷却すると液化し、クロロホルム様のにおいがある。
　　高圧ボンベにて冷暗所に貯蔵する。
イ 水和物は空気中で風解する。ガラス瓶を用いて密栓して貯蔵する。
ウ 水中に沈めて瓶に入れ、砂を入れた缶中に固定して貯蔵する。
エ 石油中に沈めて、冷暗所に貯蔵する。

問10 次の記述の中から、ブロムメチルの貯蔵法について最も適当なものを選びなさい。

ア 空気や光線に触れると赤変するので、空気と光線を遮断して貯蔵する。
イ 炭酸ガスと水を吸収する性質が強いから、密栓に貯蔵する。
ウ 吸湿性があるので、密封して冷乾燥場所に貯蔵する。
エ 常温では気体なので、圧縮冷却して液化し、圧縮容器に入れ、冷暗所に貯蔵する。

問11 次の物質の貯蔵方法として、最も適当なものを下欄から選びなさい。

(1) 水酸化カリウム　　　　(2) 過酸化水素水

【下欄】

ア 冷暗所にたくわえる。純品は空気と日光によって変質するので、少量のアルコールを加えて分解を防止する。
イ 二酸化炭素と水を強く吸収するから、密栓をして貯蔵する。
ウ 少量ならば褐色ガラス壜などを使用し、三分の一の空間をたもって貯蔵する。日光の直射をさけ、冷所に、有機物、金属塩、樹脂、油類、その他有機性蒸気を放出する物質とひき離して貯蔵する。
エ 空気や光線にふれると赤変するから、遮光してたくわえなくてはならない。

問12 次の物質の貯蔵方法として、最も適当なものを下欄から選びなさい。

(1) 水酸化ナトリウム　　(2) ホルマリン　　(3) メタノール

【下欄】

> ア　分解を防ぐため少量のアルコールを加えて、冷暗所に貯蔵する。
> イ　空気中の水分や二酸化炭素を強く吸収するので、密栓して貯蔵する。
> ウ　密栓して貯蔵する。

問13 次の物質の貯蔵方法として、最も適当なものを下欄から選びなさい。

(1) 水酸化カリウム　　(2) 黄燐

(3) クロロホルム　　(4) 過酸化水素水

【下欄】

> ア　少量の場合は、褐色ガラスビンを使用し、３分の１の空間を保ち、日光の直射を避け、冷所に、有機物、金属塩などと離して貯蔵する。
> イ　純品は空気と日光によって変質するので、分解を防止するため、少量のアルコールを加えて冷暗所に貯蔵する。
> ウ　空気に触れると発火しやすいので、水中に沈めて冷暗所で貯蔵する。
> エ　二酸化炭素と水を強く吸収するので、密栓をして貯蔵する。

問14 次の物質の貯蔵方法として、最も適当なものを下欄から選びなさい。

(1) アンモニア水　　(2) ベタナフトール

(3) 黄燐　　(4) ブロムメチル

【下欄】

> ア　空気や光線にふれると赤変するから、遮光してたくわえる。
> イ　よく密栓してたくわえる。
> ウ　空気にふれると発火しやすいので、水中に沈めてびんにいれ、さらに砂をいれた缶中に固定して、冷暗所にたくわえる。
> エ　常温では気体なので、圧縮冷却して液化し、圧縮容器に入れ、直射日光その他、温度上昇の原因をさけて、冷暗所に貯蔵する。

問15 次の物質の貯蔵方法として、最も適当なものを下欄から選びなさい。

(1) ナトリウム　　　(2) クロロホルム

(3) ベタナフトール　(4) 黄燐

【下欄】

> ア　遮光して貯蔵する。
> イ　水中に沈めてビンに入れ、砂を入れた缶の中に固定し、冷暗所に貯蔵する。
> ウ　石油中に貯蔵する。
> エ　分解を防ぐため少量のアルコールを加えて冷暗所に貯蔵する。

問16 次の物質の貯蔵方法として、最も適当なものを下欄から選びなさい。

(1) 水酸化ナトリウム　　(2) アンモニア水
(3) クロロホルム　　　　(4) 過酸化水素水

【下欄】

> ア　褐色のガラスびんに入れ、三分の一の空間を保ち、直射日光をさけ冷所に貯蔵する。
> イ　冷暗所に貯蔵する。純品は空気と日光によって変質するので、少量のアルコールを加えて分解を防止する。
> ウ　炭酸ガスと水を吸収するので、密栓して貯蔵する。
> エ　揮発しやすく、温度の上昇により空気より軽いガスを発生するため、密栓して貯蔵する。

問17 次の物質の貯蔵方法として、最も適当なものを下欄から選びなさい。

(1) アンモニア水　(2) 水酸化カリウム　(3) 過酸化水素水
(4) 四塩化炭素　　(5) クロロホルム

【下欄】

> ア　冷暗所に貯える。純品は空気と日光によって変質するので、少量のアルコールを加えて分解を防ぐ。
> イ　二酸化炭素と水を吸収する性質が強いから、密栓して貯える。
> ウ　褐色ガラス壜を用い、3分の1の空間をたもって貯蔵する。日光の直射をさけ、冷所に有機性蒸気を放出する物質と引き離して貯蔵する。
> エ　亜鉛又は錫メッキをした鋼鉄製容器で保管し、高温に接しない場所に保管する。蒸気は空気より重く、低所に滞留するので地下室などの換気の悪い場所には保管しない。
> オ　揮発しやすいので、よく密栓して貯える。

問18　次の物質の貯蔵方法として、最も適当なものを下欄から選びなさい。

(1)　アンモニア水　　　(2)　ロテノン製剤　　　(3)　ブロムメチル
(4)　シアン化カリウム　(5)　硫酸亜鉛

【下欄】

> ア　圧縮冷却して液化してあるので、耐圧密封容器に入れ、日光をさけ、また
> 　　温度上昇の原因を避け冷暗所に貯える。
> イ　少量ならば褐色のガラス壜、多量ならば鋼製のシリンダーに入れ、酸類と
> 　　は離して、空気の流通のよい乾燥した冷所に密封して貯える。
> ウ　空気にさらすと風解性があるので、密栓して湿気のない所に貯える。
> エ　高温、日光、空気などで分解するので、密封して乾燥する冷暗所で貯える。
> オ　揮発しやすいので、よく密栓して冷暗所で貯える。

問19　次の物質の貯蔵方法として、最も適当なものを下欄から選びなさい。

(1)　メタノール　　　(2)　水酸化カリウム　　(3)　重クロム酸カリウム
(4)　四塩化炭素　　　(5)　アンモニア水

【下欄】

> ア　火気を避けて、密栓容器に貯蔵する。
> イ　吸湿性があるので、密栓し、乾燥した冷暗所に貯蔵する。
> ウ　密栓して、冷暗所に貯蔵する。
> エ　揮発しやすいので、密栓して冷暗所に貯蔵する。
> オ　冷暗所に貯蔵し、少量のアルコールを加えて分解を防止する。
> カ　共栓ガラスビン又は鋼鉄性ドラム缶に貯蔵する。

問20　次の物質の貯蔵方法として、最も適当なものを下欄から選びなさい。

(1)　シアン化ナトリウム　　(2)　ブロムメチル　　(3)　クロルピクリン
(4)　硫酸ニコチン　　　　　(5)　硫酸銅

【下欄】

> ア　風解を防ぐため密栓した冷所に保存。
> イ　少量ならばガラス壜、多量ならばブリキ缶あるいは鉄ドラムを用い、酸類とは離して空気の流通のよい乾燥した冷所に密封してたくわえる。
> ウ　乾燥した冷暗所へ密栓した遮光瓶に入れて保存。
> エ　常温では気体なので、圧縮冷却して液化し、圧縮容器に入れ冷暗所に保存。
> オ　常温で揮発しやすい液体で、刺激臭、催涙性があるので、ガラス容器に入れて密栓のうえ、冷暗所に保存。

問21　次の物質の貯蔵方法として、最も適当なものを下欄から選びなさい。

(1)　ベタナフトール　　　(2)　黄燐（りん）　　　(3)　アンモニア
(4)　過酸化水素水　　　　(5)　二硫化炭素

【下欄】

> ア　空気と混合し爆発性混合ガスとなる。ハロゲン、強酸類と接触すると反応して爆発のおそれがある。ボンベは直射日光を避け、通風のよい衝撃などのない安全なところに保管する。充填容器は常に35℃以下に保つこと。火気厳禁。
> イ　空気に触れると発火しやすいので、水中に沈めて壜に入れ、さらに砂を入れた缶中に固定して冷暗所にたくわえる。
> ウ　少量ならば褐色ガラス壜（びん）、多量ならばカーボイなどを使用し、三分の一の空間を保って貯蔵する。直射日光を避け、冷所に、有機物、金属塩、樹脂、油類、その他有機性蒸気を放出する物質とひき離して貯蔵する。
> エ　少量ならば共栓ガラス壜（びん）、多量ならば鋼性ドラムなどを使用する。いったん開封したものは蒸留水をまぜておくと安全である。日光の直射を受けない冷所に、可燃性、発熱性、自然発火性のものからは、十分に引き離しておくことが必要である。
> オ　空気や光線にふれると赤変するから、遮光してたくわえなくてはならない。

問22　次の物質の貯蔵方法として、最も適当なものを下欄から選びなさい。

(1)　クロロホルム　　　(2)　過酸化水素水　　　　(3)　塩素
(4)　ホルマリン　　　　(5)　四塩化炭素

【下欄】

> ア　ボンベに入れ、通気性のよい場所に置く。
> イ　少量の酸を加え、直射日光を避け、有機性蒸気を放出する物質と離して冷暗所に貯蔵する。
> ウ　純品は、空気と日光によって変質するので、少量のアルコールを加えて分解を防止し、冷暗所に貯蔵する。
> エ　重合を防ぐため、少量のメタノールを加えて密栓した遮光びんに入れ、常温で貯蔵する。
> オ　亜鉛又は錫メッキをした鋼鉄製容器で保管し、高温に接しない場所に貯蔵する。

問23　次の物質の貯蔵方法として、最も適当なものを下欄から選びなさい。

(1)　硫酸銅　　　　　(2)　シアン化カリウム　　(3)　ブロムメチル
(4)　クロルピクリン　(5)　ロテノン

【下欄】

> ア　酸素によって分解し、殺虫効力が失われるので、密栓して冷暗所に貯蔵する。
> イ　酸に触れると有毒ガスを発生するので、酸類とは離して、空気の流通のよい乾燥した冷所に密栓して貯蔵する。
> ウ　風解を防ぐため、密栓して冷暗所に貯蔵する。
> エ　圧縮冷却して液化し、耐圧容器に入れ、冷暗所に貯蔵する。
> オ　催涙性があり、強い粘膜刺激臭を有するので、密栓して冷暗所に貯蔵する。

問24 次の物質の貯蔵方法として、最も適当なものを下欄から選びなさい。

(1) カリウム   (2) ふっ化水素酸   (3) 硝酸銀
(4) ブロムメチル   (5) ベタナフトール   (6) 水酸化ナトリウム
(7) クロロホルム   (8) シアン化カリウム   (9) 黄りん
(10) 二硫化炭素

【下欄】

ア　少量ならば共栓ガラスビン、多量ならば鋼製ドラムなどを使用する。揮発性が強く、低温でもきわめて引火性があり、日光の直射をうけない冷所に可燃性・発熱性・自然発火性のものから、十分に引き離して貯蔵する。

イ　炭酸ガスと水を吸収する性質が強いので、密栓して貯蔵する。

ウ　常温では気体なので、圧縮冷却して液化し、圧縮容器に入れ、冷暗所に貯蔵する。

エ　空気中では湿気を吸収し、かつ炭酸ガスと作用して有毒ガスを放つため、酸類と離して、空気の流通のよい乾燥した冷所に密封して貯蔵する。

オ　空気中にそのまま貯えることができないので、ふつうに石油中に貯える。水分の混入、火気を避けて貯蔵する。

カ　ガラス、金属を腐食するため、ゴム、鉛、ポリ塩化ビニル等でライニングを施した容器に貯蔵する。

キ　光によって分解して黒変するため、日光をさけて、褐色ビンで冷暗所に貯蔵する。

ク　空気や光線に触れると赤変するので、遮光して貯蔵する。

ケ　冷暗所に貯蔵する。純品は空気と日光によって変質するので、少量のアルコールを加えて分解を防止する。

コ　空気に触れると発火しやすいので、水中に沈めてビンにいれ、さらに砂をいれた缶中に固定して、冷暗所に貯蔵する。

問25　次の物質の貯蔵方法として、最も適当なものを下欄から選びなさい。

(1)　クロルピクリン　　(2)　フルバリネート　　(3)　ブロムメチル

(4)　塩素酸ナトリウム　(5)　アンモニア水　　　(6)　濃硫酸

(7)　硫酸銅　　　　　　(8)　シアン化ナトリウム　(9)　ロテノン

(10)　燐化アルミニウムとその分解促進剤との製剤

【下欄】

> ア　揮発しやすいので、よく密栓してなるべく冷所に貯蔵する。
> イ　空気中の湿気に触れると徐々に分解し、有毒なガスを発生するので、密閉
> 　　容器に保管するよう毒物及び劇物取締法に規定されている。
> ウ　酸と反応すると引火性の有毒ガスを発生するので、酸類と離して空気の流
> 　　通のよい乾燥した冷所に密封して貯蔵する。
> エ　火気、直射日光を避け、可燃性物質と離して、乾燥した冷暗所に密栓して
> 　　貯蔵する。
> オ　熱、酸には安定であるが、日光、アルカリには不安定なので、遮光して保
> 　　存する。
> カ　常温では気体なので、冷却圧縮して液化し、圧縮容器に入れ、冷暗所に貯
> 　　蔵する。
> キ　吸湿性が強いので、密栓して空気を遮断して貯蔵する。
> ク　風化を防ぐため、密栓して乾燥した冷暗所に貯蔵する。
> ケ　常温で気化し、金属類を腐食するうえ、刺激臭、催涙性があるので、ガラ
> 　　ス容器に密栓して、冷暗所に貯蔵する。
> コ　酸素によって分解するので、空気と光線を遮断して貯蔵する。

問26　クロロホルムの貯蔵方法に関する次のa〜dの記述のうち、正しいものの組み
　　合わせとなっているものを、下の1〜4から1つ選びなさい。

a　純品は空気に触れ、同時に日光の作用を受けると分解する。
b　冷所に保管すると分解が進むので常温で保管する。
c　純品には揮発を防ぐため少量のグリセリンを加える。
d　純品には分解を防ぐため少量のアルコールを加える。

1：(a, b)　　　2：(b, c)　　　3：(c, d)　　　4：(a, d)

問27　過酸化水素水の貯蔵方法に関する次のa～dの記述のうち、正しいものの組み合わせを下の1～4から1つ選びなさい。

a　温度の上昇により爆発することがあるので注意する。
b　安定剤として少量の酸の添加は許容される。
c　揮発により濃度が低下するため、容器内に空間ができないように充満する。
d　亜鉛又は錫めっきした鋼鉄製容器を用いて保管する。

1：(a, b)　　　　2：(b, c)　　　　3：(c, d)　　　　4：(a, d)

問28　次の文は、水酸化カリウムの貯蔵方法について述べたものであるが、（　　）の中に当てはまる語句の正しい組み合わせとなっているものを、下の1～4から1つ選びなさい。

水酸化カリウムは（　①　）と（　②　）を吸収するので、密栓をして保管する。

	①	②
1：	酸素	水
2：	酸	アルカリ
3：	二酸化炭素	水
4：	窒素	日光

問29　次の物質について、最も適切な貯蔵法についてはA～Fに、また、最も適切な用途についてはa～fに、それぞれの番号を選びなさい。

物　　質	貯　蔵	用　途
塩 素 酸 ナ ト リ ウ ム	A	a
ロ　テ　ノ　ン	B	b
硫　　　　　酸	C	c
ブ ロ ム メ チ ル	D	d
硫　酸　銅	E	e
シ ア ン 化 ナ ト リ ウ ム	F	f

〔貯蔵法〕
1　高温・日光・空気などで分解するので密栓して乾燥した冷暗所
2　潮解性があるので厳重に密栓して貯蔵
3　潮解性・爆発性があるので乾燥した冷暗所
4　風解性があるので密栓して冷暗所
5　圧縮容器に入れ密栓して冷暗所
6　密栓して暗所に共栓ガラスびんで貯蔵
7　通風のよい乾燥した冷所

〔用　途〕
1　化学薬品の製造原料、乾燥剤、試薬
2　植物性殺虫剤
3　くん蒸剤、殺虫剤(キュウリのネコブセンチュウ等)
4　除草剤
5　殺菌剤、ボルドー液の原料、染色、試薬
6　殺そ剤
7　メッキ、くん蒸剤、みかんの害虫防除

問30　次の(1)〜(5)の薬物について、その主な用途及び貯蔵方法として最も適当なものを下欄からそれぞれ一つ選び、その記号を選びなさい。

(1)　硝酸銀　　　　(2)　クロロホルム　　(3)　ナトリウム
(4)　フェノール　　(5)　二硫化炭素

［下　欄］　主な用途

（a）医薬品の原料、防腐剤　　　（b）写真感光材、試薬
（c）工業原料、還元剤　　　　　（d）溶媒、試薬
（e）殺虫剤、ゴム用加硫促進剤

［下　欄］　貯蔵方法

（a）遮光びんを用いて密栓し、冷暗所に貯蔵する。
（b）遮光した気密容器で保管する。火気を近づけない。
（c）石油中に沈めて、雨水などの漏れがないような冷所に貯蔵する。
（d）少量ならば共栓ガラスびん、多量ならば鋼製ドラムなどを使用し、日光の直射を受けない冷所に可燃性、発熱性、自然発火性のものから十分引き離して貯蔵する。
（e）少量のアルコールを加えて、冷暗所に貯蔵する。

問1 次の文章は、毒物又は劇物の廃棄の方法に関する毒物及び劇物取締法施行令第40条の一文である。（ ）の中にあてはまる語句を下欄から選びなさい。

1 （ ）、加水分解、（ ）、（ ）、稀釈その他の方法により、毒物及び劇物並びに法第11条第2項に規定する政令で定める物のいずれにも該当しない物とすること。

2 ガス体又は揮発性の毒物又は劇物は、保健衛生上危害を生ずるおそれがない場所で、少量ずつ（ ）し、又は（ ）させること。

3 可燃性の毒物又は劇物は、保健衛生上危害を生ずるおそれがない場所で、少量ずつ（ ）させること。

語句

① 溶解	② 沸騰	③ 加熱	④ 酸化	⑤ 燃焼
⑥ 還元	⑦ 蒸発	⑧ 凝固	⑨ 加水分解	⑩ 放出
⑪ 中和	⑫ 混合	⑬ 液化	⑭ 固体	⑮ 液体
⑯ 揮発	⑰ 稀釈			

問2 次の薬物の廃棄の方法について正しいものには数字の0を、誤っているものには数字の1をつけなさい。

(1) アンモニアは、水で希薄な溶液とし塩化ナトリウム溶液などで中和した後、多量の水で稀釈して処理する。

(2) 塩素は、多量のアルカリ水溶液（水酸化ナトリウム水溶液等）に吹き込み、還元剤を加えた後、中和し多量の水で稀釈して処理する。

(3) ニトロベンゼンは、おが屑と混ぜて焼却する。

(4) ホルムアルデヒドは、多量の水で希薄な水溶液とした後、ギ酸で分解させる。

(5) クロルピクリンは、少量の界面活性剤を加えた亜硫酸ナトリウムと炭酸ナトリウムの混合溶液中で攪拌し分解させた後、多量の水で稀釈して処理する。

(6) ブロムエチルは、可燃性溶剤と共にスクラバーを具備した焼却炉の火室へ噴霧し焼却する。

(7) 二硫化炭素は、次亜塩素酸ナトリウム水溶液と水酸化ナトリウムの混合溶液を攪拌しながら二硫化炭素を滴下し酸化分解させた後、多量の水で稀釈して処理する。

(8) メタノールは、多量の水を張った水槽に積層させ焼却する。

(9) 塩化バリウムは、水に溶かし硝酸ナトリウムの水溶液で塩化バリウムを沈殿させ、ろ過して埋立処分する。

(10) ホスゲンは、多量の10％程度の水酸化ナトリウム水溶液に撹拌しながら少量ずつガスを吹き込み分解した後、希硫酸で中和する。

☑ 問3　次のうち、中和法によって**廃棄するもの**を選びなさい。

1　硝酸　　2　酢酸エチル　3　ピクリン酸　　4　メタクリル酸

☑ 問4　次のうち、硅弗化ナトリウムの廃棄方法として、**最も適当なもの**を選びなさい。

1　燃焼法　　2　分解沈殿法　　3　中和法　　　4　希釈法

☑ 問5　次の廃棄方法のうち、メタノールの廃棄方法として最も適当なものを選びなさい。

1　ケイソウ土等に吸着させ、少量ずつ焼却する。
2　希硫酸に溶かし、還元剤を用いて還元した後中和し、沈殿除去する。
3　ナトリウム塩とした後、活性汚泥法により処理する。
4　多量のアルカリ水溶液中に吹き込んだ後、多量の水で希釈する。
5　高温加圧下で、加水分解する。

☑ 問6　次のうち、DDVPの廃棄方法として、適切なものの番号を選びなさい。

1　中和法　　2　燃焼法　　3　希釈法　　4　沈殿法　　5　還元法

☑ 問7　次のうち、パラコートの廃棄方法として、適切なものの番号を選びなさい。

1　中和法　　　2　燃焼法　　　3　酸化法　　　4　還元法　　　5　アルカリ法

☑ 問8　次の薬物の廃棄方法について、最も適当な方法を下欄から選びなさい。ただし、同じ記号を複数回使用してもよい。

(1)　水酸化カリウム　　　(2)　過酸化水素　　　(3)　一酸化鉛
(4)　重クロム酸ナトリウム　(5)　ホルマリン　　　(6)　クロロホルム
(7)　硝酸　　　(8)　蓚酸　　　(9)　塩酸　　　(10)　四塩化炭素

［下欄］
ア　中和法　　イ　燃焼法　　ウ　還元沈殿法　　エ　固化隔離法
オ　希釈法　　カ　酸化法

☑ 問9　次の薬物について、最も適した廃棄方法を下欄から選びなさい。

1　ジボラン　　　　　2　硫酸銀　　3　四アルキル鉛　　4　臭素
5　アクリルニトリル

【下欄】
1　焙焼法　　　2　活性汚泥法　　3　酸化法　　　4　中和法
5　酸化隔離法　　6　還元法

問題・廃棄方法

□
問10　クロルピクリンの廃棄方法として最も適当なものを、次の1～4から1つ選びなさい。

　1：　中和法　　　2：　分解法　　　3：　還元法　　　4：　燃焼法

□
問11　硫酸銅の廃棄方法として最も適当なものを、次の1～4から1つ選びなさい。
　1：　水を加えて希薄な溶液とし、酸で中和した後、多量の水で希釈して処理する。
　2：　徐々に石灰乳等の攪拌溶液に加えた後、多量の水で希釈して処理する。
　3：　可燃性溶剤とともに、スクラバーを具備した焼却炉の火室へ噴霧し焼却する。
　4：　水に溶かし、消石灰、ソーダ灰等の水溶液を加えて処理し、沈殿ろ過して埋め立て処分する。

□
問12　次の文は、薬物とその主な廃棄方法について記述したものである。
　　　正しいものはいくつあるか。
　1　シアン化水素は、多量の酸性溶液に吹き込んだ後、次亜塩素酸ナトリウムの水溶液を加え、酸化分解する。
　2　重クロム酸カリウムは、希硫酸に溶かし、クロム酸を遊離させ、硫酸第一鉄の水溶液を過剰に用いて還元し、消石灰水溶液で処理し沈澱濾過する。
　3　四塩化炭素は、多量のアルカリ溶液に溶かし、多量の水で希釈して処理する。
　4　ホルマリンは、多量の水を加え希薄な水溶液とし、次亜塩素酸塩水溶液を加え分解させ廃棄する。

　　　ア　一つ　　　イ　二つ　　　ウ　三つ　　　エ　四つ

□
問13　次の物質の廃棄方法について、最も適当なものを下欄から一つ選びなさい。
A　過酸化水素水　　　　　　　B　弗化水素
C　アクリルニトリル　　　　　D　水酸化ナトリウム

〈下欄〉
①　焼却炉の火室へ噴霧し焼却する。
②　多量の消石灰水溶液に吹き込んで吸収させ、中和し、沈殿ろ過して埋め立て処分する。
③　多量の水で希釈して処理する。
④　水を加えて希薄な水溶液とし、希塩酸で中和させた後、多量の水で希釈して処理する。

□
問14　次の薬物の廃棄の方法について、最も適当なものを下欄から選びなさい。

（1）　酸化バリウム　　　（2）　エチレンオキシド
（3）　ニトロベンゼン　　　（4）　アンモニア

- 164 -

下欄

> 1　おが屑と混ぜて焼却するか、または、可燃性溶液剤(アセトン、ベンゼン等)に溶かし焼却炉の火室へ噴霧し焼却する。
> 2　水で希薄な水溶液とし、酸(希塩酸、希硫酸など)で中和させた後、多量の水で希釈して処理する。
> 3　多量の水に少量づつガスを吹き込み溶解し希釈した後、少量の硫酸を加えアルカリ水で中和し、活性汚泥で処理する。
> 4　水に溶かし、希硫酸を加えて中和し、沈殿ろ過して埋立て処分する。

問15　次の薬物が漏えいした場合、最も適切な措置方法を下欄から選びなさい。

(1)　水酸化バリウム　　　(2)　三塩化燐　　　(3)　アクリルアルデヒド
(4)　塩酸　　　　　　　　(5)　重クロム酸カリウム

［下欄］

> ア．少量漏えいした場合は、土砂等にて吸着させて取り除くか、又はある程度水で徐々に希釈した後、消石灰、ソーダ灰等で中和し、多量の水を用いて洗い流す。
> イ．飛散したものは空容器にできるだけ回収し、その後希硫酸を用いて中和し、多量の水を用いて洗い流す。
> ウ．飛散したものは空容器にできるだけ回収し、その後硫酸第一鉄の水溶液を散布し、消石灰、ソーダ灰等の水溶液で処理した後、多量の水を用いて洗い流す。
> エ．漏えいした液は土砂等でその流れを止め、密閉可能な空容器にできるだけ回収し、その後を水酸化カルシウムの水溶液を用いて処理し、多量の水を用いて洗い流す。
> オ．少量漏えいした場合は、亜硫酸水素ナトリウム水溶液（約10％）で反応させた後、多量の水を用いて十分に希釈して洗い流す。

問16　次の物質又は製剤の廃棄方法として、適当な記述を下欄から選び、その番号を選びなさい。

1　水酸化ナトリウム水溶液　　2　過酸化水素　　3　トルエン
4　ピクリン酸　　　　　　　　5　塩酸

［下欄］

> 1　珪そう土等に吸着させて開放型の焼却炉で少量ずつ焼却させる。
> 2　大過剰の可燃性溶剤と共に、アフターバーナー及びスクラバーを具備した焼却炉の火室へ噴露して焼却する。
> 3　徐々に石灰乳などの攪拌溶液に加え中和させた後、多量の水で希釈して廃棄する。
> 4　水で希薄な水溶液とし、酸で中和させた後、多量の水で希釈して廃棄する。
> 5　多量の水で希釈して処理する。

☑
問17　次の薬物の廃棄方法として適当なものを下記の廃棄方法から選びなさい。

A　シアン化ナトリウム　B　五塩化アンチモン
C　ニッケルカルボニル　D　トリフルオロメタンスルホン酸
E　無水クロム酸

廃棄方法：　1　多量の次亜塩素酸ナトリウム水溶液用いて酸化分解する。そののち、過剰の塩素を亜硫酸ナトリウム水溶液等で分解させ、そのあと、硫酸を加えて中和し、沈殿ろ過して埋め立て処分とする。
　　　　　　2　多量の水に徐々に加えて希釈し、水酸化ナトリウムの水溶液を撹拌しながら加えて中和した後、アフターバーナー及びスクラバーを具備した焼却炉の火室へ噴霧し、焼却する。洗浄廃液に消石灰等の水溶液を加えて処理し、沈殿ろ過して埋め立て処分とする。
　　　　　　3　アルカリ性とした後、酸化剤で酸化分解する。分解後、酸で中和して多量の水で希釈する。
　　　　　　4　希硫酸に溶かした後、還元剤の水溶液を過剰に用いて還元した後、消石灰等の水溶液で処理し、沈殿ろ過する。
　　　　　　5　多量の水に溶かし、硫化ナトリウム水溶液を加えて沈殿させ、ろ過して埋めて処分する。

☑
問18　次の文章は、薬物の廃棄法に関するものである。該当する薬物を下欄から選びなさい。

　　徐々に石灰乳などの撹拌溶液に加え中和させた後、多量の水で希釈して処理する。

下欄
1　塩素酸カリウム　　　2　硫酸　　　　　　　　3　硫酸第二銅
4　燐化亜鉛　　　　　　5　シアン化ナトリウム

☑
問19　次の物質の廃棄方法として、最も適当なものを下欄から1つ選び、その記号を選びなさい。

(1)　四塩化炭素　　　(2)　過酸化水素
(3)　硝酸　　　　　　(4)　水酸化カリウム　　　(5)　メチルエチルケトン

ア　水で希薄な水溶液とし、酸で中和させた後、多量の水で希釈して処理する。
イ　過剰の可燃性溶剤又は重油等の燃料と共にアフターバーナー及びスクラバーを具備した焼却炉の火室へ噴霧して、できるだけ高温で焼却する。
ウ　多量の水で希釈して処理する。
エ　硅そう土等に吸収させて、開放型の焼却炉で焼却する。
オ　徐々にソーダ灰の撹拌溶液に加え中和させた後、多量の水で希釈して処理する。

問題・廃棄方法

問20　次の薬物について、廃棄の方法に関する基準に示されている方法を下欄から1
つ選びなさい。

A　ジメチル硫酸　　B　亜塩素酸ナトリウム　　C　ホスゲン

ア　還元剤（例えばチオ硫酸ナトリウム等）の水溶液に希硫酸を加えて酸性に
し、この中に少量ずつ投入する。反応終了後、反応液を中和し、多量の水
で希釈して処理する。
イ　多量の水又は希アルカリ水溶液を加え、放置又は攪拌して分解させた後、
酸又はアルカリで中和して廃棄する。
ウ　多量の水酸化ナトリウム水溶液（10％程度）に攪拌しながら少量ずつガスを
吹き込み分解した後、希硫酸を加えて中和する。
エ　多量の次亜塩素酸ナトリウムと水酸化ナトリウムの混合水溶液を攪拌しな
がら少量ずつ加えて酸化分解する。過剰の次亜塩素酸ナトリウムをチオ硫
酸　ナトリウム水溶液等で分解した後、希硫酸を加えて中和し、沈殿ろ過
して埋立処分する。

問21　次の薬物の廃棄方法として正しいものを下欄から選びなさい。
①　黄燐　②　クロルピクリン　③　フェノール　④　ホルマリン
⑤　臭素

〈下欄〉
ア　少量の界面活性剤を加え、亜硫酸ナトリウムと炭酸ナトリウムの混合液中で分
解させた後、多量の水で希釈する。
イ　木粉等に混ぜて吸収させ焼却する。
ウ　多量の水を加えて希釈し、次亜塩素酸塩水溶液を加えて分解する。
エ　アルカリ水溶液中に少量ずつ加え、多量の水で希釈する。
オ　排ガス洗浄設備とアフターバーナーを備えた焼却炉で焼却する。

問22　次の薬物と廃棄方法に関する記述についての組み合わせのうち、誤っているも
のを選びなさい。
1．黄燐廃ガス――――水洗設備及び必要があればアフターバーナを具備した焼却
設備で焼却する。
2．塩素――――――――多量のアルカリ水溶液中に吹き込んだ後、多量の水で希釈
する。
3．酢酸エチル――――ケイソウ土等に吸収させて開放型の焼却炉で焼却する。
4．水酸化ナトリウム―水を加えて希薄な水溶液とし、酸などで中和させた後多量
の水で希釈して処理する。
5．メタノール――――水を加えて希薄な水溶液とし、多量の水で希釈して処理す
る。

問題・廃棄方法

問23　次の毒物の廃棄方法として、最も適当なものを下欄からそれぞれ1つ選び、その番号を選びなさい。

(1)　ホルムアルデヒド　　　(2)　硫酸　　　　　　(3)　トルエン
(4)　水酸化カリウム　　　　(5)　亜硝酸ナトリウム

【下欄】

> 1．水を加えて希薄な水溶液とし、酸で中和させた後、多量の水で希釈して処理する。
> 2．硅そう土等に吸収させて、開放型の焼却炉で少量ずつ焼却する。
> 3．水溶液として、かくはん下のスルファミル酸溶液に徐々に加えて分解させた後中和し、多量の水で希釈して処理する。
> 4．水酸化ナトリウム水溶液等でアルカリ性とし、過酸化水素水を加えて分解させ、多量の水で希釈して処理する。
> 5．徐々に石灰乳のかくはん溶液に加え中和させた後、多量の水で希釈して処理する。

問24　「クレゾール」について、毒物または劇物の区分、用途および廃棄方法の組み合わせのうち、正しいものはどれか。

	区　分	用　途	廃　棄　方　法
1	毒物	消毒剤	中和法
2	毒物	燃料	沈殿法
3	劇物	消毒剤	燃焼法
4	劇物	燃料	希釈法
5	劇物	界面活性剤	分解沈殿法

問25　次の薬物について、最も適当な用途と廃棄方法を下記の選択肢から選び、その記号を表に記入しなさい。

薬　物	用　途	廃棄方法
燐化亜鉛		
硫酸銅		
塩素酸ナトリウム		
クロルピクリン		
ＤＤＶＰ		

【用途】
ア　除草剤　　　　イ　殺菌剤、試薬　　　ウ　土壌くん蒸剤　　　エ　殺虫剤
オ　殺そ剤

【廃棄方法】
A　水に溶かし、消石灰、ソーダ石灰等の水溶液を加え、沈殿ろ過して埋立処分する。

B　少量の界面活性剤を加えた亜硫酸ナトリウムと炭酸ナトリウムの混合溶液中で、攪拌(かくはん)し分解させた後、多量の水で希釈して処理する。

C　還元剤（チオ硫酸ナトリウム等）の水溶液に希硫酸を加えて酸性にし、この中に少量ずつ投入する。反応終了後、反応液を中和し多量の水で希釈して処理する。

D　おが屑等に吸収させてアフターバーナー及びスクラバーを具備した焼却炉で焼却する。または、10倍量以上の水と攪拌(かくはん)しながら加熱還流して加水分解し、冷却後、水酸化ナトリウム等の水溶液で中和する。

E　おが屑等の可燃物に混ぜて、スクラバーを具備した焼却炉で焼却する。または、大量の次亜塩素酸ナトリウムと水酸化ナトリウムの混合水溶液を攪拌(かくはん)しながら少量ずつ加えて酸化分解する。

☑
問26　次のア〜オの毒物又は劇物の廃棄方法について、最も適当なものを下欄1〜5の中から1つ選びなさい。

ア　水銀　　　　　イ　トルエン　　　ウ　過酸化水素を含有する製剤
エ　アンモニア　　オ　重クロム酸ナトリウム

下欄
1　硅そう土等に吸収させて、開放型の焼却炉で少量ずつ燃焼する。
2　希硫酸に溶かし、還元剤の水溶液を過剰に用いて還元したのち、消石灰、ソーダ灰等の水溶液で処理し、沈殿ろ過する。
3　そのまま再生利用するため蒸留する。
4　多量の水で希釈する。
5　水で希薄な液とし、酸で中和させた後、多量の水で希釈する。

☑
問27　次の薬物について、最も適当な用途と廃棄方法を下記の選択肢から選びなさい。

【薬物名】	【用　　途】	【廃棄方法】
キシレン	（　　　　）	（　　　　）
ホルマリン	（　　　　）	（　　　　）
トルエン	（　　　　）	（　　　　）
硝酸	（　　　　）	（　　　　）
アンモニア	（　　　　）	（　　　　）

【用途】
A　爆薬・染料・合成高分子材料などの原料、溶剤、分析用試薬
B　溶剤、染料中間体などの有機合成原料、試薬
C　消毒・殺菌剤、防腐剤、合成樹脂の原料
D　冶金、ニトログリセリンなどの爆薬の製造、試薬
E　冷凍用寒剤、染色なっ染助剤、化学工業の原料

【廃棄方法】
ア　水酸化ナトリウム水溶液でアルカリ性とし、過酸化水素水を加えて分解させ
　　多量の水で希釈して処理する。
イ　水を加えて希薄な水溶液とし、酸（希塩酸、希塩酸など）で中和させた後、
　　多量の水で希釈して処理する。
ウ　硅そう土等に吸収させて開放型の焼却炉で少量ずつ焼却する。
エ　徐々にソーダ灰又は消石灰の撹拌溶液に加え中和させた後、多量の水で希釈
　　して処理する。

問28　次の薬物の廃棄方法について該当する記述を下欄から選びなさい。

(1)　蓚 酸　　　　　(2)　過酸化水素　　　　(3)　アンモニア
(4)　フェノール　　　(5)　硫酸第二銅

> 1：水に溶かし、消石灰、ソーダ灰等の水溶液を加えて処理し、沈殿ろ過して
> 　　埋立処分する。
> 2：多量の水で希釈する。
> 3：焼却炉で焼却する。
> 4：おが屑等に混ぜて焼却炉で焼却するか、可燃性溶剤と共に焼却炉の火室へ
> 　　噴霧し焼却する。
> 5：水で希薄な水溶液とし、酸（希塩酸、希硫酸等）で中和させた後、多量の
> 　　水で希釈して処理する。

問29　次の薬物の用途、性状及び廃棄方法について、最も適当なものを下欄から選び
　　なさい。

薬 物 名	用 途	性 状	廃棄方法
シアン化ナトリウム	①	⑤	⑧
アンモニア水	②		⑨
ホストキシン	③	⑥	
フルスルファミド		⑦	
クロルピクリン	④		⑩

【下　欄】
（用　途）
ア　土壌燻蒸に使われ、土壌病原菌、センチュウ等の駆除などに用いられる。
イ　冶金、鍍金、写真用として用いられ、また果樹の殺虫剤としても使用される。
ウ　化学工業の原料、医薬用として用いられるほか、試薬として用いられる。
エ　倉庫内、コンテナ内又は船倉内における鼠、昆虫等の駆除に用いる。

（性　状）

オ　大気の湿気に触れると、徐々に分解して有毒なガスを発生する。

カ　白色の粉末、粒状又はタブレット状の固体。酸と反応すると有毒でかつ引火性の青酸ガスを発生する。

キ　淡黄色の結晶性粉末である。水に難溶で有機溶媒に易溶である。

（廃棄方法）

ク　少量の界面活性剤を加えた亜硫酸ナトリウムと炭酸ナトリウムの混合溶液中で、攪拌し、分解させた後、多量の水で希釈して処理する。
（分解法）

ケ　水酸化ナトリウム水溶液を加えてアルカリ性（pH11以上）とし、酸化剤（次亜塩素酸ナトリウム等）の水溶液を加え、CN成分を酸化分解する。CN成分を分解した後、硫酸を加え中和し、多量の水で希釈処理する。専門業者に委託処理することが望ましい。（酸化法）

コ　水で希薄な水溶液とし酸で中和させた後、大量の水で希釈処理する。（中和法）

問30　次の薬物の廃棄の方法について、最も適当なものを下欄から選びなさい。

(1)　水酸化トリフェニル錫　　　(2)　アンモニア水

(3)　クロルピクリン　　　　　　(4)　硫酸

下欄

1　セメントで固化して埋立処分する。

2　徐々に石灰乳などの攪拌溶液に加え中和させた後、多量の水で希釈して処理する。

3　水で希薄な水溶液とし、酸（希塩酸、希硫酸など）で中和させた後、多量の水で希釈して処理する。

4　少量の界面活性剤を加えた亜硫酸ナトリウムと炭酸ナトリウムの浪合溶液中で、攪拌し分解させた後、多量の水で希釈し処理する。

問31　次のA～Dの文は物質の廃棄方法について述べたものである。それぞれに最も適切な物質を下から選びなさい。

A　スクラバー等を具備した焼却炉で燃焼する方法。（燃焼法）

B　アルカリで中和し、中性塩の水溶液とする方法。（中和法）

C　酸化剤により酸化分解する方法（酸化法）

D　炭素等還元性物質の共存下に焙焼し金属として回収する方法（焙焼法）

1．硫酸　　　2．水酸化ナトリウム　　3．ブロムエチル

4．シアン化ナトリウム　　　　　　5．硫酸銅

☑

問1 次の記述のうち、正しいものには〇印、誤っているものには×印をつけなさい。

(1) 毒物や劇物の吸入による毒性は、急性毒性のみが問題であり、慢性毒性はありえない。

(2) 誤って毒物を飲んだ場合には、それが強い腐食性のものでない限り、まず胃の内容物を吐かせることが必要である。

(3) 農薬に劇物指定品目があるが、食品添加物の中には劇物指定のものはない。

(4) 毒物劇物の判定は、動物における知見又はヒトにおける知見に基づき、当該物質の物性、化学物質としての特性等を勘案して行われる。

(5) シアン化ナトリウムの漏えい時、回収作業は危険なので、前処理なしに直接大量の水で洗い流す。

☑

問2 次の薬物に該当する用途と毒性について最も適切なものを下欄から選び、その番号を解答欄に記入しなさい。

	用 途	毒 性
(1) DDVP	(a)	(f)
(2) クロルピクリン	(b)	(g)
(3) ブロムメチル	(c)	(h)
(4) モノフルオール酢酸ナトリウム	(d)	(i)
(5) 塩素酸ナトリウム	(e)	(j)

【下　欄】

　用　途
ア　野鼠の駆除。
イ　接触性殺虫剤でニカメイチュウ、サンカメイチュウ、クロカメムシ等の駆徐。
ウ　倉庫、土壌のくん蒸。
エ　果樹、種子、貯蔵食糧等の病害虫のくん蒸。
オ　開墾地、林地の除草。

　毒　性
ア　激しい嘔吐が繰り返され、胃の疫病を訴え、しだいに意識が混濁し、てんかん性痙攣、脈拍の遅緩がおこり、チアノーゼ、血圧下降をきたす。
イ　催涙性があり、強い粘膜刺激臭がある。気管支を刺激して、せきや鼻水が出る。
ウ　毒性はおおよそクロロホルムと同系統であり、吸入した場合、重症になると、けいれん、麻痺、視力障害等を起こす。
エ　コリンエステラーゼ阻害により、めまい、倦怠感、頭痛がみられ、重症になると、縮瞳、意識混濁を起こす。
オ　血液に働いて毒作用を起こす。腎臓が冒されて、血尿を見る。

□
問3 次の文章は、薬物の毒性等を説明したものである。正しく完成させるために
（ ）に適切な語句を選び、その番号をつけなさい。

(1) シアン化水素は、（A ①肺や皮膚から ②肺からのみ）すみやかに吸収され、
その毒作用は、（B ①肝機能 ②呼吸機能）を抑制することである。

(2) クロロホルムは、吸入した場合、強い（C ①麻酔作用 ②覚醒作用）があ
り、めまい、頭痛、吐き気を催し、甚だしい場合は筋肉を萎縮させ、かつ血液
障害を起こす。また、（D ①皮膚からも吸収される ②皮膚からは吸収されな
い）。

(3) （E ①アンモニアガス ②メタノールの濃厚な蒸気 ③ホルムアルデヒド）
を吸入すると、酩酊、頭痛、眼のかすみを呈する。

(4) ヘキサクロルヘキサヒドロメタノベンゾジオキサチエピンオキサイド（チオ
ダン、ベンゾエピン）とロテノン（デリス）は、特に（F ①野鳥に対する毒
性 ②魚毒性）が強い殺虫剤である。

(5) ダイアジノン、EPNなどの有機リン製剤は、口から消化器を経て吸収され
るが、（G ①呼吸器や皮膚からも吸収される ②呼吸器から吸収され、皮膚か
らは吸収されない ③呼吸器や皮膚からは吸収されない）。その中毒症状は、正
常な（H ①肝機能 ②神経伝達機能）を妨げるもので多彩である。

(6) 強アルカリの液が皮膚に付着した場合、すぐに、（I ①アルカリを中和する
ため弱酸性の液 ②多量の水）で洗う。

(7) LD₅₀（半数致死量）は、数字が大きくなるほど毒性が（J ①強い ②弱い）。

□
問4 次の薬物の毒性として適当なものを下欄から選びなさい。

① クロロホルム ② ダイアジノン
③ モノフルオール酢酸ナトリウム ④ メタノール
⑤ 濃硫酸 ⑥ クロルピクリン ⑦ 燐化亜鉛
⑧ 水酸化カリウム ⑨ シアン化ナトリウム ⑩ 硫酸ニコチン

【下　欄】
ア 酸と反応すると有毒なガスを発生し、このガスを吸入すると頭痛、めまいをお
こし、呼吸麻痺から死に至ることもある。
イ 人体に触れると、激しい火傷をおこす。
ウ コリンエステラーゼを阻害する。
エ 視神経をおかし、失明する場合がある。
オ 急性中毒ではよだれ、吐き気を催し、ついで脈拍が不整となり瞳孔収縮や呼吸
困難をおこす。
カ メトヘモグロビンをつくり、中枢神経や肺に障害をおこす。
キ アコニターゼを阻害する。
ク 胃や肺で水と反応してホスフィンが発生し、中毒をおこす。
ケ 極めて強い腐食性があり、触れると皮膚がおかされる。
コ 脳細胞に対する麻酔作用があり、赤血球を溶解する。

問5　次の各問の毒物又は劇物の毒性として、最も適当なものを次の選択肢から選び
なさい。

(1)　2－イソプロピル－4－メチルピリミジル－6－ジエチルチオホス
　　フェイト　［別名：ダイアジノン］
(2)　ニコチン
(3)　クロルピクリン
(4)　1・1'－ジメチル－4・4'－ジピリジニウムジクロリド
　　［別名：パラコート］

1　吸入すると、血液に入ってメトヘモグロビンをつくる。また、中枢神経や心臓、
　　眼結膜をおかす。
2　猛烈な神経毒で、急性中毒では、よだれ、吐気等があり、瞳孔縮小、
　　呼吸困難をきたす。
3　体内に吸収され、血液中のアセチルコリンエステラーゼと結合し、その働きを
　　阻害する。
4　皮膚に触れた場合、紅斑、浮腫等を起こし、中毒を起こすことがある。

問6　次の文は、毒物劇物の毒性について記述したものであるが、その毒性を有する
　　薬物を下欄の語群からそれぞれ1つ選びなさい。

1．猛烈な毒性を有し、蒸気を少量を吸入した場合でも呼吸困難、呼吸
　　けいれんを起こし、呼吸麻痺を起こす。
2．血液に入ってメトヘモグロビンを作り、中枢神経や肺に障害を与える。
3．コリンエステラーゼ阻害作用により、頭痛、めまい、嘔吐、言語障害を起こす。
4．腐食性がきわめて強く、皮膚にふれると激しく侵す。また、濃厚溶液を飲めば
　　口内、食道、胃などの粘膜を腐食して死にいたらしめる。
5．血液毒で、腎臓を侵し尿に血がまじり、尿量減少、重くなると、気を失いけい
　　れんをおこして死ぬことがある。

【下　欄】

ア．DDVP	イ．塩素酸ナトリウム	
ウ．クロルピクリン	エ．水酸化ナトリウム	オ．シアン化水素

問7　次の物質の毒性として、最も適当なものを下欄からそれぞれ1つ選びなさい。

(1)　シアン化水素　　　(2)　メタノール　　　　(3)　ニトロベンゼン
(4)　ニコチン　　　　　(5)　クロルピクリン

【下　欄】

1．摂取すると頭痛、めまいを起こし、重い場合はこん睡、意識不明となる。
2．猛烈な毒性があり、少量の場合でも呼吸困難を起こし、呼吸麻痺を起こす。
3．摂取すると視神経が侵され、目がかすみ失明することがある。
4．血液に入ってメトヘモグロビンをつくり、中枢神経や肺に障害を与える。
5．猛烈な神経毒であって、急性中毒ではよだれ、吐き気、嘔吐等をきたす。

問
題
・
中
毒
症
状
・
解
毒
方
法

問8 次の薬物について、【 】の中に該当する最も適当な字句を下欄から選びなさい。

(1) フェンチオン(MPP)は、褐色の液体で、弱い【 ① 】臭を有する。
   有機燐(りん)製剤の1種であるため、パラチオン等と同様に【 ② 】阻害による中毒症状を呈する。

(2) ロテノンは、植物の【 ③ 】を原料とする製剤で、農薬として用いられる。【 ④ 】によって分解し、殺虫効力を失う。

(3) シアン化ナトリウムは、【 ⑤ 】と接触すると有毒なガスを発生するので注意する。CN成分を吸収した場合は、至急医師による亜硝酸ナトリウム水溶液と【 ⑥ 】水溶液を用いた解毒手当を受ける。

(4) NACは、白色～淡黄褐色の粉末で水に極めて溶けにくく、有機溶剤に溶けやすい。
   皮膚に触れた場合にも放置すると皮膚より吸収され中毒を起こすことがある。中毒症状が発現した場合は、至急医師による【 ⑦ 】製剤を用いた解毒手当を受ける。

(5) ニコチンは、無色、無臭の【 ⑧ 】であるが、空気中ですみやかに【 ⑨ 】する。また、猛烈な【 ⑩ 】であって、人体に対する経口致死量は、成人に対して0.06グラムである。

【下 欄】

ア	壊死毒	イ	神経毒	ウ	針状結晶
エ	油状液体	オ	アドレナリン	カ	コリンエステラーゼ
キ	酸	ク	アルカリ	ケ	硫酸アトロピン
コ	BALL	サ	チオ硫酸ナトリウム	シ	褐変
ス	ニンニク	セ	刺激	ソ	酸素
タ	水分	チ	葉	ツ	根
テ	青変	ト	クロロホルム		

問9 次の薬物の毒性について、最も適切なものを下欄から選びなさい。

(1) 蓚(しゅう)酸　　(2) メタノール　　(3) クロロホルム
(4) 酢酸エチル　　(5) 塩素

【下 欄】

ア 血液中の石灰分を奪取し、神経系を侵す。急性中毒症状は、胃痛、嘔吐(おうと)、咽頭に炎症をおこし、腎臓がおかされる。

イ 中毒の原因は、排出が緩慢で、蓄積作用によるとともに、酸中毒症(神経細胞内で蟻(ぎ)酸が発生)による。頭痛、めまい、嘔吐(おうと)、下痢、腹痛などをおこし、致死量に近ければ麻酔状態になり、視神経がおかされる。

ウ 原形質毒であり、脳の節細胞を麻酔させ、赤血球を溶解する。はじめは嘔吐(おうと)、瞳孔の縮小、運動性不安が現れ、ついで脳及びその他の神経細胞を麻酔せしめる。中毒の際の死因の多くは、呼吸麻痺または心臓停止による。

エ 粘膜刺激により刺激症状を呈し、目、鼻、咽喉および口腔粘膜に障害をあたえる。大量では、20～30秒の吸入でも反射的に声門痙攣をおこし、声門浮腫から呼吸停止により死亡する。労働安全許容濃度は1.0ppmである。

オ 蒸気は粘膜を刺激し、吸入した場合、はじめに短時間の興奮期を経て、麻酔状態に陥ることがある。持続的に吸入するときは、肺、腎臓および心臓の障害をきたす。

問題・中毒症状・解毒方法

問10 次の1から5の薬物について、最も関連のある中毒の特徴を下欄から各々1つ選びなさい。

1　メタノール　　2　シアン化ナトリウム　　3　ホルムアルデヒド
4　クロロホルム　5　蓚酸

【下　欄】

> A　頭痛、めまい、嘔吐（おうと）、下痢、腹痛等をおこし失明することがある。
> B　猛烈な毒性を有し、頭痛、めまい、意識不明、呼吸麻痺などをおこす。
> C　蒸気は粘膜を刺激し、鼻カタル、結膜炎、気管支炎などをおこす。
> D　原形質毒であり、脳の節細胞を麻酔させ、赤血球を溶解する。強い麻酔作用があり、頭痛、吐き気、嘔吐（おうと）、意識不明等をおこす。
> E　血液中の石灰分を奪取し神経系をおかす。急性中毒症状として腎機能障害をおこす。

問11 次の文章は、薬物の毒性等を説明したものである。正しく完成させるために（　）に最も適切な語句を選びなさい。

(1)　（A　①酢酸エチル　②硝酸　③蓚（しゅう）酸）は、皮膚に触れた場合に、重傷のやけど（薬傷）を起こす。

(2)　塩素ガスは、呼吸器からの吸入により毒作用を起こすが、
　　　（B　①アンモニアは、呼吸器からの吸入では、毒作用を起こさない
　　　　　②アンモニアも、呼吸器からの吸入で、毒作用を起こす）。

(3)　クロロホルムは、吸入した場合、強い（C　①麻酔作用　②覚醒作用）があり、めまい、頭痛、吐き気を催し、甚だしい場合は筋肉を萎縮させ、かつ血液障害を起こす。、また、（D　①皮膚からも吸収される　②皮膚からは吸収されない）。

(4)　（E　①塩化水素ガス　②メタノールの濃厚な蒸気　③ホルムアルデヒド）を吸入すると酩酊、頭痛、眼のかすみを呈する。

(5)　（F　①クロム酸ナトリウム　②蓚（しゅう）酸ナトリウム）は、皮膚に触れた場合に、皮膚炎又は潰瘍を起こすことがある。

(6)　過酸化水素水（35％）が眼にはいった場合、（G　①痒みを覚える程度の刺激である　②角膜が侵され、場合によっては失明する）。また、皮膚に触れた場合は、（H　①わずかな刺激がある　②ひふにやけどのような水疱を、しばしば、つくる）。

(7)　強アルカリの液が皮膚に付着した場合、すぐに、（I　①アルカリを中和するため弱酸性の液　②多量の水）で洗う。

(8)　LD_{50}（半数致死量）は、数字が大きくなるほど毒性が（J　①強い　②弱い）。

問題・中毒症状・解毒方法

問12　次の農薬に関する(1)～(2)の問に答えなさい。

(1)　有機塩素剤の中毒症状を選びなさい。
1．中枢神経刺激作用により間代性あるいは強直性の激しい痙攣を起こす。
2．コリンエステラーゼの活性を阻害し、縮瞳、発汗、意識混濁を起こす。
3．催涙作用と肺に対する傷害作用をもち、眼痛、呼吸困難などを起こす。
4．ビタミンK依存性凝固因子の生合成を阻害し、出血傾向を示す。
5．脱炭酸酵素の阻害により、ヘモグロビン尿症や上腹部灼熱感などの症状を示す。

(2)　有機りん剤の中毒の治療に用いる薬剤を選びなさい。
1．ＢＡＬ　　　　2．亜硝酸アミル　　　　3．フェノバルビタール
4．チオ硫酸ナトリウム　　　　　　　　5．ＰＡＭ

問13　次の薬物について、人体に対する作用や中毒症状を下欄から選びなさい。
1　クロルピクリン　　　2　蓚酸（しゅう）　　　3　アクロレイン
4　黄燐（りん）　　　　　　5　セレン

【下　欄】
1　目と呼吸器系を激しく刺激する。また皮膚を刺激し、気管支カタルや結膜炎をおこさせる。
2　内服では、一般的に、服用後暫時で胃部の疼痛、灼熱感、ニンニク臭のおくび（おうと）、悪心、嘔吐をきたす。
3　吸入すると、分解しないで組織内に吸収され、各器官に障害をあたえる。血液にはいってメトヘモグロビンをつくる。
4　慢性中毒症状はいちじるしい蒼白、息のニンニク臭、指、歯、毛髪等を赤くする。鼻出血、皮膚炎、うつ病、いちじるしい衰弱等である。
5　血液中の石灰分を奪取し、神経系をおかす。急性中毒症状は、胃痛、嘔吐（おうと）がみられ、腎臓がおかされる。

問14　次の文の（　）にあてはまる語句の組み合わせを一つ選びなさい。

「メタノールは（　ア　）気体であり、特徴的な中毒症状は（　イ　）である。」

　　　　　ア　　　　　　　イ
①　不燃性　　　　視神経障害
②　不燃性　　　　骨形成不良
③　可燃性　　　　視神経障害
④　可燃性　　　　骨形成不良

問題・中毒症状・解毒方法

問15　次の薬物の人体に対する作用や中毒症状について、最も適当なものを下欄から
　　選びなさい。

①　アクリルニトリル　　②　アニリン　　　　③　ニコチン
④　弗化水素酸
　ふっ

【下　欄】

1　中毒は蒸気の吸入、皮膚の吸収によっておこる。血液毒であり、かつ、神
　経毒であるので血液に作用してメトヘモグロビンをつくり、チアノーゼを
　おこさせる。
2　皮膚にふれると激しい痛みを感じて、いちじるしく腐食される。
3　粘膜刺激作用が強く、気道、目、消化管を刺激して、流涙その他の粘膜よ
　りの分泌を促進させる。皮膚に接触すると水疱を発する。
　粘膜からの吸収はきわめて容易で、めまい、頭痛、悪心、嘔吐、腹痛、下
　　　　　　　　　　　　　　　　　　　おうと
　痢を訴え、意識消失し、呼吸麻痺で死亡する。
　　　　　　　　　　　　ひ
4　猛烈な神経毒である。急性中毒では、よだれ、吐気、悪心、嘔吐があり、
　　　　　　　　　　　　　　　　　　　　　　　　おうと
　ついで脈拍緩徐不整となり、発汗、瞳孔縮小、人事不省、呼吸困難、けい
　れんをきたす。

問16　次の薬物の人体に対する作用や中毒症状について、最も適当なものを下欄から
　　選びなさい。

(1)　塩素酸ナトリウム　　　　　(2)　沃化メチル
　　　　　　　　　　　　　　　　　　よう
(3)　エチレンクロルヒドリン　　(4)　ホルマリン

【下　欄】

1　皮膚から容易に吸収され、全身中毒症状をひきおこす。中枢神経系、肝臓、
　腎臓、肺に著名な障害をひきおこす。
2　血液にはたらいて毒作用をするため、血液はどろどろになり、どす黒くな
　る。腎臓をおかされるため、尿に血がまじり、尿の量が少なくなる。
　おもくなると、気を失って、痙攣をおこして死ぬことがある。
　　　　　　　　　　けいれん
3　中枢神経系の抑制作用および肺の刺激症状が現れる。皮膚に付着して蒸発
　が阻害された場合には、発赤、水疱形成をみる。
4　蒸気は粘膜を刺激し、鼻カタル、結膜炎、気管支炎などをおこさせる。濃
　度の高いものは、皮膚に対し壊疽をおこさせ、しばしば湿疹を生じさせる。

問17　次の薬物について、該当する人体に対する作用や中毒症状について、下欄（ア
　　～オ）から選びなさい。

(1)　EPN　　　(2)　砒素化合物　　　(3)　アンモニア
　　　　　　　　　　ひ
(4)　メタノール　(5)　蓚酸
　　　　　　　　　　しゅう

【下　欄】

人体に対する作用や中毒症状

(ア)　人体に摂取されると、低カルシウム血液血症を起こす。解毒剤としてグルコン酸カルシウム。

(イ)　コリンエステラーゼ阻害作用により、縮瞳、痙攣（けいれん）、頭痛、めまい、嘔吐（おうと）、言語障害などを起こす。

(ウ)　飲用した場合、視神経が侵され、失明することがある。

(エ)　酵素の活性を阻害する。皮膚粘膜の刺激・腐食作用を有する。

(オ)　露出粘膜の刺激症状を発し、急性毒性として、よだれ、吐気、悪心、瞳孔縮小等がある。

問18　次の薬物について、該当する人体に対する作用や中毒症状について、下欄（ア～オ）から選びなさい。

(1)　ＥＰＮ　　　　　(2)　パラコート　　　(3)　アンモニア

(4)　クロルピクリン　　(5)　ニコチン

【下　欄】

人体に対する作用や中毒症状

(ア)　猛烈な神経毒で、急性中毒では、よだれ、吐気が起こり、脈拍緩徐不整となり、発汗、瞳孔縮小、呼吸困難、けいれんを起こす。

(イ)　コリンエステラーゼ阻害作用により、縮瞳、痙攣、頭痛、めまい、嘔吐、言語障害などを起こす。

(ウ)　催涙性があり、強い粘膜刺激臭がある。

(エ)　体内に取り込まれると、酸素と反応して過酸化水素や水酸化ラジカルを生成し、細胞膜の脂質を酸化して変化させ、腎不全、肝不全に続いて肺機能障害（肺繊維症）を起こして、最後に呼吸困難となる。

(オ)　露出粘膜の刺激症状を発し、急性毒性として、よだれ、吐気、悪心、瞳孔縮小等がある。

問19　次の物質の人体に対する作用や中毒症状として、適当な記述を下欄から選びなさい。

1　アニリン　　　　　　　　　2　シアン化ナトリウム
3　水酸化ナトリウム　　　　　4　メタノール
5　ＥＰＮ(エチルパラニトロフェニルチオノベンゼンホスホネイト)

【下　欄】

1　経口摂取や気道からの吸収だけでなく、皮膚からの吸収も激しく、コリンエステラーゼ阻害作用により頭痛、めまい、言語障害等の様々な神経障害を起こす。

2　中毒症状として、目のかすみ等の視力障害があり、時には失明することがある。

3　接触により、皮膚、粘膜を激しく刺激する。

4　血液に作用し、メトヘモグロビンをつくり、チアノーゼをおこす。

5　猛烈な毒性を有し、少量でも呼吸困難、呼吸けいれんを起こし、呼吸が麻痺する。

問20　次の物質の人体に対する作用や中毒症状として、適当な記述を下欄から選びなさい。

1　シアン化カリウム　　　　2　パラコート
3　有機リン化合物　　　　　4　クロルピクリン

【下　欄】

1　血液に入るとメトヘモグロビンを作り、また中枢神経や心臓、肺に障害を与える。
2　パラコート経口摂取や気道からの吸収だけでなく、皮膚からの吸収も激しく、コリンエステラーゼ阻害作用により頭痛、めまい、言語障害等の様々な神経障害を起こす。
3　体内の酸素と反応して、精製した活性酸素による細胞障害(壊死)が起こる。
4　猛毒性の血液毒であり、チトクローム酸化酵素系統を破壊し、呼吸中枢を刺激し、麻痺させる。

問21　次の薬物の中毒症状等について該当する記述を下欄から選びなさい。

(1)　クロロホルム　　　(2)　塩素　　　(3)　砒素
(4)　塩素酸塩類　　　　(5)　ニコチン

【下　欄】

1：吸入すれば、麻酔され、めまい、頭痛、吐き気をおぼえ、はなはだしい場合は嘔吐、意識不明を起こす。
2：血液毒で、血液がどろどろになり、どす黒くなる。腎臓がおかされるため、尿に血が混じり、尿の量が少なくなる。治療法としては、胃洗浄、吐剤又は下剤を与える。
3：体内の酵素の活性中心であるSH基と結合して、酵素の活性を阻害するほか、皮膚・粘膜への刺激・腐食作用により毒性を示す。
4：猛烈な神経毒で、急性中毒では、よだれ、吐気、悪心、嘔吐があり、ついで脈拍緩徐不整となり、発汗、瞳孔縮小、人事不省、呼吸困難、けいれんをきたす。
5：粘膜接触により刺激症状を呈し、目、鼻、口腔粘膜等に傷害をあたえる。また、吸入により、窒息感、喉頭及び気管支筋の強直をきたし、呼吸困難におちいる。

問題・中毒症状・解毒方法

問22 次の薬物の人体に対する代表的な中毒症状について、最も適当なものを下から一つ選びなさい。

中毒症状	薬物
コリンエステラーゼ活性を阻害し、眼の著明な縮瞳、唾液分泌過多が起きる。	①
眼粘膜に対して直接刺激作用を有し、眼痛・流涙を引き起こす。	②
ＳＨ酵素と結合し、その酵素活性を阻害する。脱毛、手足の刺痛を引き起こす。	③
生体細胞内のＴＣＡサイクルが阻害され、血糖低下、不整脈を引き起こす。	④
中枢神経毒であって、眼の散瞳、突然の呼吸困難を引き起こす。	⑤

1　ブラストサイジンＳ
2　ベンゾエピン
3　硫酸タリウム
4　ジメチル−（N−メチルカルバミルメチル）−ジチオホスフェイト
　　（別名ジメトエート）
5　モノフルオール酢酸

問23　次の文章は、毒物又は劇物の中毒の際の一般的な応急処置方法を記載しています。応急処置方法が適切な対応となるように（　　）内に最も適当な語句を下記の【語群】から選びなさい。（**同じ記号を何度使用してもよい。**）

(1)　毒物劇物を飲み込んだときは、水や（　①　）を飲ませる。ただし、石油製品、（　②　）等については、（　③　）を飲ませない。また、喉の奥を刺激して嘔吐させる。ただし、意識がないとき、（　④　）しているときや、（　⑤　）、石油製品等を飲み込んだときは、嘔吐させない。

(2)　ガスを吸入したときは、速やかに（　⑥　）空気の場所へ移動させ、安静にさせる。

(3)　目に入ったときは、（　⑦　）で充分に洗浄する。

(4)　皮膚に付いたときは、着衣はすぐに脱がせ、（　⑧　）を使って皮膚を充分に水で洗う。

(5)　意識が無いときは、吐物が喉に詰まらないように、左側を下にした横向きの姿勢（昏睡体位）をとらせ、下あごを前に出し、（　⑨　）を確保する。

(6)　呼吸が止まっているいるときは、（　⑩　）を実施する。ただし、二次中毒に注意し、中毒者の呼気を吸い込まないようにする。

問題・中毒症状・解毒方法

- 181 -

（ア）	気道	（イ）	きれいな	（ウ）	水	（エ）	アルコール
（オ）	防虫剤	（カ）	消毒剤	（キ）	発汗	（ク）	痙攣
（ケ）	ルゴール液	（コ）	血圧	（サ）	深呼吸	（シ）	暖かい
（ス）	人工呼吸	（セ）	石鹸				
（ソ）	強酸や強アルカリを含む製品			（タ）	牛乳		

問24　次の薬物の解毒剤について該当するものを【語群】から選び、その**記号**を
（　）内に記入しなさい。

(1)　砒素化合物　　　　　　　　　（　　　）
(2)　蓚酸塩類　　　　　　　　　　（　　　）
(3)　シアン化合物　　　　　　　　（　　　）（　　　　）
(4)　強アルカリ　　　　　　　　　（　　　）
(5)　モノフルオール酢酸製剤　　　（　　　）
(6)　パラチオン　　　　　　　　　（　　　）
(7)　有機塩素剤　　　　　　　　　（　　　）
(8)　強酸類　　　　　　　　　　　（　　　）
(9)　ヨード　　　　　　　　　　　（　　　）

【語　群】

（ア）	アセトアミド	（イ）	バルビタール製剤
（ウ）	チオ硫酸ナトリウム	（エ）	カルシウム剤
（オ）	亜硝酸ソーダ	（カ）	澱粉溶液
（キ）	弱アルカリ	（ク）	ジメルカプロール（ＢＡＬ）
（ケ）	弱酸		
（コ）	２－ピリジルアルドキシムメチオダイド（ＰＡＭ）		

問25　次の治療法のうち、有機燐化合物による中毒の解毒・治療法としては不適切
であるものを選びなさい。

1　アトロピンの投与　　　　2　胃洗浄あるいは皮膚洗浄
3　ＰＡＭの投与　　　　　　4　人工呼吸あるいは酸素吸入
5　アセトアミドの投与

問26　次のうち、砒素化合物中毒の解毒剤として最も適するのはどれか。

ア　ジメルカプロール（ＢＡＬ）
イ　プラリドキシムヨウ化メチル（ＰＡＭ）
ウ　硫酸アトロピン
エ　チオ硫酸ナトリウム

☐
問27 次の毒物又は劇物とその解毒剤のうち、<u>誤っている組み合わせ</u>はどれか。

〈毒物又は劇物〉　　　　　　〈解毒剤〉
1　砒素化合物 ——————— ジメルカプロール［別名：ＢＡＬ］の製剤
2　シアン化合物 ——————— チオ硫酸ナトリウム
3　沃素 ——————— 澱粉溶液
4　蓚酸 ——————— 炭酸水素ナトリウム

☐
問28 次の薬物の中毒症状及び解毒剤について最も適切なものを下欄から選びなさい。

	中毒症状	解毒剤
(1) 蓚酸	（ 1 ）	（ 6 ）
(2) 砒素化合物	（ 2 ）	（ 7 ）
(3) シアン化合物	（ 3 ）	（ 8 ）
(4) ヨード	（ 4 ）	（ 9 ）
(5) モノフルオール酢酸ナトリウム	（ 5 ）	（ 10 ）

【下　欄】
－　中毒症状　－
ア　血色素を溶解したり、メトヘモグロビンとしたり、あるいは結合力の強いヘモグロビン結合体をつくって、酸素の供給を不十分ならしめる。
イ　急性中毒には、二型あって、ひとつは麻痺型で、意識喪失、昏睡、呼吸血管運動中枢の急性麻痺をおこし、他のひとつは胃腸型で咽頭、食道等に熱灼の感をおこし、腹痛、嘔吐、口渇などがあり、症状はコ　　　レラに似ている。慢性中毒では、皮膚の異変、頑固な頭痛、知覚神　　　経障害、内臓の脂肪変性などをおこす。
ウ　皮膚にふれると褐色に染め、その揮散する蒸気を吸入すると、めまいや頭痛をともなう一種の酩酊をおす。
エ　生体内細胞のＴＣＡサイクルの阻害によって主として起こり、激しい嘔吐が繰り返され、胃の疼痛を訴え、しだい意識が、混濁し、てんかん性痙攣、脈拍の遅緩がおこり、チアノーゼ、血圧下降をきたす。
オ　血液中の石灰分を奪取し、神経系をおかす。急性中毒症状は、胃痛、嘔吐、口腔、咽頭に炎症をおこし腎臓がおかされる。

－　解毒剤　－
ア　澱粉溶液　　　　　　　　イ　ＢＡＬ
ウ　亜硝酸ソーダ溶液及びチオ硫酸ソーダ溶液
エ　カルシウム剤　　　　　　オ　アセトアミド

問題・中毒症状・解毒方法

問29　次のA〜Dの文は物質の中毒症状等について述べたものである。
　　　それぞれに最も適切な物質を下からその番号を選びなさい。

A　呼吸困難、呼吸麻痺を起こし、体内に吸収されると血色素を溶解したり、ヘモグロビンと結合したりして、酸素の供給を困難にする。

B　一度臓器に吸収されてしまうと、腎不全、肝不全に続いて肺機能障害を起こし、最後には呼吸困難に陥る。

C　皮膚につくと薬傷を生じ、高濃度のガスを吸うと喉頭けいれんを起こし、呼吸困難となる。

D　大量に吸収すると、中枢神経や心臓、眼結膜をおかし、肺に強い障害を与える。

1．アンモニア　　　　　2．ブロムメチル　　　　　3．パラコート剤
4．クロルピクリン　　　5．シアン化ナトリウム

問30　次の薬物についての解毒法を下記の解毒法からその番号を選びなさい。

(1)　スルホナール　　　(2)　無機金塩類　　　(3)　ニトロベンゼン
(4)　弗化水素酸　　　　(5)　沃素

解毒法：　　1　胃洗浄もしくは牛乳等のタンパク質を含んでいる液を多量に飲ませる。
　　　　　　2　瀉利塩を含有する水で胃洗浄を行い、酸素吸入、ブドウ糖や食塩の静脈注射を行うとよい。
　　　　　　3　皮膚を汚染した場合はチオ硫酸ソーダの溶液で洗浄する。
　　　　　　4　皮膚接触した場合には、至急医師によって障害部の皮下及び周囲に、8.5％グルコン酸カルシウムの注射を行い、さらにヒアルロニダーゼと塩酸プロカイン液を用いた手当て等を受ける。
　　　　　　5　解毒剤として重炭酸ソーダ、マグネシア、酢酸カリ液などのアルカリ剤を使う。

□

問31 次の薬物の、中毒症状と治療方法について、当てはまるものを下欄から選び、その記号つけなさい。

薬　物　名	中毒症状	治療方法
ブロムメチル	(1)	(6)
モノフルオール酢酸ナトリウム	(2)	(7)
ベンゾエピン	(3)	(8)
ＤＤＶＰ	(4)	(9)
砒素	(5)	(10)

【下　欄】

（中毒症状）
ア．頭痛、めまい、不安、興奮、てんかん様のけいれんを起こす。
イ．コリンエステラーゼ阻害作用により、縮瞳、けいれん、頭痛、めまい、嘔吐、言語障害を起こす。
ウ．生体細胞内のＴＣＡサイクルを阻害する。
エ．頭痛、眼や鼻孔の刺激、呼吸困難などを起こす。
オ．急性中毒は、意識喪失、昏睡、呼吸血管運動中枢の急性麻痺を起こしたり、咽頭、食道等に熱灼の感を起こし、腹痛、嘔吐、口渇などがあり、症状はコレラに似ている。

（治療方法）
カ．ＰＡＭを投与し、効果のない場合には、硫酸アトロピン製剤に変える。
キ．アセトアミドをブドウ糖液に溶解し静注する。
ク．胃洗浄を行い、吐剤、牛乳、蛋白粘滑剤を与える。
ケ．抗けいれん剤、鎮静剤（バルビタール等）の投与を行う。
コ．新鮮な空気の場所に移し、呼吸困難な場合には酸素吸入をし、また、呼吸が停止したときは、人工呼吸を行う。

□

問32 次の物質のうち、シアン化ナトリウムによる中毒の治療で主に使用されているものを一つ選びなさい。

① 　ＰＡＭ　　　　② 　グルコン酸カルシウム
③ 　アセトアミド　　④ 　チオ硫酸ナトリウム

問題・中毒症状・解毒方法

問33 次の物質とその中毒の解毒・治療に用いられる薬剤の組み合わせのうち、<u>誤っているもの</u>はどれか。

1 亜鉛化合物 ——————— キレート剤
2 蓚酸 ——————— グルコン酸カルシウム
3 シアン化合物 ——————— チオ硫酸ナトリウム
4 砒素化合物 ——————— 硫酸マグネシウム
5 有機燐化合物 ——————— 硫酸アトロピン

問34 次の薬物の中毒症状と応急措置として適当なものを選びなさい。

薬 物 名	中毒症状	応急措置
カルバリル（ＮＡＣ）	（ ① ）	（ ⑤ ）
メタノール	（ ② ）	（ ⑥ ）
シアン化カリウム	（ ③ ）	（ ⑦ ）
パラコート	（ ④ ）	（ ⑧ ）

中毒症状

1 吸入すると倦怠感、頭痛、めまい等の症状を呈し、はなはだしい場合には縮瞳、意識混濁、全身けいれん等を起こすことがある。
2 吸入すると鼻やのど等の粘膜に炎症を起こす。皮膚に触れると紅斑、浮腫等を起こし、放置すると皮膚から吸収されて中毒を起こすことがある。
3 吸入すると頭痛、めまい、悪心、意識不明、呼吸麻痺を起こす。
4 濃厚な蒸気を吸入すると酩酊、頭痛、眼のかすみ等の症状を呈し、致死量に近ければ麻酔状態になり、視神経がおかされ、ついには失明することがある。

応急措置

1 誤って飲んだ場合は、数日遅れて肝臓、腎臓、肺等に障害を起こすことがあるため、特に症状がない場合にも至急医師の治療を受ける。
2 吸入した場合は、患者を毛布等にくるんで安静にさせ、新鮮な空気の場所に移し、必要な場合は至急医師による亜硝酸ナトリウムとチオ硫酸ナトリウムを用いた治療を受ける。
3 吸入した場合は、患者を毛布等にくるんで安静にさせ、新鮮な空気の場所に移し、至急医師による硫酸アトロピンを用いた治療を受ける。
4 吸入した場合は、強い光線の暴露に注意し、患者を毛布等にくるんで安静にさせ、新鮮な空気の場所に移す。

問1 次は、物質の性状に関する記述であるが、それぞれに該当する物質を下から選びなさい。

(1) 淡黄色の液体で特異のにおいがあり、水にほとんど溶けない。

(2) 無色の油状の液体で、特異のにおいがあり、水にやや溶けやすい。
空気中で速やかに黄色から褐色に変わる。

(3) 無色の液体で、特異のにおいがあり、水に極めて溶けにくい。空気に触れると徐々に黄色を呈する。揮発しやすく、引火しやすい。

(4) 無色の揮発性の液体で、特異のにおいがあり、水に溶けにくい。
空気と光によって徐々に分解し、ホスゲンなどを生じる。

(5) 無色の液体で特異のにおいがあり、水に溶けやすい。比重は1より小さい。

```
1．ニトロベンゼン　2．アニリン　　3．クロロホルム
4．二硫化炭素　　　5．メチルエチルケトン
```

問2 常温、常圧で無色のエーテル臭のある可燃性の気体で、主に有機合成の原料や殺菌消毒剤として用いられる。該当する物質を下から選びなさい。

```
1．アクロレイン　　2．エチレンオキシド　　3．クロルピクリン
4．ピクリン酸　　　5．フェノール
```

問3 オルト、メタ及びパラの3種の異性体があり、オルト及びメタ体は液体で、パラ体は固体である。主に有機合成の原料及び染料に用いられる。該当する物質を下から選びなさい。

```
1．アニリン　　2．フェニレンジアミン　　3．トルエン
4．キシレン　　5．トルイジン
```

問4 無色の揮発性の特異な臭いのある液体で、熱分解により有毒なホスゲンを生じる。主に溶剤として用いられる。該当する物質を下から選びなさい。

```
1．硝酸　　2．メタノール　　3．クロルスルホン酸　　4．四塩化炭素
5．ぎ酸
```

□

問5 無色の刺激臭のある液体で、主にガラスのつや消し、半導体のエッチング剤として用いられる。該当する物質を下から選びなさい。

> 1．モノクロル酢酸　　2．臭素　　3．弗化水素酸　　4．沃素
> 5．アンモニア

□

問6 無色の粘稠な液体で、水にこの物質の濃厚液を加えるとき激しく発熱する。主に化学工業の基礎原料として肥料工業、繊維工業及び無機薬品工業で用いられる。該当する物質を下から選びなさい。

> 1．ブロムメチル　　2．硫酸　　3．過酸化水素水　　4．蓚酸
> 5．ホルマリン

□

問7 次の表の空欄（①〜⑧）の中に入れる最も適した性状、用途はどれか。

薬　物　名	性状	用途
重クロム酸カリウム	①	⑤
ホルマリン	②	⑥
メタノール	③	⑦
硝酸銀	④	⑧

①
　1　刺激臭のある無色の気体で、水に溶けやすい。
　2　無色透明の結晶で、乾燥空気中で風化する。
　3　橙赤色の結晶で、水に溶け、強い酸化作用を有する。
　4　無色又は帯黄色の結晶で、かすかに苦味がある。

②
　1　無色の正方単斜状の結晶で、水には不溶である。
　2　無色の板状の結晶で、水、アルコールに溶ける。
　3　無色透明な液体で、刺激性の臭気があり、寒冷にあうと混濁することがある。水、アルコールによく混和するが、エーテルには混和しない。
　4　淡黄色又は帯赤黄色の重い粉末で、熱を加えると変色する。

③
　1　無色の刺激臭をもつ液体で、揮発性はない。
　2　無色可燃性の液体で、ベンゼン臭を有する。
　3　無色、不揮発性の液体で、アセトン様の臭気を有する。
　4　無色透明の揮発性の液体で、エタノールに似た臭気を有する。

④
　1　白色の正方単斜状の結晶で、水に溶けるがアルコールには不溶である。
　2　無色の板状の結晶で、水、アルコールに溶ける。
　3　銀白色、金属光沢を有する液体である。
　4　淡黄色又は帯赤黄色の重い粉末で、熱を加えると変色する。

⑤　1　保冷用　2　漂白剤　3　写真用　4　酸化剤
⑥　1　殺菌剤　2　染剤　3　溶剤　4　殺虫剤
⑦　1　消火剤　2　溶剤　3　漂白剤　4　写真用
⑧　1　漂白剤　2　顔料　3　溶剤　4　鍍金（メッキ）

問8 次の文について、（　　）内の語句から正しいものを選び番号を○で囲みなさい。

(1) （1　硝酸銀、2　蓚酸^{しゅう}、3　酸化鉛、4　過酸化水素）は無色板状結晶で、日光の下では有機物により還元されて黒色に変化する。
また、本品の水溶液は塩酸に（1　白色、2　赤色、3　黒色、4　黄色）の沈殿を生ずる。

(2) （1　塩化第一鉛、2ヨウ素、3　臭素、4　塩素）は黒灰色、金属用の光沢のある稜板状結晶で、常温でも多少不快な臭気をもつ蒸気をはなって揮散し、でん粉にあうと（1　黒、2　黄、3　藍、4　赤）色を呈し、これを熱すると退色する。本品が皮膚、衣類等を汚染したときは（1　過酸化水素水、2　希塩酸、3　チオ硫酸ナトリウム、4　重曹）で洗うとよい。

問9 次の性状を有する薬物を下欄から選び、その数字を答えなさい。

(1) 無色の柱状の結晶で甘味がある。水に溶けやすく、アルコールにわずかに溶ける。

(2) 無色透明の液体で芳香がある。蒸気は空気より重く引火しやすい。水にほとんど溶けない。

(3) 白色の固体で、空気中に放置すると潮解する。その水溶液を白金線につけガスバーナーに入れると、炎が紫色に変化する。

(4) 純品は無色透明の油状の液体で、特有の臭気がある。空気にふれると赤褐色を呈する。

(5) 白色の粉末で、空気にふれると水分を吸収して潮解する。この水溶液に硝酸銀を加えると、白色の沈殿を生ずる。

(6) 無色の液体で、特有の臭気がある。腐食性が激しく、空気に接すると白霧を発する。

(7) 揮発性、麻酔性の芳香を有する無色の重い液体で、水に溶けにくく、不燃性である。

(8) 無色（市販品は淡黄色）の液体で、催涙性粘膜刺激性がある。

1．水酸化カリウム	2．四塩化炭素	3．クロルピクリン
4．酢酸鉛	5．硝酸	6．アニリン
7．トルエン	8．塩化亜鉛	

☑

問10　次に掲げる薬物の性状及び主な用途として適切なものをそれぞれ下欄から選び、その数字をつけなさい。

	性　状	主な用途
ア．クロロホルム	（　①　）	（　②　）
イ．ホルマリン	（　③　）	（　④　）
ウ．燐化亜鉛	（　⑤　）	（　⑥　）
エ．ヨウ素	（　⑦　）	（　⑧　）
オ．シアン化ナトリウム	（　⑨　）	（　⑩　）
カ．メタクリル酸	（　⑪　）	（　⑫　）
キ．水銀	（　⑬　）	（　⑭　）
ク．塩素	（　⑮　）	（　⑯　）

〈性状〉
1．黒灰色で、金属光沢のある板状結晶、昇華性がある。
2．常温では金属光沢を有する重い液体で、硝酸には溶け、塩酸には溶けない。他の多くの金属とアマルガムを生成する。
3．白色の粉末、粒状又はタブレット状の固体で、酸と反応すると引火性のガスを発生する。
4．暗赤色の光沢のある粉末で、アルコールには溶けないが、希酸にはホスフィンを出して溶解する。
5．常温においては窒息性臭気をもつ黄緑色気体。冷却すると黄色の溶液を経て、黄白色固体となる。
6．刺激臭のある無色の柱状結晶で、アルコールやエーテルに溶解する。
7．無色、揮発性の液体で、特異の香気とかすかな甘味を有する。水にはわずかに溶け、グリセリンとは混合しない。
8．無色あるいはほとんど無色透明の液体で、刺激性の臭気をもち、寒冷にあえば混濁することがある。
　　空気中の酸素によって一部酸化されて、蟻酸を生ずる。

〈主な用途〉
9．溶媒
10．電気めっき用剤
11．殺そ剤
12．工業用として寒暖計、気圧計、その他の理化学機械、整流器等に使用
13．殺菌剤、消毒剤・漂白剤の原料
14．写真用剤、アニリン色素の製造
15．工業用としてフィルムの硬化、人造樹脂の製造、農薬として種子の消毒、くん蒸剤
16．接着剤

問11　次のA～Eの薬物についての記述の（　　）内に、下から当てはまる番号を選びなさい。

A　アニリン
　無色透明の油状液体で蒸発しやすく、水には（　a　）で、空気に触れると赤褐色を呈する。水溶液にサラシ粉を加えると（　b　）を呈する。

1　可溶	2　難溶	3　不溶	4　赤色	5　黄色	6　紫色

B　黄燐（りん）
　本品は白色又は淡黄色のロウ様半透明の結晶性固体で、（　a　）臭を有し水には不溶であるがベンゼン等には容易に溶ける。主に（　b　）として利用される。

1　にんにく	2　不快	3　かんきつ	4　殺そ剤	5　除草剤
6　印刷用				

C　臭化メチル
　本品は常温では（　a　）であるが、冷却圧縮すると（　b　）し易く、日光空気で分解して、有毒な臭化水素を生ずる。

1　固体	2　液体	3　気体	4　固化	5　液化	6　気化

D　ヨウ素
　本品は黒紫色で金属光沢のある（　a　）の重い結晶。水には難溶で、アルコールにはよく溶けて（　b　）の溶液となる。

1　板状	2　粒状	3　針状	4　濃褐色	5　紫色	6　赤色

E　過酸化ナトリウム
　純粋なものは（　a　）だが一般には淡黄色。常温で水と激しく反応して（　b　）を発生して水酸化ナトリウムを生ずる。

1　赤色	2　緑色	3　白色	4　水素	5　酸素	6　炭素

問12　次の文は物質の性状等に関する記述であるが、あてはまる物質の化学式を下からその番号を選びなさい。

(1)　蒸気が引火性のあるもの。

1　$C_6H_4(CH_3)_2$　　2　$NaOH$　　3　HCl　　4　PbO
5　CCl_4

(2)　常温、常圧では特有の刺激臭のある無色の気体で、圧縮することにより常温でも簡単に液化し、水溶液は赤色リトマス紙を青変する。

1　HCl　　2　HCN　　3　$HCHO$　　4　H_2O_2　　5　NH_3

(3)　白色又は淡黄色のろう様半透明の結晶性固体で、にんにく臭を有し、空気に触れると発火しやすいので、水中で貯える。

1　Na　　2　P_4　　3　CS_2　　4　Se　　5　CdO

(4) 刺激性の臭気を放ち揮発する赤褐色の液体で強い腐食作用を持つ。

1 Br_2　　2 Cl_2　　3 CH_3Cl　　4 HF　　　5 HCl

(5) きわめて純粋な、水分を含まないこの物質は無色の液体で特有な臭気があり、銅片を加えて熱すると藍色を呈して溶け、赤褐色の気体を発生する。

1 HNO_3　　2 H_2SO_4　　3 $(COOH)_2 \cdot 2H_2O$　　4 Na_2O_2

5 CH_3OH

問13 次の薬物の主な性状について、正しいものを下欄からその番号を選びなさい。

(1) ピクリン酸　　(2) 重クロム酸カリウム　　(3) 二硫化炭素

(4) 沃素
   よう　　(5) ベタナフトール

---

1 無色の光沢のある小葉状結晶あるいは白色の結晶性粉末で、かすかに石灰
　酸に類する臭気と、灼くような味を有する。
2 無色の液体で、エーテル機の臭いと甘味を有する。
3 無色あるいはほとんど無色透明の液体。刺激性の臭気がある。
4 本来は無色透明の麻酔性芳香をもつ液体であるが、ふつう市場にあるもの
　は、不快な臭気をもっている。
5 橙赤色の柱状結晶である。
6 橙黄色の結晶である。
7 黒灰色で、金属様の光沢ある稜板状結晶である。
8 無色透明、油様の液体であるが、粗製のものは、いよいよ有機質が混じて、
　かすかに褐色を帯びていることがある。
9 淡黄色の光択ある小葉状あるいは針状結晶で、純品は無臭であるが、普通
　品はかすかにニトロベンゾール臭がある。
10 黄色または赤黄色粉末である。

問14 次の薬物の性状及び用途に関して、答えなさい。

① アニリン

(1) 性状として、正しいものを別表から選びなさい。

(2) 次のうち、一般的な用途として適当であるものを選びなさい。

　A 爆薬製造用　　　B 医薬品、染料等の製造原料

② メチルエチルケトン

(1) 性状として、正しいものを別表から選びなさい。

(2) 次のうち、一般的な用途として適当であるものを選びなさい。

　A 溶剤　　　　　B 殺虫剤

③ 臭素

(1) 性状として、正しいものを別表から選びなさい。

(2) 次のうち、一般的な用途として適当であるものを選びなさい。

　A 写真用酸化剤　　B 脱臭剤

④ 硫酸銅
(1) 性状として、正しいものを別表から選びなさい。
(2) 次のうち、一般的な用途として適当であるものを選びなさい。
 A 飼料添加物　　　B 農薬

⑤ ピクリン酸
(1) 性状として、正しいものを別表から選びなさい。
(2) 次のうち、一般的な用途として適当であるものを選びなさい。
 A 染料　　　　　　B せっけんの香料

別　表

1　濃い藍色の結晶で、風解性がある。水溶液は酸性反応を呈する。
2　淡黄色の光沢ある小葉状あるいは針状結晶で、冷水には溶けにくいが、熱湯には溶ける。
3　無色透明な油状の液体で、水に溶けにくい。空気にふれて赤褐色を呈する。
4　無色の液体でアセトン様の芳香がある。水に溶ける。また、引火しやすい。
5　赤褐色の揮発しやすい液体で、腐食作用が激しく、粘膜を強く刺激する。

問15 次の薬物の性状及び用途に関して、答えなさい。

① 塩素
(1) 性状として、正しいものを別表から選びなさい。
(2) 次のうち、一般的な用途として適当であるものを選びなさい。
 A 殺菌剤　　　　　　B 除草剤

② クロルピクリン
(1) 性状として、正しいものを別表から選びなさい。
(2) 次のうち、一般的な用途として適当であるものを選びなさい。
 A 染料　　　　　　　B 土壌燻蒸剤

③ 硝酸銀
(1) 性状として、正しいものを別表から選びなさい。
(2) 次のうち、一般的な用途として適当であるものを選びなさい。
 A 写真感光材　　　B 殺虫剤

④ 黄燐（りん）
(1) 性状として、正しいものを別表から選びなさい。
(2) 次のうち、一般的な用途として適当であるものを選びなさい。
 A 除草剤　　　　　　B 殺鼠剤

⑤ フェノール
(1) 性状として、正しいものを別表から選びなさい。
(2) 次のうち、一般的な用途として適当であるものを選びなさい。
 A 防腐剤　　　　　　B 乾燥剤

別　表

1　白色又は淡黄色の鑞様半透明の結晶性固体。にんにく臭を有し、空気中では50～60℃で自然発火する。
2　常温においては刺激性の臭いをもつ黄緑色気体である。冷却すると黄色溶液を経て黄白色固体となる。
3　純品は無色の油状液体であるが、市販品はふつう微黄色を呈している。催涙性があり、強い粘膜刺激臭を有する。
4　無色の針状結晶あるいは白色の放射状結晶塊で、空気中で容易に赤変する。特異な臭気を有する。
5　無色透明結晶である。光によって分解して黒変する。水に極めて溶けやすい。

問16　次の記述は毒物劇物の鑑別法であるが、該当するものを下欄からその記号を選びなさい。

(1)　水溶液を白金線につけて無色の火炎中に入れると、火炎はいちじるしく黄色に染まり、長時間続く。
(2)　アルコール溶液に、水酸化カリウム溶液と少量のアニリンを加えて熱すると、不快な刺激臭を放つ。
(3)　炭の上に小さな孔をつくり、試料を入れて吹管炎で熱灼すると、バチバチ音をたてる。
(4)　サリチル酸と濃硫酸とともに熱すると、芳香のあるサリチル酸メチルエステルを生ずる。
(5)　水溶液に過クロール鉄液を加えると紫色を呈する。

ア　フェノール　　　イ　水酸化ナトリウム　　　ウ　クロロホルム
エ　亜硝酸塩類　　　オ　メタノール

問17　次の薬物について、取り扱う際の注意事項として正しいものを下欄からその記号選びなさい。

(1)　無水クロム酸　　　(2)　ニッケルカルボニル　　(3)　四エチル鉛
(4)　シアン化カリウム　(5)　カリウム

ア　皮膚・粘膜の刺激、潰瘍などの障害をおこし、毒性が強い。
イ　急に熱すると、分解して爆発する。
ウ　空気中では酸化され、すみやかに光沢を失い、ときに発火することがある。
エ　空気にふれると湿気および炭酸ガスを吸収し、猛毒のガスを発生する。
オ　日光により徐々に分解し、引火性があり、金属に対して腐食性がある。

問18 次の文章は薬物の性状等に関するものです。該当する薬物を下欄から選び、その数字を選びなさい。

(1) 暗赤色の光沢のある粉末で水、アルコールには溶けないが、希酸はホスフィンを出して溶解する。

1 燐化亜鉛 2 塩化亜鉛 3 硝酸亜鉛 4 クロム酸鉛

(2) 常温においては、窒息性臭気をもつ黄緑色気体で、冷却すると黄色溶液となる。

1 過酸化水素 2 臭素 3 アンモニア 4 塩素

(3) 無色、揮発性の液体で、特異の臭気と、かすかな甘味を有し、水にわずかに溶ける。

1 チメロサール 2 クロロホルム 3 硝酸タリウム 4 塩素酸ナトリウム

(4) 重質無色透明の液体で、芳香族炭化水素特有の臭いがある。

1 キシレン 2 シアン化カリウム 3 水酸化ナトリウム 4 ロテノン

(5) 揮発性、麻酔性の芳香を有する無色の重い液体で、不燃性であり、強い消火力を示す。

1 黄燐 2 四塩化炭素 3 チオセミカルバジド 4 アクリルアミド

問19 次の性状を有する薬物を下欄から選びなさい。

(1) 銀白色の光輝をもつ金属で、冷水中に投げ入れると爆発的に発火する。
(2) 2モルの結晶水を有する無色稜柱状の結晶で、乾燥空気中で風化する。
(3) 淡黄色の光沢のある小葉状あるいは針状結晶で、濃硫酸溶液で黄色を呈し、水でうすめると微黄色となり、さらにうすめると帯緑黄色となる。
(4) 無色の結晶で、水、アンモニア水に溶ける。日光の下で有機物に触れると還元されて、黒色を呈する。
(5) 通常赤色に着色してあり、日光により徐々に分解して白濁する。引火性もある。

下欄

1 ピクリン酸 2 四エチル鉛 3 ナトリウム 4 蓚酸 5 硝酸銀

問20 次の各薬物について、性状をA群から、用途をB群から各々1つ選びなさい。

薬物名	性状〈A群〉	用途〈B群〉
(1) 黄燐	( )	( )
(2) アクリロニトリル	( )	( )
(3) DEP	( )	( )
(4) クロム酸カリウム	( )	( )
(5) 一酸化鉛	( )	( )

A群〈性状〉

1 純品は白色の結晶で、クロロホルム、ベンゼン、アルコールに溶け、水にもかなり溶ける。
2 白色又は淡黄色のろう様半透明の結晶性固体で、にんにく臭を有する。
3 無臭又は微刺激臭のある無色透明の蒸発しやすい液体である。
4 重い粉末で黄色から赤色までの種々のものがあり、酸、アルカリには、よく溶ける。
5 橙黄色の結晶で、水にはよく溶けるが、アルコールには溶けない。

B群〈用途〉

1 殺鼠剤の原料、発煙剤
2 稲、野菜の諸害虫に対する接触性殺虫剤
3 試薬、黄色又は赤色の顔料
4 皮なめし、媒染剤、酸化剤、分析試薬
5 化学合成上の主原料で、合成繊維、合成ゴム、合成樹脂、農薬、医薬、染料の製造の重要原料

問21 次の性状を有する薬物を下欄から選び、その記号を（　）内につけなさい。

(1) （　） 無色の気体で、エーテル様の臭いと甘味を有し、水にわずかに溶けるが圧縮すれば無色の液体になる。沸点はマイナス24度である。

(2) （　） 空気中の湿気にあうと、徐々に分解して有毒なガスを発生する。ネズミ、昆虫等の駆除に用いられる。

(3) （　） 重い粉末で黄色から赤色までの種々のものがあり、赤色のものを720度以上に加熱すると黄色になる。ゴムの加硫促進剤、顔料などに用いられる。

(4) （　） 無色の揮発性液体であり、日光で徐々に分解白濁し、赤色、青色、黄色又は緑色に着色されている特定毒物である。

(5) （　） 銀白色の光輝を持つ金属である。常温では蝋のような硬度をもっており、空気中では容易に酸化される。冷水中に投げ入れるとすぐに爆発的に発火する。

A．酸化鉛	B．ナトリウム	C．クロルメチル
D．燐化アルミニウム	E．四エチル鉛	

問22　次に示した性状等に最も当てはまる薬物を、それぞれ下記の薬物欄から選びな
さい。

(1)　無色透明の液体で芳香がある。蒸気は空気より重く引火しやすい。
　　吸入すると麻酔状態に陥ることがある。

(2)　白色又は無色半透明の固塊あるいは粉末。酸と反応し、有毒でかつ引火性の
あるガスを発生する。

(3)　無色の可燃性の気体。強い刺激臭がある。還元性が強く、酸化されてぎ酸に
なる。

(4)　無色ないし黄色の結晶で急熱や衝撃により爆発することがある。
　　別名は、2,4,6－トリニトロフェノール

(5)　無色の液体で特有の臭気がある。蒸気は空気より重い。不燃性で強酸と混合
するとホスゲンを生じる。

薬　　物　　欄		
1　ホルムアルデヒド	2　四塩化炭素	
3　シアン化ナトリウム	4　トルエン	5　ピクリン酸

問23　次の各問いに答えなさい。

(1)　次の劇物のうち、運搬する車両に保護具として防毒マスクを備えることが義
務付けられているものはどれか。（ただし、1回につき5,000キログラム以上運
搬する場合とする。）
①　水酸化カリウム10%を含有する製剤で液体状のもの
②　硝酸
③　水酸化ナトリウム
④　過酸化水素

(2)　次は、ホルムアルデヒドの性状等について述べたものであるが、誤っている
ものはどれか。
①　ホルマリンはホルムアルデヒドの水溶液である。
②　酸化されるとギ酸を生ずる。
③　常温常圧下で気体である。
④　水溶液は弱アルカリ性を呈する。

(3)　次は、毒物又は劇物の貯蔵方法に関する一般的な注意事項について述べたも
のであるが、誤っているものはどれか。
①　吸湿性のあるものは、乾燥した場所に貯蔵する。
②　引火性のあるものは、電気火花を発生する可能性のあるものから遠ざけて貯
蔵するだけでなく、静電気の発生にも注意して貯蔵する。
③　強酸性のものは、強アルカリ性のものと接近して貯蔵する。
④　自然発火性又は爆発性のあるものは、火気から遠ざけて貯蔵する。

(4) 次の無機シアン化合物のうち、水に溶けやすく、炎色反応が黄色を呈するものはどれか。
① シアン化ナトリウム
② シアン化カリウム
③ シアン化銀
④ シアン化第一銅

(5) 次は、亜硝酸ナトリウムの性状について述べたものであるが、（　　）内に入れる字句の組合せとして、正しいものはどれか。

亜硝酸ナトリウムは、白色又は微黄色の結晶性の粉末で、（　ア　）に溶けやすく、（　イ　）にわずかに溶け、（　ウ　）がある。

	ア	イ	ウ
①	アルコール	水	酸化性
②	水	アルコール	酸化性
③	アルコール	水	還元性
④	水	アルコール	還元性

(6) 次は、硝酸銀について述べたものであるが、誤っているものはどれか。
① 食塩水に硝酸銀溶液を加えると、塩化銀の白色沈殿を生ずる。
② 水に溶けやすく還元作用がある。
③ 遮光した瓶に密栓して貯蔵する。
④ 無色の結晶で、光によって分解して黒変する。

(7) 次は、硝酸、硫酸及び無水クロム酸に共通する一般的な性質等について述べたものであるが、正しいものはどれか。
① 濃度の高いものは固体である。
② 10％を含有する製剤は劇物である。
③ 濃度の高いものが皮膚に触れると障害が起きる。
④ 水溶液は無色透明である。

(8) 次の毒物又は劇物のうち、引火性が強く、合成繊維の原料として使われるものはどれか。
① アニリン　　　　　② アクリルニトリル
③ ジニトロクレゾール　④ ヒ酸鉛

(9) 次の劇物のうち、常温で固体のものはどれか。
① トリクロル酢酸
② クロルスルホン酸
③ 塩化水素
④ アニリン

(10) 次は、フェノールの性状等について述べたものであるが、正しいものはどれか。
① 無色又は白色の結晶で、空気に触れて赤褐色を呈する。
② 無色透明の液体で、空気に触れて赤褐色を呈する。
③ 淡黄色の結晶で、急に加熱すると爆発する。
④ 無色又は微黄色の液体で、吸湿性がある。

問24　次の各問いに答えなさい。

(1)　次は、48%水酸化ナトリウム水溶液が漏えいした際の措置について述べたものであるが、誤っているものはどれか。
　①　極めて腐食性が強いので、作業の際には必ず保護具を着用する。
　②　漏えいした液が眼に入った場合は、直ちに薄い酢酸で洗い流すとよい。
　③　漏えいした液が少量の場合は、多量の水を用いて十分に希釈して流す。
　④　漏えいした液が多量の場合は、土砂等でその流れを止め、土砂等に吸着させる。

(2)　次は、劇物の廃棄方法について述べたものであるが、誤っているものはどれか。
　①　アンモニアは、多量のアルカリ水溶液中吹き込んだ後、多量の水で希釈して処理する。
　②　キシレンは、焼却炉の火室へ噴霧し焼却する。
　③　硫酸は、徐々に石灰乳などの攪拌溶液に加え中和させた後、多量の水で希釈して処理する。
　④　ホルムアルデヒドは、多量の水を加えて希薄な水溶液とした後、次亜塩素酸塩水溶液を加え、分解して処理する。

(3)　30%硫酸80ミリリットルに20%硫酸20ミリリットルを加えると、硫酸の濃度は次のどれになるか。（ただし、比重は1.0とする。）
　①　22%　　　②　24%　　　③　26%　　　④　28%

(4)　次は、ある劇物の性状について述べたものであるが、最も適当なものはどれか。
　　特異な臭気を有する無色の結晶で、空気中において容易に赤変する。水、アルコール、エーテルに溶ける。
　①　クロロホルム　　　②　トルエン　　　③　フェノール　　　④　アニリン

(5)　次は、シアン化カリウムについて述べたものであるが、誤っているものはどれか。
　①　白色等軸晶の塊片又は粉末である。
　②　酸と反応すると、有毒でかつ引火性のシアン化水素を発生する。
　③　水に溶けやすく、その水溶液は強酸性である。
　④　電気メッキ、冶金等に使用される。

(6)　次は、クロム酸ナトリウムの性状等について述べたものであるが、誤っているものはどれか。
　①　十水和物は黄色結晶で潮解性がある。
　②　水溶液に硝酸銀を加えると、赤褐色の沈殿を生ずる。
　③　皮膚や粘膜に対する刺激作用、腐食作用が強い。
　④　工業用として還元剤に使用する。

(7)　次の毒物又は劇物のうち、常温常圧で液体のものはどれか。
　①　トリクロル酢酸　　　②　四エチル鉛　　　③　クロルメチル
　④　塩化水素

(8)　次は、劇物の性状等について述べたものであるが、誤っているものはどれか。
　①　クロロスルホン酸は、水と激しく反応して塩素と硫酸になる。
　②　過酸化水素水は、無色透明の液体で弱い特有の臭いがあり、酸化性を有する。
　③　硝酸銀は、無色の結晶で水に溶ける。強力な酸化剤であり、腐食性を有する。
　④　臭素は、赤褐色の揮発しやすい液体で激しい刺激臭を有する。

(9) 次は、硝酸の性状等について述べたものであるが、誤っているものはどれか。
① 空気に接すると白霧を発し、水を吸収する性質がある。
② 不燃性であるが、高濃度のものが有機物に接触すると自然発火することがある。
③ 濃い硝酸が皮膚に触れると、組織はしだいに深黄色となる。
④ 無色、無臭であり腐食性が激しい。

(10) 次の劇物の識別方法として誤っているものはどれか。
① アンモニア水 ……… 濃硫酸を近づけると、白霧を生ずる。
② メタノール ……… サリチル酸と濃塩酸を加え熱すると、芳香あるサリチル酸メチルエステルを生ずる。
③ 硫酸亜鉛 ……… 水溶液に硫化水素を通じると、白色の沈殿を生ずる。
④ 塩化第二水銀 ……… 水溶液に石灰水を加えると、赤色の酸化水銀の沈澱を生ずる。

問25 次の各問いに答えなさい。

(1) ダイアジノンの性状のうち、正しいものはどれか。
1 無色又は微黄色の油状の液体で、催涙性があり、強い粘膜刺激臭をもつ。
2 無色又は淡褐色の液体で、かすかなエステル臭を持つ。
3 褐色の液体で弱いにんにく臭をもつ。
4 赤褐色の油状の液体で芳香性刺激臭をもつ。

(2) ダイアジノンの用途のうち、正しいものはどれか。
1 殺虫剤 2 殺菌剤 3 除草剤 4 殺そ剤

(3) ダイアジノンの廃棄方法のうち、正しいものはどれか。
1 燃焼法 2 中和法 3 酸化法 4 沈殿法

(4) ダイアジノンの毒性のうち、正しいものはどれか。
1 生体細胞内のTCAサイクルを阻害し、呼吸中枢障害等の症状を起こす。
2 血液に対する毒性により、溶血症状等をおこす。
3 コリンエステラーゼ作用を阻害し、運動、言語障害等の症状をおこす。
4 アセチルコリンと拮抗して、四肢の運動麻痺をおこし、ついには呼吸麻痺をおこし、死亡する。

問26 次の各問いに答えなさい。

(1) 塩素の性状のうち、正しいものはどれか。
1 刺激性の臭気をもつ無色の気体
2 刺激性の臭気をもつ赤褐色の気体
3 刺激性の臭気をもつ黄緑色の気体
4 刺激性の臭気をもつ紫色の気体

(2) 塩素の用途のうち、正しいものはどれか。
1 着色剤 2 燃料 3 冷凍冷媒 4 殺菌消毒剤

(3) 塩素の廃棄方法のうち、正しいものはどれか。
1 燃焼法 2 アルカリ法 3 酸化法 4 沈殿法

(4) 塩素の保護具のうち、正しいものはどれか。
1 ハロゲン用防毒マスク　　2 アルカリ性ガス用防毒マスク
3 酸性ガス用防毒マスク　　4 防じんマスク

問27 次のDDVPに関する問いに答えなさい。

(1) DDVPの性状のうち、正しいものはどれか。
1 無臭の黄色の液体で、水に溶けやすい。
2 無臭の黄色の液体で、有機溶媒に溶けやすい。
3 刺激性で微臭のある無色の液体で、水に溶けやすい。
4 刺激性で微臭のある無色の液体で、有機溶媒に溶けやすい。

(2) DDVPの用途のうち、正しいものはどれか。
1 殺虫剤　　2 殺菌剤　　3 除草剤　　4 殺そ剤

(3) DDVPの廃棄方法のうち、正しいものはどれか。
1 酸化法　　2 燃焼法　　3 希釈法　　4 沈殿法

(4) DDVPの毒性のうち、正しいものはどれか。
1 中枢神経毒であり、進行すると、激しいけいれんがおこり、同時に肝臓、腎臓に著明な変性がみられる。
2 コリンエステラーゼ作用を阻害し、運動、言語障害等の症状をおこす。
3 生体細胞内のTCAサイクルを阻害し、呼吸中枢障害等の症状をおこす。
4 アセチルコリンと拮抗して四肢の運動まひをおこし、ついには呼吸まひをおこして死亡する。

問28 次の弗化水素酸に関する問いに答えなさい。

(1) 弗化水素酸の性状のうち、正しいものはどれか。
1 無色の可燃性の液体で、特有の刺激臭がある。
2 無色の不燃性の液体で、特有の刺激臭がある。
3 無色の可燃性の液体で、無臭である。
4 無色の不燃性の液体で、無臭である。

(2) 弗化水素酸の用途のうち、誤っているものはどれか。
1 金属の酸洗剤　　　　　　2 フロンガスの原料
3 ガラスのつや出し剤　　　4 半導体のエッチング剤

(3) 弗化水素酸の廃棄方法のうち、正しいものはどれか。
1 還元法　　2 沈殿法　　3 分解法　　4 アルカリ法

(4) 弗化水素酸の貯蔵方法のうち、正しいものはどれか。
1 遮光したガラスビンにいれて貯蔵する。
2 安定剤を加え、空気を遮断して冷暗所で貯蔵する。
3 亜鉛又は錫めっきをした鋼鉄製の容器で高温に接しない場所で貯蔵する。
4 銅、鉄、コンクリート又は木製のタンクにゴム、鉛、ポリ塩化ビニルあるいはポリエチレンのライニングを施した容器に貯蔵する。

問29 次の性状に最も関係のある物質を下欄からその番号を選びなさい。

1　無色の針状結晶あるいは白色の放射状結晶で、空気中で容易に赤変する。

2　濃い藍色の結晶で、風解性がある。

3　不燃性の無色液化ガスで激しい刺激臭がある。ガスは、空気より重く、空気中の水や湿気と作用して白煙を生じ、強い腐食性を示す。

4　橙赤色の柱状結晶で、水によく溶けるがアルコールには溶けない。

5　無色透明の甘味のある揮発性の液体で、蒸気は空気より重い。不燃性の物質で分解するとホスゲンを発する。

6　白色又は淡黄色のろう様半透明の結晶性固体で、ニンニク臭を有する。

7　常温常圧において無色の刺激臭を持つ気体で、湿った空気中で激しく発煙する。

8　黒灰色、金属様の光沢のある稜板状結晶で、水には黄褐色を呈してごくわずかに溶ける。

9　無色透明結晶で、光によって分解し黒変する。水に極めて溶けやすい。

10　白色結晶で水に溶けにくいが、一般の有機溶剤には溶けやすい。遅効性の殺虫剤として使用される。

(1)　黄燐 りん	(2)　硫酸銅	(3)　重クロム酸カリウム
(4)　塩化水素	(5)　硝酸銀　(6)　EPN	(7)　ヨウ素
(8)　クロロホルム (9)　フェノール	(10)　フッ化水素酸	

問30 次の性状を有する薬物を下欄からその記号を選びなさい。

(1)　無色の結晶で潮解性がある。

(2)　窒息性臭気をもつ黄緑色気体である。

(3)　赤褐色の揮発しやすい液体で、激しい刺激臭を有する。

(4)　灰色の金属光沢を有するペレット又は黒色の粉末である。

(5)　青色結晶で風解性がある。

A．塩化亜鉛　　B．塩化第二銅（二水和物）　　C．塩素		
D．臭素　　E．セレン　　F．硫酸　　G．硫酸第二銅（五水和物）		

問31 塩酸、硝酸、硫酸に関する次の(1)〜(3)の記述にあてはまる最も適当な性質を、下欄から1つ選び、その記号を答えなさい。

(1)　硫酸だけが有する性質　　(2)　塩酸と硝酸だけが有する性質

(3)　3つともが有する性質

A．中和すると中和熱を生じる。　　B．油状の液体である。 C．強い刺激臭がある。

問32　次の文に該当する薬物名を、下欄から選び答えなさい。

(1)　白色透明の重い針状結晶で、水溶液は酸性を示し、染色剤、消毒剤として用いられる。

(2)　黒灰色、金属様の光沢のある稜板状結晶で分析用、写真用、医薬品の原料として用いられる。

(3)　無色透明の油状の液体で、空気に触れると赤褐色を呈し、タール中間物、染色、医薬品の製造原料として用いられる。

(4)　無色の板状の結晶で、水、アンモニア水に溶ける。日光の下で有機物にふれると、還元されて黒色を呈する。

(5)　無色透明の揮発性の液体で引火性が強く、加熱した酸化銅を加えるとホルムアルデヒドができる。

A：アニリン　　B：塩化第二水銀　　C：硝酸銀　　D：メタノール
E：ヨウ素

問33　次の性状に最も関係のある薬物を下欄からその番号を選びなさい。

1　無色透明の濃厚な液体で、強く冷却すると稜柱状の結晶に変化する。
　　強い酸化力と還元力を有する。

2　無色、揮発性の液体で、特異の香気とかすかな甘味を有する。空気に触れ、同時に日光の作用を受けると、ホスゲンを生ずる。

3　純品は無色の油状体で、市販品は普通微黄色を呈している。催涙性と強い粘膜刺激性を有する。

4　濃い藍色の結晶で、熱すると結晶水を失って白色の粉末となる。

5　純品は無色透明の油状の液体で、特有の臭気がある。空気にふれて赤褐色を呈する。

6　常温、常圧において無色の刺激臭を持つ気体で、湿った空気中で激しく発煙する。

7　無色の単斜晶系板状の結晶で、水に溶けるがアルコールには溶けにくい。燃えやすい物質と混合させ摩擦すると激しく爆発する。

8　常温では黄緑色、窒息性臭気をもつ気体で、冷却すると黄色溶液を経て黄白色固体となる。

9　無色透明の揮発性液体で、可燃性である。エチルアルコールに似た臭気がある。

10　無色あるいはほとんど無色透明の液体で、刺激性の臭気をもち、寒冷時に混濁することがある。

---

①　硫酸銅　　　　②　メタノール　　　③　過酸化水素水
④　塩素　　　　　⑤　クロロホルム　　⑥　塩化水素
⑦　ホルマリン　　⑧　アニリン　　　　⑨　クロルピクリン
⑩　塩素酸カリウム

問題・実地

問34 次の薬物の鑑別法として最も正しい記述を下記からその番号を選びなさい。

1　硝酸　　2　水酸化ナトリウム　　3　ニコチン　　4　水酸化カリウム
5　硫酸

---

①　水溶液を白金線につけて無色の火炎中に入れると、火炎は著しく黄色に染まり長時間続く。
②　高濃度のものは水で薄めると激しく発熱する。しょ糖、木片などにふれると、それらを炭化して黒変させる。
③　水溶液を白金線に付けて無色の火炎中に入れると、火炎が紫色に変化する。
④　銅屑を加えて熱すると藍色を呈して溶け、その際赤褐色の蒸気を発する。羽毛のような有機質をこの中に浸し、特にアンモニア水でこれを潤すと黄色を呈する。
⑤　エーテル溶液に、ヨードのエーテル溶液を加えると褐色の液状沈殿を生じ、これを放置すると赤色の針状結晶となる。

問35 次の記述の中で、最も関係のある薬物を、下欄からその番号を選びなさい。

1　橙赤色の柱状結晶で、水によく溶けるが、アルコールには溶けない。
2　無色で刺激性がある。大部分の金属を溶解して、ガラス等に激しく腐食作用を呈する。皮膚に触れると内部まで浸透し腐食する。
3　常温、常圧において、無色の刺激臭を持つ気体で、湿った空気中で激しく発煙する。
4　純品は無色の油状体で、市販品は微黄色を呈している。催涙性と強い粘膜刺激臭を示す。
5　強い果実様の香気があり、可燃性無色の液体である。
6　無色、可燃性のベンゼン臭を有する無色の液体である。
7　刺激性があり比較的揮発性に富む無色の油状で、微臭がある。
8　本来は、無色透明の麻酔性芳香を持つ液体であるが、市販品は不快な臭気を持っている。有毒で、長く吸入すると麻酔をおこす。
9　濃い藍色の結晶で、熱すると結晶水を失い白色の粉末となる。
10　無色透明の揮発性の液体で、可燃性である。エチルアルコールに似た臭気がする。

---

①硫酸銅　　　②塩化水素　　　③ＤＤＶＰ　　　④酢酸エチル
⑤重クロム酸カリウム　　　⑥トルエン　　　⑦クロルピクリン
⑧メタノール　　⑨二硫化炭素　　⑩弗化水素酸

問36 次の記述の中で、正しいものには○をつけなさい。

1 トルエンは、無色可燃性で、ベンゼン臭を有する液体である。
2 硫酸を希釈する時は、水の中に硫酸を徐々に加える。
3 アンモニアは、空気中で燃焼しない。
4 酢酸エチルは、不可燃性の液体である。
5 クロロホルムは、無色である。

問37 次の中毒症状について、あてはまる薬物を下欄からその番号を選びなさい。

1 窒息感、喉頭および気管支筋の強直をきたし、呼吸困難におちる。
2 粘膜、皮膚に強い刺激性をもつ。皮膚に触れると、組織は変色する。
3 原形質毒である。脳の節細胞を麻酔させ、赤血球を溶解する。
4 粘膜を刺激し、鼻炎、気管支炎等をおこす。
5 血液中の石灰分を奪取し神経系をおかす。

① ホルマリン ② 蓚酸 ③塩素 ④クロロホルム ⑤硝酸

問38 次の薬物の鑑別法として、正しいものを下欄からその番号を選びなさい。

1 暗室で酒石酸又は硫酸酸性で水蒸気蒸留を行い、冷却器あるいは流出管に美しい燐光が認められる。
2 このエーテル溶液に、ヨードのエーテル溶液を加えると、褐色の液状沈殿を生じ、これを放置すると赤色の針状結晶となる。
3 アルコール溶液に、水酸化ナトリウム溶液と少量のアニリンを加えて熱すると、不快な刺激臭の臭気を放つ。
4 比重がきわめて大きく、水で薄めると激しく発熱する。
5 水溶液を白金線につけて無色の火炎中に入れると、火炎は著しく黄色に染まり、長時間続く。
6 銅片を加えて熱すると、藍色を呈して溶け、その際赤褐色の亜硝酸の蒸気を発生する。
7 水溶液を酢酸で弱酸性にして酢酸カルシウムを加えると、結晶性の蓚酸カルシウムの沈殿を生ずる。
8 サルチル酸と濃硫酸とともに熱すると、芳香のあるサルチル酸メチルエステルを生ずる。
9 水浴上で蒸留すると、水に溶解しにくい白色、無晶形の物質を残す。
10 過マンガン酸カリを還元し、過クロム酸を酸化する。またヨード亜鉛からヨードを析出する。

①メタノール ②ホルマリン ③ニコチン ④クロロホルム
⑤黄燐 ⑥過酸化水素 ⑦硫酸 ⑧ 蓚酸
⑨水酸化ナトリウム ⑩硝酸

問39 次に掲げる薬物の性状及び用途の中で、最も適しているものを1つ選びなさい。

薬　物　名		性　　状						用　途
		色		形　状		水との溶解性		
四塩化炭素	A	① 無色 ② 黄色 ③ 黒色	B	① 固体 ② 液体 ③ 気体	C	① 可溶 ② 難溶 ③ 不溶	D	① 染色剤 ② 消火剤 ③ 肥　料
ベタナフトール	E	① 無色 ② 赤色 ③ 黄色	F	① 固体 ② 液体 ③ 気体	G	① 可溶 ② 難溶 ③ 不溶	H	① 溶　媒 ② 防腐剤 ③ 香　料
クロム酸ナトリウム	I	① 白色 ② 黄色 ③ 黒色	J	① 固体 ② 液体 ③ 気体	K	① 可溶 ② 難溶 ③ 不溶	L	① 殺虫剤 ② 香　料 ③ 顔　料
チオセミカルバジド	M	① 無色 ② 黄色 ③ 白色	N	① 固体 ② 液体 ③ 気体	O	① 可溶 ② 難溶 ③ 不溶	P	① 除草剤 ② 殺そ剤 ③ 殺菌剤
エチレンクロルヒドリン	Q	① 白色 ② 無色 ③ 黄色	R	① 固体 ② 液体 ③ 気体	S	① 可溶 ② 難溶 ③ 不溶	T	① 殺菌剤 ② 除草剤 ③ 発芽促進剤

問40 次に掲げる薬物の性状及び用途の中で、最も適しているものを1つ選びなさい。

薬　物　名		性　　状						用　途
		色		形　状		水との溶解性		
過酸化水素水	A	① 無色 ② 黄色 ③ 黒色	B	① 固体 ② 液体 ③ 気体	C	① 可溶 ② 難溶 ③ 不溶	D	① 顔　料 ② 酸化剤 ③ 溶　剤
塩酸アニリン	E	① 無色 ② 白色 ③ 黄色	F	① 固体 ② 液体 ③ 気体	G	① 可溶 ② 難溶 ③ 不溶	H	① 試　薬 ② 殺菌剤 ③ 除草剤
ロテノン	I	① 無色 ② 黄色 ③ 緑色	J	① 固体 ② 液体 ③ 気体	K	① 可溶 ② 難溶 ③ 不溶	L	① 殺そ剤 ② 殺虫剤 ③ 試　薬
トリクロルヒドロキシエチルジメチルホスホネイト （別名ディプテレックス）	M	① 白色 ② 黄色 ③ 無色	N	① 固体 ② 液体 ③ 気体	O	① 可溶 ② 難溶 ③ 不溶	P	① 殺そ剤 ② 除草剤 ③ 殺虫剤
チオセミカルバジド	Q	① 白色 ② 黄色 ③ 無色	R	① 固体 ② 液体 ③ 気体	S	① 可溶 ② 難溶 ③ 不溶	T	① 殺そ剤 ② 除草剤 ③ 殺菌剤

問41 次のア～カの性状等を有する毒物又は劇物を、下欄の１～８の中から該当する
ものを１つ選びなさい。

ア 純品は無色透明の油状の液体で、特有の臭気がある。空気に触れて赤褐色を呈
する。水には溶けにくいが、アルコール、エーテル、ベン
ゼンにはよく溶ける。水溶液にさらし粉を加えると、紫色を呈する。
イ 白色の塊片、あるいは粉末で水に溶けやすい。水溶液は、強アルカリ性を呈す
る。
酸と反応すると有毒でかつ引火性の猛毒ガスを発生する。冶金、電気メッキ、
写真、金属の着色などに利用される。
ウ 重い白色の粉末で、吸湿性があり、辛い味と酢酸のにおいとを有する。冷水に
はたやすく溶けるが、有機溶媒には溶けない。野ねずみの駆除に用いる。
エ 無色の液体で、特有の臭気がある。水に極めて溶けにくい。
強酸と混合するとホスゲンを生じる。溶剤として、広く用いられるが、
毒性が強く、吸入すると中毒を起こす。
オ 純品は白色の結晶、工業品は黒褐色の固体で、融点は93～95度である。水に不
溶、有機溶媒に可溶。アルカリで分解する。野菜、果樹の
害虫駆除に使用される。水質汚濁性農薬に指定され、使用が規制されている。有
機塩素系化学物質である。
カ 金属光沢を持つ銀白色の軟らかい固体である。水と激しく反応して、
爆発的に発火する。

```
1   四塩化炭素
2   モノフルオール酢酸ナトリウム
3   ナトリウム
4   シアン化カリウム
5   ヒドロキシルアミン
6   ヘキサクロルヘキサヒドロメタノベンゾジオキサチエピンオキサイド
    (別名エンドスルファン、ベンゾエピン)
7   アニリン
8   ジメチル－２・２－ジクロルビニルホスフェイト（別名ＤＤＶＰ）
```

問42 次の薬物の性状として最も適したものをそれぞれ下欄から一つ選びなさい。

(1) ジボラン   (2) 五塩化リン
(3) メチルメルカプタン   (4) アセトニトリル
(5) 水酸化ナトリウム

```
1   加熱分解して有毒な酸化イオウガスを発生する。
2   水と激しく反応する。加熱分解して有毒な塩化水素ガスを発生する。
3   加熱分解して有毒な酸化窒素及びシアン化水素ガスを発生する。
4   溶液はアルミニウム、すず、亜鉛等の金属を腐食して水素ガスを発生する。
5   加熱分解して有毒な酸化ホウ素の煙霧を発生する。
```

問43 下記の薬物を取り扱う際の注意事項について、最も適当なものを下から一つ選びなさい。

(1) 塩素酸カリウム　　　　(2) アクリルアミド

(3) ピクリン酸　　(4) 無水クロム酸　　(5) 黄燐（りん）

---

1 潮解している場合でも可燃物と混合すると常温でも発火することがある。
2 直射日光や高温にさらされると重合・分解等を起こし、アンモニア等を発生する。
3 アンモニウム塩と混ざると爆発するおそれがあるので接触させない。
4 自然発火性があるので、容器に水を満たして、冷暗所に貯蔵する。
5 急熱や衝撃により爆発を起こすことがあり、酸化鉄、酸化銅等と混合した場合は摩擦、衝撃により、更に激しく爆発するのでこれらのものと一緒に置かない。

問44 次の文は、薬物の性質、性伏に関するものである。最も適当なものを下から一つ選びなさい。

(1) 無色の液体でエーテル様のにおいがある。蒸気は空気より重い。
不燃性の物質で、空気、湿気などにより常温でも徐々に分解して塩化水素、ホスゲン等を発生する。
(2) 無色又はわずかに着色した透明な液体で、大部分の金属、ガラス等を激しく腐食する。
(3) 無色又は黄褐色の透明な液体又は個体で、フェノール様のにおいがある。蒸気は空気より重い。
(4) 白色の固体で、空気中に放置すると潮解する。白金線にその水溶液をつけガスバーナーに入れると炎が紫色に変化する。
(5) 無色透明の結晶で、光によって分解して黒変する。水溶液に塩酸を加えると白色の沈殿を生じる。

---

1 弗（ふっ）化水素酸　　2 クレゾール　　3 クロロホルム　　4 硝酸銀
5 水酸化カリウム

問45 次の性状を示す毒物又は劇物の名称及びその用途を、それぞれ下欄からその記号を選びなさい。

(1) 橙赤色の結晶又は粉末で、水に溶ける。
(2) 刺激性で微臭のある無色油状の液体で、有機リン剤である。
(3) 潮解性のある白色の固体で、水に溶けて強いアルカリ性を示す。
(4) 引火性のある無色の液体で、特異な芳香を持つ。
(5) 結晶性の固体で、燃えやすい物質と混合して加熱すると爆発する。

〈名　称〉	〈用　途〉
ア　トルエン	カ　農薬
イ　重クロム酸カリウム	キ　化学工業用、石けん製造
ウ　DDVP	ク　マッチ、爆発物の製造
エ　塩素酸カリウム	ケ　工業用酸化剤、電気メッキ
オ　水酸化ナトリウム	コ　有機溶剤

問46　鑑定を行ったとき、次の結果が得られる薬物について、最も適当なものを語群からその記号を選びなさい。

① 水に溶かし、硝酸バリウムを加えると白色の沈でんを生じた。

② 水に溶かし、でんぷん水溶液を加えると紫色を呈した。

③ 水に溶かし、硝酸銀水溶液を加えると白色の沈でんを生じた。

④ 水に溶かし、塩化第二鉄水溶液を加えると紫色を呈した。

⑤ サリチル酸と濃硫酸とともに熱すると、芳香のあるサリチル酸メチルを生じた。

【語　群】

ア　硫酸銅	イ　よう素	ウ　塩化亜鉛	エ　フェノール
オ　アンモニア	カ　ふっ素	キ　硝酸	ク　ホルマリン
ケ　メタノール	コ　蓚酸		

問47　(1)〜(10)に該当する毒物または劇物の名称を下欄の中から選びなさい。

(1) 白色結晶で水に溶けにくいが、煮沸水には良く溶ける。

(2) 浸透性が強い強酸で、ガラスも腐食する。

(3) 特有の刺激臭があり、目鼻にしみる液体で、塩酸と反応して白煙を生じる。

(4) 強アルカリ性の白色の粒で植物油をケン化する。

(5) 黒褐色の液体で殺虫剤として使用されており、アルカロイドに属する。

(6) 白色の結晶で酸化性が強く、除草剤として使用されている。

(7) 赤褐色の液体で気化し易く浸透性があり、土壌殺虫剤として使用される。

(8) 白色の結晶で、酸により有毒ガスを発生する。

(9) ベンゼン様の液体で、有機溶剤として使用される。

(10) 無色〜半透明の結晶で硫酸溶液で白色の沈殿を生じる。

塩酸、	硫酸、	硝酸、	フッ化水素酸、
メタノール、	トルエン、	硫酸銅、	DDVP、
水酸化ナトリウム、	硝酸タリウム、	アンモニア水、	
塩化バリウム、	エタノール、	塩素酸ナトリウム、	
シアン化ナトリウム、	重クロム酸ナトリウム、	ニコチン、	
ブロムメチル、	ベーターナフトール		

問48 次の性状を有する毒物又は劇物を下欄からその番号を選びなさい。

a） 無色の単斜晶系板状の結晶で、水に溶けるが、アルコールには溶けにくい。その水溶液は中性の反応を示す。燃えやすい物質と混合して、摩擦すると激しく爆発する。

b） 白色の粉末、粒状またはタブレット状の個体。酸と反応して有毒で引火性のガスを発生する。

c） 常温では気体であるが、冷却圧縮すると液化しやすく、クロロホルムに類する臭気がある。
ガスは重く空気の3.27倍である。

d） 無色、針状の結晶をし、刺激性の味がする。水、アルコール、エーテルに溶解する。

e） 暗赤色の光沢ある粉末で、水、アルコールに溶けないが、希酸には溶解する。

f） 白色または淡黄色の蝋様半透明の結晶性個体で、にんにく臭を有し、空気中では非常に酸化されやすく、50度で発火する。

g） 無色または微黄色の油状体である。催涙性があり、強い粘膜刺激臭を有する。水にはほとんど溶けないが、アルコール、エーテルなどには溶ける。

h） 無色あるいはほとんど無色透明の液体で、刺激性の臭気をもち、寒冷にあえば混濁することがある。

i） 刺激性で、微臭のある油状の液体である。殺虫作用があり、水に加えると白濁する。

j） 濃い藍色の結晶で、風解性がある。150度で結晶水を失い白色の粉末となる。水に溶けやすく、水溶液は酸性反応を呈する。

(1) 黄燐^{りん}	(2) シアン化ナトリウム	(3) 硫酸ニコチン
(4) リン化亜鉛	(5) クロルピクリン	(6) 臭化メチル
(7) ホルマリン	(8) 硫酸銅	(9) 塩素酸カリウム
(10) ＤＤＶＰ乳剤		

問49 次の薬物の性状（色）について該当するものを下記の語群から１つ選び、その記号を（　）の中につけなさい。

1　蓚^{しゅう}酸亜鉛　　　　　　　　　　（　　　）
2　クロム酸カルシウム　　　　　　　（　　　）
3　塩素酸コバルト　　　　　　　　　（　　　）
4　二酸化鉛　　　　　　　　　　　　（　　　）
5　硫酸銅（五水塩）　　　　　　　　（　　　）

【語　群】
（ア）　茶褐色　　（イ）　暗赤色　　（ウ）　青色　　（エ）　淡赤黄色
（オ）　緑色　　　（カ）　無色　　　（キ）　白色

□

問50 次の薬物を「毒物」、「劇物」、「毒物又は劇物に該当しない物」に分類しその記号をつけなさい。

(ア)　過酸化水素6％　　　　　(カ)　トルエン
(イ)　モノクロトホス　　　　　(キ)　EPN5％
(ウ)　亜砒酸　　　　　　　　　(ク)　過酸化ナトリウム6％
(エ)　水酸化ナトリウム10％　　(ケ)　ロダン酢酸エチル10％
(オ)　酢酸90％　　　　　　　　(コ)　ニコチン

分　　　類	解　答　欄
毒　　物	
劇　　物	
毒物又は劇物に該当しない物	

解答・解説編

解答・解説編

〔解答・法規(問1〜問101)〕

問1 解答 2
〔解説〕
　　　法第1条は毒物及び劇物取締法の目的について示し、その保健衛生上の見地については、憲法第25条(生存権、国の社会的使命)第2項「国は、　…公衆衛生の向上及び増進に努めなければならない。」ということである。又、取締とは、毒物及び劇物の製造、輸入、販売、表示、貯蔵、運搬、廃棄等の取扱いについて取締ということである。
　　1　×有効性及び安全性ではなく保健衛生上である。
　　2　○解答のとおり。
　　3　×公衆衛生上ではなく保健衛生上である。
　　4　×環境衛生上ではなく保健衛生上である。

問2 解答 4
〔解説〕
　　　本法第2条で毒性の強さによって特定毒物、毒物、劇物と分類され、別表第一は「毒物」、別表第二は「劇物」、別表第三は「特定毒物」となっている。これらは、原体を指し、上記別表の最後の項目に「前各号に掲げる物のほか、前各号に掲げる物を含有する製剤、その他毒性(劇性又は著しい毒性)を有する物であって政令で定めるもの」とある。つまり、この問題の文章は製剤についてであるので毒物及び劇物指定令(以下、指定令という。)
　　1　×アンモニア10%以下は劇物から除外。
　　2　×塩化水素10%以下は劇物から除外。
　　3　×硫酸10%以下は劇物から除外。
　　4　○ホルムアルデヒドは1%以下劇物から除外。よって5%は劇物。

問3 解答 2
〔解説〕
　　　法第3条の4によって、引火性、発火性又は爆発性が示され、発火性又は爆発性のある劇物として、毒物及び劇物取締法施行令(政令)第32条の3において①亜塩素酸ナトリウム30%以上、②塩素酸塩類35%以上、③ナトリウム、④ピクリン酸が示されている。このことから次のようになる。
　　1　×カリウムは、該当しない。
　　2　○亜鉛素酸ナトリウム30%以下含有するものとあるので、解答のとおり。
　　3　×クロルピクリンは該当しない。
　　4　×30%塩素酸ナトリウムの塩素酸塩類は35%以上含有するものが該当する。
　　5　×シアン化ナトリウムは該当しない。

問4 解答 1、3
〔解説〕
　　1　○法第4条の2で販売業の登録の種類を3種類と示されている。
　　2　×本設問については置く必要がない。よって誤り。
　　3　○施行規則第4条の4は、製造所等の設備について規定し、この条文の同規則第1項第二号ニに示されている。

問5　**解答**　(1) ○　(2) ○　(3) ×　(4) ○　(5) ×
　　　　　　(6) ×　(7) ×　(8) ○　(9) ○　(10) ○

〔解説〕
　この問題は法第5条の登録基準について、毒物又劇物の製造所等の設備について記され、このことは施行規則第4条の4から出題されている。

(1)　○　解答のとおり
(2)　○　解答のとおり
(3)　×　区別する必要ではなく、その他の物とを区分して貯蔵するである。
(4)　○　解答のとおり
(5)　×　容器のみと限定されているわけではない。
(6)　×　この設問にある例外はないではなく、例えば、かぎをかけることができないものであるときは、その周囲に、堅固なさくが設けてあること。
(7)　×　この設問にある様なかぎをかける設備がある時は、その周囲に堅固なさくを設けなくてもよい。
(8)　○　設問のとおり。
(9)　○　設問のとおり。
(10)　○　設問のとおり。このことは施行規則第4条の4第2項のこと。

問6　**解答**　A 2　　B 1　　C 1　　D 2
〔解説〕
A　×法第7条第1項を見よ。毒物又は劇物を直接に取り扱うことである。
B　○法第7条第3項を見よ。毒物劇物営業者が、毒物劇物取扱責任者を置いたとき、又は変更した場合についての届出を規定している。
C　○設問のとおり。法第8条第1項を見よ。
D　×この設問では毒物劇物取扱責任者の住所の変更とあるが、この場合届出を必要としない。ただし、毒物劇物取扱責任者の氏名が変更の場合は届け出なければならない。法第7条第3項のこと。

問7　**解答**　4
〔解説〕
　この問題は、法第8条を指し、毒物劇物取扱者の資格条件のことである。

1　×bの工業化学が応用化学で、cの厚生労働大臣が都道府県知事である。
2　×cの厚生労働大臣が都道府県知事である。
3　×aの獣医師が薬剤師で、bの工業化学が応用化学である。
4　○設問のとおり。
5　×aの獣医師が薬剤師で、cの経済産業大臣が都道府県知事である。

問8　**解答**　ア B　イ B　ウ A　エ A　オ B
　　　　　　　　カ C　キ C　ク B　ケ B　コ A
〔解説〕
ア　法第7条第3項
イ　法第10条
ウ　法第10条　他の場所へ移転する場合は、営業の廃止届をして、新たに新規登録する。
エ　上記ウと同様に法人営業を廃止し、新たに個人営業の登録を申請する。
オ　法第7条第3項による。
カ　廃棄について、法第15条の2で定められ、その廃棄方法は施行令第40条で規定している。以上の規定を遵守することであるが届出はない。
キ　毒物劇物営業者そのものでないので届出の必要がない。
ク　法第10条第一項第二号による。
ケ　法第10条第一項第一号による。
コ　廃止届を出して、新たに登録申請する。

問9　**解答**　2、3
〔解説〕

  1　×　その旨を都道府県知事ではなく、警察署に届出。法第17条第2項のこと。
  2　○　設問のとおり。
  3　○　法第11条第4項→施行規則第11条の4により、全ての毒物又は劇物について飲食物容器の使用禁止が示されている。

問10　**解答**　① 3　　② 4　　③ 7　　④ 8
〔解説〕

  この問題は、毒物劇物を取り扱うことについて、遵守しなければならないことが示されている。
  1は、法第11条第1項である。
  2は、法第11条第2項である。
  3は、法第11条第4項である。

問11　**解答**　エ
〔解説〕

  この問題は法第12条である。

  ア　×　白地に赤色をもって「<u>毒物</u>」→「<u>劇物</u>」×
  イ　×　赤字に白色をもって「<u>劇物</u>」→「<u>毒物</u>」×
  ウ　×　法第2条の定義、つまり本法でいう毒物、劇物とは、医薬品及び医薬部外品以外のものを指す。よって×
  エ　○　ウで述べたとおり、エが正解。

問12　**解答**　エとオ
〔解説〕

  エとオは着色する農業品目として、法第13条→施行令第39条において、①硫酸タリウムを含有する製剤たる劇物、②燐化亜鉛を含有する製剤たる劇物については、施行規則第12条により、**あせにくい黒色**で着色する方法と示されている。

問13　**解答**　2
〔解説〕

  法第15条第1項の交付の制限。

  1　×例え、この設問にある様な「印」がなくっても、18歳未満の者に交付してはならない。
  2　○設問のとおり。18歳未満の者には交付してはいけない。
  3　×1と同様に例え身分証明書の提示がなくても18歳未満の者には交付してはいけない。

問14　**解答**　(1) ○　　(2) ×　　(3) ○　　(4) ○　　(5) ×
〔解説〕

  法第15条第2項についての設問である。
  法第15条第3項によって本条第2項の確認の手続を規定している→施行規則第12条の3で定めている。

  (1)　設問のとおり。
  (2)　「劇物の数量」についての規定はない。
  (3)　設問のとおり。
  (4)　設問のとおり。
  (5)　「交付を受けた者の職業」についての規定はない。

問15 **解答** (1) ① C ② F ③ K (2) L (3) P
〔解説〕
　法第14条の譲渡手続のこと。

問16 **解答** 1
〔解説〕
　問15と同様、法第14条第1項第1号、第2号、第3号である。

1 ○設問のとおり。
2 ×この設問にある年齢についての規定はない。これに記載されていない項目は1を
　　　参照。
3 ×この設問にある使用目的についての規定はない。
4 ×この設問も3と同様である。
5 ×この設問も3と同様である。

問17 **解答** 3
〔解説〕
　問14と同様、法第15条第2項である。

1 ×交付した劇物の名称、交付の年月日がない。
2 ×交付の年月日がない。
3 ○設問のとおり。
4 ×この設問にある数量についてはない。

問18 **解答** 5
〔解説〕
　毒物、劇物の廃棄については、法第15条の2によって規定され、施行令第40条で廃棄の
方法が規定されている。又、法第15条の3で、不特定多数の者に保健衛生上の危害が生じる
場合、その毒劇物について回収等の命令を都道府県知事が命じることを規定している。

1 ×（イ）の濃縮は希釈で、（ウ）の10は1である。
2 ×（ア）、（イ）、（ウ）とも全て誤り
3 ×（イ）の濃縮は希釈で、（ウ）の3は1である。
4 ×（ア）の加熱分解は加水分解である。
5 ○設問のとおり。

問19 **解答** 4
〔解説〕
　法第15条は交付の制限を規定している。

1 ×Bのメタノールではなく、麻薬である。
2 ×A、B、C、Dの全てが誤り。4を見よ。
3 ×Bのシンナーではなく、麻薬で、Dの3年間ではなく5年間である。
4 ○設問のとおり。

問20 **解答** 1
〔解説〕
　法第16条は、毒物、劇物又は特定毒物の運搬等についての技術上の基準を規定し、本設
問の施行令40条の6は、1000kg以上の毒物及び劇物について荷送人の通知義務を規定して
いる。

1 ○設問のとおり。
2 ×A、Bの全て誤り。1を見よ。
3 ×Bが誤り。1のBを見よ。
4 ×Aの譲受人ではなく、運送人である。

問21 **解答** 2
〔解説〕
　　多数の人に保健衛生上の危害が生ずる場合は、その旨を保健所、警察署又は消防機関に
届け出る。(法第17条第1項) (注)第17条〔事故の際の措置等〕については、平成30(2018)
6月30日法律第66号による改正で事務・権限の移譲がなされたことに伴い、第16条の2→第1
7条となった。施行は令和2(2020)年4月1日施行された。
　　1　×bの市役所又は町村役場との労働基準監督署ではなく、保健所と警察署である。
　　2　○設問のとおり。消防機関、保健所、警察署である。
　　3　×eの労働基準監督署ではなく、警察署である。
　　4　×eの労働基準監督署ではなく、保健所である。
　　5　×bの市役所又は町村役場ではなく、消防機関である。

問22 **解答**　(1)　漏れ又は流れ出　　(2)　流れ出又は漏れ　　(3)　多数の者
　　　　　　　　(4)　保健所又は警察署　(5)　警察署又は保健所
〔解説〕
　　「法第17条第1項」の条文が、そのままである。この条文は、毒物劇物等の事故に際し
ての措置について示されているものである。(注)第17条〔事故の際の措置等〕については、
平成30(2018)6月30日法律第66号による改正で事務・権限の移譲がなされたことに伴い、第1
6条の2→第17条となった。施行は令和2(2020)年4月1日施行された。

問23 **解答** エ
〔解説〕
　　法第16条によって、運搬、貯蔵その他の取扱いについて、技術上の基準が定められてい
る。この設問にある容器又は被包の使用については施行令第40条の3、又積載の態様は施
行令第40条の4のことである。
　　ア　○　設問のとおり。施行令第40条の3第1項第1号のこと。
　　イ　○　設問のとおり。施行令第40条の3第1項第3号のこと。
　　ウ　○　設問のとおり。施行令第40条の4第1項第1号のこと。
　　エ　×　エにある様な積み重ねられていることではなく、積載されていることである。
　　　　　　施行令第40条の4第1項第4号のこと。

問24 **解答**　①　カ　②　コ　③　オ　④　イ　⑤　ウ　(④〜⑤は順不同)
　　　　　　　⑥　ア　⑦　ク　⑧　ケ　⑨　エ　⑩　キ
〔解説〕
　　法第18条は、保健衛生上の見地から必要があると認めるときは、都道府県知事は毒物劇
物等を業務上取り扱う場所に立入検査等を行う権限が規定されている。なお、この設問に
ある政令とは、施行令第38条のことである。(注)第18条〔立入検査等〕については、平成3
0(2018)6月30日法律第66号による改正で事務・権限の移譲がなされたことに伴い、第17条→
第18条となった。施行は令和2(2020)年4月1日施行された。

問25 **解答** 2
〔解説〕
　　法第22条は、毒物劇物営業者以外の者で、政令で定める事業を行う事業について規定し
ている。施行令第41条で業務上取扱者の届出を規定している。
　　1　×電気溶接を行う事業については、業務上取扱者の届出を要しない。
　　2　○設問のとおり。この他に、業務上取扱者として届けを要するものは、電気めっき
　　　　行う事業、運送の事業(最大積載量が5,000kg以上の大型自動車に固定された容
　　　　器を用いて行う運送)、しろありの防除を行う事業(砒素化合物たる毒物又はこ
　　　　れを含有する製剤)である。
　　3　×倉庫の燻蒸を行う事業については、業務上取扱者の届出を要しない。
　　4　×農薬の分析を行う事業については、業務上取扱者の届出を要しない。

問26 解答　2〔b、d〕
〔解説〕
　　この設問は届出に関することで、正解のbは、法第22条、もう一つの正解dは、法第10条の届出である。
　a　×　この設問の場合は、法第17条第1項の規定により、直ちに、その旨を保健所、警察署、又は消防機関へ届け出なければならない。よって、誤り。
　b　○　設問のとおり。法第22条の1のこと。
　c　×　この設問に特定毒物を所有とあるので、法第21条第1項の規定により、現に所有する特定毒物の品名及び数量を15日以内に届け出なければならない。
　d　○　設問のとおり。法第10条第1項第2号のこと。
　e　×　この設問は、保管庫から毒物が盗まれたとあるので、法第17条第2項により、直ちに、その旨を警察署へ届け出なければならないである。よって、誤り。

問27 解答　3
〔解説〕
　　毒物劇物取扱責任者については、法第7条により、毒物劇物営業者は毒物又は劇物を直接に取り扱う製造所、営業所又は店舗ごとに設置し、又法第22条→施行令で定められた事業は設置しなければならない。正解b、eは施行令第41条、又、正解cは法第7条である。
　a　×　この場合は、届け出を要しないので、毒物劇物取扱責任者を置かなくてもよい。
　b　○　業務上取扱者として法第22条→施行令第41条で規定されているので、毒物劇物取扱責任者を置かなければならない。
　c　○　この設問には、直接取り扱う輸入業者とあるので、法第7条の規定により、毒物劇物取扱責任者を置かなければならない。
　d　×　農家は、届け出を要しないので、毒物劇物取扱責任者を置かなくてもよい。
　e　○　bと同様。
　f　×　dと同様。

問28 解答　1
〔解説〕
　　aは法第1条の条文である。本法の目的「保健衛生上の見地」とは、憲法第25条第2項による。
　　bは、法第4条の3の条文で、販売品目の制限について規定している。
　1　○　設問のとおり。
　2　×　(ア)の環境衛生上ではなく、保健衛生上である。
　3　×　全て誤り。1を参照。
　4　×　(ウ)の管理ではなく、陳列である。
　5　×　全て誤り。1を参照。

問29 解答　1
〔解説〕
　　法第3条の3→施行令第32条の2で、興奮、幻覚又は麻酔の作用する物を規制している。
　1　○設問のとおり。
　2　×該当しない。
　3　×メタノールを含有する燃料とあるが、メタノールを含有するシンナーは該当する。
　4　×該当しない。
　5　×該当しない。

問30 解答　1
〔解説〕
　　法第3条の3について、問29と同様である。
　1　○は設問のとおり。2、3、4、5は該当しない。

問31 解答 5
〔解説〕
　法第3条の4→施行令第32条の3で発火性又は爆発性のある劇物について規制している。
　5　○は設問のとおり。1、2、3、4は該当しない。

問32 解答 3
〔解説〕
　製造所等の設備については、施行規則第4条の4で規定している。この設問では、施行規則第4条の4に規定されていないものということなので、3が該当する。
　1、2、4、5は施行規則第4条の4に規定されている。3については、この設問のその周囲を覆い外部から見えないにすることではなく、その周囲に堅固なさくが設けてあることである。

問33 解答 3
〔解説〕
　法第7条のただし書。登録を受けた者自らが毒物劇物取扱者となるときは別個に設置する必要はない。
1　×　劇物を販売しているので、法第7条の規定から毒物劇物取扱責任者を置かなければならない。
2　×　業務取扱者の届け出が必要で、毒物劇物取扱責任者を置かなければならない。
3　○　劇物を使用しているが、この工場でただ単に劇物を使用する使用者なので、毒物劇物取扱責任者を置く必要はない。

問34 解答　ア k　　イ c　　ウ a　　エ m　　オ j
　　　　　　　カ d　　キ p　　ク t　　ケ q　　コ s
〔解説〕
　毒物劇物取扱責任者の資格の範囲について、法第8条で規定している。
(1)　毒物劇物取扱責任者としての資格がある者
(2)　毒物劇物取扱責任者としてなることが出来ない者

問35 解答 2
〔解説〕
a　○この設問は、法第10条の届出についてのことである。個人から法人に変更する場合は、個人が営んでいる営業をいったん廃止し、新たに法人として届け出る。
b　×この設問にある様な法人の代表取締役を変更しても届出は必要ない。
c　○住所の変更をする場合も届け出る。（法第10条）
d　×この設問では、法第10条第1項第2号において、設備の重要な部分を変更した場合である。
e　×法第7条第3項により、毒物劇物取扱責任者の氏名を変更した場合は届出が必要。住所の変更は届出を必要としない。なお、この設問では毒物劇物取扱責任者の変更のみと記しているので、誤り。

問36 解答　(1) C　(2) B　(3) A　(4) C　(5) C
　　　　　　　(6) B　(7) A　(8) A　(9) C　(10) A
〔解説〕
(1)　廃棄については、法第15条の2によって規定され、また、施行令第40条で廃棄の法が規定され、日本国民全てが上記条文を遵守する様義務付けられている。
(2)　直ちに警察署に届け出る。（法第16条の2）
(3)　問35参照
(4)　法第10条の届出にも該当しない。
(5)　毒物劇物営業者を指していない。
(6)　30日以内に届出が必要（法第7条）

(7) 販売業の登録は、都道府県知事に対して登録申請する（法第4条）

(8) (7)と同様に登録申請しなければならない。

(9) 「その代表者を変更」とは、直接毒物劇物営業者ではない為、必要ない。

(10) 販売業の登録には、「一般販売業」、「農業用品目販売業」、「特定品目販売業」の品目がある。よって、品目の変更であるので、新たに登録申請しなければならない。

問37 解答 (1) ○ (2) △ (3) ○ (4) × (5) △
(6) △ (7) △ (8) △ (9) △ (10) △

〔解説〕

(1) ○廃止して、新たに登録

(2) △30日以内に都道府県知事へ届出

(3) ○販売業については、店舗ごとに都道府県知事へ

(4) ×問36の(1)参照

(5) △30日以内に都道府県知事へ届出

(6) △30日以内に都道府県知事へ届出

(7) △直ちに警察署へ届出

(8) △30日以内に都道府県知事へ届出

(9) △30日以内に都道府県知事へ届出

(10) △30日以内に厚生労働大臣に届出

問38 解答 (1) ア ○ イ ○ ウ ○ エ × オ ○
(2) ア × イ × ウ ○ エ × オ ○

〔解説〕

(1) ア．イ．ウ．オ 廃止届を出し、新たに登録申請する。
    エ 毒物劇物営業者そのものではないので届出はいらない。

(2) ア．「自家消費の目的」と書かれているところをみると業の登録として、法第3条に該当しない。登録は不要。
    イ．販売業の登録を受けて、小分けして販売できるとあるが、この小分けの概念は、製造業になるので、販売業でなく、製造業となる。
    ウ．毒物又は劇物は、販売業の登録を受けた者でなければ、販売または授与できない。正解○
    エ．各々の店舗において、登録が必要である。
    オ．正解○

問39 解答 飲食物

〔解説〕

法第11条第4項→施行規則第11条の4において全ての毒物及び劇物について飲食物容器使用禁止と規定している。

問40 解答 2

〔解説〕

毒物又は劇物の容器及び被包に危害防止の為、表示を規定している。（法第12条第1項）

1 ×イの白地に赤色ではなく、<u>赤地に白色</u>で、ウの赤地に白色ではなく、<u>白地に赤色</u>である。

2 ○設問のとおり。

3 ×全てが誤り。2を参照。

4 ×アの医薬用ではなく、<u>医薬用外</u>である。

問41　**解答**　4、ウとエが正しい。
〔解説〕
　　問40と同様、法第12条第1項についての条文である。

1　×アにある白地に赤色をもってではなく、<u>赤地に白色</u>である。
2　×イの赤地に白色をもってではなく、<u>白地に赤色</u>である。
3　×設問のとおり。
4　○設問のとおり。
5　×オの黒地に白色をもってではなく、<u>赤地に白色</u>である。

問42　**解答**　4
〔解説〕
　　法第12条第2項第3号の規定により、施行規則第11条の5で規定されている。　又、解毒剤として二―ピリジルアルドキシムメチオダイド（PAM）の製剤と硫酸アトロピンの製剤である。

1　×パラコートではなく、<u>有機燐化合物</u>である。
2　×有機塩素化合物ではなく、<u>有機燐化合物</u>である。
3　×有機水銀化合物ではなく、<u>有機燐化合物</u>である。
4　○設問のとおり。
5　×有機弗素化合物ではなく、<u>有機燐化合物</u>である。

問43　**解答**　Ⅰ E　Ⅱ A　Ⅲ C
〔解説〕
　　法第13条によって、政令で定める毒物又は劇物とは、施行令第39条で、一定の着色方法を施行規則第12条において規定している。

問44　**解答**　5
〔解説〕
　　法第14条第3項によって、販売又は授与の日から5年間保存する。法に規定する事項とは、①毒物又は劇物の名称及び数量、②販売又は授与の年月日、③授受人の氏名、職業及び住所（法人にあっては、その名称及び主たる事務所の所在地）のことをいう。

問45　**解答**　4
〔解説〕
　　法第12条第2項第4号における毒物又は劇物の取扱い及び使用上特に必要な表示事項のことで、この設問は、小分けで販売した際のことである。

1　×及び製造業者の氏名、住所ではなく、<u>毒物劇物取扱責任者の氏名</u>である。
2　×並びに毒物劇物取扱責任者の氏名及び住所ではなく、<u>及び住所並びに毒物劇物取扱責任者の氏名</u>である。
3　×毒物劇物取扱責任者の氏名、製造業者の氏名ではなく、<u>及び住所並びに毒物劇物責任者の氏名</u>である。
4　○設問のとおり。
5　×及び毒物劇物取扱責任者の住所ではなく、及び<u>住所並びに毒物劇物取扱責任者の氏名</u>である。

- 221 -

問46 解答　3

〔解説〕

法第14条第2項である。一般の需要者に対して規定した条文である。同条第1項と同様、①毒物又は劇物の名称及び数量、②販売又は授与の年月日、③譲受人の氏名、職業及び数量（法人にあっては、その名称及び主たる事務所の所在地）を記載する。

1　×使用目的、販売年月日、譲受人の保証書ではなく、<u>数量、販売年月日、譲受人の氏名・職業・住所</u>である。
2　×成分、販売年合日、譲受人の氏名、年齢ではなく、<u>数量、販売年月日、譲受人の氏名、職業、住所</u>である。
3　○設問のとおり。
4　×成分、使用目的、販売年月日ではなく、<u>販売年月日、授受人の氏名・職業・住所</u>である。

問47 解答　(1)

〔解説〕

交付の制限等について記してある。

法第15条には、①年齢18歳未満の者、②麻薬、大麻、あへん又は覚せい剤の中毒者と規定している。

(1)　○設問のとおり。
(2)　×年齢18歳の者ではなく、<u>年齢18歳未満の者</u>である。
(3)　×この様な規定はない。
(4)　×アルコール中毒者ではなく、<u>麻薬、大麻、あへん又は覚せい剤の中毒者</u>である。

問48 解答　ア．酸化、還元
　　　　　　　　　イ．揮発性、放出、揮発、可燃性、燃焼
　　　　　　　　　ウ．1メートル、地下水、汚染

〔解説〕

毒物若しくは劇物の廃棄の方法についての技術上の基準について施行令第40条で規定している。本問題はその条文である。

問49 解答　3

〔解説〕

事故の際の措置についてである。危害が生ずる恐れがあるときは、その旨を①保健所、②消防機関、③警察署へ届け出る（法第17条第1項）（注）第17条〔事故の際の措置等〕については、平成30(2018) 6月30日法律第66号による改正で事務・権限の移譲がなされたことに伴い、第16条の2→第17条となった。施行は令和2(2020)年4月1日施行された。

ア　×労働基準監督署は該当しない。
イ　○消防機関は該当する。
ウ　×市役所又は町村役場は該当しない。
エ　○保健所は該当する。
オ　○警察署は該当する。

問50 解答　4

〔解説〕

施行規則第13条の5により、車両に掲げる標識の掲示が示されている。

1　×0.2メートル平方の板ではなく、0.3メートル平方の板で、地を白色、文字を黒色ではなく、<u>地を黒色、文字を白色</u>である。
2　×0.2メートル平方の板ではなく、<u>0.3メートル平方の板</u>である。
3　×地を白色、文字を黒色ではなく、<u>地を黒色、文字を白色</u>である。
4　○設問のとおり。

問51　解答　3
〔解説〕
　　　問49の解説を参照。
　　1　×労働基準監督署ではなく、保健所である。
　　2　×労働基準監督署ではなく、警察署である。
　　3　○設問のとおり。
　　4　×市町村ではなく、消防機関である。

問52　解答　(1)　①　イ　　②　ノ　　③　キ　　④　シ　　⑤　セ　　⑥　ニ　　⑦　ト
　　　　　　　　(2)　ア　○　　　イ　×　　　ウ　×
〔解説〕
　　(1)　荷送人の通知義務について
　　　　　1回の運搬数量が千キログラムを超える場合は、その荷送人は、運送人に対し、あらかじめ、①当該毒物又は劇物の名称、②成分及び含量並びに数量、③事故の際に講じなければならない応急の措置の内容を記載した書面を交付しなければならない。と規定している。(令第40条の6)(施行規則第13条の7)
　　(2)　1回に5,000キログラム以上運搬する場合、交替運転手を同乗させなければならない。(令第40条の5)(施行規則第13条の4)
　　(ア)　○設問のとおり。
　　(イ)　×アクロレイン500キログラムでは、施行令第40条の5により、1回につき5,000キログラム以上運搬する場合である。
　　(ウ)　×文字を黄色として「劇」ではなく、文字を白色として「毒」であることは、施行令第40条の5→施行規則第13条の5である。

問53　解答　2
〔解説〕
　　　業務上取扱者の届出については、法第22条→施行令第41条で定める事業であり、その扱う毒物又は劇物については施行令第42条で規定している。
　　1　×「農薬の分析業」ではなく、「金属熱処理業」
　　2　○設問のとおり。
　　3　×「倉庫等の消毒業」ではなく、「金属熱処理業」
　　4　×「廃棄物処理業」ではなく、「金属熱処理業」

問54　解答　1
〔解説〕
　　　問53を参照。
　　1　○設問のとおり。
　　2　○設問のとおり。
　　3　×農家は業務上取扱者の届け出が不要。
　　4　×この設問の場合も業務上取扱者の届け出が不要。
　　5　×この設問の場合も業務上取扱者の届け出が不要。

問55　解答　3
〔解説〕
　　　法第1条の目的のこと。
　　1　×危害防止上の見地ではなく、保健衛生上の見地からである。
　　2　×犯罪防止上の見地ではなく、保健衛生上の見地からである。
　　3　○設問のとおり。
　　4　×環境保全上の見地ではなく、保健衛生上の見地からである。

問56 解答 ①
〔解説〕
　法第１条の目的のこと。
① ○設問のとおり。
② ×公衆衛生ではなく、保健衛生上である。
③ ×すべて誤り。①を参照。

問57 解答 2
〔解説〕
　法第３条の４に基づいて、施行令第32条の３において、次のとおり示されている。
① 亜塩素酸ナトリウム及びこれを含有する製剤（30％以上を含有するもの）
② 塩素酸塩類及びその製剤（35％以上を含有するもの）
③ ナトリウム
④ ピクリン酸
　２は設問のとおり。１のクロルピクリン、３の黄燐、４のクロロホルム、５のカリウムについては法第３条の４→施行令第32条の３により該当しない。

問58 解答 4
〔解説〕
　法第３条の３→施行令第32条の２における規定のことである。
　なお、工場等でシンナー等を用いる作業中吸引すること等は含まれない。

１ ×トルエン、メタノール及び酢酸エチルではなく、トルエン並びに酢酸エチル、トルエン又はメタノールを含有するシンナーである。
２ ×この設問については、シンナーが乱用されていることを知って販売とあることから、法第24条の２第１項第１号の規定により、罰則される。
３ ×２と同様である。
４ ○設問のとおり。

問59 解答 B
〔解説〕
　問57を参照。アの亜塩素酸ナトリウム、エのナトリウム、オのピクリン酸が該当する。

問60 解答 3
〔解説〕
　法第４条第３項に登録の更新について規定している。製造業又は輸入業は５年、販売業は６年で登録更新する。（注）第４条第３項〔営業の登録〕については、平成30(2018)６月30日法律第66号による改正で事務・権限の移譲がなさたことに伴い、第４条第４項→第４条第３項となった。施行は令和2(2020)年４月１日施行された。

１ ×１年ごとではなく、<u>５年ごと</u>である。
２ ×３年ごとではなく、<u>５年ごと</u>である。
３ ○設問のとおり。
４ ×10年ごとではなく、<u>５年ごと</u>である。

問61 解答 (4)
〔解説〕
　この設問は法第５条→施行規則第４条の４の製造所の設備についてで規定している。
　なお、この設問では誤っているものはどれかとあるので(4)が誤り。
(1) ○設問のとおり。
(2) ○設問のとおり。
(3) ○設問のとおり。
(4) ×「毒物又は劇物を<u>陳列する</u>場所・・・」とあるのは「毒物又は劇物を<u>貯蔵</u>する場所・・・」となる。

問62　解答　4
〔解説〕
　問61と同様であるが、販売業者における規定は、施行規則第4条の4第2項についてである。

1　×この設問では同一の棚に貯蔵とあるが、毒物又は劇物とその他の物とを区分して貯蔵しなければならない。
2　×手さげ金庫は、貯蔵設備とはいえない。
3　×貯蔵する場所に、表示しないとあるが、法第12条第3項により貯蔵する場所には「医薬用外」の文字及び毒物については「毒物」、劇物については「劇物」の文字を表示しなければならないである。
4　○設問のとおり。

問63　解答　1
〔解説〕
　法第8条第1項〜第2項の毒物劇物取扱責任者の資格についてである。
　なお、この設問では誤っているものはどれかとあるので1が誤り。

1　×歯科医師ではなく、薬剤師である。
2　○設問のとおり。
3　○設問のとおり。
4　○設問のとおり。

問64　解答　1
〔解説〕
　法第10条の届出についての設問であるが、届出の必要ないものとは、「1　販売する品目を変更したとき」である。

1　○販売品目の変更については、届出を必要としない。
2　×都道府県知事へ30日以内に届出をしなければならない。
3　×都道府県知事へ30日以内に届出をしなければならない。
4　×都道府県知事へ30日以内に届出をしなければならない。

問65　解答　2
〔解説〕
　問64と逆に届出が必要なものとは、法第10条で規定している「2　店舗の名称を変更したとき」である。

1　×販売品目の変更は届出を必要としない。
2　○設問のとおり。
3　×この設問では毒物劇物取扱責任者が住所又は氏名とあるが、法第7条第3項により毒物劇物取扱責任者の氏名を変更した場合は、30日以内に都道府県知事へ届出を必要とする。
4　×届出を必要としない。

問66　解答　(1)　B　　(2)　A　　(3)　C　　(4)　C　　(5)　C
　　　　　　　(6)　C　　(7)　B　　(8)　C　　(9)　B　　(10)　A
〔解説〕
(1)　30日以内に都道府県知事へ届け出る。
(2)　新たに登録申請をして廃止届を出す。
(3)　毒物劇物取扱責任者の住所とあるので届出の必要はない。
(4)　一般販売業者は、全ての毒物劇物を取り扱うことが出来るので必要ない。
(5)　法第15条の2は、毒物劇物営業者だけではなく、一般国民の全ての人がこの規定を守る様義務づけられているのである。又、廃棄の方法は、施行令第41条に規定されている。Cである。

(6) 届出の必要はない。

(7) 毒物劇物営業者〔製造業、輸入業者、販売業者〕は、その所在地の都道府県知事へ30日以内に届け出る。(注)第10条〔届出〕については、平成30(2018)6月30日法律第66号による改正で事務・権限の移譲がなさたことに伴い、厚生労働大臣から都道府県知事となった。施行は令和2(2020)年4月1日施行された。

(8) 届出の必要はない。

(9) 直ちに警察署へ届け出る。

(10) 登録申請の手続きが必要である。

問67　**解答**　(1)　△　　(2)　○　　(3)　×　　(4)　○　　(5)　×
　　　　　　　　　(6)　△　　(7)　×　　(8)　△　　(9)　×　　(10)　△

〔解説〕

(1)　△変更届を30日以内に都道府県知事へ。

(2)　○問66の(2)を参照。

(3)　×届け出の必要はない。

(4)　○一旦廃止届を出し、新たに登録申請。

(5)　×問66の(5)を参照。

(6)　△問66の(7)を参照。

(7)　×届け出の必要はない。

(8)　△30日以内にその所在地の都道府県知事へ届け出る。(注)第10条〔届出〕については、平成30(2018)6月30日法律第66号による改正で事務・権限の移譲がなさたことに伴い、厚生労働大臣から都道府県知事となった。施行は令和2(2020)年4月1日施行された。

(9)　×届け出の必要はない。

(10)　△30日以内に届け出る。(注)第10条〔届出〕については、平成30(2018)6月30日法律第66号による改正で事務・権限の移譲がなさたことに伴い、厚生労働大臣から都道府県知事となった。施行は令和2(2020)年4月1日施行された。

問68　**解答**　4
〔解説〕

　　劇物を使用しているが、この工場でただ単に劇物を使用する使用者なので、毒物劇物取扱責任者を置く必要はない。この者は業務上非届出者で、法第11条の取扱い、法第12条第1項及び第3項の表示、法第17条の措置、法第18条第1項～第5項の立入検査について何らかの規制を受ける。

1　×法第22条により、業務上取扱者の届出を必要とするので、毒物劇物取扱責任者を置かなければならない。

2　×10％水酸化ナトリウムは劇物に該当し、13リットルのタンクから20リットル缶へ充てんしとあるので、製造業に該当し毒物劇物取扱責任者を置かなければならない。

3　×1と同様である。

4　○上記解説のとおり。

5　×35％塩酸を販売とあるので、毒物劇物取扱責任者を置かなければならない。

問69　**解答**　①　6　　②　3　　③　4　　④　5
〔解説〕

　　毒物又は劇物について、保健衛生の危害防止の観点から容器及び被包に法第12条によって定められている文字を表示することを規定している。(法第12条)

問70　**解答**　①　医薬用外　　②　白地に赤色　　③　劇物　　④　名称　　⑤　成分
　　　　　　　　⑥　含量　　⑦　製造業者の氏名　　⑧　製造業者の住所

〔解説〕

　　問69と同様の規定である。(法第12条)

問71　**解答**　ア
〔解説〕
　　四アルキル鉛を含有する製剤についての着色は、法第13条→施行令第39条で指定し、着色方法は施行規則第12条で定めている。

ア　○設問のとおり。
イ　×青色ではなく、深紅色に着色。（施行令第12条）
ウ　×黄色ではなく、紅色に着色。（施行令第17条）
エ　×緑色ではなく、青色に着色。（施行令第23条）

問72　**解答**　(1)　×　　(2)　○　　(3)　×　　(4)　×　　(5)　○　　(6)　○
〔解説〕
(1)　×赤色ではなく黒色である。
(2)　○正解
(3)　×青色ではなく赤色である。
(4)　×黄色ではなく赤色である。
(5)　○正解
(6)　○正解
以上、施行令第12条の着色方法によって定められている。

問73　**解答**　(1)　○　　(2)　×　　(3)　○　　(4)　○　　(5)　○
　　　　　　　　(6)　○　　(7)　×　　(8)　○　　(9)　×　　(10)　×
〔解説〕
(2)、(7)、(9)、(10)は、法第14条に規定されていないので、手続きの必要はない。

問74　**解答**　1　(1)　①　毒物、劇物、名称
　　　　　　　　　　　②　販売、授与、年月日
　　　　　　　　　　　③　氏名、職業、住所
　　　　　　　　　(2)　記載、印、毒物劇物営業者以外、販売、授与
　　　　　　　2　①　18
　　　　　　　　②　精神病者、麻薬、大麻、あへん、覚せい剤
〔解説〕
　　この設問1は、法第14条の条文そのものである。
　　設問2は、法第15条第1項の条文である。

問75　**解答**　(1)　毒物又は劇物の名称及び数量
　　　　　　　　(2)　販売又は授与の年月日
　　　　　　　　(3)　譲受人の氏名、職業及び住所
　　　　　　　　(4)　譲受人の印
〔解説〕
法第14条の譲渡手続についての設問である。

問76　**解答**　1　×　　2　○　　3　○　　4　○　　5　×
　　　　　　　　6　○　　7　×　　8　○　　9　×　　10　×
〔解説〕
　　法第14条の第2項譲渡手続についての設問である。
　　〔書面の記載事項の必要なもの〕
　　2　○譲受人の職業
　　3　○譲受人の住所、氏名
　　4　○譲受人の印
　　6　○販売授与の年月日
　　8　○毒物劇物の名称及び数量

〔書面の記載事項の不要なもの〕
1　×譲受人の生年月日
5　×譲受人の性別
7　×使用目的
9　×毒物又は劇物の成分
10　×毒物又は劇物の区分

問77　解答　(1)　シ、ク、ケ、オ、セ（順不同）
　　　　　　(2)　コ
　　　　　　(3)　サ、チ、カ（順不同）
〔解説〕
　法第14条の譲渡手続についての設問である。
(1) 法第14条第2項のことで、必要事項の記載した書面
　　オ　譲受人の職業
　　ク　販売又は授与の年月日
　　ケ　譲受人の氏名

問78　解答　①
〔解説〕
　交付の制限について規定した設問である。正解①（法第15条）

①　○設問のとおり。
②　×年齢19歳の者ではなく、18歳未満の者である。
③　×アルコール中毒者については毒劇法上に規定がない。

問79　解答　3
〔解説〕
　荷送人の通知義務についてである。1000kgを超える場合は、名称・成分・含量・数量・応急措置の書面を交付する。（施行令第40条の6）

　1　○1と5は設問のとおり。なお、2と4については、この様な規定はない。

問80　解答　5
〔解説〕
　法第17条第2項の事故の際の措置についてであるが、本条第2項には特に、盗難又は紛失したときは警察署へ届け出ることを規定している。（注）第17条〔事故の際の措置等〕については、平成30(2018) 6月30日法律第66号による改正で事務・権限の移譲がなされたことに伴い、第16条の2→第17条となった。施行は令和2(2020)年4月1日施行された。

①　×1の「多量の毒物」と3の「30日以内に」は規定にない。
②　×1の「多量の毒物」と6の「都道府県知事」には規定にない。
③　×3の「30日以内」は規定にない。
④　×3の「30日以内」と6の「都道府県知事」は規定にない。
⑤　○設問のとおり。

問81　解答(1)　ア、イ、ウ、カ　　(2)　1,000
〔解説〕
　問79を参照。
(1) ア、イ、ウ、カは設問のとおり。なお、エオキクについてはこの様な規定はない。
(2) 荷送人の通知義務を要しない数量

問82 **解答** ①
〔解説〕
　　問80を参照。

① ○設問のとおり。
② ×その旨を保健所ではなく、<u>その旨を警察署である。</u>
③ ×その旨を消防署ではなく、<u>その旨を警察署である。</u>

問83 **解答** (1) 5 (2) 1
〔解説〕
　(1)　規則第13条の5の標識の表示である。
1 ×白地に黒色ではなく、<u>黒地に白色である。</u>
2 ×0.5m平方の板に白地に黒色ではなく、<u>0.3m平方の板に黒地に白色である。</u>
3 ×白地に黒色で「劇」ではなく、<u>黒地に白色で「毒」である。</u>
4 ×0.5m平方の板に白地に黒色で「劇」ではなく、<u>0.3m平方の板に黒地に白色で「毒」である。</u>
5 ○設問のとおり。
6 ×0.5m平方の板に黒地に黒色ではなく、<u>0.3m平方の板に黒地に白地で「毒」である。</u>
7 ×赤地に白色で「劇」ではなく、<u>黒地に白色で「毒」である。</u>
8 ×0.5m平方の板に赤地に白色で「劇」ではなく、<u>0.3m平方の板に黒地に白色に「毒」である。</u>

　(2)　法第17条第1項の事故の際の措置について。(注)第17条〔事故の際の措置等〕については、平成30(2018)6月30日法律第66号による改正で事務・権限の移譲がなされたことに伴い、第16条の2→第17条となった。施行は令和2(2020)年4月1日施行された。

1 ○設問のとおり。
2 ×又は自衛隊ではなく、<u>又は消防機関である。</u>
3 ×又は報道機関ではなく、<u>又は消防機関である。</u>
4 ×又は厚生労働省ではなく、<u>又は保健所である。</u>
5 ×又は自衛隊ではなく、<u>又は保健所である。</u>

問84 **解答** 4
〔解説〕
　　政令で定める事業については、法第22条の業務上取扱者の届出のことで、その政令とは、施行令第41条である。その事業所の所在地のある都道府県知事へ30日以内に届け出る。
　　4は設問のとおり。1、2、3、5についての規定にはない。

問85 **解答** 2
〔解説〕
　　問84と同様の設問である。

1 ×この設問の様な直接取り扱わない輸入業者については、法第7条第1項ただし書において、設置しなくてもよい。
2 ○設問のとおり。
3 ×この設問には「医薬品を製造する事業所」とあるので、毒劇法上では、医薬品及び医薬部外品を除くと規定されているので該当しない。
4 ×法第7条のただし書き。登録を受けた者自らが毒物劇物取扱者となる。ときは別個に設置する必要はない。

問86 **解答** A 2　　B 3　　C 4　　D 4　　E 3　　F 1　　G 2

〔解説〕

A．法第3条の2第5項。
1　×毒物研究者ではなく、<u>特定毒物使用者である。</u>
2　○設問のとおり。
3　×特定毒物研究者ではなく、<u>特定毒物使用者である。</u>
4　×毒物劇物使用者ではなく、<u>特定毒物使用者である。</u>

B．法第4条第3項。
1　×市町村ではなく、<u>都道府県知事である。</u>
2　×保健所長ではなく、<u>都道府県知事である。</u>
3　○設問のとおり。
4　×厚生労働大臣ではなく、<u>都道府県知事である。</u>

C．法第4条第3項のことで、販売業の登録は、6年ごとの更新、製造業の登録の更新は5年ごとである。(注)第4条〔営業の登録〕については、平成30(2018)6月30日法律第66号による改正で事務・権限の移譲がなさたことに伴い、第4条第4項→第4条第3項となった。施行は令和2(2020)年4月1日施行された。
1　×1年ではなく、<u>6年である。</u>
2　×2年ではなく、<u>6年である。</u>
3　×3年ではなく、<u>6年である。</u>
4　○設問のとおり。

D．法第7条第3項は毒物劇物取扱責任者の届出と変更についてである。
1　×7日以内ではなく、<u>30日以内である。</u>
2　×10日以内ではなく、<u>30日以内である。</u>
3　×20日以内ではなく、<u>30日以内である。</u>
4　○設問のとおり。

E．法第15条第1項第1号は、交付の不適格についである。
1　×14歳未満の者ではなく、<u>18歳未満の者である。</u>
2　×16歳未満の者ではなく、<u>18歳未満の者である。</u>
3　○設問のとおり。
4　×20歳未満の者ではなく、<u>18歳未満の者である。</u>

F．法第12条第1項は容器及び被包についての表示。この設問は、毒物の表示について。
1　○設問のとおり。
2　×毒物については、白地に赤色ではなく、<u>赤字に白色である。</u>
3　×毒物については、赤地に黒色ではなく、<u>赤地に白色である。</u>
4　×毒物については、白地に黒色ではなく、<u>赤地に白色である。</u>

G．法第12条第1項は、容器及び被包についての表示。この設問は、劇物の表示について。
1　×劇物については、赤地に白色ではなく、<u>白地に赤色である。</u>
2　○設問のとおり。
3　×劇物については、赤地に黒色ではなく、<u>白地に赤色である。</u>
4　×劇物については、白地に黒色ではなく、<u>白地に赤色である。</u>

問87 **解答** a ア 4　イ 2　ウ 1　エ 3
　　　　　　 b ア 6　イ 2　ウ 1　エ 5　オ 3　カ 4

〔解説〕
a．法第3条第3項
b．法第12条第1項　容器及び被包に表示することを規定した条文である。

問88 **解答** (1) ×　(2) ○　(3) ○　(4) ×　(5) ○
(6) ○　(7) ×　(8) ○　(9) ○　(10) ×

〔解説〕

(1) ×製造業又は輸入業の登録、販売業の登録のいずれも都道府県知事。(注)第4条〔営業の登録〕については、平成30(2018)6月30日法律第66号による改正で事務・権限の移譲がなされたことに伴い、毒物劇物営業者〔製造業者、輸入業者、販売業者〕について、厚生労働大臣から都道府県知事となり、第4条第4項→第4条第3項となった。施行は令和2(2020)年4月1日施行された。

(2) ○法第14条第2項のことで、このことについては、交付を受ける者の確認として施行規則第12条の2の6に規定されている。

(3) ○政令で定める事業である。(施行令第41条参照)

(4) ×通常飲食物として使用される物は使用してはいけない。(法第11条第4項における飲食物容器の使用禁止)

(5) ○施行規則別表第2によって指定されている。

(6) ○一般販売業については、全ての毒物及び劇物が取り扱える。

(7) ×毒性の強さによって分けられる。「特定毒物」とは、毒性の強いものを指す。

(8) ○一般販売業には、取り扱える品目に制限がない。

(9) ○法第7条によれば、直接に取り扱う場合は、専任の毒物劇物取扱責任者を置くとあるので、直接取り扱わない場合は置く必要がない。

(10) ×このことについては、盗難紛失の予防として法第11条第1項のこと。なお、実際に盗難紛失した場合は直ちに警察署へ届け出る。

問89 **解答** (1) C　(2) D　(3) F　(4) A　(5) G
(6) J　(7) B　(8) I　(9) E　(10) H

〔解説〕

(1)ピクリン酸。施行令第32条の3によって規定されている。

(2)トルエンを含有する接着剤。(1)と同様である。

(3)燐化アルミニウム。施行令第28条で、燐化アルミニウムとその分解促進剤を含有する製剤について、使用者及び用途を規定している。

(4)モノフルオール酢酸の塩類を含有する製剤。施行令第28条で、モノフルオール酢酸の塩類を含有する製剤について、使用者及び用途を規定している。

(5)硫酸2千リットル。施行令第41条で業務上取扱者の届出を規定し、この設問に該当するものは同条第三号に掲げる事業について、別表第二に掲げる物にある。
(施行令第42条)

(6)加鉛ガソリン。四アルキル鉛を含有する製剤が混入されているガソリンを加鉛ガソリンという。加鉛ガソリンの着色については、施行令第8条でオレンジ色することを規定している。

(7)DDVPを含有する衣料用防虫剤。劇物たる家庭用品について、施行令第39条の2によって、別表第一に掲げる物にある。

(8)無機シアン化合物。業務上取扱者の届出について、施行令第41条によって規定され、その届出を要する物とは無機シアン化合物たる毒物及びこれを含有する製剤と規定している。(施行令第42条)この設問にある「金属熱処理を行う事業」の他に「電気めっきを行う事業」も同様である。

(9)硫酸アトロピン。法第12条第2項第3号の毒物及び劇物は有機燐化合物及びこれを含有する製剤で、その解毒剤は2-ピリジルアルドキシムメチオダイド(別名パム)の製剤及び硫酸アトロピンの製剤とされている。

(10)モノフルオール酢酸アミドを含有する製剤。施行令第23条で、モノフルオール酢酸アミドを含有する製剤の着色及び表示を規定している。青色に着色。

問90 **解答** (1) イ
〔解説〕
 (1) この設問は毒物劇物営業者についての廃止のことで、30日以内に都道府県知事へ届け出る。(法第10条第1項第4号)
 ア ×15日以内ではなく、30日以内である。
 イ ○設問のとおり。
 ウ ×60日以内ではなく、30日以内である。

問90 **解答** (2) ウ
〔解説〕
 (2) この設問は、毒物劇物営業者（法人）に対する代表者の変更のことであるが、届出を必要としない。
 ア ×変更の届出を必要としない。
 イ ×変更の届出を必要としない。
 ウ ○設問のとおり。
 エ ×この設問にある様な登録申請、又は廃止届でについて届出を必要としない。
 オ ×この設問にある様な登録申請、又は廃止届でについて届出を必要としない。

問90 **解答** (3) エ
〔解説〕
 (3) 個人営業から法人営業についての変更は、新たに登録申請を行い、30日以内に廃止届を届け出る。
 ア ×変更届ではなく、新たに登録申請を行い、変更後30日以内に廃止届を届け出る。
 イ ×変更届ではなく、新たに登録申請を行い、変更後30日以内に廃止届を届け出る。
 ウ ×変更の届出が必要ないではなく、新たに登録申請を行い、変更後30日以内に廃止届を届け出る。
 エ ○設問のとおり。
 オ ×変更後60日以内ではなく、30日以内である。

問90 **解答** (4) ウ
〔解説〕
 (4) 毒劇物取扱責任者の変更については、氏名を変更した場合は30日以内に届け出る。
 ア ×この様な変更届を届け出る必要としない。
 イ ×この様な変更届を届け出る必要としない。
 ウ ○設問のとおり。

問90 **解答** (5) ウ
〔解説〕
 (5) (3)と同様の手続を行う。(3)を参照。
 ア ×変更届ではなく、新たに登録を行い、変更後30日以内に廃止届を届け出る。
 イ ×変更届ではなく、新たに登録を行い、変更後30日以内に廃止届を届け出る。
 ウ ○設問のとおり。
 エ ×60日以内ではなく、30日以内である。
 オ ×変更の届出が必要ないではなく、新たに登録申請を行い、変更後30日以内に廃止届を届け出る。

問90 **解答** (6) ア
〔解説〕
 (6) 法第19条第4項の規定により登録を取り消された場合について、その措置については法第21条第1項に規定されている。
 ア ○設問のとおり。
 イ ×30日以内ではなく、<u>15日以内である。</u>
 ウ ×50日以内ではなく、<u>15日以内である。</u>
 エ ×60日以内ではなく、<u>15日以内である。</u>

問90　解答　(7)　イ
〔解説〕
(7)　この設問にある特定毒物研究者の住所については、法第10条第2項に規定されている。
ア　×15日以内ではなく、30日以内である。
イ　○設問のとおり。
ウ　×この設問にある様な許可申請を行い、廃止届を届け出るではなく、30日以内に変更届を都道府県知事へ届け出るである。
エ　×この設問にある様な許可申請を行い、廃止届を届け出るではなく、30日以内に変更届を都道府県知事へ届け出るである。
オ　×変更届出の必要はないではなく、30日以内に変更届を都道府県知事へ届け出るである。

問90　解答　(8)　ア
〔解説〕
(8)　業務上取扱者の変更については、法第22条第3項に規定されている。
ア　○設問のとおり。
イ　×変更の届出の必要はないではなく、変更届を都道府県知事へ届け出る。

問90　解答　(9)　エ
〔解説〕
(9)　この設問の製造業者の登録を更新については、法第4条第4項→施行規則第4条のこと。
ア　×3年を経過した日の15日前ではなく、5年を経過した日の1月前までである。
イ　×3年を経過した日ではなく、5年を経過した日である。
ウ　×15日前までではなく、1月前までである。
エ　○設問のとおり。

問90　解答　(10)　オ
〔解説〕
(10)　この設問では、毒物劇物販売業の登録を受けずにとあるので、法第3条に対する違反であり、このことは法第24条の罰則のこと。
ア　×罰則はないではなく、3年以下の懲役若しくは200万円以下の罰金が科される。
イ　×100万円以下の罰金に処するではなく、3年以下の懲役若しくは200万円以下の罰金が科せられる。
ウ　×1年以下ではなく、3年以下である。
エ　×2年以下ではなく、3年以下である。
オ　○設問のとおり。

問91　解答　1.①　W
　　　　　　2.②　D　③　Y　④　X　⑤　C
　　　　　　3.⑥　S　⑦　J　⑧　N　⑨　L　⑩　M
〔解説〕
1　問2を参照。法第2条の条文の一部である。
2　法第3条の3で、興奮、幻覚又は麻酔の作用する毒物又は劇物について、政令で規定されている。その規制の対象となるのが、その施行令（政令）第32条の2である。
　①トルエン、②酢酸エチル、トルエン又はトルエンを含有するシンナー、接着剤、塗料及び閉そく用又はシーリング用充てん料。
3　毒物、劇物の廃棄については、法第15条の2で規定され、その廃棄方法については、施行令第40条によって規定されている。設問は、その条文である。

問92　解答　(1)① 18　② 麻薬　③ あへん　④ 覚せい剤　⑤ 薬事
　　　　　　　　⑥ 罰金　⑦ 3
　　　　　　(2)⑧ 特定毒物研究者　⑨ 店舗　⑩ 飛散　⑪ 流れ出
　　　　　　　　⑫ しみ出
　　　　　　(3)⑬ 生活　⑭ 含量　⑮ 容器

〔解説〕
　(1)　法第8条第2項は、毒物劇物取扱責任者となることができないことを規定されている。
　(2)　法第11条は、毒物又は劇物の取扱いについて、規定し、本条第2項は、毒物又は劇物が飛散し、漏れ、流れ、しみ出、地下にしみ込むことのないよう必要な措置を講じること。
　(3)　法第13条の2は、毒物又は劇物のうち主として一般消費者の生活の用に供されると認められるものは、第39条の2で、その適合する基準でなければ、販売又は授与してはならないと規定している。

問93　解答　(1)　輸入業、設備、2年　　(2)　営業所、専任
　　　　　　(3)　30日以内、変更　　(4)　盗難、措置　　(5)　飲食物、通常
　　　　　　(6)　飛散、不特定、警察署、応急の措置

〔解説〕
　(1)　法第5条の条文である。この条文は、登録の基準について規定している。
　(2)　法第7条第1項である。いわゆる毒物劇物取扱者を置いて保健衛生上の危害の防止を規定している。
　(3)　法第7条第3項である。毒物劇物取扱責任者を置いたとき、その登録と変更について規定されている。30日以内に毒物劇物営業者は、その所在地の都道府県知事へ登録の届け出をする。（変更も同様）
　(4)　法第11条第1項である。毒物又は劇物の取扱いで、盗難又は紛失のないように必要な措置を講じることを規定されている。
　　　必要な措置とは、貯蔵、陳列等する場所には、かぎをかける設備等のある堅固な施置、又盗難防止のため敷地境界線から十分離すか一般の人が容易に近づけない措置を講ずること。（昭和52年3月厚生省薬務局長通知薬発第313号に記されている）
　(5)　法第11条第4項である。施行規則（省令）で定める劇物について、飲食物の容器として通常使用されている物を使用してはいけないことを規定している。
　(6)　法第17条第1項で、事故の措置について、保健衛生上の危害は生じた場合→直ちに、その旨を保健所、警察署又は消防機関に届け出て、必要な応急な措置を講ずることを規定している。

問94　解答　(1)　ウ、オ、ソ　　(2)　キ、ヌ、タ　　(3)　ナ、ケ、サ
　　　　　　(4)　イ、セ、カ　　(5)　カ、ト、テ

〔解説〕
　(1)　法第4条第3項。
　(2)　問93(2)を参照。
　(3)　法第3条の3、本条は、シンナーについての規制。
　(4)　法第12条第3項。毒物又は劇物について貯蔵又は陳列する場所において、「医薬用外」の文字の表示と、毒物については「毒物」、劇物については「劇物」の表示について規定している。
　(5)　法第6条の2第2項。特定毒物研究者の許可について規定されている。

問95　解答　ア 6　イ 5　ウ 9　エ 1　オ 8

〔解説〕
　ア　法第4条第3項。営業登録について、製造業又は輸入業の登録は5年、販売業は6年ごとに更新。（注）第4条〔営業の登録〕については、平成30(2018)6月30日法律第66号による改正で事務・権限の移譲がなさたことに伴い、毒物劇物営業者〔製造業者、輸入業者、販売業者〕について、厚生労働大臣から都道府県知事となり、第4条第4項→第4条第3項となった。施行は令和2(2020)年4月1日施行された。

イ 第5条。登録基準についてである。

ウ 第15条。毒物又は劇物の交付の制限等についてである。年齢18歳未満の者、その他、麻薬、大麻、あへん又は覚せい剤の中毒者にも交付してはいけない。

エ 施行令第40条の5第2項第2号によって、施行規則第13条の3で毒物又は劇物を運搬する車両に掲げる標識が定められている。

オ 法第14条である。毒物又は劇物の譲渡手続についてで、この設問の中の必要事項とは、①毒物又は劇物の名称及び数量、②販売又は授与の年月日、③譲受人の氏名、職業及び住所（法人にあっては、その名称及び主たる事務所の所在地）この書面を授与した日から5年間保存。

問96 **解答** (1) × (2) ○ (3) ○ (4) × (5) ×
(6) ○ (7) × (8) × (9) ○ (10) × (11) ×

〔解説〕
(1) ×施行令第32条の2のことであるが、酢酸エチル自体は、本条の対象物とならない。
(2) ○法第15条第2項のこと。
(3) ○法第15条は、毒物又は劇物の交付制限等に定められている。この設問で中学生(14歳)に販売しなかった。要するに法第15条で年齢18歳に満たない者であるから。
(4) ×法第12条第2項の毒物又は劇物の表示についてである。①毒物又は劇物の名称、②毒物又は劇物の成分及びその含量、③厚生労働省令で定めるその解毒剤の名称。
(5) ×法第12条第1項、①「医薬用外の文字」、②毒物は赤地に白色をもって、劇物は白地に赤色をもって、文字を表示する。
(6) ○施行令第41条、業務上取扱者の届出についてである。
(7) ×法第17条第2項、事故の際の措置について規定している。毒物又は劇物が盗難にあい、又は紛失したときは、直ちに、その旨を警察署に届け出る。(注)第17条〔事故の際の措置等〕については、平成30(2018)6月30日法律第66号による改正で事務・権限の移譲がなさたことに伴い、第16条の2→第17条となった。施行は令和2(2020)年4月1日施行された。
(8) ×法第6条の2、特定毒物研究者の許可について、都道府県知事に許可申請をする。
(9) ○法第4条の2、販売業の登録の種類について、①一般販売業の登録、②農業用販売業の登録、③特定品目販売業の登録。
(10) ×施行規則第4条の4第2項で定められている。毒物又は劇物を陳列する場所に鍵をかける施設があること。
(11) ×法第14条第2項、毒物又は劇物の譲渡手続についてで、法第14条第1項で定める書面に押印をする。

問97 **解答** (1) × (2) ○ (3) × (4) ○ (5) ×
(6) ○ (7) × (8) ○ (9) × (10) ×

〔解説〕
(1) ×法第7条第1項で、店舗ごとに専任の毒物劇物取扱責任者を置く。
(2) ○法第4条の3で、販売品目の制限が規定されている。この条文の中で取り扱う毒物劇物について、販売品目の制限があるのは、農業用品目と特定品目である。
(3) ×販売業の登録は都道府県知事。
(4) ○販売業の登録は、6年ごと。製造業又は輸入業の登録は5年ごとに登録の更新。
(5) ×販売業の登録の変更届は都道府県知事。(注)第10条〔届出〕については、平成30(2018)6月30日法律第66号による改正で事務・権限の移譲がなさたことに伴い、厚生労働大臣から都道府県知事となった。施行は令和2(2020)年4月1日施行された。
(6) ○法第7条で、毒物劇物取扱者について、毒物又は劇物による保健衛生上の義務付けている。
(7) ×個人営業については、廃止届、新たに法人営業で新規登録の届け出
(8) ○法第12条の毒物又は劇物の表示についてである。
(9) ×法第7条第1項では営業者の取扱責任者を定めたものであり学校等は例外である。
(10) ×毒物又は劇物を陳列する場所にかぎをかける設備が必要である。

問98 <u>解答</u>　(1)　ウ　　(2)　コ　　(3)　イ　　(4)　カ　　(5)　キ
〔解説〕
(1)　30日。法第10条の届出についての設問
(2)　18歳。法第8条の資格についての設問
(3)　15日。毒物営業者の登録、又は特定毒物研究者の許可が効力を失い、特定毒物使用者でなくなったときは、15日以内に届け出る。(法第21条)
(4)　3年。法第8条の資格についての設問
(5)　5年。毒物又は劇物の譲渡手続についてである。譲渡した日から5年間保存（法第14条）

問99 <u>解答</u>　①　ア　　②　イ　　③　ア　　④　エ　　⑤　ア
〔解説〕
①　毒物又は劇物の事故の際の措置について記したものである。
　　盗難にあった場合も同様直ちにその旨を警察署へ届出（法第17条第2項）
　(注)第17条〔事故の際の措置等〕については、平成30(2018)6月30日法律第66号による改正で事務・権限の移譲がなさたことに伴い、第16条の2→第17条となった。施行は令和2(2020)年4月1日施行された。
ア　○設問のとおり。
イ　×その旨を保健所ではなく、その旨を警察署である。
ウ　×その旨を消防署ではなく、その旨を警察署である。
エ　×3日以内ではなく、直ちにである。
オ　×30日以内ではなく、直ちにである。

②　毒物及び取締法では、すべての国民が保健衛生上の観点から毒物又は劇物の廃棄について遵守しなければならない。廃棄方法については、施行令第40条で定められている。
ア　×この設問にあるような家庭ごみとして廃棄してはいけない。法第15の2→施行令第40条の2を遵守しなければならない。
イ　○設問のとおり。
ウ　×ウの様な都道府県知事への届け出はないが、法第15条の2→施行令第40条の2を遵守しなければならない。
エ　×エについては、政令で定める業務上取扱者というものはない。
オ　×オの設問にあるような都道府県知事の許可についての規定はない。

③　毒物及び取締法では、すべての国民が保健衛生上の観点から毒物又は劇物の廃棄について遵守しなければならない。法第22条で業務上取扱者の届出について定められている。なお、この設問にある運送業を営む毒物又は劇物の運送事業について、施行令第41条で定めている。
ア　○設問のとおり。
イ　×許可申請をするではなく、届け出をする。
ウ　×登録申請をするではなく、届け出をする。
エ　×この様な設問の規定はない。アのとおり。
オ　×この様な設問の規定はない。アのとおり。

④　法第3条の3で「…みだりに摂取し、若しくは吸入し、又はこれらの目的で所持してはならない」と定めている。
ア　×この設問には、みだりに吸入する目的とあるので、法第3条の3の規定にみだりに吸入する目的で所持してはならないとあるので販売してはいけない。
イ　×例え、医師の診断書を持っていても、設問のある様な目的で販売してはいけない。
ウ　×設問には、みだりに吸入する目的とあるので、このウの様な場合も販売してはいけない。
エ　○設問のとおり。
オ　×法第3の3によりみだりに吸入する目的とあるので、この設問にある品目は、販売できない。

⑤　解答のとおり。
ア　○設問のとおり。
イ　×法人の役員についての変更は、アのとおり、規定がないので、手続を必要としない。
ウ　×法人の役員についての変更は、アのとおり、規定がないので、手続を必要としない。
エ　×法人の役員についての変更は、アのとおり、規定がないので、手続を必要としない。
オ　×法人の役員についての変更は、アのとおり、規定がないので、手続を必要としない。

問100　解答　1、5、7、8、9、10
〔解説〕
1　○法第3条の2については、特定毒物について定めている。
2　×特定毒物を販売できるのは、一般販売業のみである。
3　×5年ごとではなく、6年ごとである。
4　×変更後30日以内ではなく、新たに登録申請を行い、その後、変更届を都道府県知事へ変更後30日以内に届け出る。
5　○原体及び製剤についても、都道府県知事へ届け出る。
6　×製剤のみとあるので、厚生労働大臣ではなく、都道府県知事へ届け出る。
7　○法第7条で、毒物又は劇物を直接に取り扱う製造所、営業所又は店舗ごとに、専任の毒物劇物取扱責任者を置く、と定めている。よって7はその逆の設問であるので正しいとなる。
8　○法第10条の届出のことである。
9　○法第3条第3項のただし書きの部分で製造業者と輸入業者は販売業の登録を必要としないで他の毒物及び劇物営業者に販売ができるという例外を示しています。
10　○法第3条の2第5項で規定している。

問101　解答　(1)　○　　(2)　×　　(3)　×　　(4)　×　　(5)　○
　　　　　　　(6)　×　　(7)　×　　(8)　○　　(9)　×　　(10)　×

〔解説〕
(1)　○法第8条の毒物劇物取扱者の資格についてである。
(2)　×此の場合毒物劇物取扱責任者を置く必要はないが、販売については登録をする必要がある。それは法第3条第3項に規定されている。
(3)　×法第3条2によって毒物劇物輸入業の登録を受けなければならない。
(4)　×法第3条の2に特定毒物研究者の原則を示しているが一般の研究室又は試験室の研究者については例外である。
(5)　○法第14条第1項に定めた事項を書面に記載しておけば良い。
(6)　×法第22条第1項の届出は事業を始める前に届け出るのではなく、その業務上これらの毒物又は劇物を取り扱うこととなった日から30日以内に届け出ることになっている。
(7)　×法第2条に医薬品及び医薬部外用を除いています。ですから毒物劇物取扱責任者を置く必要はない。
(8)　○法第22条第5項に業務上取扱者の非届者の規定を定めている。第11条取扱、第12条の1項〜3項　表示、第16条の2　措置、第17条の立入検査、又、第15条の2廃棄、第16条の運搬も規定されている。
(9)　×法第8条4項に規定されている。農業用品目のみを扱う輸入業の営業所と農業用品目販売業の店舗であって農業用品目のみを製造する製造業の取扱責任者にはなれないのである。
(10)　×毒物及び劇物について、飲食物の容器として用いてはいけない。
　　　（法第11条第4項→施行規則第11条の4）

〔解答・基礎化学（問1〜問100）〕

［Ⅰ］ 物質の構造

問1 解答 4
〔解説〕
　原子は原子核（電気的にプラス）と電子（マイナス）からなり、さらに原子核は陽子（プラス）と中性子（中性）からなる。

問2 解答 2
〔解説〕
　原子番号＝陽子数、質量数＝陽子数＋中性子数。

問3 解答 3
〔解説〕
　$2Na + Cl_2 \rightarrow 2NaCl$
原子間の結合には
1)イオン結合（$NaCl$,KBrなど）
2)金属結合（Fe,Zn,Na,Kなど）
3)共有結合（CH_4,NH_3,H_2Oなど）　4)配位結合（$NH_4{}^+$など）
分子間の結合には
2)ファンデルワールス力（I_2間、ドライアイスのCO_2間など）

問4 解答 4
〔解説〕
　単体とは、1種類の元素のみから成る。化合物とは、2種類以上の元素から成る。

問5 解答 1
〔解説〕
　同族元素とは、周期表の同じ族に属する元素。
　1族 Li、Na、Kなど。2族 Mg、Ca、Sr、Baなど。
　14族 C、Si。15族 N、P。16族 O、S。17族 F、Cl、Br、Iなど。
　18族 He、Ne、Arなど。

問6 解答 (1)N　(2)Fe　(3)H　(4)C　(5)Ag　(6)P　(7)Sn　(8)As
　　　　(9)Mg　(10)S
〔解説〕
原子番号1番から20番までの元素記号と名称。
H He Li Be B C N O F Ne
水兵　リー　ベ　僕　の　船
Na Mg Al Si P S Cl Ar K Ca
ソー　曲がる　シップス　クラークか
その他Fe,Zn,Ni,Mn,Cr,Sn,Cd,Hg,Ag,As,Tlなども。

問7 解答 2
〔解説〕
同素体とは、<u>同一元素のみからなるが、性質の異なるものどうし。</u>
同位体とは、<u>原子番号が同じで質量数の異なるものどうし。</u>
問8 解答 (1)4　(2)2　(3)11　(4)9　(5)14
〔解説〕
(1)シアン化ナトリウム　$NaCN$、(2)ニトロベンゼン　$C_6H_5NO_2$、
(3)シュウ酸　$(COOH)_2$、(4)メチルエチルケトン　$CH_3COC_2H_5$

(5)トルエン　$C_6H_5CH_3$

下欄
　1．はクレゾール（オルト、メタ、パラの異性体あり）。2．はニトロベンゼン。3．はクロロホルム。4．はシアン化ナトリウム（青酸ナトリウム、青酸ソーダ）。5．はシアン化カリウム（青酸カリウム、青酸カリ）。6．は硝酸ナトリウム（$NaNO_3$）。7．はギ酸。8．はメタノール（メチルアルコール）。9．はメチルエチルケトン。10．は四塩化炭素。11．は蓚酸。12．はフェノール（石炭酸）。13．はアニリン。14．はトルエン。15．はシアン化水素（青酸ガス）。

問9　解答　1．①PCl_3　②エチルアルコール（エタノール）　③H_2S　④鉄
　　　　　　　⑤CH_4　　⑥ひ素　　⑦CO　　⑧ベンゼン（ベンゾール）
　　　　　　　⑨CH_3CHO　　⑩ヨウ化カリウム
　　　　　2．⑪2　⑫5　⑬8　⑭9
〔解説〕
　1．三塩化リン：PCl_3、ヒ素：As、エタノール(エチルアルコール)：C_2H_5OH、一酸化炭素：CO、硫化水素：H_2S、ベンゼン：C_6H_6、鉄：Fe、アセトアルデヒド：CH_3CHO、メタン：CH_4、ヨウ化カリウム：KI。
　2．有機化合物とは、炭素化合物のことを指すが、一酸化炭素、二酸化炭素は一般的には含めない。したがって、エタノール、メタン、ベンゼン、アセトアルデヒド。

問10　解答　(1)カ　(2)キ　(3)コ　(4)ケ　(5)セ
〔解説〕
　下欄　ア：シアン化カリウム（青酸カリ）。イ：水酸化ナトリウム。ウ：エタノール（エチルアルコール）。エ：ホルムアルデヒド。オ：シアン化水素（青酸ガス）。
　　　　カ：シアン化ナトリウム（青酸ナトリウム，青酸ソーダ）。キ：メタノール（メチルアルコール）。ク：アンモニア。ケ：塩化ナトリウム（食塩）。コ：塩化水素（塩酸）。
　　　　サ：硝酸。シ：水酸化カリウム。ス：塩化カリウム。セ：クロロホルム。
　　　　ソ：四塩化炭素。

問11　解答　(1)ク　(2)カ　(3)オ　(4)イ　(5)サ　(6)コ　(7)ス　(8)シ　(9)エ　(10)ケ
〔解説〕
　(1)過酸化水素－H_2O_2、(2)硫酸－H_2SO_4、(3)シアン化カリウム（青酸カリ）－KCN、(4)メタノール（メチルアルコール）－CH_3OH、(5)$HCHO$－ホルムアルデヒド、(6)$CuSO_4$－硫酸銅、(7)$CaCO_3$－炭酸カルシウム、(8)HNO_3－硝酸、(9)水酸化カリウム－KOH、(10)CCl_4－四塩化炭素。因みに、アの$NaCN$－シアン化ナトリウム（青酸ナトリウム、青酸ソーダ）、ウ C_2H_5OH－エタノール（エチルアルコール）、キの$NaNO_3$－硝酸ナトリウム、セの塩化アンモニウム－NH_4Cl、ソの水酸化カルシウム－$Ca(OH)_2$、タの硝酸銀－$AgNO_3$である。

問12　解答　①5　②2　③8　④7
〔解説〕
　A群　1　－NO_2　　2　－NH_2　　3　－CH_3　　4　－CHO
　　　　5　－C_6H　　6　＝CO　　7　－OH　　8　－$COOH$

問13　解答　(a)16　(b)17　(c)40　(d)180　(e)342
〔解説〕
　(a)　CH_4　$12+(1×4)=16$　　(b)　NH_3　$14+(1×3)=17$
　(c)　$NaOH$　$23+16+1=40$
　(d)　$C_6H_{12}O_6$　$(12×6)+(1×12)+(16×6)=180$
　(e)　$Al_2(SO_4)_3$　$(27×2)+\{[32+(16×4)]×3\}=342$

解答・基礎化学

問14 **解答** ①3　②3　③3　④2　⑤1
　　〔解説〕
　　(1) ヨウ化水素5.0モルが容積2.5リットル中に存在するので、
　　　　5.0モル／2.5リットル＝2.0モル濃度
　　(2) 水素0.5モルが容積2.5リットル中に存在するので、
　　　　0.5モル／2.5リットル＝0.2モル濃度
　　(3) ヨウ素0.5モルが容積2.5リットル中に存在するので、
　　　　0.5モル／2.5リットル＝0.2モル濃度
　　(4) 平衡定数Kの式にそれぞれの濃度を代入すると
　　　　$K=[H_2][I_2]/[HI]^2=0.2\times0.2/2.0^2=0.04/4=0.01$
　　　　この設問では、平衡状態のときの水素濃度 $[H2]=0.2$、ヨウ素濃度 $[I2]=0.2$、
　　　　ヨウ化水素酸濃度 $[HI]=2.0$ と提示されている。よって、上記の式を代入する。
　　　　また、2.0^2 二乗という意味。
　　(5) 化学平衡の状態では、正反応と逆反応の速度が同じために見かけ上反応が進まない
　　　　ように見える。平衡定数Kは、それぞれの反応に固有のものであり、温度、圧、濃度、
　　　　媒などにより変化する。

問15 **解答** ①3　②1　③5　④4　⑤5
　　〔解説〕
　　プルーストの定比例の法則「純物質の化学組成は常に一定不変である。」
　　ドルトンの倍数比例の法則「AおよびBの2元素が、相互間に2種以上の化合物をつく
　　　　　　る場合、A元素の一定量と化合するB元素の量は、互いに簡単な整数比をなす。」
　　アボガドロの法則「全ての気体は同温同圧のとき、同体積中に同数の分子を含む。」
　　ラボアジェの質量保存の法則（質量不変の法則）「化学変化が起こって物質が変化した
　　　　　　場合、その変化の前で反応にあずかった物質の質量の総和は変わらず、一定不変
　　　　　　である。」
　　ゲーリュサックの気体反応の法則（気体反応の法則）「気体反応が気体間において行わ
　　　　　　れ、また生成物が気体である時は、それらの気体間には簡単な整数比が成り立つ。」
　　ヘスの法則（総熱量保存の法則）「物質が変化する際の反応熱の総和は、変化する前と
　　　　　　変化した後の状態だけで決まり、変化の経路や方法には関係しない。」
　　ルシャトリエの平衡移動の法則「化学平衡（温度、圧力、濃度）を変えると平衡は移動
　　　　　　する。その移動方向は平衡条件の変更を妨げようとする方向である。」
　　ファラデーの法則「(1)電極で変化するイオンの物質量は通じた電気量に比例する。(2)
　　　　　　同一の電気量を通じたときに、電極で変化するイオンの物質量はイオンの価数に
　　　　　　反比例する。」
　　ボイル・シャルルの法則「一定気体の体積は、圧力に反比例し、絶対温度に比例する。」
　　　　　　→　$P_1V_1/T_1=P_2V_2/T_2$
　　その他にシャルルの法則「圧力が一定のとき、一定量の気体の体積は、温度が1℃上が
　　　　　　るごとに、0℃における体積の1／273づつ増加する。」
　　　　　　→　$v_t=v_0+t／273v_0$
　　ボイルの法則「温度が一定ならば、一定量の気体の体積は、圧力に反比例して変化する。」
　　　　　　→　$PV=k$
　　ヘンリーの法則「一定体積の液体に溶ける気体の質量は、一定温度で液体に接している
　　　　　　その気体の圧力に比例する。」

問16 **解答** 4
　　〔解説〕
　　触媒「自身は変化せずに、化学反応の速度を変化させる物質。」

問17 **解答** 2
〔解説〕
1 → $HCl + NaCN → NaCl + HCN$
2 → $CaCO_3 + 2HCl → CaCl_2 + H_2CO_3 \ (H_2O + CO_2)$
3 → $2H_2SO_4 + Cu → CuSO_4 + 2H_2O + SO_2$
4 → $FeS + 2HCl → FeCl_2 + H_2S$
5 → $CaC_2 + H_2O → CaO + C_2H_2$

問18 **解答** (1)カ (2)ア (3)エ (4)ウ (5)イ
〔解説〕
(1) $Zn + H_2SO_4 → ZnSO_4 + H_2$　酸と金属により水素発生
(2) $HCOOH → CO + H_2O$
　ギ酸は濃硫酸と加熱すると一酸化炭素を発生
(3) $CaCO_3 + 2HCl → CaCl_2 + H_2CO_3 \ (H_2O + CO_2)$
　炭酸塩は強酸により二酸化炭素発生
(4) $MnO_2 + 4HCl → MnCl_2 + 2H_2O + Cl_2$
　塩酸は二酸化マンガンで酸化され塩素を発生
(5) $2NH_4Cl + Ca(OH)_2 → CaCl_2 + 2H_2O + 2NH_3$
　アンモニウム塩は強塩基によりアンモニアを発生

問19 **解答** ①オ ②カ ③エ ④イ ⑤ア ⑥ウ ⑦ク ⑧キ ⑨コ ⑩ケ
〔解説〕
(1) 酢酸エステルが生成している。エステルとは酸とアルコールが脱水縮合したもの。
(2) 酸と塩基が反応しているので中和。中和すると塩と水が生成。
(3) 酸と塩基が反応しているので中和。中和すると塩と水が生成。
(4) 金属と酸により水素発生。
(5) 各元素の数を考えるとNH_3
(6) 塩と水が生成しているので中和。
(7) 酸と塩基が反応しているので中和。中和すると塩と水が生成。
(8) 銅は熱濃硫酸で二酸化イオウを発生。
(9) 金属と酸により水素発生。
(10) アンモニウム塩は強塩基によりアンモニアを発生。

問20 **解答** (1) 1　(2) 4
〔解説〕
(1) エタンC_2H_6の分子量は $12 × 2 + 1 × 6 = 30$
　　したがってエタン　1モルは30g　$4.5 ÷ 30 = 0.15$モル
(2) 反応式からエタン2モルが完全燃焼すると4モルの二酸化炭素が生成する。
　　するとエタン0.15モルからは0.3モルの二酸化炭素が生成する。気体1モルは標準状態
　　（0℃、1気圧）で22.4リットルの体積を占めるから、
　　$0.3 × 22.4 = 6.72$　リットル

問21 **解答** (1)$NaCl$、エ　(2)HCN、ウ　(3)Cu、イ
　　　　(4)$AgCl$、オ　(5)$2MgO$、ア
〔解説〕
(1)塩基（$NaOH$）と酸（HCl）が反応して塩（$NaCl$）と水（H_2O）が生成する。したがって中和反応。
(2)シアン化カリウム（KCN）と水が反応してシアン化水素（HCN）と水酸化カリウムが生成する。したがって塩（KCN）の加水分解反応。
(3)金属酸化物（CuO）と還元剤（H_2）が反応して金属（Cu）と水（H_2O）が生成する。酸素が取られることを還元という。

(4)硝酸銀（ＡｇＮＯ₃）と塩化ナトリウムが反応して塩化銀（ＡｇＣＬ）と硝酸ナトリウム（ＮａＮＯ₃）が生成する。生成したＡｇＣＬの性質は白色，水に不溶な固体。したがって白色沈殿を生じるので沈殿反応。

(5)金属（Ｍｇ）と酸素が反応して金属酸化物（ＭｇＯ）が生成する。（係数注意２ＭｇＯ）酸素と化合することを酸化という。

問22　**解答**　(1)イ　(2)ウ　(3)ア　(4)エ　(5)オ

〔解説〕

(1)鉄（Ｆｅ）が酸素（Ｏ₂）と反応して酸化鉄（Ⅲ）（Ｆｅ₂Ｏ₃）になる。**酸化還元反応。**

(2)木炭（Ｃ）が酸素（Ｏ₂）と反応して二酸化炭素（ＣＯ₂）になる。**酸化還元反応。**

(3)米（主成分はデンプンであり，このデンプンはブドウ糖（Ｃ₆Ｈ₁₂Ｏ₆）からなる。）が分解されて，エタノール（Ｃ₂Ｈ₅ＯＨ）と二酸化炭素（ＣＯ₂）になる。**発酵。**

(4)プロパンガス（Ｃ₃Ｈ₈）と酸素が反応して二酸化炭素（ＣＯ₂）と水（Ｈ₂Ｏ）になる。有機物が完全燃焼すると，有機物中の炭素（Ｃ）は二酸化炭素（ＣＯ₂），水素（Ｈ）は水（Ｈ₂Ｏ）になる。

(5)食用油（油脂ともいう。高級カルボン酸（ＲＣＯＯＨ）とグリセリン（Ｃ₃Ｈ₈Ｏ₃）とのエステル）をケン化（アルカリ加水分解）してできた高級カルボン酸のアルカリ塩（ＲＣＯＯＮａなど）を石けんという。

問23　**解答**

	化学式	反応名
(1)	（２ＭｇＯ）	（酸化）
(2)	（ＮＨ₄ＯＨ）	（加水分解）
(3)	（（ＮＨ₄）₂ＳＯ₄）	（中和）
(4)	（ＡｇＣＬ）	（沈殿）
(5)	（ＣＨ₃ＣＯＯＣ₂Ｈ₅）	（エステル化）

〔解説〕

(1)金属（Ｍｇ）と酸素が反応して金属酸化物（ＭｇＯ）が生成する。（係数注意２ＭｇＯ）酸素と化合することを酸化という。

(2)塩化アンモニウム（ＮＨ₄ＣＬ）と水が反応してアンモニア（ＮＨ₃）と塩化水素（ＨＣＬ）が生成する。したがって塩（ＮＨ₄Cl）の加水分解反応。

(3)酸（Ｈ₂ＳＯ₄）と塩基（２ＮＨ₄ＯＨ）が反応して塩（Ｎａ₂ＳＯ₄）と水（２Ｈ₂Ｏ）が生成する。したがって中和反応。

(4)硝酸銀（ＡｇＮＯ₃）と塩化ナトリウムが反応して塩化銀（ＡｇＣＬ）と硝酸ナトリウム（ＮａＮＯ₃）が生成する。生成したＡｇＣＬの性質は白色，水に不溶な固体。したがって白色沈殿を生じるので沈殿反応。

(5)カルボン酸とアルコールが脱水縮合してできるものをエステルという。酢酸（ＣＨ₃ＣＯＯＨ）とエタノール（Ｃ₂Ｈ₅ＯＨ）が反応して酢酸エチルと水を生成する。

問24　**解答**　Ｆｅ₂Ｏ₃＝(160)であるから，得られるＦｅをＸトンとすると，
　　　　Ｆｅ₂Ｏ₃→２Ｆｅ　で　質量関係からすると
　　　　　　　(160)　→２×56.0
　　　　　　　(160)：２×56.0＝２：ｘ　∴ｘ＝(1.4) トン

<u>（答）(1.4) トン</u>

〔解説〕

反応式	Ｆｅ₂Ｏ₃	→	２Ｆｅ
分子量	56.0×２＋16.0×３＝160.0		56.0×２
重量関係	160.0 g（あるいはトン）		２×56.0＝112.0g（あるいはトン）
	２トン		Ｘ

　　　　比例なので　　　　160.0：112.0＝２：Ｘ
　　　　内項の積＝外項の積より　112.0×２＝160.0×Ｘ
　　　　したがって　Ｘ＝112.0×２÷160.0　　Ｘ＝1.4 トン

問25　**解答**　(1)ＣｕＯ、酸化銅、酸化

　　　　　　　(2)塩化ナトリウム（食塩）、中和

　　　　　　　(3)ＣＨ₃ＣＯＯＨ、酢酸、加水分解

〔解説〕

(1)金属（Ｃｕ、銅）と酸素が反応して金属酸化物（ＣｕＯ、酸化銅）が生成する。酸素と化合することを酸化という。

(2)塩基（ＮａＯＨ）と酸（ＨＣｌ）が反応して塩（ＮａＣｌ）と水（H₂O）が生成する。した
　がって中和反応。
(3)酢酸エチル（CH₃COO　C₂H₅）と水（H₂O）が反応して酢酸（CH₃COOH）とエ
　タノール（C₂H₅OH）を生成する。水と反応しているので加水分解。
　エステル化の逆反応。

［Ⅱ］ 物質の状態

問26　解答　5
〔解説〕
　　1：**シャルルの法則**「圧力が一定のとき、一定量の気体の体積は、温度が1℃上がる
　　　ごとに、0℃における体積の1／273づつ増加する。」
　　　　　　v_t＝v₀＋t／273v₀
　　2：**ファラデーの法則**「(1)電極で変化するイオンの物質量は通じた電気量に比例する。
　　　(2)同一の電気量を通じたときに、電極で変化するイオンの物質量はイオンの価数
　　　に反比例する。」
　　3：気体反応の法則（ゲーリュサックの気体反応の法則）「気体反応が気体間において
　　　行われ、また生成物が気体である時は、それらの気体間には簡単な整数比が成り立
　　　つ。」
　　4：質量不変の法則（ラボアジェの質量保存の法則）「化学変化が起こって物質が変化
　　　した場合、その変化の前で反応にあずかった物質の質量の総和は変わらず、一定不
　　　変である。」
　　5：ボイルの法則「温度が一定ならば、一定量の気体の体積は、圧力に反比例して変
　　　化する。」　　ＰＶ＝k

問27　解答　①イ　②ウ　③ク　④シ　⑤ス
〔解説〕
　　(1)(2)　**融解（溶融）**とは、固体　→　液体　への変化。
　　　　　　凝固とは、液体　→　固体への変化。
　　　　　　蒸発（気化）とは、液体　→　気体　への変化。
　　　　　　凝縮とは、気体　→　液体　への変化。
　　　　　　昇華とは、固体　→　気体　と　気体　→　固体への変化。
　　(3)　**融点**「固体が融解して液体になる温度。」
　　(4)　**沸騰**「液体の蒸気圧と大気圧が等しくなり、盛んに泡が出ている状態を沸騰。」

問28　解答　(1)ア　(2)ク　(3)ケ　(4)ウ　(5)カ
〔解説〕
　　問27の(1)(2)参照。

問29　解答　1
〔解説〕
　a　溶解度「一定の温度において、溶媒に溶け込む溶質の量の限界の量。」
　b　沸点上昇・凝固点降下「ある液体に溶質を溶かした場合、その沸点・凝固点は変化する。
　　不揮発性の固体を溶かした溶液の沸点は純溶媒の沸点より高く、また溶液の凝固点は純
　　溶媒のときより低い現象。」
　c　沸点上昇・凝固点降下の法則「非電解質の希薄溶液では、沸点上昇および凝固点降下度は
　　1.溶媒の種類によって異なり 2.同一の溶媒に同一溶質が溶けているときは、その重量
　　モル濃度に正比例し、3.同一溶媒の一定量に、一定のモル数の溶質を溶かした溶液の沸
　　点上昇および凝固点降下度は、たとえ物質の種類が違っても（非電解質である限り）、
　　モル数さえ等しければそれぞれ相等しい。」

解答・基礎化学

問30 **解答** 1. 3 2. 2 3. 2 4. 3 5. 2
〔解説〕
1. ％とは１／100すなわち百分率、ppmとは１／1000,000すなわち百万分率。
2. 中和滴定 ＮＶ＝Ｎ'Ｖ' より $0.1×20＝0.2×$Ｎ'
　　　　　　　　　　　　　Ｎ'＝0.1×20÷0.2
3. 加える水の量をＸｇとすると重量百分率濃度の式より

$$\dfrac{50×\dfrac{30}{100}}{50＋X}×100＝15$$

4. 180ｇの水に塩化ナトリウムを30ｇ加えて水分を50％だけ蒸発させるとあることから、180ｇの水は半分となる。すなわち180÷2＝90ｇであり、この溶液の濃度の式は次のとおりとなる。

$$\dfrac{30}{90＋30}×100＝25％$$

5. 35パーセント濃塩酸の量をＸミリリットルとすると、比重が1.2なのでこの重さはＸ×1.2グラムとなる。また、出来上がる10パーセント希塩酸の量100ミリリットルの重さは、比重が1.0なので100×1.0グラムとなる。
　　重量百分率濃度の式より

$$\dfrac{(1.2×X)×\dfrac{35}{100}}{100×1.0}×100＝10$$

問31 **解答** (1)ア (2)カ (3)キ (4)ケ (5)ク
〔解説〕
(1)水酸化ナトリウム40ｇを水に溶かして1000mLとしたのが１モル/L溶液。したがって４ｇを水に溶かして100mLとしたのが１モル/L溶液。問題から２ｇを水に溶かして100mLとしたのをＸモル/L溶液とすると。
　　　比例から４：１＝２：Ｘ　内項の積＝外項の積より　４Ｘ＝２　　Ｘ＝0.5
(2)塩酸は一塩基酸なのでモル濃度＝規定濃度。水酸化ナトリウムも一酸塩基なのでモル濃度＝規定濃度。中和するのに必要な0.5モル水酸化ナトリウム水溶液の量をＸmLとすると、中和滴定の式（ＮＶ＝Ｎ'Ｖ'より）
　　　　　0.1×50＝0.5×Ｘ
(3) 得られる水酸化ナトリウム水溶液の濃度をＸ％とすると重量百分率濃度の式より

$$\dfrac{200×\dfrac{35}{100}}{100×1.0}×100＝10$$

(4)水酸化ナトリウムの溶解度が０℃で34ｇということは、０℃の水100ｇに34ｇ溶解する。したがって０℃の水300ｇには34ｇ×３＝102ｇ溶解するので、102ｇ－80ｇ＝22ｇがまだ溶解する。
(5)重量百分率濃度の式より

$$\dfrac{30}{30＋120}×100＝20％$$

問32 **解答** (1) 3 (2) 1
〔解説〕
(1) １ppmとは百万分の１（10^{-6}）という単位。１％とは百分の１（10^{-2}）という単位
(2) 重量百分率濃度の式より

$$\dfrac{25}{25＋100}×100＝20％$$

問33 **解答** ①○ ②× ③× ④○ ⑤×
　〔解説〕
　　　重量百分率濃度(%)「溶液100g中に含まれる溶質のグラム数」
　　　モル濃度(mol／L)、M「溶液1000mL中に含まれる溶質のモル数」
　　　規定度、規定濃度、N「溶液1000mL中に含まれる溶質のグラム当量数」
　　　ppm(parts par million)「100万分の1を表す単位」、「10^{-6}という単位」
　　　ppb(parts par billion)「10億分の1を表す単位」、「10^{-9}という単位」

問34 **解答** (1) 1　(2) 2
　〔解説〕
　(1) 重量百分率濃度の式より　　　(2) 重量百分率濃度の式より

$$\frac{50}{200+50}\times100=20\%$$

$$\frac{50}{250+250}\times100=10\%$$

問35 **解答** (1)　$\dfrac{25}{100+25}\times100$　　(2)

　　　　　(答) 20%　　　　　　　　　　(答) 32g

　〔解説〕
　(1) 重量百分率濃度の式より　　　$\dfrac{25}{25+100}\times100=20\%$

　(2) $CuSO_4\cdot5H_2O$分子1つには、$CuSO_4$が1分子ある。
　　　したがって、$CuSO_4\cdot5H_2O$分子1モルには、$CuSO_4$が1モルある。
　　　$CuSO_4\cdot5H_2O$結晶50g中の$CuSO_4$の量をXgとすると、
　　　$CuSO_4\cdot5H_2O$の分子量　　　　　　$CuSO_4$の分子量
　　　$64.0+32.0+(16.0\times4)+5\times(1.0\times2+16)$　　$64.0+32.0+(16.0\times4)$
　　　　　　　250　　　　　　　　　　　　　160
　　　　　　　50　　　　　　　　　　　　　　X
　　　したがって250：160＝50：X　　X＝32

問36 **解答** (1) ア　(2) エ　(3) ウ　(4) イ
　〔解説〕
　(1)食塩15gを水で溶かして1000mLにしたので、この溶液100mL中には食塩が1.5g溶けている。
　　　　容量百分率濃度の式より　　　$\dfrac{1.5}{100}\times100=1.5\%$

　(2) 2種類の濃度の異なる溶液の混合
　　　重量百分率濃度の式より

$$\frac{200\times\dfrac{20}{100}+200\times\dfrac{10}{100}}{200+200}\times100=15\%$$

　(3)ある化学物質25mgを含む溶液100mLを5倍に希釈すると、溶液の量は500mLとなるが溶質25mgの量には変化が無い。したがって1000mL中には50mgの溶質を含んでいる。
　　　5倍希釈すると、ある化学物質25［mg］は0.5［L］中に存在することになる。この溶液1［L］中に存在するある化学物質の量をX［g］とすると
　　　　25［mg］：0.5［L］＝X：1［L］　　X＝50［mg］
　(4)加えた水の量をXgとすると
　　　容量百分率濃度の式より　　　$\dfrac{40\times\dfrac{25}{100}}{40+X}\times100=10\%$　　　X＝60mL

問37 **解答** (1)50%の硫酸
　　　　10×1.4＝14g　　　14×5＝70g　　　70－14＝56
　　　(答) 56mL
　　(2)

$$\frac{56.5}{56.5+100}\times100=36.1$$

　　　　　　　　　　　(答)36.1%

－ 245 －

〔解説〕
(1)希釈の問題と比重加える水の量をXmLとすると重量百分率濃度の式より

$$\frac{10 \times 1.40 \times \frac{50}{100}}{10 \times 1.40 + X} \times 100 = 10\%$$

(2)溶解度とは溶媒100g中に溶けうる溶質の量(g)
したがって重量百分率濃度の式より　$\frac{56.5}{56.5 + 100} \times 100 = 36.1\%$

問38　**解答**　(1)　$25 / 200 + 10 / 100 = 60$　　$60 / 300 \times 100 = 20$
(答) 20%

$$\frac{200 \times \frac{25}{100} + 100 \times \frac{10}{100}}{200 + 100} \times 100 = 20\%$$

(2)　$1000 \times 1.2 \times 0.27 = 324$　　$324 / 98 = 3.3061$
(答) 3.3 (mol)

(3)メタンの物質量は、8.0 (g) ÷ 16 (g/mol) = 0.5 (mol)
生成する水の物質量は、メタンの2倍になるから、
水の物質量 = 0.50 (mol) × 2 = 1.0 (mol)
16 + (1.0 × 2) = 18.0　　18.0 × 1.0 (mol) = 18.0 (g)
(答) 18.0 g

〔解説〕
(1)　2種混合。重量百分率濃度の式より
(2)比重。　比重1.2、濃度27%の希硫酸1リットル(1000mL)中の硫酸の量(g)を求めてからモル数を求める。
硫酸の量をXgとすると重量百分率濃度の式より

$$\frac{X}{1000 \times 1.2} \times 100 = 27\%$$

$$X = 324 \text{ g}$$

硫酸324gのモル数は　324 ÷ 98 = 3.3 モル
(3)化学反応式　$CH_4 + 2O_2 \rightarrow CO_2 + 2H_2O$
重量関係　12.0 + 4 × 1.0　　　　　　2 × (1.0 × 2 + 16.0)
16.0 g　　　　　　　　　36.0 g
生成する水の量をXgとすると　16.0 : 36.0 = 8.0 : X
$$X = 18.0 \text{ g}$$

問39　**解答**　4
〔解説〕
中和反応式(中和)。
方法① 10%水酸化ナトリウム液に含まれる溶質の量(NaOH)を計算し、
② 反応式を用いて、中和するのに必要な硫酸の量を計算し、
③ さらにこの硫酸を10%硫酸へ換算する。
①10%水酸化ナトリウム液400gに含まれる溶質の量(NaOH)をXとすると、
重量百分率濃度の式より　$\frac{X}{400} \times 100 = 10\%$　　　　　　X = 40 g

②$2NaOH + H_2SO_4 \rightarrow Na_2SO_4 + 2H_2O$
モル関係　　　2モル　　　　　　　　　1モル
重量関係　2 × (23 + 16 + 1)　　(1 × 2) + 32 + (16 × 4)
80 g　　　　　　　　　98 g
NaOH 40gを中和するのに必要なH₂SO₄量をYgとすると
80 : 98 = 40 : Y　　　Y = 49 g

③$H_2SO_4$49gを含む10%硫酸の量をZgとすると、重量百分率濃度の式より

$$\frac{49}{Z} \times 100 = 10\%$$

$$Z = 490g$$

問40 **解答** 4
〔解説〕
　　%濃度＝$\dfrac{100}{倍濃度}$　より　$\dfrac{100}{500}$＝0.2%

問41 **解答** 4
〔解説〕
　　硫酸の量をXgとすると重量百分率濃度　$\dfrac{X}{1000 \times 1.2} \times 100 = 30\%$　の式より

$$X = 360 \, g$$

問42 **解答** (4)
〔解説〕
　　2種混合。　重量百分率濃度の式より　$\dfrac{80 \times 1.0 \times \dfrac{30}{100} + 20 \times 1.0 \times \dfrac{20}{100}}{80 \times 1.0 + 20 \times 1.0} \times 100 = 28\%$

問43 **解答** ③
〔解説〕
　　コロイド粒子に特有な性質は、チンダル現象、ブラウン運動など。
　　コロイド粒子に溶媒分子が衝突するためコロイド粒子が不規則な運動をする。
　　これを**ブラウン運動**という。また、コロイド粒子により光が散乱されるのを**チンダル現象**
　　という。

[Ⅲ] 物質の反応

問44 **解答** 3
〔解説〕
　　酸とは　(1)水溶液中で電離して水素イオン（H^+）を出す物質。
　　　　　　　(2)その水溶液は酸性を示し、青色リトマスを赤変させる。
　　　　　　　(3)塩基を中和して塩と水になる。
　　塩基とは　(1)水溶液中で電離して水酸イオン（OH^-）を出す物質。
　　　　　　　(2)その水溶液はアルカリ性を示し、赤色リトマスを青変させる。
　　　　　　　(3)酸を中和して塩と水になる。

問45 **解答** 1
〔解説〕
　　中和滴定
　　NV＝N'V'より　1.00×V＝0.500×100　V＝0.500×100　V＝50

問46 **解答** 4
〔解説〕
　　硫酸は2塩基酸なので4.0molの硫酸は8規定溶液。
　　中和滴定　NV＝N'V'より　8.0×20.0＝2.0×V'
　　　　　　　V'＝8.0×20.0÷2.0　　　　V'＝80.0

問47 **解答**　NaOH＝23＋1＋16＝40

$$\frac{1-X}{40} \times \frac{10}{100} = \frac{0.1}{1000} \times 17.2 \quad \therefore X = 0.312 \quad （答）0.312 \, g$$

〔解説〕
塩酸と反応するのは水酸化ナトリウムだけ。
　方法①混合物水溶液(100mL)の10mLの水酸化ナトリウム規定度を求め、混合物水溶液
　　　(100mL)の水酸化ナトリウムのグラム当量数を求める。
　　②混合物1.0g中の水酸化ナトリウムのグラム当量数を求める。
　　③　①で求めた水酸化ナトリウムのグラム当量数＝②で求めた水酸化ナトリウムの
　　　　グラム当量数
　①　10mLの水酸化ナトリウム規定度をN'とすると中和滴定
　　　NV＝N'V'より　0.1×17.2＝N'×10　N'＝0.172
　　　したがって、混合物水溶液(100mL)の水酸化ナトリウムのグラム
　　　当量数は
　　　　　　　　　0.172×100／1000＝0.0172
　②　食塩の量をXgとすると、混合物水溶液(100mL)の水酸化ナトリウムの量は
　　　(1.0－X)gで当量数は(1.0－X)／40
　③　0.0172＝(1.0－X)／40　　　　X＝0.312g

問48　解答　2
〔解説〕

	酸性	中和	塩基性
リトマス	赤	紫	青
フェノールフタレイン	無	うすい桃	赤
メチルオレンジ	赤	ダイダイ	黄褐
メチルレッド	赤	ダイダイ	黄

問49　解答　2
〔解説〕
赤色リトマスが青色の変化するのはアルカリ性
$NH_4Cl+H_2O→HCl+NH_4OH$
　　　　　　　　　　強酸　　弱塩基　　　したがって弱酸性
$Na_2CO_3+2H_2O→2NaOH+H_2CO_3$
　　　　　　　　　強塩基　　　弱酸　　　したがって弱アルカリ性
$NaCl$　強塩基の$NaOH$と強酸のHClからの塩なので加水分解しないので中性
$NaHSO_4+H_2O→NaOH+H_2SO_4$
　　　　　　　強塩基　　強酸　　硫酸は二塩基酸なので全体として弱酸性

問50　解答　3
〔解説〕
　1　$Na_2CO_3+2H_2O→2NaOH+H_2CO_3$
　　　　　　　　　　　強塩基　　　弱酸　　　したがって弱アルカリ性
　　　$MgCl_2+2H_2O→Mg(OH)_2+2HCl$
　　　　　　　　　　　弱塩基　　　強酸　　　したがって弱酸性
　2　$CuSO_4+2H_2O→Cu(OH)_2+H_2SO_4$
　　　　　　　　　　　　弱塩基　　　強酸　　したがって弱酸性
　　　$Ca(NO_3)_2$強塩基の$Ca(OH)_2$と強酸のHNO_3からの塩なので加水分解し
　ないので中性
　3　$NH_4Cl+H_2O→HCl+NH_4OH$
　　　　　　　　　　　　強酸　　弱塩基　　　したがって弱酸性
　　　$ZnSO_4+2H_2O→Zn(OH)_2+H_2SO_4$
　　　　　　　　　　　弱塩基　　　強酸　　　　したがって弱酸性
　4　$KCN+H_2O→KOH+HCN$
　　　　　　　　　　　強塩基　　弱酸　　　したがって弱アルカリ性
　　　$CH_3COONa+H_2O→CH_3COOH＋NaOH$
　　　　　　　　　弱酸　　　　　　　強塩基　　したがって弱アルカリ性

解答・基礎化学

問51 **解答** ①〇 ②× ③△ ④× ⑤〇 ⑥〇 ⑦×
⑧〇 ⑨× ⑩×
〔解説〕
① $NaHSO_4 + H_2O \rightarrow NaOH + H_2SO_4$
　　　　　　　　　強塩基　　強酸　　硫酸は二塩基酸なので弱酸性
② $Na_2CO_3 + 2H_2O \rightarrow 2NaOH + H_2CO_3$
　　　　　　　　強塩基　　　　弱酸　　　したがって弱アルカリ性
③ Na_2SO_4 強塩基のNaOHと強酸のH_2SO_4からの塩なので加水分解しないので中性
④ $CaO + H_2O \rightarrow Ca(OH)_2$
　　　　　　　　強塩基　　　　したがって強アルカリ性
⑤ $CuSO_4 + 2H_2O \rightarrow Cu(OH)_2 + H_2SO_4$
　　　　　　　　弱塩基　　　　　強酸　　したがって弱酸性
⑥ $NH_4Cl + H_2O \rightarrow HCl + NH_4OH$
　　　　　　　　　強酸　　弱塩基　　　したがって弱酸性
⑦ $BaO + H_2O \rightarrow Ba(OH)_2$
　　　　　　　　強塩基　　　したがって強アルカリ性
⑧ $SO_2 + H_2O \rightarrow H_2SO_3$
　　　　　　　　弱酸　　したがって弱酸性
⑨ $CH_3COONa + H_2O \rightarrow CH_3COOH + NaOH$
　　　　　　弱酸　　　　　強塩基　　したがって弱アルカリ性
⑩ $NaHCO_3 + H_2O \rightarrow NaOH + H_2CO_3$
　　　　　　　　強塩基　　　弱酸　　　　したがって弱アルカリ性

問52 **解答** 4
〔解説〕
溶液の酸性の度合いを示すのに水素イオン濃度 $[H^+]$ で表す。
溶液のアルカリ性の度合いを示すのに水酸イオン濃度 $[OH^-]$ で表す。
通常、$[H^+]$ は水素イオン濃度が低い（1グラムイオン／リットル）以下の場合に使用されるので、$[H^+]$ の代わりに $[H^+]$ の値の逆数の常用対数で表したpHを用いる。
pH 7 以下は酸性。pH 7 は中性。pH 7 以上はアルカリ性。
酸と塩基が反応して塩と水を生じることを中和といい、酸のH^+とOH^-が結合して水になる。酸のグラム当量数と塩基のグラム当量数が等しいときに、過不足なく完全に中和する。

問53 **解答** 2
〔解説〕
酸化の定義：(1)酸素と結合する。(2)結合している水素を失う。(3)イオンが電子を失う。
還元の定義：(1)結合している酸素を失う。(2)水素と結合する。(3)イオンが電子を得る。
単体の状態が酸化数0。酸素が酸化数-2。水素が酸化数+1。化合物の場合はその化合物全体で酸化数0、各原子の酸化数は各原子価に＋、－の記号をつけたのが酸化数。
酸化数が増加する変化を酸化。酸化数が減少する変化を還元。

問54 **解答** 1
〔解説〕
1：$2Mg + O_2 \rightarrow 2MgO$　Mgは酸素と結合したから酸化された。また、酸化数でみると、反応前Mgは単体だから酸化数0。反応後MgOは化合物なので全体で0、しかし酸素の酸化数は-2なのでMgは+2。Mgの酸化数の変化は0→+2。
2：$Pb + PbO_2 + 2H_2SO_4 \rightarrow 2PbSO_4 + 2H_2O$　酸化数でみると、反応前PbO_2のPbの酸化数は+4、反応後$PbSO_4$のPbの酸化数は+2。
Pbの酸化数の変化は+4→+2。
3：$SO_2 + 2H_2S \rightarrow 2H_2O + 3S$　SO_2は酸素が取られたから還元された。また、酸化数でみると、反応前SO_2は化合物なので全体で0、酸素の酸化数は-2なのでSは+4。反応後のSは単体なので酸化数は0。Sの酸化数の変化は+4→0。

4：$CuO + H_2 \rightarrow Cu + H_2O$　CuOは酸素が取られたから還元された。また、酸化数でみると、反応前CuOは化合物なので全体で0、酸素の酸化数は-2なのでCuは+2。反応後のCuは単体なので酸化数は0。Cuの酸化数の変化は+2→0。

問55　解答　3
〔解説〕
1：硫酸、熱時に酸化剤。　　　　2：重クロム酸カリウム、酸化剤。
3：シュウ酸、還元剤。　　　　　4：過マンガン酸カリウム、酸化剤。

問56　解答　5
〔解説〕
イオン化傾向
(大)K Ca Na Mg Al Zn Fe Ni Sn Pb (H) Cu Hg Ag Pt Au(小)
金属の単体が酸と反応するとき、その反応性は金属のイオン化傾向と密接に関連している。Pbよりイオン化傾向が大きい金属は希塩酸、希硫酸で溶けてしまうが、Pbよりイオン化傾向が小さい金属は溶けない。ただし、Pbは希塩酸や希硫酸と反応するとその表面に難溶性のPbCl$_2$やPbSO$_4$を作るので溶けない。
Cu、Hg、Agは硝酸や熱濃硫酸などの酸化力がある酸で溶ける。Pt、Auは王水（濃塩酸と濃硝酸の混合物）にだけ溶ける。

問57　解答　2
〔解説〕
イオン化傾向
(大)K Ca Na Mg Al Zn Fe Ni Sn Pb (H) Cu Hg Ag Pt Au(小)

問58　解答　③
〔解説〕
陽極では：$2Cl^- \rightarrow Cl_2 + 2e^-$
陰極では：$2H^+ + 2e^- \rightarrow H_2$
K、Na、Caなどのアルカリ金属やアルカリ土類金属はイオン化傾向が大きいため、容易には金属に還元されない。水溶液中にはNa$^+$ の他に水分子が電離したH$^+$が存在するので、H$^+$が陰極から電子を受け取る。

［Ⅳ］物質の性質
問59　解答　1
〔解説〕
風解性－結晶水の一部または全部を失って粉末になる性質。
Na$_2$CO$_3$・10H$_2$O、CuSO$_4$・5H$_2$O、（COOH）$_2$・2H$_2$Oなど。
潮解性－固体が空気中の水分を吸って溶解する性質。KOH、NaOH など。

問60　解答　5
〔解説〕
炎色反応　　Li　Na　K　Ca　Sr　Ba　Cu
　　　　　　　深赤　黄　淡紫　橙赤　深赤　黄緑　青緑

問61　解答　3
〔解説〕
NaOH　白色半透明の固体。潮解性。水溶液は強アルカリ性（リトマス試験紙 赤→青）。炭酸ガスと反応して炭酸ナトリウムになる。KOHも同様。

問62 **解答** ス、ケ、サ、テ、キ、イ、エ、タ、イ、ニ
〔解説〕
　1族（旧1A族）アルカリ金属（Li，Na，Kなど）
　単体は軟らかい銀白色の軽金属で、空気中の酸素や炭酸ガスと容易に化合して酸化物や炭酸塩になり易く、また水と激しく反応して水酸化物と水素を発生する。このため空気、水を絶つため石油中に保存する。
　これらの水酸化物は、水によく溶けて強アルカリ性を示す。また、Al，ZnやSnなどの両性元素はNaOHやKOHなどの強アルカリ水溶液と反応して水素を発生して溶ける。

問63 **解答** (1)①$CaCO_3$　②CaO　③CO_2（②〜③順不同）　(2) b　　(3) b
　　　　　　(4)④CaO　⑤H_2O（④〜⑤順不同）⑥$Ca(OH)_2$　　(5) a
〔解説〕
　2族（旧2A族）アルカリ土類金属（Ca，Baなど）
　Ca，Baはアルカリ金属と同様に水、酸素や炭酸ガスなどと反応し易いので石油中に保存する。
　Caの化合物としてはCaO酸化カルシウム（生石灰）、$Ca(OH)_2$水酸化カルシウム（消石灰）や$CaCO_3$炭酸カルシウム（石灰石、大理石）などがある。
　$CaCO_3 \rightarrow CaO + CO_2$（加熱により$CaO$と炭酸ガスに分解）
　$CaO + H_2O \rightarrow Ca(OH)_2$（発熱）

問64 **解答** ①F_2　②Cl_2　③Br_2　④I_2　⑤F_2　⑥I_2
〔解説〕
　ハロゲン元素　F（フッ素）、Cl（塩素）、Br（臭素）、I（ヨウ素）
　ハロゲン分子は2原子分子X_2の型をとる。F_2 淡黄色気体、Cl_2黄緑色気体、Br_2 赤褐色液体、I_2 黒褐色固体、昇華性。
　化合力　$F_2 > Cl_2 > Br_2 > I_2$

問65 **解答**　F
〔解説〕
　$NO_2 + H_2O \rightarrow HNO_3$　硝酸は強い酸化力をもつので銅、水銀、銀と二酸化窒素を発生して反応する。
　塩酸と硝酸の混合物を王水といい、非常に強い酸化力をもつので白金、金を溶かす。

問66 **解答**　4．4．4．2．
〔解説〕
　硫酸H_2SO_4は、二酸化イオウSO_2を酸化して三酸化イオウSO_3とし、このSO_3を希硫酸に溶解して製造する。
　硫酸は無色無臭油状の粘性のある重い液体。吸湿、脱水作用が強いのでショ糖、ろ紙や木片などにふれると、炭化して黒変させる。水に混ぜると激しく発熱する。熱濃硫酸は酸化力があるので、Cuや Agと加熱すると二酸化イオウSO_2を発生して溶ける。
　硫酸イオン$SO_4{}^{2-}$の確認にはBa^{2+}やCa^{2+}で白色沈殿（$BaSO_4$、$CaSO_4$）を作ることで確認する。

問67 **解答**　(1) 2　　(2) 3
〔解説〕
　一般にカルボン酸とアルコールから、水分子がとれて生成する化合物を**エステル**という。また、エステルが生じる反応を**エステル化**という。
　$CH_3COOH + C_2H_5OH \rightarrow CH_3COO\ C_2H_5 + H_2O$
　このエステル化の逆反応、すなわちエステルと水が反応してカルボン酸とアルコールになる反応を**加水分解**という。
　$CH_3COO\ C_2H_5 + H_2O \rightarrow CH_3COOH + C_2H_5OH$
　高級脂肪酸とグリセリンからできているエステル（油脂）をアルカリで加水分解することを、特に**ケン化**という。

解答・基礎化学

問68 **解答** 1. 2　　2. 8　　3. 4　　4. 3　　5. 9
〔解説〕
　同族体：飽和炭化水素のメタン、エタンなどは性質や構造が似ているものどうしを同族体
　　　　　という。たとえばメタノールとエタノールは同族体（アルコール類）。ホルムア
　　　　　ルデヒドとアセトアルデヒドは同族体（アルデヒド類）。
　異性体：分子式が同じでも性質の異なる化合物を互いに異性体という。
　　　　　たとえばエタノールとジメチルエーテル。
　　　　　エタノール　分子式　C_2H_6O　　示性式　C_2H_5OH
　　　　　ジメチルエーテル　分子式　C_2H_6O示性式　CH_3OCH_3
　アルコールの一般的性質　水に可溶、カルボン酸と酸触媒存在下で加熱することによりエ
　ステルを生成する。
　水酸基をもつので反応性が大きい。金属ナトリウムと水素を発生する。
　$2C_2H_5OH + 2Na \rightarrow 2C_2H_5ONa + H_2$エーテルの一般的な性質　水に不溶、低沸
　点、揮発性が大きい。反応性が乏しい。金属ナトリウムと反応しない。
　アルコール2分子からの脱水縮合反応により生成する。
　$2C_2H_5OH \rightarrow C_2H_5OC_2H_5 + H_2O$
　$2CH_3OH \rightarrow CH_3OCH_3 + H_2O$

問69 **解答** (1) j　(2) b　(3) i　(4) g　(5) h　(6) d　(7) a　(8) f　(9) c　(10) e
〔解説〕
　官能基の名称
　　$-OH$　水酸基　　$-CHO$　アルデヒド基　　$=CO$　カルボニル基
　　$-COOH$　カルボン酸基　$-NO_2$　ニトロ基　　　$-NH_2$　アミノ基
　　$-SO_3H$　スルホン酸基
　結合の名称
　　$-O-$　エーテル結合　$-COOR$　エステル結合　$-CONH-$　アミド結合
　アルキル基の名称
　　$-CH_3$　メチル基　　　$-C_2H_5$　エチル基　　$-C_6H_5$　フェニル基

問70 **解答** (1)メタノール　　(2)酢酸　　(3)アセトアルデヒド
　　　　　　(4)ジメチルエーテル　　　　(5)トルエン
〔解説〕
　基本的な有機化合物の化学式と名称

炭素原子1つ		炭素原子2つ	
メタン	CH_4	エタン	C_2H_6
メタノール	CH_3OH	エタノール	C_2H_5OH
ホルムアルデヒド	$HCHO$	アセトアルデヒド	CH_3CHO
ギ酸	$HCOOH$	酢酸	CH_3COOH
ジクロロメタン	CH_2Cl_2	シュウ酸	$(COOH)_2$
クロロホルム	$CHCl_3$	ジメチルエーテル	CH_3OCH_3
四塩化炭素	CCl_4		
臭化メチル	CH_3Br		

炭素原子3つ以上			
	CH_3COCH_3	ベンゼン	C_6H_6
アセトン	$CH_3COOC_2H_5$	フェノール	C_6H_5OH
酢酸エチル	$C_2H_5OC_2H_5$	トルエン	$C_6H_5CH_3$
ジエチルエーテル	$C_6H_4(OH)CH_3$		
クレゾール			

問71　解答　(3)
　　〔解説〕
　　　アルコールの種類と反応性
　　　1価アルコール（分子内に水酸基1つ）
　　　1級アルコール　CH₃OH→HCHO→HCOOH
　　　　　　　　　　　C₂H₅OH→CH₃CHO→CH₃COOH
　　　2級アルコール　CH₃CH（OH）CH₃→CH₃COCH₃
　　　　　　　　　　　これ以上酸化されない
　　　3級アルコール　酸化されない
　　　2価アルコール（分子内に水酸基2つ）
　　　　　　　　　　　エチレングリコール　HOCH₂CH₂OH
　　　3価アルコール（分子内に水酸基3つ）
　　　　　　　　　　　グリセリン　HOCH₂CH（OH）CH₂OH

問72　解答　①R－CHO　　②R－COOH　　③R－NO₂　　④R－NH₂
　　　　　　　aアルデヒド基　　bカルボキシル基　　cニトロ基　　dアミノ基
　　　　　　⑤R－SO₃H
　　　　　　　eスルホ基（スルホン酸基）
　　〔解説〕
　　　問69を参照

問73　解答　(1)①2O₂　　②CO₂　　③2H₂O　（②〜③順不同）
　　　　　　　(2)①メチルアルコール（メタノール）　　②アセトアルデヒド　　③酢酸
　　〔解説〕
　　　(1)炭素は完全燃焼すると二酸化炭素に、水素は水になる。これを反応式で書くと、
　　　　CH₄＋O₂→CO₂＋H₂O。つぎに同種の元素の原子数が両辺で等しくなるよう係数を
　　　　付ける。
　　　　CH₄＋2O₂→CO₂＋2H₂O
　　　(2)問70を参照

［V］総合問題
問74　解答　②
　　〔解説〕
　　　実験1からわかることは
　　　「青色リトマスが赤変する。」→B、Dは酸性物質で、A、C、Eは中性あるいはアルカリ性。
　　　「硝酸銀で白濁する。」→AgClの白色沈殿なのでAはCl⁻を含む。
　　　実験2からわかることは
　　　「フェノールフタレインで赤変した。」→C、Eはアルカリ性。
　　　以上のことをまとめると、A：中性、B：酸性、C：アルカリ性、D：酸性、E：アル
　　　カリ性。硫酸（酸性）、塩酸（酸性）、水酸化ナトリウム水溶液（アルカリ性）、食塩水
　　　（中性）、アンモニア水（アルカリ性）の中で中性なのは食塩水だけなので、Aが食塩水。
　　　次に実験2の「DにCを加えるとAを生じた。」ことからNaClを生成する酸と塩基
　　　の反応はHCl＋NaOH→NaCl＋H₂Oなので　Dが塩酸、Cが水酸化ナトリウム
　　　水溶液だと分かる。

問75 **解答** (1)オ (2)エ (3)ア (4)カ (5)イ
〔解説〕
　　ＮａＯＨ(水酸化ナトリウム):「赤色リトマスが青変」→アルカリ性「炎色反応が黄色」
　　→Ｎａ原子が存在
　　ＨＣｌ(塩酸):「硝酸銀で白沈」→Ｃｌ$^-$が存在「青色リトマスが赤変」→酸性

　　Ｈ₂ＳＯ₄(硫酸):「紙が炭化」→濃硫酸「水に加えたら発熱」→濃硫酸ＮＨ₃(アンモニア):
　　「ネスラー試薬で褐色」→アンモニア「フェノールフタレインで赤変」→アルカリ性
　　ＣｕＳＯ₄(硫酸銅):「アンモニア水で始め青白色沈殿、過剰のアンモニア水で沈殿が溶解
　　して濃青色の液になる」→Ｃｕ$^{2+}$が存在

問76 **解答** (1)1 (2)4 (3)5 (4)3 (5)2
〔解説〕
　　「塩化第二鉄で紫色」→フェノール性水酸基　　　「でんぷんで紫色」→ヨウ素
　　「炎色反応が黄色」→Ｎａ原子が存在　　　　　　「ネスラー試薬で褐色」→アンモニア
　　「食塩水で白色沈殿」→Ａｇ$^+$が存在

問77 **解答** (1)Ｏ₂、酸素　　　(2)ＨＣｌ、塩化水素　　　(3)ＮＨ₃、アンモニア
　　　　　　　 (4)ＣＯ₂、二酸化炭素　　　(5)Ｃｌ₂、塩素
〔解説〕
　代表的な気体の捕集方法と発生法
　水に溶けない気体　→　水上置換
　水に溶ける気体　空気より軽い　→　上方置換
　空気より重い　→　下方置換
　水素：水に溶けないので水上置換　　金属と酸
　酸素：水に溶けないので水上置換　　過酸化水素と二酸化マンガン
　　　　　　　　　　　　　　　　　　塩素酸カリウムと二酸化マンガン
　二酸化炭素：水に可溶で、空気より重いので下方置換
　　　　　　　　　　　　　　　　　　炭酸カルシウムと塩酸
　　　　　　　　　　　　　　　　　　炭酸カルシウムの熱分解
　塩素：水に可溶で、空気より重いので下方置換
　　　　　　　　　　　　　　　　　　塩酸と二酸化マンガン
　　　　　　　　　　　　　　　　　　サラシ粉と塩酸
　塩化水素：水に可溶で、空気より重いので下方置換
　　　　　　　　　　　　　　　　　　食塩と硫酸
　二酸化イオウ：水に可溶で、空気より重いので下方置換
　　　　　　　　　　　　　　　　　　亜硫酸ナトリウムと硫酸
　　　　　　　　　　　　　　　　　　銅と熱濃硫酸
　硫化水素：水に可溶で、空気より重いので下方置換
　　　　　　　　　　　　　　　　　　硫化鉄と希硫酸
　アンモニア：水に可溶で、空気より軽いので上方置換
　　　　　　　　　　　　　　　　　　塩化アンモニウムと水酸化カルシウム
　アセチレン：水に溶けないので水上置換

　　　　　　　　　　　　　　　　　　炭化カルシウムと水

問78 **解答** (1)ウ (2)キ (3)エ (4)ク (5)オ
〔解説〕
　　問77参照

問79 **解答**　　(1) 3　(2) 3　(3) 2　(4) 1　(5) 2　(6) 2　(7) 3　(8) 1　(9) 2　(10) 2

〔解説〕
(1)それ自身は変化しないで、反応速度を変化させる物質を触媒。
(2)固体が液体を経ずに気体になる変化を昇華（気体から直接、固体になることも昇華）。
(3)水溶液中で水素イオン（H^+）を出す物質を酸。
(4)固体が空気中の水分を吸って溶解する性質を潮解。
(5)結晶水の一部または全部を失って粉末になる性質を風解。
(6)酸化とは、酸素と結合する、または結合している水素を失う、または電子を失うこと。
　還元はこの逆。
(7)イオン結合とは、陽イオンと陰イオンとの間の電気的引力（クーロン力）による結合。
　金属結合とは、それぞれの原子の価電子（自由電子）を全体で共有している結合。共有
　結合とは原子同士が相互に電子（不対電子）を出し合って電子対を作る結合。
(8)ハロゲン元素とは、F、Cl、Br、I。
(9)ルシャトリエの原理とは、「化学平衡（温度、圧力、濃度）を変えると平衡は移動する。
　その移動方向は平衡条件の変更を妨げようとする方向である。」
(10)両性金属とは酸ともアルカリとも反応する金属。例えばAl、
　Znなど。

問80 **解答**　　(1) 0　(2) 0　(3) 1　(4) 0　(5) 0　(6) 1　(7) 1　(8) 1　(9) 0　(10) 1

〔解説〕
リトマス試験紙　<u>青 → 赤</u>　<u>酸性</u>、　<u>赤 → 青</u>　<u>アルカリ性</u>
アルコール類：
　1価アルコール
　　1級アルコール　メタノール、エタノール
　　2級アルコール　イソプロパノール（2-プロパノール）
　　3級アルコール　2，2，－ジメチルプロパノール（t－ブタノール）
　2価アルコール　エチレングリコール
　3価アルコール　グリセリン
同素体とは、同じ元素のみからできているが、性質の異なる単体どうし。
　例　酸素とオゾン、黄色リンと赤リン、グラファイトとダイヤモンド。
塩とは、酸と塩基が中和してできる物質。
　ボイルの法則「温度が一定ならば、一定量の気体の体積は、圧力に反比例して変化する。」
　$PV=k$
pHとは、水素イオン濃度［H^+］の逆数の常用対数をとったもの。したがって、pHが1変化す
　ると水素イオン濃度は10倍違う。
イオン化傾向
　(大) K Ca Na Mg Al Zn Fe Ni Sn Pb (H) Cu Hg Ag Pt Au (小)
塩析とは、親水コロイドが多量の電解質により沈殿すること。
　タンパク質はたくさんのアミノ酸がペプチド結合してできた高分子化合物。
　％濃度＝100／倍濃度

解答・基礎化学

問81 **解答** (1) 0 (2) 1 (3) 0 (4) 0 (5) 1 (6) 0 (7) 1 (8) 1 (9) 1 (10) 0
〔解説〕
 w／w%重量百分率濃度（重量パーセント濃度）、w／v%体積重量百分率濃度（体積重量パーセント濃度）、v／v%容量対容量百分率濃度(容量百分率濃度)。wはweight(重量)の略、vはvolume(容量)の略。
 炎色反応　Li　Na　K　Ca　Sr　Ba　Cu
　　　　　　深赤　黄　淡紫　橙赤　深赤　黄緑　青緑
 有機化合物とは炭素原子を含む化合物。ただし、一般的には二酸化炭素、一酸化炭素、炭酸などは含めない。塩酸 HCl　シュウ酸(COOH)₂
 原子は原子核（電気的にプラス）と電子（マイナス）からなり、さらに原子核は陽子（プラス）と中性子（中性）からなる。
 濃硫酸は水で希釈するとき発熱するので、必ず水に濃硫酸を少量ずつ撹拌しながら加えていく。
 水は一部が $H_2O \rightarrow H^+ + OH^-$ のように電離している。したがって、陽極（＋）にOH⁻が、陰極（－）にH⁺が引き寄せられ電子の授受が行われる。
　陽極　$4OH^- \rightarrow 2H_2O + O_2 + 4e^-$
　陰極　$4H^+ + e^- \rightarrow 2H_2$
 ボイルの法則「温度が一定ならば、一定量の気体の体積は、圧力に反比例して変化する。」
　$PV = k$
 リトマス試験紙が 青 → 赤 への変化なら酸性、赤 → 青 への変化ならアルカリ性。
　水酸化ナトリウム(NaOH)は水溶液中でOH⁻を出すのでアルカリ性。
 炎色反応　　Li　Na　K　Ca　Sr　Ba　Cu
　　　　　　深赤　黄　淡紫　橙赤　深赤　黄緑　青緑
 石けんや合成洗剤などのように水と油を均一に分散させる性状をもった物質を界面活性剤という。

問82 **解答** 5
〔解説〕
 a ボイル・シャルルの法則「一定の気体の体積は、圧力に反比例し、絶対温度に比例する。」
 b 一般に気体の溶解度は、圧力が高いと大きくなり、また温度が低い方が大きくなる。
 c 混合気体中の各成分のそれぞれの圧力を分圧といい、各分圧の和が全圧である。ドルトンの法則（分圧の法則）「混合気体の全圧は、各成分気体の分圧の和に等しい。」

問83 **解答** (1)ア (2)ケ (3)コ (4)ウ (5)オ (6)シ (7)ス (8)ツ (9)タ (10)ト
〔解説〕
 下欄の中で金属はAuとPb。イオン化傾向を考えるとAu。
　塩酸 ＞ 硝酸 ＞ 硫酸
 下欄の中で塩はNaHCO₃とNaNO₃。NaNO₃は中性塩だから加水分解しないので中性。
　$NaHCO_3 + H_2O \rightarrow NaOH + H_2CO_3$
　　　　　　　　　強塩基　　弱酸
 したがって弱アルカリ性
 下欄の中で官能基はCHO(アルデヒド基)とCH₃(メチル基)とCH₂(メチレン基)。
 溶質の量をXgとすると重量百分率濃度の式より
　(X／1000×1.5)×100＝20　　　　　　重量百分率濃度の式より
　{150×(30／100) ＋ 50×(15／100)} ／(150 ＋ 50)＝26.25%
　%は百分の一（10^{-2}）、ppmは百万分の一（10^{-6}）
 固体から液体を経ずに、直接気体へ変化することを**昇華**。逆も昇華。
 アルカリ金属とはLi、Na、Kなど。その水酸化物はLiOH、NaOH、KOH。

解答・基礎化学

問84 **解答** (1)○ (2)× (3)× (4)○ (5)× (6)× (7)○ (8)○ (9)○ (10)×

〔解説〕
中和とは 酸＋塩基→塩＋水
水銀（Ｈｇ）は唯一常温で液体の金属であり、比重が大きい（d=13.6）。
物質を分類すると①純物質と②混合物とに大別される。
① **純物質** (1)単体 １種類の元素のみからなる物質
　　　例 H_2，N_2，O_2，Ｆｅなど(2)１種類以上の元素からできている物質
　　　例 H_2O，ＮａＣｌ，H_2SO_4など
② **混合物** 純物質が混じりあった物質
　　　例 空気（N_2 78％，O_2 21％，ＡｒＣＯ2など１％）、溶液
アンモニア（NH_3）は無色透明刺激臭のある気体、水によく溶ける。
塩化水素に合うと白煙を生じる。
　　　Ｓ イオウ 、 Ｓｎ スズ
液体から固体への変化を**凝固**。 気体から液体への変化を**凝縮**。
ダイヤモンドとグラファイトは両方とも炭素のみからできており、 お互いに**同素体**である。
ヨードデンプン反応（青紫色）
pH７以下が酸性、pH７が中性、pH７以上がアルカリ性
炎色反応 　Ｌｉ 　Ｎａ 　Ｋ 　Ｃａ 　Ｓｒ 　Ｂａ 　Ｃｕ
　　　　　　　深赤 　黄 　淡紫 　橙赤 　深赤 　黄緑 　青緑

問85 **解答** ①テ ②エ ③タ ④ニ ⑤セ ⑥オ ⑦コ ⑧イ ⑨カ ⑩

〔解説〕
(1) 多量の液体を内部に含んだ流動性の小さいコロイド溶液をゲル。
　　流動性のあるコロイド溶液をゾル。
(2) セッケンや合成洗剤を水に溶かすと、親油基を内側に、親水基を外側にしてコロイド
　　粒子をつくる。これをミセルという。
(3) 物質１cm^{3}の重さを比重。「４℃の水１cm^{3}の重さ１ｇ」→ 比重 １（ｄ＝１）
(4) pH７以下が酸性、pH７が中性、pH７以上がアルカリ性
(5) **化学式量**とは、組成式中の各原子の原子量の総和。 **分子量**とは、分子式中の各原子
　　の原子量の総和。
(6) **還元**とは、水素と結合する、または結合している酸素を失う、または電子を得ること。
　　酸化はこの逆。
(7) **炎色反応** 　Ｌｉ 　Ｎａ 　Ｋ 　Ｃａ 　Ｓｒ 　Ｂａ 　Ｃｕ
　　　　　　　　深赤 　黄 　淡紫 　橙赤 　深赤 　黄緑 　青緑
(8) **潮解性**とは、空気中の水分を吸収して溶けてしまう性質（ＮａＯＨ，ＫＯＨなど）。
　　風解性とは、結晶水の一部または全部を失って粉末になる性質（$CuSO_4 \cdot 5H_2O$，
　　$(COOH)_2 \cdot 2H_2O$など）。
(9) **分解**とは化合物が２種類上の他の物質に変化すること。
(10) **同位体**とは原子番号が同じで質量数の異なるものどうし（$^{235}_{92}U$と$^{238}_{92}U$など）。同素体と
　　は同じ元素のみからできている単体でも性質の異なるものどうし（O_3とO_2、ダイヤモ
　　ンドとグラファイト、赤リンと黄リン）。

解答・基礎化学

問86 **解答** (1)ウ (2)ウ (3)イ (4)ウ (5)ウ (6)ア (7)ア (8)ウ (9)エ (10)ア
〔解説〕
(1) **炎色反応** 　Li　　Na　　K　　Ca　　Sr　　Ba　　Cu
　　　　　　　　深赤　　黄　　淡紫　橙赤　深赤　黄緑　青緑
(2) $HC≡CH+H_2→H_2C=CH_2$　水素の付加
(3) **イオン化傾向**
(大)K Ca Na Mg Al Zn Fe Ni Sn Pb （H）Cu Hg Ag Pt Au(小)
(4) 金属元素は陽イオンに、非金属元素は陰イオンになりやすい。Na，Ca，Znは金属元素、Sは非金属元素。
(5) 陽極では　$2Cl^-→Cl_2+2e^-$　陰極では　$2H^++2e^-→H_2$　K、Na、Caなどのアルカリ金属やアルカリ土類金属はイオン化傾向が大きいため、容易には金属に還元されない。水溶液中にはNa^+の他に水分子が電離したH^+が存在するので、H^+が陰極から電子を受け取る。
(6) リトマス紙　赤→青への変化はアルカリ性、青→赤への変化は酸性。
(7) アボガドロの法則「全ての気体は同温同圧のとき、同体積中に同数の分子を含む。」
　　ヘスの法則（総熱量保存の法則）「物質が変化する際の反応熱の総和は、変化する前と変化した後の状態だけで決まり、変化の経路や方法には関係しない。」。
　　ヘンリーの法則「一定体積の液体に溶ける気体の質量は、一定温度で液体に接しているその気体の圧力に比例する。」。
　　ボイルの法則「圧力が一定のならば、一定量の気体の体積は、圧力に反比例する。」
　　$PV=k$
(8) BOD　生物学的酸素要求量(Biological Oxygen Demand)、
　　COD　化学的酸素要求量(Chemical Oxygen Demand)、
　　DO　溶存酸素量(Dissolved Oxygen)
(9) ppm　百万分の一(parts par million)、
　　ppb　十億分の一(parts par billion)
(10) LD_{50}　50%致死量（半致死量Lethal Dose 50）、
　　ED_{50}　50%有効量（Effective Dose 50）

問87 **解答** (1)① (2)③ (3)① (4)② (5)② (6)① (7)③ (8)① (9)② (10)①
〔解説〕
(1) 塩酸(HCl)は酸、水酸化ナトリウムは塩基。酸+塩基→塩+水の反応を中和反応。
(2) $-CHO$ アルデヒド基、$-OH$ 水酸基、$-COOH$ カルボキシル基。
(3) $-NO_2$ ニトロ基、$-R$ アルキル基（$-CH_3$ メチル基、$-C_2H_5$ エチル基）、$-SO_3H$スルホン酸基。
(4) 大理石($CaCO_3$)と塩酸(HCl)の反応
　　$CaCO_3+2HCl→CaCl_2+H_2O+CO_2$
(5) 硫酸銅　$CuSO_4→Cu^{2+}+SO_4^{2-}$
(6) pH7以下が酸性、pH7が中性、pH7以上がアルカリ性
(7) ppm 百万分の一(parts par million)。
(8) 重量百分率濃度の式より　$(25／(25+100))×100 ＝ 20\%$
(9) $S+O_2→SO_2$　イオウSは酸素と結合したから酸化された。
(10) アンモニア：$NH_3+H_2O→NH_4OH$　$NH_4OH→NH_4^++OH^-$　OH^-を出すのでアルカリ性。
　　硝酸：$HNO_3→H^++NO_3^-$　H^+を出すので酸性。
　　二酸化炭素：$CO_2+H_2O→H_2CO_3$。
　　炭酸：$H_2CO_3→2H^++CO_3^{2-}$　H^+を出すので酸性。

問88 **解答** (1)○ (2)○ (3)○ (4)× (5)× (6)○ (7)× (8)× (9)○ (10)×
〔解説〕
(1) 多量の液体を内部に含んだ流動性の小さいコロイド溶液をゲル。
　　流動性のあるコロイド溶液をゾル。
(2) ヘンリーの法則「一定体積の液体に溶ける気体の質量は、一定温度で液体に接している気体の圧力に比例する。」
(3) アボガドロの法則「全ての気体は同温同圧のとき、同体積中に同数の分子を含む。」
(4) ヨードデンプン反応（**青紫色**）
(5) COD 化学的酸素要求量(Chemical Oxygen Demand)、BOD 生物学的酸素要求量
　　(Biological Oxygen Demand)。
(6) **固体 → 液体** への変化を融解（溶融）。 **液体→固体**への変化を凝固。
(7) モル濃度（M）とは、溶液1リットル中に含まれている溶質のモル数。
(8) 混合物とは純物質が混じり合った物質。物理的に混ざったものであり、化学的に結合したものではない。例 空気。
(9) 容量百分率(V／V%、Vは容量volumeの略)とは、溶液100ミリリットル中に溶けている溶質のミリリットル数で表す。
(10) 飽和溶液とは、溶質が溶解度まで溶け込んでいる溶液、すなわち溶質を追加しても溶けない状態の溶液。

問89 **解答** (1)カ (2)ス (3)サ (4)ア (5)ニ (6)チ (7)ソ (8)ケ (9)コ (10)ヌ
〔解説〕
(1) 風解性とは、結晶水の一部または全部を失って粉末になる性質
　　（$CuSO_4・5H_2O$、$(COOH)_2・2H_2O$など）。
(2) 酸化の定義：(1)酸素と結合する。(2)結合している水素を失う。
　　　　　　　　(3) イオンが電子を失う。
　　還元の定義：(1)結合している酸素を失う。(2)水素と結合する。
　　　　　　　　(3)イオンが電子を得る。
(3) 同位体（アイソトープ）とは、原子番号が同じで（同じ元素）質量数の異なる原子どうし。
(4) 溶解度とは、溶媒100gに溶けうる溶質の量（g）。
(5) 炎色反応とは、アルカリ金属、アルカリ土類金属、銅などの単体や化合物を白金線に付け、ガスバーナーの酸化炎に入れると炎にそれぞれの元素特有の色が付き、元素の判定ができる。
　　炎色反応　Li　Na　K　Ca　Sr　Ba　Cu
　　　　　　　深赤　黄　淡紫　橙赤　深赤　黄緑　青緑
(6) 固体が液体を経ずに気体になる変化を昇華（気体から直接、固体になることも昇華）。
(7) 潮解性とは、空気中の水分(水蒸気)を吸収して溶けてしまう性質($NaOH, KOH$など)。
(8) 比重とは、$4℃$の水$1cm^3$（$1g$）との比。
(9) 中和とは、酸と塩基が反応して塩と水を生じること。
(10) 同素体とは同じ元素のみからできている単体でも性質の異なるものどうし
　　（O_3とO_2、ダイヤモンドとグラファイト、赤リンと黄リン）。

問90 **解答** (1)ウ (2)ウ (3)イ (4)ウ (5)ウ (6)ウ (7)ア (8)ア (9)イ (10)ア
〔解説〕
(1) 炎色反応　Li　Na　K　Ca　Sr　Ba　Cu
　　　　　　　深赤　黄　淡紫　橙赤　深赤　黄緑　青緑
(2) $HC≡CH+H_2→H_2C＝CH_2$　水素の付加
(3) イオン化傾向
　(大) K Ca Na Mg Al Zn Fe Ni Sn Pb (H) Cu Hg Ag Pt Au (小)
(4) 金属元素は陽イオンに、非金属元素は陰イオンになりやすい。
　　Na, Ca, Znは金属元素、Sは非金属元素。

(5) 陽極では、$2Cl^- \to Cl_2 + 2e^-$。陰極では、$2H^+ + 2e^- \to H_2$。K、Na、Ca などのアルカリ金属やアルカリ土類金属はイオン化傾向が大きいため、容易には金属に還元されない。

水溶液中にはNa^+の他に水分子が電離したH^+が存在するので、H^+が陰極から電子を受け取る。

(6) $-CH_3$ メチル基、$-CHO$ アルデヒド基、$-COOH$ カルボキシル基、
$-Cl$ クロロ基（塩素基）。

(7) 溶媒とは溶かしている液体。溶質とは溶けている物質。

(8) リトマス紙　赤 → 青への変化はアルカリ性、青 → 赤への変化は酸性。

(9) 気体 → 液体 への変化を凝縮。液体 → 気体 への変化を蒸発（気化）。
固体 → 液体 への変化を融解（溶融）。

(10) アボガドロの法則「全ての気体は同温同圧のとき、同体積中に同数の分子を含む。」ヘスの法則（総熱量保存の法則）「物質が変化する際の反応熱の総和は、変化する前と変化した後の状態だけで決まり、変化の経路や方法には関係しない。」ヘンリーの法則「一定体積の液体に溶ける気体の質量は、一定温度で液体に接しているその気体の圧力に比例する。」ボイルの法則「温度が一定ならば、一定量の気体の体積は、圧力に反比例する。」
$PV = k$

問91 **解答** (1)①イ　　②ウ　　(2)ウ　　(3)オ　　(4)エ
〔解説〕
(1) ①蒸発させる水の量をXgとすると重量百分率の式より
$\{(200 \times 15 / 100) / (200 - X)\} \times 100 = 20$　　　$X = 50$
②加える水の量をXgとすると重量百分率の式より
$\{(200 \times 15 / 100) / (200 + X)\} \times 100 = 10$　　　$X = 100$

(2) 0℃の体積をV_0とすると
シャルルの法則　$V_1 = V_0 + (t/273)V_0$より
$1 = V_0 + (27/273)V_0$　　$V_0 = 0.91$
（別法）0℃の体積をV_1とするとボイル・シャルルの法則
$P_1V_1 / T_1 = P_2V_2 / T_2$を使うと、
圧力が一定なので$V_1 / T_1 = V_2 / T_2$。
したがって$V_1 / (273 + 0) = 1 / (273 + 27)$　　$V_1 = 0.91$

(3) 中和滴定の式$NV = N'V'$より　　$0.5 \times 100 = 0.25 \times V'$
$V' = 200$

(4) 単体の状態が酸化数0。酸素が酸化数-2。水素が酸化数+1。
CO_2 全体で酸化数0。酸素は-2だから、2つで-4。したがって炭素は4。

問92 **解答** (1)①L　②H　(2)③M　④N　⑤O　(3)⑥D　⑦A　(4)⑧E　⑨C
(5)⑩ J
〔解説〕
(1) コロイド粒子に溶媒分子が衝突するためコロイド粒子が不規則な運動をする。これを**ブラウン運動**という。また、コロイド粒子により光が散乱されるのを**チンダル現象**という。

(2) 異なる物質が均一に混ざった液体を**溶液**、溶けている物質を溶質、溶かしている液体を**溶媒**。

(3) ブレンステッド・ローリーの酸塩基の定義（1923年）「酸とはH^+供与体として働くことのできる化合物またはイオン、塩基とはH^+受容体として働くことのできる化合物またはイオン。」
アレニウスの酸塩基の定義(1887年)「酸とはH^+を生じる物質、塩基とはOH^-を生じる物質。」

(4) 酸化の定義：(1)酸素と結合する。(2)結合している水素を失う。
(3)イオンが電子を失う。

還元の定義：(1)結合している酸素を失う。 (2)水素と結合する。
　　　　　　　(3)イオンが電子を得る。
(5) **同位体（アイソトープ）**とは、原子番号が同じで（同じ元素）質量数の異なる原子どうし。

問93 **解答** (1)①F　②A　③C　④I　⑤H　(2)⑥C　⑦E　⑧G　⑨B　⑩A
〔解説〕
(1)ハロゲン元素（17族、7B族）：原子量順にフッ素F、塩素Cl、臭素Br、ヨウ素I。
　代表的な非金属元素であり、金属や水素と反応し易い。F_2　淡黄色気体、Cl_2　黄緑色気体、Br_2　赤褐色液体、I_2黒褐色固体、昇華性。
(2)ブレンステッド・ローリーの酸塩基の定義(1923年)「酸とはH^+供与体として働くことのできる化合物またはイオン、塩基とはH^+受容体として働くことのできる化合物またはイオン。」。アレニウスの酸塩基の定義(1887年)「酸とはH^+を生じる物質、塩基とはOH^-を生じる物質。」。
　酸 ＋ 塩基 → 塩 ＋ 水 の反応を**中和反応**。
　リトマス紙　赤 → 青への変化はアルカリ性、青 → 赤への変化は酸性。

問94 **解答** 1．(1)$2Fe_2O_3$、ウ　(2)$Ba(NO_3)_2$、$2H_2$、イ
　　　　　　(3)$Cu(OH)_2$、H_2SO_4、ア　(4)C_2H_5OH、エ
　　　 2．(1)×　(2)×　(3)×　(4)○　(5)○　(6)×　(7)×　(8)○　(9)　○
　　　 3．(1)潮解　(2)昇華　(3)風解　(4)蒸発、沸騰
　　　 4．80%硫酸がXmL必要とすると

$$X \times \frac{80}{100} = 500 \times \frac{10}{100} \quad X = \frac{5000}{80}$$

$$\therefore X = 62.5$$

（答）62.5mL

　　　 5．30%水酸化ナトリウム溶液がXmg必要とすると

$$X \times \frac{30}{100} = 150 \times \frac{15}{100} \qquad \therefore X = 75$$

$$150g - 75g = 75g \qquad （答）水酸化ナトリウム　75g$$
$$水　　　　　　　　75g$$

〔解説〕
　1．
(1) $4Fe + 3O_2 \rightarrow 2Fe_2O_3$　酸素と化合したからFeは酸化された。
(2) $Ba(OH)_2 + 2HNO_3 \rightarrow Ba(NO_3)_2 + 2H_2O$　塩基と酸の反応。中和。
(3) $CuSO_4 + 2H_2O \rightarrow Cu(OH)_2 + H_2SO_4$　水と反応したから加水分解。
(4) $CH_3CHO + H_2 \rightarrow CH_3CH_2OH$　水素と結合したから還元。
　2．
(1) 冷所 15℃以下。常温 15〜25℃。室温 1〜30℃。
(2) ppm 百万分率。ppb 十億分率。
(3) 水は水素と酸素の化合物。
(4) **気密容器** 固体または液体の異物または水分が入らない容器。
(5) 水酸化ナトリウムは**塩基**。したがって、その水溶液はアルカリ性なのでリトマス試験紙 赤 → 青。
(6) LD_{50}とは、50%致死量といい、同一集団に属する50%（半数）が死亡するであろうと推定する薬物量。一般にその動物1Kg当たりの薬物量をgで表す。
(7) ダイヤモンド、純粋な炭、グラファイトなどは炭素のみからできているが、それぞれ性質が異なるので同素体。
(8) w／w%重量百分率、 w／v%重量対容量百分率、v／v%容量百分率。
(9) 有機リン製剤による中毒では、酵素コリンエステラーゼの活性が低下する。解毒薬としてアトロピン、PAM。

３．
(1) **潮解性**とは、空気中の水分（水蒸気）を吸収して溶けてしまう性質（ＮａＯＨ，ＫＯＨ など）。
(2) 固体が液体を経ずに気体になる変化を**昇華**（気体から直接、固体になることも昇華）。
(3) 風解性とは、結晶水の一部または全部を失って粉末になる性質
    （ＣｕＳＯ₄・５Ｈ₂Ｏ，（ＣＯＯＨ）₂・２Ｈ₂Ｏなど）。
(4) 液体→気体 への変化を**蒸発**（**気化**）。液体の蒸気圧と大気圧が等しくなり、盛んに泡が出ている状態を**沸騰**。
４．必要な80％硫酸の量をＸミリリットルとすると 容量百分率の式より
   ｛（Ｘ×80／100）／500｝×100＝10　　Ｘ＝62.5 ミリリットル
５．必要な30％水酸化ナトリウムの量をＸミリリットルとすると重量百分率の式より
   ｛（Ｘ×30／100）／150｝×100＝15　　Ｘ＝75 グラム
   したがって水の量は150－75＝75 グラム

問95 **解答** (1)キ　(2)エ　(3)イ　(4)カ　(5)ウ
〔解説〕
(1) pHが１変化すると水素イオン濃度[H⁺]は10倍変化する。
(2) 重量百分率の式より　20／（180＋20）×100＝10
(3) ボイルの法則「温度が一定ならば、一定量の気体の体積は、圧力に反比例する。」
    ＰＶ＝ｋより２気圧。
(4) （4（g）／100×1000（g））×10⁶＝40 ppm
(5) 硫酸は２塩基酸だから、硫酸１モルは２グラム当量すなわち２規定。
    したがって硫酸２モルは４規定。

問96 **解答** ①×　②○　③×　④○　⑤×　⑥○　⑦×　⑧○　⑨×　⑩○
〔解説〕
① pHが１変化すると水素イオン濃度[H⁺]は10倍変化する。２変化すると水素イオン濃度[H⁺]は100倍変化する。
② イオン化傾向
   (大)K　Ca　Na　Mg　Al　Zn　Fe　Ni　Sn　Pb　(H)　Cu　Hg　Ag　Pt　Au (小)
③ 重クロム酸カリウム（K₂Cr₂O₇）過マンガン酸カリウム
   （KMnO₄）は酸化剤。
④ 固体が液体を経ずに気体になる変化を昇華（気体から直接、固体になることも昇華）。
⑤ リトマス紙　赤→青への変化はアルカリ性、青→赤への変化は酸性。
⑥ 炎色反応　　Li　Na　K　Ca　Sr　Ba　Cu
              深赤　黄　淡紫　橙赤　深赤　黄緑　青緑
⑦ 引火性物質に必ずニトロ基が含まれるとは限らない。例えば、エーテルなど。

⑧ 一般にイオン化傾向が水素より大きい金属は酸と反応して水素を発生する。
⑨ 日本酒などの酒類に入っているのはエタノール（Ｃ₂Ｈ₅ＯＨ、別名エチルアルコール）。
⑩ 分子式は同じでも構造の異なるものどうしを異性体という。例えば分子式Ｃ₂Ｈ₆Ｏで表されるものにエタノールとジメチルエーテルがある。
  Ｃ₂Ｈ₅ＯＨとＣＨ₃ＯＣＨ₃。その他にもオルト、メタ、パラークレゾール。

問97 **解答** a）8 b）2 c）9
〔解説〕
  a）含まれるＨＣ１の量をＸグラムとすると重量百分率濃度の式より
    Ｘ／100 ×100 ＝15 Ｘ＝15 グラム
  b）メタンＣＨ₄の分子量は12＋（1×4）＝16、酸素Ｏ₂の分子量は
    16×2＝32。
    したがって、酸素はメタンと同じ重さだとメタンの１／２モルとなる。
    したがって、0.5気圧。
  c）60℃における硝酸ナトリウムの溶解度は124g。（60℃の水100g中に硝酸ナトリウムが1
    24g溶けている。）
    60℃の硝酸ナトリウム水溶液100g中の硝酸ナトリウムの量をＸとすると
    224：124＝100：Ｘ Ｘ＝55.4g 水の量は100－55.4＝44.6ｇ
    20℃における硝酸ナトリウムの溶解度は88g。（20℃の水100g中に硝酸ナトリウムが88g
    溶けている。）
    20℃の水44.6g中に溶けている硝酸ナトリウムの量をＹとすると
    100：88＝44.6：Ｙ Ｙ＝39.2g したがって、55.4－39.2＝16.2g

問98 **解答** 沸騰、蒸留、分留、溶解度、再結晶
〔解説〕
  液体を加熱沸騰して蒸気とし、これを冷却して液体にして精製する方法を**蒸留**という。
  沸点の差を利用して２種類以上の液体物質を分離精製する方法を**分留**という。
  固体を精製するのに、温度（あるいは溶媒）による溶解度差を利用する方法を**再結晶**とい
  う。

問99 **解答** 3
〔解説〕
  3：一般に反応速度は温度が10℃あがると２倍になる。

問100 **解答** ①1 ②4 ③3 ④2 ⑤5
〔解説〕
  ① **蒸留法**：液体を加熱沸騰して蒸気とし、これを冷却して液体にして精製する方法を**蒸留**
    という。
    沸点の差を利用して２種類以上の液体物質を分離精製する方法を**分留**という。
  ② **透 析**：コロイド粒子はセロハン膜などの半透膜を通過することができないが、小さな
    分子やイオンは自由に通過することができる。
    そこでコロイド溶液を入れた半透膜の袋を流水中に入れると、コロイド粒子を
    他の分子やイオンから分離精製することができる。これを透析という。
  ③ **再結晶**：固体を精製するのに、温度（あるいは溶媒）による溶解度差を利用する方法を
    再結晶という。
  ④ **ろ 過**：不溶性の固体が混じっているとき、これを分離するのにろ過を行う。
  ⑤ **抽出法**：混合物中から特定の成分物質を溶解させる液体を用いて分離する方法を抽出と
    いう。

解答・基礎化学

〔各　　論(問１〜問100)〕

取扱・性状・全般

問１　解答　① 1　　② 5　　③ 3　　④ 1　　⑤ 3
〔解説〕
　　取締法では重要な毒物・劇物のうち、数の少ない毒物を完全に覚えて下さい。又、収載されていない普通薬も問題に出てきますので注意して下さい。
　　この問題は択一式ですから１〜５の中で劇物が判ればよいのです。
① 　劇物と普通物である
② 　アンチモン化合物及びこれを含有する製剤。ただし、次に掲げるものを除く。アンチモン酸ナトリウム及びこれを含有する製剤、酸化アンチモン（Ⅲ）を含有する製剤、酸化アンチモン（Ⅴ）及びこれを含有する製剤、硫化アンチモン及びこれを含有する製剤
③ 　無機シアンとシアン酸
　１．チオセミカルバジド(H_2N-CS-$NHNH_2$)は毒物。
　２．シアン化水素(HCN)は毒物。
　３．シアン酸ナトリウム($NaOCN$)は劇物。
　４．シアン化ナトリウム($NaCN$)は毒物。
　５．硫化燐は毒物。
④ 　過酸化尿素の17%、クロム酸鉛70%農薬は細い除外例がある。
　１．過酸化尿素17%以下は劇物から除外なので、本設問では劇物。
　２．2-ジフエニルアセチル-1,3-インダジオン0.005%以下は劇物。
　３．毒物劇物に指定されていない。
　４．1.5%を超えて含有する製剤は毒物。
　５．70%以下は劇物から除外。いわゆる普通物。
⑤ 　農薬の中の有機燐、有機塩素系の毒物・劇物の区別と除外例のあるもの注意。
　　ダイアジノンが劇物である
　１．パラチオン（毒物）　　２．ドルマント（毒物）　　３．ダイアジノン（劇物）
　４．ホスファミドン（特毒物）　　５．エンドスルファン（毒物）

問２　解答　① 5　　② 2　　③ 1　　④ 3　　⑤ 2
〔解説〕
　　弗化水素とホルムアルデヒドと言うと気体になり、弗化水素酸とホルマリンと言うと液体になります。気体が無色か有色か化学式と性状・製法等から判断する。ホルマリンの化学式はＨＣＨＯ、弗化水素酸の化学式はＨＦである。
① 　弗化水素（ＨＦ）は毒物。腐食性で有毒。
② 　弗化水素（ＨＦ）の水溶液の液性は弱酸性である。
③ 　ホルムアルデヒドの化学式は、ＣＨ₂Ｏである。
④ 　ホルムアルデヒド（ＣＨ₂Ｏ）は劇物。3が正しい。水によく溶ける。また、アルコール、エーテルにも溶ける。
⑤ 　2が正しい。ホルマリン自体は引火性ではないが、溶液が高温に熱せられると含有アルコール（メタノール等）がガス状となって揮散し、これに着火して燃焼する場合もある。

問3　解答　①　4　　②　2　　③　2　　④　3　　⑤　5

〔解説〕
　　ベンゾニトリル、トルエン、黄燐、塩素酸カリウム、三塩化燐は、毒物・劇物の中でも重要な薬品であり状態（気体、液体、固体）と色、性質、化学式等を覚えると良い。又、特別な貯蔵法のあるものも注意すると良い。
①　ベンゾニトリル(別名シアン化フェニル)C_6H_5CNは劇物。
　無色の液体。甘いアーモンド臭がある。水には$100℃$で$100mL$に$1g$溶ける。用途は、プラスチック原料、溶剤。
②　トルエン$C_6H_5CH_3$(別名トルオール、メチルベンゼン)は劇物。
　無色、可燃性のベンゼン臭を有する液体である。水には不溶、エタノール、ベンゼン、エーテルに可溶である。溶剤や爆薬の原料、染料、サッカリン合成の原料として用いられる。
③　黄リンP_4は、無色又は白色の蝋様の固体。毒物。別名を白リン。
　暗所で空気に触れるとリン光を放つ。水、有機溶媒に溶けないが、二硫化炭素には易溶。湿った空気中で発火する。空気に触れると発火しやすいので、水中に沈めてビンに入れ、さらに砂を入れた缶の中に固定し冷暗所で貯蔵する。
④　塩素酸カリウム$KClO_3$(別名塩素酸カリ)は、無色の結晶。水に可溶。
　アルコールに溶けにくい。熱すると酸素を発生する。そして、塩化カリとなり、これに塩酸を加えて熱すると塩素を発生す。用途はマッチ、花火、爆発物の製造、酸化剤、抜染剤、医療用。
⑤　三塩化燐PCl_3は毒物。無色澄明な発煙性の液体。ベンゼン、クロロホルム、エーテル、二硫化炭素にとける。水と反応して塩化水素のガスを発生する。ガスは有害なので注意。用途は特殊材料ガス、各種塩化物の製造。

問4　解答　(1)　4　　(2)　4　　(3)　1　　(4)　2　　(5)　1

〔解説〕
　　毒物・劇物の区別と貯蔵（特殊なもの）、日光、空気に変化するので安定剤を必要とするもの、潮解性のある毒物・劇物などである。
(1) 1．PbO_2の化学名は二酸化鉛(別名過酸化鉛)で劇物。
　　2．$(NH_2OH)_2・H_2SO_4$の化学名は硫酸ヒドロキシルアミンで劇物。
　　3．$PbCl_2$の化学名は二塩化鉛(別名塩化鉛)で劇物。
　　4．$H_3AsO_4・1/2H_2O$の化学名は砒酸で毒物。
(2) 1．$CH_3COC_2H_5$の化学名はエチルメチルケトンで劇物。
　　2．CH_3CNの化学名はアセトニトリルで劇物。
　　3．$CH_2＝CHCN$の化学名はアクロレインで劇物。
　　4．CH_3SHの化学名はメタンチオール(別名メチルメルカプタン)で毒物。
(3) 黄リンP_4は、無色又は白色の蝋様の固体。毒物。空気にふれると発火しやすいので、水中に沈めてビンに入れ、さらに砂を入れた缶中に固定して貯蔵する。
(4) クロロホルム$CHCl_3$は、無色、揮発性の液体で特有の香気とわずかな甘みをもち、麻酔性がある。空気中で日光により分解し、塩素、塩化水素、ホスゲンを生じるので、少量のアルコールを安定剤として入れて冷暗所に保存。
(5) 塩化亜鉛$ZnCl_2$は、白色結晶、潮解性、水に易溶。貯蔵法については、潮解性があるので、乾燥した冷所に密栓して貯蔵する。

問5　**解答**　ア　3　　イ　2　　ウ　4　　エ　1
〔解説〕
　　　常温で貯蔵した場合の変化と、空気・日光で変化してしまうものと安定剤を必要とする
　　もの等注意する。
　　　ア　過酸化水素水H_2O_2は、少量ならば褐色ガラスビンを使用し、三分の一の空間を保
　　　　　って貯蔵する。
　　　イ　黄リンP_4は、空気にふれると発火しやすいので、水中に沈めてビンに入れ、さらに
　　　　　砂を入れた缶中に固定して貯蔵する。
　　　ウ　クロロホルム$CHCl_3$は、空気中で日光により分解し、塩素、塩化水素、ホスゲン
　　　　　を生じるので、少量のアルコールを安定剤として入れて冷暗所に保存。
　　　エ　ベタナフトール$C_{10}H_7OH$は、空気や光線に触れると赤変するため、遮光して貯蔵
　　　　　する。

問6　**解答**　ア　2　　イ　4　　ウ　3　　エ　1
〔解説〕
　　　廃棄の基本は
　　　希釈、中和（中和沈澱）、燃焼、酸化（分解）、還元、沈澱等の処理をして廃棄する。
　　　又、金属、金属塩、酸、アルカリ、溶媒（燃えるもの）燃え難い溶媒、酸化剤、還元剤、
　　　有機物、農薬等種類も多いので注意する。又、性質により廃棄の方法を考えるのも良い。

問7　**解答**　(1)　キ　　　(2)　エ　　　(3)　ク　　　(4)　オ　　　(5)　ウ　　　(6)　カ
　　　　　　　(7)　イ　　　(8)　ア　　　(9)　ケ　　　(10)　コ
〔解説〕
　　　問7は気体、液体、固体、と色と臭い等から判断し性質と毒作用より定めると良い。
　　気体　なし
　　液体　水銀（銀白色）　　　　　メタノール（無色）　　硫酸（油状で重い）
　　　　　　酢酸エチル（無色）　　　クロロホルム（無色）　ニトロベンゼン（淡黄色）
　　　　　　シアン化水素（沸点25.7℃）　　　　アクリルニトリル（無色）
　　固体　塩素酸カリウム（白色の結晶）　　　フェノール（白色の結晶又は塊）
　　(1)　シアン化水素HCNは、毒物。
　　(2)　酢酸エチル$CH_3COOC_2H_5$は、劇物。
　　(3)　塩素酸ナトリウム$NaClO_3$は、劇物。
　　(4)　クロロホルム$CHCl_3$は、劇物。
　　(5)　硫酸H_2SO_4は、劇物。
　　(6)　ニトロベンゼン$C_6H_5NO_2$は、劇物。
　　(7)　メタノール（メチルアルコール）CH_3OHは、劇物。
　　(8)　水銀Hgは毒物。
　　(9)　アクリルニトリル$CH_2=CHCN$は、劇物。
　　(10)　フェノールC_6H_5OHは、劇物。

問8　**解答**　(1)　◎、△　　　(2)　◎、△　　　(3)　△、△　　　(4)　△、○　　　(5)　○、○
　　〔解説〕毒物の中の毒性の強い特定毒物を必ず覚えておくと良い。そして毒物を覚えその他
　　　　　　を劇物と覚える。
　　　　　　　特定毒物はモノフルオール酢酸、四アルキル鉛であり、毒物はパラコート、ＥＰＮ、
　　　　　　エンドリンである。

問9　**解答**　(1)　ウ　　　(2)　オ　　　(3)　ア　　　(4)　エ　　　(5)　イ
〔解説〕
　　(1)　ハロゲン化合物　還元剤と炭酸ナトリウムで分解する。
　　(2)　アルデヒドは還元剤にて分解する。
　　(3)　黄燐は燃えるガス洗滌装置のついた焼却炉を用いる。
　　(4)　酸は中和法を用いる。
　　(5)　無機シアン化合物はアルカリ塩素法を用いてシアンを酸化分解する。

問10　解答　ア. ① 2　② 5　イ. ③ 4　④ 2
　　　　　　ウ. ⑤ 3　⑥ 1　エ. ⑦ 5　⑧ 3
　　　　　　オ. ⑨ 1　⑩ 4
〔解説〕
　　ア. 生体内のアコニターゼ（ＴＣＡサイクル）の阻害（アセトアミド）
　　イ. 経口毒で即死（チオ硫酸ナトリウム）
　　ウ. 中枢神経毒（バルビタール製剤）
　　エ. コリンエステラーゼの阻害（ＰＡＭ）
　　オ. 麻痺型と胃腸型がある（ＢＡＬ）

問11　解答　(1) 5　　(2) 3　　(3) 4　　(4) 1　　(5) 2
〔解説〕
　　1. 遮光して冷所に1/3の空間をもって保管するもの。
　　2. 冷所におくと混濁してしまい常温で保管安定剤を入れておくと良いもの。
　　3. ガラス等を溶かしてしまうのでポリエチレン、塩化ビニールに入れて保存するもの。
　　4. 石油中に貯えるもの。
　　5. 水中に貯えるもの。
　　(1) 黄燐P_4は、無色又は白色の蝋様の固体。毒物。湿った空気中で発火する。空気に
　　　触れると発火しやすいので、水中に沈めてビンに入れ、さらに砂を入れた缶の中に
　　　固定し冷暗所で貯蔵する。
　　(2) 弗化水素酸ＨＦ ガラスを侵す性質があるので、ガラス製の容器に貯蔵してはなら
　　　ない。
　　(3) ナトリウムNaは、湿気、炭酸ガスから遮断するために石油中に保存。(4) 過酸化
　　　水素水H_2O_2は、少量なら褐色ガラス瓶（光を遮るため）、多量ならば現在はポリエ
　　　チレン瓶を使用し、3分の1の空間を保ち、有機物等から引き離し日光を避けて冷暗
　　　所保存。
　　(5) ホルマリンは、容器を密閉して換気の良いところで貯蔵すること。直射日光をさ
　　　けて保管すること。（ホルマリンはホルムアルデヒドＨＣＨＯを水に溶解したもの。）

問12　解答　(1) 5　　(2) 4　　(3) 3　　(4) 1　　(5) 2
〔解説〕
　　1. 空気や日光にて赤変するもの。
　　2. 温度の上昇と可燃性、発火性、自然発火性のものから離して保存。一旦開封したも
　　　のには水をはって置くと安全である。
　　3. 日光や空気に接しない様に不活性ガスを封入すると良い。
　　4. 気体なので圧縮冷却液化しボンベ等に入れる。
　　5. 水と炭酸ガスを吸収すると潮解してしまうので密栓して保存する。
　　(1) 水酸化カリウムＫＯＨは潮解性で、空気中のCO_2とも反応するので密栓して保存。
　　(2) ブロムメチルCH_3Brは常温では気体であるため、これを圧縮液化し、圧容器に
　　　入れ冷暗所で保存する。
　　(3) アクリルニトリル$CH_2＝CHCN$は引火点が低く、火災、爆発の危険性が高いの
　　　で、火花を生ずるような器具や、強酸とも安全な距離を保つ必要がある。直接空気
　　　にふれないよう窒素等の不活性ガスの中に貯蔵する。
　　(4) ベタナフトール$C_{10}H_7OH$は、空気や光線に触れると赤変するため、遮光して貯
　　　蔵する。
　　(5) 二硫化炭素は揮発性で、強い引火性のある特異臭のある無色液体である。したが
　　　って、可燃性のもの、発熱性、自然発火性物質からは十分に距離を離し直射日光を
　　　受けない冷所で水を張って保存する。

解答・各論〔取扱・性状・全般〕

- 267 -

問13 **解答** (1) b (2) m (3) e (4) k (5) h (6) a (7) l
〔解説〕
　(1) 性状　臭い（腐った魚）　　　　　(2) 用途　　　　　（殺そ剤）
　(3) 性状　変化（発火）　　　　　　　(4) 用途　　　　　（飼料添加物）
　(5) 用途　　　　（漂白剤）　　　　　(6) 性状　臭い（果実）
　(7) 用途　　　　（プラスチック原料）

問14 **解答** (1) ア (2) ウ (3) エ (4) オ (5) イ
〔解説〕
　ア．ナトリウム－石油中に保管する。
　イ．ブロムメチル－圧縮冷却液化しボンベに保管。
　ウ．四塩化炭素－亜鉛とか錫メッキされた鉄製容器に保管し高温をさける。
　エ．クロロホルム－空気日光で変化するので安定剤を加えて保管する。
　オ．過酸化水素水－遮光して冷所に1/3の空間をもって保管する。

問15 **解答** (1)（カ） (2)（キ） (3)（エ） (4)（ク） (5)（ア）
〔解説〕
　(1) 酸化剤が良いとされている。胃洗滌等。(2) 沃度。でんぷん反応。
　(3) チオ硫酸ナトリウム、亜硝酸ナトリウム　亜硝酸アミルを吸入させても良い。
　(4) カルシウム塩とすると良い。
　(5) ＳＨ解毒剤、ジメロカプロール（ＢＡＬ）、グルタチオン、メルカプト酢酸等が良
　　いとされている。

問16 **解答** 2
〔解説〕
　1の黄燐は、空気中で自然発火する。
　2の弗化水素酸は、<u>ガラスを犯してしまう為ポリエチレン等の容器に入れる。</u>
　3のホルマリンは、低温で混濁してしまうから。
　4の二硫化炭素は、揮発、引火性が強いから。

問17 **解答** 4
〔解説〕
　4：フェノールは石炭酸といい化学式はC_6H_5OHでメチルベンゼンは$C_6H_5CH_3$で
　ある。又、正しいものを見つけても良い。

問18 **解答** 2
〔解説〕
　2：パラコートは農薬の除草剤で特定毒物でなく、**毒物である。**

問19 **解答** (1) ウ (2) オ (3) ア (4) エ (5) イ
〔解説〕
　固体のもの　塩素酸カリウム（無色結晶）
　　　　　　　　無水クロム酸（暗赤色結晶）
　液体のもの　アニリン（無色、空気で赤褐色）
　気体のもの　弗化水素（水溶液弗化水素酸）
　　　　　　　　アンモニア（水溶液アンモニア水）

解答・各論〔取扱・性状・全般〕

問20　**解答**　I　(1)　オ　　(2)　エ　　(3)　ア　　(4)　ウ　　(5)　イ
　　　　　　　　II　(1)　エ　　(2)　ウ　　(3)　ア　　(4)　イ　　(5)　オ
　〔解説〕
　　I
　　　アのクレゾールは、燃焼（木粉又は可燃性溶剤と混ぜて）
　　　イの硝酸銀は、沈澱（塩化銀）
　　　ウの水銀は、回収（金属、水銀、セレン、カドミウム、ひ素等）
　　　エのホルムアルデヒドは、分解（分解させるもの　次亜塩素酸ナトリウム）
　　　オの塩化水素は、沈澱（塩化銀として）
　　II
　　　アの重クロム酸カリウムは、酸化剤…還元剤
　　　イのアクリルニトリルは、希釈…多量の水
　　　ウのナトリウムは、回収…水をかけると発火爆発するので石油又灯油の中に回収する
　　　エの塩酸は、酸　…中和後希釈
　　　オの黄リンは、回収…水中に保存する薬品であるから水を満たした容器に回収する

問21　**解答**　(1)　ウ　　(2)　エ　　(3)　イ　　(4)　ア　　(5)　オ
　〔解説〕
　　(1)　酸は中和後水で希釈。
　　(2)　ハロゲン溶剤は少しずつ揮発又は可燃性溶媒と混ぜアフターバーナー、スクラバー
　　　　を備えた焼却炉で高温焼却。
　　(3)　過酸化物は多量の水で希釈又は可燃性溶剤に混ぜアフターバーナー、スクラバーを
　　　　備えた焼却炉で高温燃焼させる。
　　(4)　塩化銀の沈澱とし濾過。
　　(5)　アルカリ類中和後水で希釈。

問22　**解答**　(1)　ク　　(2)　ウ　　(3)　キ　　(4)　ケ　　(5)　カ
　　　　　　　　(6)　イ　　(7)　ア　　(8)　コ　　(9)　オ　　(10)　エ
　〔解説〕
　　(1)　アンモニア－気体　無色刺激臭・液化
　　(2)　塩化水素－気体　無色刺激臭・発煙
　　(3)　二硫化炭素－液体　無色麻酔性・不快な臭い・揮発性・引火性強い
　　(4)　水銀－液体　銀白色重い（ＳＧ13.6）
　　(5)　四塩化炭素－液体　無色で重く揮発性・麻酔性芳香
　　(6)　砒化水素－気体　無色ニンニク臭
　　(7)　硫酸銅－固体　青色で風解性熱すると無水物になる
　　(8)　水酸化カリウム－固体　白色・水と炭酸ガスを吸収し潮解性
　　(9)　塩素－気体　黄緑色・窒息性臭気
　　(10)　ピクリン酸－固体　淡黄色・徐々に熱すると昇華・急熱又衝撃爆発

問23　**解答**　1　1　　2　2　　3　2　　4　2　　5　1
　〔解説〕
　　　1は正しい。2は注意して加熱すると液化するではなく、注意して加熱すると昇華する。
　　3は日光や有機物にあうと還元され黒色に変わる。4は黄緑色気体で、冷却すると黄白色
　　固体になる。5は正しい

問24　**解答**　(1)　5　　(2)　4　　(3)　2　　(4)　1　　(5)　3
　〔解説〕
　　(1)　酸類は10％以下のものが多く石炭酸5％以下、メタアクリル酸25％以下、ぎ酸90％以
　　　　下がある。
　　(2)　過酸化物は過酸化水素が6％以下、過酸化ナトリウム5％以下、過酸化尿素17％以下
　　　　である。
　　(3)　農薬の除外％はＥＰＮ1.5％以下、エチルチオメトン5％以下、ダイアジノン3％以

下、デイプテレックス10％以下、ＰＣＰ１％以下、ペンダイオカルブ５％以下、ロテノン２％以下と色々あり、イソキサチオンは因みに２％以下である。
(4) ホルムアルデヒドと含有製剤も１％である。
(5) 別名石灰酸で(1)で説明している。

問25　**解答**　(1)　ウ　　　(2)　ア　　　(3)　ア　　　(4)　エ　　　(5)　カ
　　　　　　　(6)　ア　　　(7)　オ　　　(8)　イ　　　(9)　カ　　　(10)　ア
〔解説〕
　・除外限度の10％以下のものは酸類が多い。塩化水素、硫酸、蓚酸であるがアルカリのアンモニアも10％以下である。
　・1.5％以下は有機燐のＥＰＮである。
　・１％以下のものはホルムアルデヒドである。
　・６％以下のものは過酸化水素。
　・70％以下はクロム酸鉛。
　・５％以下のものはアルカリの水酸化カリウム、水酸化ナトリウムである。

問26　**解答**　(1)　①　ウ　②　ア　　　(2)　③　ウ　④　イ
　　　　　　　(3)　⑤　ウ　⑥　ア　　　(4)　⑦　ア　⑧　イ
　　　　　　　(5)　⑨　イ　⑩　ア
〔解説〕
(1) 臭素はハロゲン元素でＢｒ₂の化学式を持ち酸化剤である。
(2) キシレンはベンゼンとかトルエン等と同じ芳香族炭化水素であり溶剤として用いられる。
(3) 硫化カドミウム　黄橙色で顔料である。硫化物は一般に黒色のものが多いが硫化亜鉛は白色である。
(4) ニコチンはたばこ葉中のアルカロイド（神経毒）で農薬の硫酸ニコチンはアブラムシ等の殺虫剤である。
(5) シアン化カリウムは無機シアン化合物で白色の固体でシアン、水銀、ひ素、燐、弗化水素は五大毒物である。

問27　**解答**　(1)　　　ウ　　　Ａ　　　(2)　　　オ　　　Ｄ
　　　　　　　(3)　　　イ　　　Ｃ　　　(4)　　　エ　　　Ｂ　　(5)　　　ア　　　Ｅ
〔解説〕
(1) 有機燐製剤でコリンエステラーゼの阻害。Ａ
(2) 飲めないアルコールで視神経がおかされ失明することがある。Ｄ
(3) 農薬の燻蒸剤で血液毒でもある。Ｃ
(4) 強いアルカリで腐食性が強い。Ｂ
(5) 無機シアン化合物。少量でも危険。ガスはもっと危険である。Ｅ

問28　**解答**　(1)　イ　　　(2)　ウ　　　(3)　ア　　　(4)　ウ　　　(5)　イ
　　　　　　　(6)　イ　　　(7)　ア　　　(8)　ウ　　　(9)　ウ　　　(10)　ウ
〔解説〕
(1) ハロゲン化合物のクロロホルム、クロルピクリンは引火性がない。
(2) 溶媒で比重の重いもの　クロロホルム、四塩化炭素、二硫化炭素。
(3) 塩素酸塩類は酸化力がある。
(4) クロル酢酸はモノ、ジ、トリとも腐食性がある。
(5) 世界大戦で催涙ガスに使用されていた。
(6) 有機化合物はＣ原子がつながって出来た骨格にＨ．Ｏ．Ｎ．Ｓ．Ｐ．ハロゲン元素等の原子が結びついたものでその他を無機化合物という。
(7) 空気中に放置すると結晶形がくずれてしまうもの。
(8) 空気中の湿気又は水分を吸収して溶けてしまうもの。
(9) 空気中でガス化した場合、催涙刺激性がある。
(10) 溶媒としても広く用いられている。

問29　**解答**　(1)　ア　　(2)　カ　　(3)　エ　　(4)　ウ　　(5)　イ
〔解説〕
・分解（希硫酸）後中和、沈澱、濾過。
・硫化物の沈澱濾過。
・アルカリ性酸化分解。
・希釈。
・難燃性又ガスを発するもの　アフターバーナー、スクラバーの設備のある焼却炉。
(1)　硅弗化ナトリウムは劇物。無色の結晶。水に溶けにくい。水に溶かし消石灰等の水
　　溶液を加えて処理した後、希硫酸を加えて中和し、沈殿濾過して埋立処分する分解沈
　　殿法。
(2)　三塩化アンチモンＳｂＣｌ₃は、劇物。無色の潮解性の結晶で空気中で発煙する。
　　廃棄法：水に溶かし、硫化ナトリウム水溶液を加えて沈殿させ、ろ過して埋立処分す
　　る沈殿法。
(3)　シアン化ナトリウムＮａＣＮは、酸性だと猛毒のシアン化水素ＨＣＮが発生するの
　　でアルカリ性にしてから酸化剤でシアン酸ナトリウムＮａＯＣＮにし、余分なアルカ
　　リを酸で中和し多量の水で希釈処理する酸化法。
(4)　過酸化尿素は劇物。白色の結晶又は結晶性粉末。水に溶ける。廃棄法は多量の水で
　　希釈して処理する希釈法。
(5)　モノクロル酢酸ＣｌＣＨ₂ＣＯＯＨは劇物。無色潮解性の結晶。水に易溶。廃棄法は、可燃性
　　溶剤と共にアフターバーナー及びスクラバーを具備した焼却炉の火室へ噴霧し償却す
　　る燃焼法。

問30　**解答**　①　5　　②　2　　③　4　　④　3　　⑤　1
　　　　　　　　⑥　2　　⑦　4　　⑧　1　　⑨　5　　⑩　3
　　　　　　　　⑪　3　　⑫　5　　⑬　2　　⑭　4　　⑮　1
〔解説〕
　　過酸化水素水－①不純物で分解しやすい酸化、還元力の両方がある。⑥少量ならばガラ
　　　スびん多量ならばカーボイ、冷暗所。⑪医薬にオキシドールがある。
　　四エチル鉛－②昔はガソリンのアンチノック剤（有鉛ガソリン）として用いられた。⑦
　　　出入口を遮断できる独立倉庫に。⑫アンチノック剤。
　　硝酸銀－③日光、有機物で還元される。⑧日光により変化する遮光びん。⑬写真の現像
　　　液。
　　三硫化燐－④引火性、自然発火性、爆発性物質を遠ざけて貯蔵する。⑨④にて説明して
　　　いる。⑭三硫燐マッチ。
　　フェノール－⑤空気で赤変、防腐剤などに用いる。⑩変化するので暗所に。⑮ベークラ
　　　イト（フェノール樹脂）。

問31　**解答**　①　3　　②　2　　③　4　　④　1　　⑤　5
　　　　　　　　⑥　4　　⑦　2　　⑧　1　　⑨　5　　⑩　3
〔解説〕
　　砒素化合物－①　麻痺型（意識喪失）胃腸型（コレラ症状）がある。〈解毒剤〉ＢＡＬ
　　モノフルオール酢酸アミド－②　アコニターゼ（ＴＣＡサイクル）の阻害。
　　　〈解毒剤〉アセトアミド
　　硫酸ニコチン－③　神経毒で気分が悪くなり発汗けいれんを起する。〈解毒剤〉アトロピン
　　有機リン剤－④　コリンエステラーゼを阻害し縮瞳意識混濁などがみられ中枢神経刺激と
　　　副交感神経刺激がおこることがある。〈解毒剤〉ＰＡＭ
　　シアン化合物－⑤　血液のはたらき酸素の供給をさまたげ呼吸麻痺をおこす。〈解毒剤〉
　　　チオ硫酸ナトリウム

解答 (1) 3　(2) 5　(3) 4　(4) 2　(5) 1
　　〔解説〕
　　　(1)塩酸－酸類中和希釈する。
　　　(2)フェノール－有機物で燃える。
　　　(3)酢酸エチル－有機の溶媒で引火性がある。
　　　(4)無水クロム酸－酸化剤であるから還元処理する。
　　　(5)シアン化ナトリウム－無機シアン化合物は酸化分解する。

問33　**解答**　ア　1　イ　5　ウ　4　エ　2　オ　3
　　〔解説〕
　　　アのモルトールは、チオセミカルバジドの製剤の商品であり本体は毒物。
　　製剤は劇物。ただし、0.3％以下で黒色に着色され、かつ、トウガラシエキスを用いて著し
　　くからく着味されているものは普通薬とされている。0.3％以下を含有する製剤は劇物から
　　除外。
　　　イのEPNは有機燐の毒物であるが、1.5％以下を含有する製剤は劇物。
　　　ウの蓚酸（しゅう）は二モルの結晶水を持った酸。10％以下は劇物から除外。
　　　エのベタナフトールは有機の環式化合物である。1％以下は劇物から除外。
　　　オのフェノールは別名石炭酸と言う。5％以下は劇物から除外。

問34　**解答** (1) 4　(2) 3　(3) 4　(4) 1　(5) 2
　　〔解説〕
　　　(1)　アニリンはアミノ基、トルエンはメチル基、ニトロベンゼンはニトロ基、Ｐ－クレ
　　　　　ゾールは水酸基とメチル基、ベンゾニトリルはシアン基がいずれもフェニール基と合
　　　　　わせたものである。
　　　(2)　パラコート：<u>除草剤、アクロレイン：合成原料</u>、ホストキシン：くん蒸殺そ殺虫剤、
　　　　　アンモニア：<u>化学工業</u>、酢酸エチル：<u>溶剤</u>
　　　(3)　4の硝酸は血液毒ではなく、<u>接触懐疽</u>。
　　　(4)　密封容器とはアンプル、バイアル瓶など。
　　　　　臭素Ｂr₂は強い腐食作用を持ち、<u>濃塩酸にふれると高熱を発するので、密封容器（共
　　　　　栓ガラスビン）などを使用し、冷所に貯蔵する。</u>
　　　　　カリウムKは空気中にそのまま貯蔵することはできないので、石油中に保存する。
　　　　　黄リンは水中で保存。
　　　　　ピクリン酸（C₆H₂（NO₂）₃OH）は爆発性なので、火気に対して安全で隔離され
　　　　　た場所に、イオウ、ヨード、ガソリン、アルコール等と離して保管する。鉄、銅、
　　　　　鉛等の金属容器を使用しない。
　　　　　シアン酸ナトリウムNaOCNは、水と反応し加水分解しやすいので、乾燥した冷
　　　　　暗所に貯蔵する。
　　　　　発煙硫酸は劇物。無色の粘稠な液体。貯蔵法：容器を密閉して換気の良い場所で保
　　　　　管すること。
　　　(5)　濃い硫酸は比重がきわめて大で水でうすめると激しく発熱し有機物（木片）を炭化
　　　　　する性質がある。

問35　**解答** (1) 4　(2) 4　(3) 5　(4) 1　(5) 2
　　〔解説〕
　　　(1)　塩素酸ナトリウムと塩素酸カリウムの識別は色、味、臭い、外観では区別できない。
　　　　　<u>ナトリウム塩は潮解性あり、炎色反応でナトリウム塩は黄色。</u>
　　　　　カリウム塩は紫で区別出来る。
　　　(2)　メタノールは液体で引火性。大量の水で希釈すれば毒性がなくなる。
　　　　　メタノール（メチルアルコール）CH₃OHは、引火性の液体であるので周囲から着火
　　　　　源を除き、これが少量の漏えいした液は多量の水で十分に希釈して洗い流す。多量に
　　　　　漏えいした液は土砂等でその流れを止め、安全な場所に導き、多量の水で十分に希釈
　　　　　して洗い流す。

解答・各論〔取扱・性状・全般〕

(3) 四塩化炭素（テトラクロロメタン）ＣＣｌ₄（別名四塩化メタン）は、<u>特有な臭気をもつ</u><u>不燃性</u>、揮発性無色液体、水に溶けにくく有機溶媒には溶けやすい。
強熱によりホスゲンを発生。消火器に用いているのは四塩化炭素（電気火災等）である。因みに、メチルエチルケトンＣ₂Ｈ₅ＣＯＣＨ₃はアセトン同様に引火性液体。酢酸エチルＣＨ₃ＣＯＯＣ₂Ｈ₅は、劇物。無色果実臭の可燃性液体。二硫化炭素ＣＳ₂は、無色透明の麻酔性芳香を有する液体。市販品は不快な臭気をもつ。有毒で長く吸入すると麻酔をおこす。引火性が強い。
アクロレインＣＨ₃＝ＣＨ－ＣＨＯは、劇物。無色又は帯黄色の液体。刺激臭がある。引火性である。

(4) ナトリウム塩は殆ど水に溶ける。アミン類も同じである。
アニリンＣ₆Ｈ₅ＮＨ₂は、純品は、無色透明の油状の液体で、特有の臭気があり空気に触れて赤褐色になる。<u>水に溶けにくく、アルコール、エーテル、ベンゼンに可溶。</u>

(5) モノフルオール酢酸ナトリウム塩は特定毒物で殺そ剤である。<u>サリチオンは有機燐製剤で殺虫剤である。</u>

問36　解答　2
〔解説〕
有機塩素化合物－体内に吸収されて（経口）中枢神経毒である。
水銀化合物－コリンエステラーゼの阻害は<u>有機燐製剤である（皮ふ、吸入、経口毒）。水銀化合物には急性中毒（胃が痛む、尿の出が悪くなりよだれが出る。口や歯ぐきが腫れる。）、急性中毒がある。解毒は初期の場合は胃を洗浄し、蛋白質例えば牛乳等を飲ませる。</u>
砒素化合物－経口毒である。麻酔型と胃腸型（コレラ型）があり慢性中毒に移行する。
青酸化合物－経口毒又吸入毒であり猛毒性で死亡率が高い。

問37　解答　3
〔解説〕
アクリルアミドはアミン類と言って構造式の中にアミノ基（－ＮＨ₂）と二重結合を持っていて化学式はＣＨ₂＝ＣＨ－ＣＯＮＨ₂である。このものは水にもアルコールにも溶解する。

問38　解答　1
〔解説〕
<u>水銀は回収しなければならない。廃棄できない。水銀Ｈｇは常温で唯一の液体の金属である。</u>廃棄方法は、そのまま再生利用するため蒸留する回収法を用いる。

問39　解答　(1)　○　　(2)　×　　(3)　×　　(4)　○　　(5)　○
〔解説〕
(1) モノフルオール酢酸は、経口毒である。
(2) 四エチル鉛は、<u>吸入、皮ふ毒である。</u>
(3) 臭化水素酸は、<u>皮ふ、粘膜毒である。</u>
(4) ニトロベンゼンは、皮ふ、吸入毒である。
(5) アニリンは、皮ふ、吸入毒である。

問40　解答　(1)　ア　　(2)　ウ　　(3)　イ　　(4)　オ　　(5)　エ
〔解説〕
(1) ベタナフトールＣ₁₀Ｈ₇ＯＨは、空気中で赤変するので遮光する。
(2) クロロホルムＣＨＣｌ₃は、空気、日光分解、安定剤（少量のアルコール）を加えると良い。
(3) ナトリウムＮａは、水と接触すると激しく爆発する。
(4) 水酸化ナトリウム（別名：苛性ソーダ）ＮａＯＨは、潮解性が強い。
(5) 燐化アルミニウムＡｌＰは、空気中の湿気と水分によりＰＨ₃を発生する。

問41　**解答**　a 4　b 2　c 2　d 1　e 2
〔解説〕
　　a　クレゾールには三種の異性体オルト、パラは無色の結晶。メタは無色～淡褐色の液体　水にわずかにとける。消毒(水に可溶ではない。)殺菌等
　　b　クロルピクリンは無色油状の液体で市販品は微黄色の液体で燻蒸剤である。
　　c　水酸化カリウムは白色の固体で水に可溶、化学工業に用いる。
　　d　アンモニア水は無色の液体で塩酸を潤した棒を近づけると白煙を生じる。
　　e　二硫化炭素は無色の液体で溶媒、油脂の抽出に用いる。

問42　**解答**　(1) ア　(2) オ　(3) イ　(4) エ　(5) ウ
〔解説〕
　　(1)　**クロロホルム**は、中枢神経毒である。
　　(2)　**クロルピクリン**は、血液毒である。
　　(3)　**弗化水素酸**は、接触毒(凝固、崩壊、懐疽、いわゆる火傷)である。
　　(4)　**クロム酸塩類**は、経口毒　赤黄色→青緑色に染まり嘔吐血便が見られる。
　　(5)　**ニコチン**は、神経毒である。

問43　**解答**　(1) イ　(2) ア　(3) エ　(4) オ　(5) ウ
〔解説〕
　　(1)　**黄リン**P_4は、空気中で自然発火する。
　　(2)　**二硫化炭素**は、揮発性、強い引火性のある特異臭のある無色液体である。
　　(3)　**カリウム**Kは、水と接触すると激しく爆発する。
　　(4)　**水酸化カリウム**(KOH)は潮解性がある。
　　(5)　**アクロレイン**$CH_3=CH-CHO$は、反応性に富む。変化し易いので安定剤を加える。

問44　**解答**　4
〔解説〕
　　別名をホストキシンといい毒物の中でも特に毒性が強い特定毒物で分解するとPH_3(燐化水素)を発生する。
　　(注)リン化水素PH_3は、腐魚臭がある有毒なガスである。

問45　**解答**　2
〔解説〕
　　2：フッ化水素酸HFは強い腐食性を持ち、またガラスを侵す性質があるためポリエチレン容器に保存する。火気厳禁。ガラスを溶解するものは弗化水素酸や一水素二弗化アンモニウムでガラスの加工等に用いている。

問46　**解答**　4
〔解説〕
　　塩素酸カリウム$KClO_3$は白色固体、加熱により分解し酸素発生
　　$2KClO_3 \rightarrow 2KCl+3O_2$マッチの製造、酸化剤。有機物や還元剤との混合物は加熱、摩擦、衝撃などにより爆発することがある。そのため、可燃物と離して冷暗所に貯蔵する。
　　酸素の化合物で$KClO_3$である。亜砒酸(無水亜砒酸)はAs_2O_3で酸素があるがこれは200℃に熱すると昇華する。又、亜砒酸はH_3AsO_3で水溶液のみ存在する。一般的に亜砒酸と言うとAs_2O_3のことをいう。

問47　**解答**　3
〔解説〕
　　四塩化炭素の化学式はCCl_4で塩素を含有している。消化器の(電気火災)に用いられ高熱下で酸素と水が共存すると$COCl_2$を発生する。ホスフィンはPH_3の化学式で燐化水素という。

問48　解答　1
〔解説〕
　ピクリン酸は急熱あるいは衝撃により爆発するから金属容器は危険である。
　沃素は常温でも揮発（昇華）する性質があり、ベタナフトールは日光空気で変化する。二硫化炭素は引火性、揮発性が強い。

問49　解答　① 4　　② 1　　③ 2　　④ 3
〔解説〕
　① 五硫化二燐（五硫化燐）P_2S_5またはP_4S_{10}は、わずかの加熱でも発火し発生した硫化水素で爆発することがある。
　② アクロレイン$CH_2=CHCHO$は、引火性で熱又は炎で分解する。
　③ 四塩化炭素（テトラクロロメタン）CCl_4は、揮発性が強く高温をさけてドラム缶等に保管する。
　④ ベタナフトール$C_{10}H_7OH$は、空気中で変化する。

問50　解答　① 4　　② 3　　③ 1　　④ 2
〔解説〕
　① ＤＤＶＰは、神経毒で吐気、悪心、嘔吐などがあらわれる。
　② アクロレインは、接触毒でやけどをする。
　③ ニコチンは、刺激臭あり催涙ガスとしても使用されていた。
　④ 発煙硫酸は、有機燐の中毒はコリンエステラーゼの阻害である。

問51　解答　1
〔解説〕
　塩素は酸化剤である還元剤を用いて処理するか、アルカリ剤を加えるか吹き込んで多量の水で希釈処理すると良い。
　塩素Cl_2多量のアルカリ水溶液（石灰乳又は水酸化ナトリウム水溶液等）中に吹き込んだ後、多量の水で希釈して処理するアルカリ法。必要な場合(例えば多量の場合など)にはアルカリ処理法で処理した液に還元剤(例えばチオ硫酸ナトリウム水溶液など)の溶液を加えた後中和する。その後多量の水で希釈して処理する還元法。
　以上のように塩素Cl_2にはアルカリ法と還元法がある。

問52　解答　3
〔解説〕
　二硫化炭素は引火性があるので燃焼させてもよく、又、還元剤を加えて酸化分解しても良い。焼却炉はスクラバーを具備したものを用いる。
　二硫化炭素CS_2は、劇物。無色透明の麻酔性芳香をもつ液体。ただし、市場にあるものは不快な臭気がある。有毒であり、ながく吸入すると麻酔をおこす。
　廃棄法：スクラバーをぐびした焼却炉の火室へ噴霧し焼却する焼却法。次亜塩素酸ナトリウム水溶液と水酸化ナトリウムの混合溶液を攪拌しながら二硫化炭素を滴下し酸化分解させた後、多量の水で希釈して処理する酸化法。

問53　解答　3
〔解説〕
　有機燐の農薬は経口はもちろん皮ふからも吸収される。アルカリで分解される。中毒にはＰＡＭ又は硫酸アトロピンが治療に用いられ、農業用の殺虫剤である。スミチオン、マラソンは有機燐の農薬であるが劇物からも除外されている、いくぶん低毒性の有機燐製剤である。

問54　解答　4
〔解説〕
　モノフルオール酢酸ナトリウムは特定毒物で用途は野ねずみの駆除に用いられている。
　１，２，３の用途は正しい。

- 275 -

問55　解答　3
〔解説〕
　　ピクリン酸Ｃ₆Ｈ₂（ＮＯ₂）₃ＯＨ（別名２，４，６トリニトロフェノール）は、無色ないし
淡黄色の光沢のある結晶。水には溶けにくいが、エーテル、ベンゼン等には溶ける。発火
点は320度。徐々に熱すると昇華するが、急熱あるいは衝撃により爆発する。火気に対して
安全で隔離された場所に、イオウ、ヨード、ガソリン、アルコール等と離して保管する。
鉄、銅、鉛等の金属容器を使用しない。廃棄法は、燃焼法。

問56　解答　①　3　　②　1　　③　4　　④　2
〔解説〕
　　すべて液体で①②④は無色③は淡黄色である。
　①　アセトニトリルはエーテル様の香気を有する。
　②　クロロホルムは、揮発性・麻酔性強くかすかな甘味あり。
　③　ニトロベンゼンは、無色～淡黄色の油状液体。アーモンド様の香気を発する。
　④　アニリンは、空気により変化し赤褐色を呈する。

問57　解答　①　2　　②　1　　③　3　　④　4
〔解説〕
　①　リン化水素ＰＨ₃（ホスフィン）は、毒物。腐魚臭様の臭気のある気体。
　　　気体であるから容器ごとに投入し吸収する。
　②　シアン化カリウムＫＣＮは、固体であるから回収しアルカリ塩素法を用いて酸化分
　　　解する。
　③　臭素Ｂｒ₂は赤褐色の刺激臭がある揮発性液体。液体で褐色のガスが発生するから多
　　　量の消石灰散布吸収処理をする。
　④　クロルピリンＣＣｌ₃ＮＯ₂は有機化合物で揮発性がある淡黄色の液体で催眠性のガ
　　　スを発生するから活性炭と硝石灰で覆い専門家に処理の指示を受ける。

問58　解答　(1)　C　　(2)　A　　(3)　F　　(4)　D　　(5)　G
〔解説〕
　　無色の液体はキシレン、硝酸、ホルマリン、硫酸である。**褐色の液体**は臭素である。**緑
色の結晶**は塩化第二銅である。**橙赤色の結晶**は重クロム酸ナトリウムである。
　(1)　キシレンＣ₆Ｈ₄（ＣＨ₃）₂（別名ジメチルベンゼン、メチルトルエン）は、無色透明
　　　な液体でo-、m-、p-の3種の異性体がある。水にはほとんど溶けず、有機溶媒に溶け
　　　る。溶剤。揮発性、引火性。
　(2)　無水亜砒酸Ａｓ₂Ｏ₃は毒物。無色の結晶は無水亜砒酸（亜砒酸）である。
　(3)　硝酸ＨＮＯ₃は、劇物。無色の液体。特有な臭気がある。腐食性が激しい。空気に
　　　接すると刺激性白霧を発し、水を吸収する性質が強い。
　(4)　重クロム酸ナトリウムＮａ₂Ｃｒ₂Ｏ₇は、やや潮解性の赤橙色結晶、酸化剤。水に
　　　易溶。有機溶媒には不溶。
　(5)　ホルマリンは、ホルムアルデヒドＨＣＨＯを水に溶かしたもの。無色透明な液体で
　　　刺激臭を有し、寒冷地では白濁する場合がある。水、アルコールに混和するが、エー
　　　テルには混和しない。

問59　解答　①　B　　②　D　　③　F　　④　C　　⑤　G
〔解説〕
　①　一酸化鉛は不溶性の鉛は固化隔離する固化隔離法。
　②　ダイアジノンは燃焼（アフターバーナー、スクラバー）させる燃焼法。
　③　水酸化ナトリウムは中和（希酸）する中和法。
　④　トルエンのように引火性のあるものはケイソウ土に吸収させて少量ずつ焼却する燃
　　　焼法。
　⑤　ホルマリンは分解処理（次亜塩素酸ナトリウム）する酸化法。

問60 **解答** ① C ② E ③ A ④ B ⑤ D
〔解説〕
 ① 塩酸は、強酸であるから腐食性がある。
 ② クロム酸ナトリウムは、酸化剤であるから可燃物に注意。
 ③ 四塩化炭素は、高温注意（高温下酸素と水）。
 ④ ホルマリンは、安定剤にアルコールを使っている（高温注意）。
 ⑤二硫化炭素は、揮発性・引火性強い。静電気の火花等注意を要する。

問61 **解答** ① A ② D ③ A ④ A ⑤ C
〔解説〕
 (1) …ナトリウム、…カリウム、…アンモニウム塩は殆どのものが水に溶ける。
 (2) 強塩基と弱酸の塩はアルカリ性である。
 (3) 酸類と離して貯蔵しなければならない。
 (4) アルカリ塩素法でシアンを酸化分解。余剰のアルカリを酸で中和する。

問62 **解答** ① D ② B ③ E ④ A ⑤ C
〔解説〕
 ① 過酸化水素水は、不純物、アルカリで分解し酸素を発生する性質がある。
 ② キシレンは、引火性がある。
 ③ クロロホルムは、高温度で分解し毒性のガスを発生する。
 ④ ダイアジノンは、有機燐製剤の解毒剤はPAMと硫酸アトロピンである。
 ⑤ 無水クロム酸は、強力な酸化剤であるので可燃物との混合は危険である。

問63 **解答** ① E ② D ③ B ④ F ⑤ H
〔解説〕
 ・硫酸は無色油状の液体で水によって発熱し皮ふに触れた場合は激しい火傷を起こす。付着した場合多量の水で15分以上洗い流す。漏えいした場合は土砂等で流れを止めて遠くから注水して希釈して消石灰、ソーダ灰等で中和し多量の水を用いて洗い流す。保護手袋、保護長ぐつ、保護衣、保護メガネを着用する。
 ・硫酸H_2SO_4は無色の粘張性のある液体。強力な酸化力をもち、また水を吸収しやすい。水を吸収するとき発熱する。木片に触れるとそれを炭化して黒変させる。硫酸の希釈液に塩化バリウムを加えると白色の硫酸バリウムが生じるが、これは塩酸や硝酸に溶解しない。用途は多岐に渡るが、肥料や化学薬品の製造、石油の精製、塗料や顔料の製造、水分を吸収するため乾燥剤として用いられる。

問64 **解答** ① ス ② ケ ③ サ ④ テ ⑤ キ
    ⑥ イ ⑦ エ ⑧ タ ⑨ イ ⑩ ニ
〔解説〕
 ナトリウムNaはアルカリ金属で周期表の左(1)にある。水中に投じると浮かび上がり水と激しく反応して水素と水酸化ナトリウムとなって発熱爆発する。
 水酸化ナトリウムは強アルカリ性。アルミニウム、亜鉛と反応して水素を発生する。廃棄方法としては酸素濃度３％以下で多量のエタノールに溶解し水で加水分解、希硫酸で中和するとよい。
 ナトリウムを含む薬品を白金線につけて炎で熱し色をみると黄色になる。

問65 **解答** (1) ウ (2) ア (3) エ (4) オ (5) イ
〔解説〕
 (1) クロルスルホン酸は、合成化学のスルホン化剤で水と激しく反応するので危険である。
 (2) アクリルニトリルは、引火性で火災爆発の危険性が強く強塩と激しく反応する。
 (3) トリクロル酢酸は、水溶液は強酸性で皮ふ、粘膜の腐食性が強い。
 (4) 塩素酸カリウムは、燃えやすい物質と混合して摩擦すると激しく爆発する。
 (5) 弗化水素は、不燃性の気体で刺激臭があり水溶液は弗化水素酸で濃厚なものは空気中で白煙を生じガラスを腐食する。

　解答　1．(1)　ア、殺そ剤　　(2)　イ、特殊材料ガス　(3)　　ウ、溶媒
　　　　　　　(4)　エ、漂白剤、消毒剤　　　(5)　　ウ、除草剤
　　　　2．(1)　×　　(2)　×　　(3)　×　　(4)　×　　(5)　×
　　　　3．(1)　B　　(2)　A　　(3)　C　　(4)　D　　(5)　E
〔解説〕
1．
(1) モノフルオール酢酸ナトリウムと(別名フラトール)いって特定毒物の殺そ剤である。
(2) 燐(りん)の化合物は毒物が多く五塩化燐(りん)は特殊材料ガスである。
(3) 溶媒の用途のものは劇物である。
(4) 6％以下含有するものは劇物から除外され殺菌、消毒剤である。
(5) このものには除外限度がなく劇物で除草剤、酸化剤、抜染剤などである。
2．
　　飲食物容器を使用出来るものには毒物はない。別表第三(法第11条の4)に15品目が収載されていたが、平成11年9月29日厚生労働省令第84号により、法第11条第4項→施行規則第11条の4において、飲食物の容器を使用してはならない劇物は、すべての劇物と規定された。これに伴い、施行規則別表第三に掲げられていた15品目全て削除された。このことにより、この設問はすべて×となる。
3．
(1) トルエンは、引火性がある。
(2) 臭素は、アルカリで無毒の塩にするかハイポで中和する。
(3) クロロホルムは、不燃性、揮発性あり。
(4) 硝酸は、酸は中和する(石灰乳、ソーダ灰)。
(5) 水酸化ナトリウムは、アルカリは中和する(弱酸)。

問67　解答　1．

薬　物　名	区　別	用　　途
硅弗化ナトリウム(けいふつか)	劇物	試薬
硝酸銀	劇物	メッキ、写真用、試薬
チオメトンを25％含有する製剤	劇物	殺虫剤
四メチル鉛	特定毒物	アンチノック剤
ダイアジノンを3％含有する製剤	普通物	殺虫剤

2．(1)　エ　　(2)　イ　　(3)　ア　　(4)　ウ　　(5)　オ
3．(1)　イ　　(2)　ウ　　(3)　オ　　(4)　エ　　(5)　ア
〔解説〕
1．特定毒物は四メチル鉛で用途はガソリンのアンチノック剤である。
　無機薬品の硅弗化ナトリウム(けいふつか)、硝酸銀は劇物である。前者は釉薬、後者は鍍金、写真に用いられる。農薬のダイアジノンは3％以下は劇物から除外されるが、チオメトンについては除外限度がないので劇物。また、両者共殺虫剤である。
2．(1) 塩酸は、中和法。
　　(2) フェノールは、①燃焼法では、木粉(おが屑)等に混ぜて焼却炉で焼却する。
　　　　②活性汚泥法。
　　(3) シアン化ナトリウムNaCNは、酸性だと猛毒のシアン化水素HCNが発生するのでアルカリ性にしてから酸化剤でシアン酸ナトリウムNaOCNにし、余分なアルカリを酸で中和し多量の水で希釈処理する酸化法。水酸化ナトリウム水溶液等でアルカリ性とし、高温加圧下で加水分解するアルカリ法。
　　(4) クロルピクリンCCl_3NO_2の廃棄方法は分解法。すなわち、水に不溶なため界面活性剤を加え溶解し、Na_2SO_3とNa_2CO_3で分解後、希釈処理。
　　(5) 酸化鉛(別名一酸化鉛)(PbO)は、劇物。重い粉末で黄色～赤色までの種々のものがある。廃棄法：セメントを用いて固化し、溶出試験を行い、溶出量が判定基準以下であることを確認してから埋立処分する固化隔離法。
3．(1) ブロムメチル―気体であるから冷却圧縮して液化しボンベに貯蔵する。
　　(2) カリウム―水と接触すると激しく爆発するので石油中に貯蔵する。

(3) 過酸化水素水－常温で徐々に酸素と水に分解、不純物アルカリで激しく分解するので少量の酸を加えて分解を防ぐとよい。
　(4) トルエン－は、揮発性、引火性がある。
　(5) ホルマリン－は、寒冷にあうと混濁するので少量のアルコールを加えておくと混濁を防ぐことが出来る。常温で保存する。

問68　解答　(1)　C　　(2)　B　　(3)　C　　(4)　A　　(5)　C
〔解説〕
　(1)　蓚酸とその塩類については除外限度が10％以下劇物から除外。
　(2)　クロム酸塩類、無水クロム酸の除外限度はない。
　(3)　硫酸鉛は鉛化物から除外されている。
　(4)　黄燐には除外限度がない。
　(5)　パラジシアンベンゼンとそれの含有製剤は有機シアン化合物及びこれを含有する製剤から除外されている。

問69　解答　(1)　E　　(2)　A　　(3)　E　　(4)　B　　(5)　E
〔解説〕
　(1)　クロム酸カリウム$KCrO_4$：有色のものはクロム酸カリウムである。
　　　クロム酸の塩類は黄色系のものが多い。
　(2)　アクリル酸$CH_2＝CHCOOH$：酢酸に似た化学式を持っているのはアクリル酸とトリクロル酢酸であるが前者は液体、後者は結晶である。
　(3)　メチルホスホン酸ジクロリド$CH_3P(O)Cl_2$は固体その他液体である。毒物。
　(4)　アニリン$C_6H_5NH_2$：無色であるが空気にふれて変色するのはアニリンである。
　(5)　ベタナフトール$C_{10}H_7OH$：固体は酸化第二水銀とベタナフトールであるが前者は赤色～黄色の粉末で後者がこれにあたる。

問70　解答　(1)　C　　(2)　A　　(3)　C　　(4)　B　　(5)　C
〔解説〕
　(1)　酸化第二水銀：水銀化合物は小試験管に入れて熱灼すれば一般に昇華してしまう。
　(2)　四塩化炭素の鑑識法である。
　(3)　沃素：沃度澱粉反応である。
　(4)　トリクロル酢酸の鑑識法の一つである。
　(5)　ピクリン酸：染料であり有機物を黄色に染める。

問71　解答　(1)　○　　(2)　○　　(3)　×　　(4)　○　　(5)　×
〔解説〕
　(1)、(2)、(4)は正しい。(3)塩化銀の沈澱は白色である。(5)無色油状の液体である。

問72　解答　(1)　e　　(2)　c　　(3)　a　　(4)　d　　(5)　b
〔解説〕
　　無色結晶はシュウ酸とトリクロル酢酸であり無色の液体はホルムアルデヒド、メタノール、アセトニトリルである。
　(1)　e．特殊な結晶形であり潮解性あり。
　(2)　c．揮発性引火性の液体でアルコール臭あり。
　(3)　a．寒冷にあうと混濁することがあり安定剤に少量のアルコールを加えると混濁を防ぐ。
　(4)　d．エーテル様の臭い加水分解すると酢酸とアンモニアになる。
　(5)　b．二モルの結晶水を持った柱状の結晶で乾燥空気中で風化注意して加熱すると昇華急速に加熱すると分解する。

問73　解答　(1)　イ　　b　　　　　(2)　エ　　d
　　　　　　(3)　ウ　　c　　　　　(4)　ア　　a
　　　　　　(5)　オ　　e

解答・各論〔取扱・性状・全般〕

〔解説〕
(1) 酸素の供給をさまたげ呼吸麻痺。b．チオ硫酸ナトリウム
(2) ＴＣＡサイクル阻害。d．アセトアミド
(3) 中枢神経毒。c．バルビタール製剤
(4) コリンエステラーゼの阻害。a．アトロピン
(5) 麻痺型と胃腸型（コレラ症状）がある。e．ＢＡＬ

問74 | 解答 | 　1．オ、キ　　　　2．エ、イ　　　　3．ア、ウ　　　　4．カ、ク
〔解説〕
　　1．火傷をする様なもの　　酸、アルカリ、重金属の塩。塩酸、水酸化ナトリウム
　　2．血液毒。ニトロベンゼン、シアン化ナトリウム
　　3．中枢神経心臓をおかす　溶媒類。メタノール、クロロホルム
　　4．麻痺、胃腸型（コレラ症状）。黄燐、硫酸カリウム

問75 | 解答 | ① イ　　② エ　　③ オ　　④ オ　　⑤ ア　　⑥ ア
〔解説〕
　　有機燐製剤の農薬は経口、皮ふから体内に摂取されアセチルコリンを分解する酵素（コリンエステラーゼ）と結合して作用をとめてしまい、アセチルコリンが蓄積されて神経の刺激が大きくなってしまう。そして意識混濁、縮瞳、痙攣などが起こる。

問76 | 解答 |

薬　物　名	用　　　途	貯蔵方法
1．ブロムメチル	ウ	ケ
2．ホルマリン	オ	カ
3．弗化水素酸	ア	ク
4．ナトリウム	イ	コ
5．黄りん	エ	キ

〔解説〕
　　1．ブロムメチル－農薬で気体　ボンベに入れる。
　　2．ホルマリン－寒冷にあうと混濁する。
　　3．弗化水素酸－ガラスを侵す　現在ではポリエチレン容器。昔は鉛、エボナイト容器に入れる。
　　4．ナトリウム－水と激しく反応爆発する　石油中に貯蔵する。
　　5．黄りん黄りん空気中で自然発火するので水中に貯蔵する。

問77 | 解答 |

薬　物　名	毒　　　性
1．硫酸ニコチン	エ
2．シアン化カリウム	イ
3．硫酸	オ
4．リンデン（ＢＨＣ）	ウ
5．メチルジメトン	ア

〔解説〕
　　1．硫酸ニコチン－神経毒で吐気、悪心、嘔吐がおこる。
　　2．シアン化カリウム－チアノーゼを起こす血液毒である。
　　3．硫酸－接触すると火傷をする。
　　4．リンデン（ＢＨＣ）－皮ふからも吸収する接触毒と揮発性があるので吸収毒でもある。
　　5．メチルジメトン－コリンエステラーゼの活性を阻害する。

解答・各論〔取扱・性状・全般〕

問78 **解答** 1. 10   2. 5   3. 2   4. 1   5. 6
〔解説〕
　　除外限度
　　　　0.1％以下のもの　　　アジ化ナトリウム
　　　　1 ％以下のもの　　　ベタナフトール、ホルマリン等
　　　　5 ％以下のもの　　　酸化第二水銀、水酸化カリウム、水酸化ナトリウム、フェノール、クレゾール、過酸
　　　　　　　　　　　　　　　化ナトリウム等
　　　　6 ％以下のもの　　　過酸化水素水
　　　　10％以下のもの　　　塩酸、硝酸、硫酸、蓚酸とその塩、アンモニア水、アクリル
　　　　　　　　　　　　　　　酸、五酸化バナジウム等
　　　　17％以下のもの　　　過酸化尿素
　　　　20％以下のもの　　　２−アミノエタノール
　　　　25％以下のもの　　　亜塩素酸ナトリウム、メタアクリル酸
　　　　30％以下のもの　　　ヒドラジン一水和物
　　　　40％以下のもの　　　メチルアミン
　　　　50％以下のもの　　　ジメチルアミン
　　　　70％以下のもの　　　クロム酸鉛
　　　　90％以下のもの　　　ぎ酸
　　　農薬の除外限度
　　　　0.2％以下のもの　　　シクロヘキシミド、ジノカップ
　　　　1 ％以下のもの　　　ペンタクロロフェノール、ロダン酢酸エチル
　　　　1.5％以下のもの　　　ＥＰＮ
　　　　3 ％以下のもの　　　ダイアジノン
　　　　5 ％以下のもの　　　エチルチオメトン、ベンダイオカルブ
　　　　10％以下のもの　　　デイプテレックス

問79　**解答**　(1) ①　　(2) ①　　(3) ①　　(4) ②　　(5) ①
〔解説〕
　　(1) ナトリウムは水と激しく反応する。ナトリウムＮａ：銀白色の金属光沢固体、空気、
　　　　水を遮断するため石油に保存。アマルガム製造や過酸化ナトリウムＮａ₂Ｏ₂製造原料。
　　(2) 白色の固体で肥料には用いない。硅弗化ナトリウムは劇薬。無色の結晶。
　　　　水に溶けにくい。用途はうわぐすり、試薬。
　　(3) 農薬の有機弗素化合物で特定毒物である。モノフルオール酢酸アミドは特定毒物。
　　　　白色の結晶。無味無臭。水に易溶。用途は浸透性殺虫剤。
　　(4) ＥＰＮは毒物。白色結晶で、水には溶けにくい。一般の有機溶媒には溶けやすい。
　　　　ＴＥＰＰ及びパラチオンと同じ有機燐化合物である。用途は遅効性の殺虫剤として使
　　　　用される。農薬の有機燐製剤である。
　　(5) 硫酸の比重は20℃で1,840である。　クロルエチルの比重は0.921。メチルアルコー
　　　　ルの比重は0.796。

問80　**解答**　(1) ②　　(2) ③　　(3) ①　　(4) ②　　(5) ③
〔解説〕
　　(1) ホルマリンは分解法か燃焼法を用いる。
　　(2) 燐化アルミニウムは固体である。
　　(3) ホルマリンの限度は１％以下である。
　　(4) チオメトン又はエカチンという。
　　(5) メチルジメトン（メタシストックス）は浸透性が強く非常に危険である。

解答・各論〔取扱・性状・全般〕

- 281 -

問81　解答　(1) ②　　(2) ②　　(3) ②　　(4) ③　　(5) ①
　　〔解説〕
　　(1) このものの比重は1.63であり<u>水より重い液体である。</u>
　　(2) トルエンに<u>色はない（無色）。</u>
　　(3) <u>色のない気体である。</u>
　　(4) <u>色は黒褐色の塊あるいは粉状である。</u>
　　　　クラーレは、毒物。黒または黒褐色の塊状あるいは粒状をなしている。
　　　　水に可溶。
　　(5) <u>パラコートは赤色や青色ではない。</u>
　　　　パラコートは、毒物で、ジピリジル誘導体で無色結晶、水によく溶け低級アルコール
　　に僅かに溶ける。

問82　解答　(1) ①　　(2) ②　　(3) ③　　(4) ①　　(5) ③
　　〔解説〕
　　(1) アルカリであるから希酸で中和する。
　　(2) 劇物がアニリンとクロルピクリンである。
　　(3) <u>エタノールは毒劇物ではなくメタノールは本体のみが劇物で含有製剤の規定がない。</u>
　　　　フェノールは除外限度は5％以下である。
　　(4) 3品目とも有機塩素製剤であるがこのものは①である。
　　(5) ガソリンのアンチノチック剤がそれである。現在有鉛ガソリンは市場に殆どない。

問83　解答　ア 6　イ 8　ウ 3　エ 4　オ 2
　　〔解説〕
　　ア　揮発性・引火性の無色の液体、飲用すると失明することがある。…メタノール
　　イ　ずばり藍色の結晶は…硫酸銅
　　ウ　無色の針状結晶又は放射状結晶性塊空気中で赤変…フェノール
　　エ　ガソリンのオクタン価の向上、特定毒物…四エチル鉛
　　オ　水と炭酸ガスを吸収し潮解性強アルカリ性…水酸化ナトリウム

問84　解答　(1) キ　　(2) キ　　(3) カ　　(4) ア　　(5) ア
　　　　　　　(6) オ　　(7) イ　　(8) イ　　(9) イ　　(10) ウ
　　〔解説〕
　　　　問78に詳しく説明している…参照

問85　解答　(1) B　　(2) C　　(3) D　　(4) E　　(5) A
　　〔解説〕
　　(1) B．別名ジクロルボスで有機燐剤又有機塩素剤、どちらでもよい。

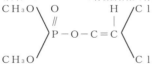

　　(2) C．別名にトリクロルホンと書いているので有機塩素剤としても良いがデイプテレ
　　　　ックスは有機燐剤である。

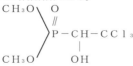

　　(3) D．Ｎ－メチル－1－ナフチルカルバメートが薬品名でありカルバメート剤である。
　　(4) E．このものはデリスの根から採ったもので天然物である。
　　(5) A．フルオールと来れば弗素化合物である。

問86　解答　　(1)　ウ　　　(2)　ケ　　　(3)　ア　　　(4)　オ　　　(5)　イ
　　　　　　　　(6)　エ　　　(7)　カ　　　(8)　ケ　　　(9)　ク　　　(10)　キ
〔解説〕
　　(1)　合わせて10%以下の洗浄剤である。　　　　(2)　農薬の除草剤である。
　　(3)　溶媒である。　　　　　(4)　木、コルク、綿等の色ぬきに用いる。
　　(5)　製革用にクロム塩を使い、なめしに用いる。
　　(6)　溶媒でシンナーに用いる。
　　(7)　炭酸ガスと水を吸収し潮解する。
　　(8)　農薬用にクロレートソーダがある除草剤である。
　　(9)　フレオンガス以前に寒剤として用いられていた。
　　(10)　種子の消毒等に用いられる。

問87　解答　　　　　A群　　　B群
　　　　　　　　(a)　ウ　　　　⑤
　　　　　　　　(b)　ア　　　　②
　　　　　　　　(c)　オ　　　　④
　　　　　　　　(d)　エ　　　　③
　　　　　　　　(e)　イ　　　　①
〔解説〕
　　(a)　酸類と接触すると猛毒の青酸ガスを発生するから危険である。
　　(b)　ガラスの加工等に用いられ、ガラスを腐食してしまうので現在ではポリエチレン昔は
　　　　鉛、エボナイト製の容器に入れた。
　　(c)　日光、有機物にあうと黒色に還元される。
　　(d)　常温で気体であるが液化して耐圧容器に貯蔵する。
　　(e)　炭酸ガスと水を吸収潮解する性質があるのでガラスびん等に入れ密栓する。

問88　解答　　　　　〈用途〉　　　〈毒性〉　　　〈治療法〉
　　　　　　　　(1)　（　イ　）　　（　イ　）　　（　オ　）
　　　　　　　　(2)　（　エ　）　　（　エ　）　　（　ア　）
　　　　　　　　(3)　（　エ　）　　（　ア　）　　（　エ　）
　　　　　　　　(4)　（　ア　）　　（　ウ　）　　（　ウ　）
　　　　　　　　(5)　（　エ　）　　（　エ　）　　（　ア　）
〔解説〕
　　(1)　揮発性催涙性の薬品で土壌の燻蒸剤として用いられ、吸入するとメトヘモグロビン
　　　　を作って心臓や眼結膜をおかす血液毒であるから、酸素吸入・強心剤を与える。
　　(2)　農薬のカルバメート剤の殺虫剤で毒性治療法とも有機燐農薬に準ずる。
　　(3)　有機塩素剤の殺虫剤で魚毒あり。使用が規制され激しい中毒症状を呈し、強直性痙
　　　　攣を起こして死亡する。治療法は中枢神経を鎮静させるバルビタール製剤を与える。
　　(4)　塩素の化合物（無機）で燃え易い物質と混合して摩擦すると激しく爆発し酸化剤で、
　　　　農薬では除草剤として用いられ無機シアン化合物と同じ血液毒でチオ硫酸ナトリウ
　　　　ム、亜硝酸ナトリウムの投与又は亜硝酸アミルの吸入でも良い。
　　(5)　有機燐製剤であるからコリンエステラーゼの阻害。硫酸アトロピン、ＰＡＭの投与
　　　　が良く殺虫剤である。

問89　解答　(1)　4　　　(2)　2　　　(3)　5　　　(4)　3　　　(5)　1
〔解説〕
　　(1)　アルコール性苛性カリと銅粉を加えて熱すると黄赤色の沈澱を生ずる。
　　(2)　有機物を黄色に染める。
　　(3)　塩酸を加えると白色の塩化銀の沈澱を生じる。
　　(4)　メタノールに還元され酸化銅は金属銅色を呈し、メタノールは酸化されホルムアルデ
　　　　ヒドとなる。
　　(5)　アンモニア水とさらし粉を加えて熱すると藍色を生じる。

解答・各論〔取扱・性状・全般〕

問90　解答　① 1　② 3　③ 5　④ 4　⑤ 2
　　　　　　⑥ 1　⑦ 4　⑧ 3　⑨ 5　⑩ 2
〔解説〕
有機リン化合物－コリンエステラーゼの阻害。　………………………アトロピン、PAM
シアン化合物－血液の代謝作用が失われて短時間に死亡する。
　　　　ひ　………………………………………………亜硝酸ナトリウム、チオ硫酸ナトリウム
砒素化合物　－麻痺型と胃腸型があり後者にはコレラ型ともいわれる。
　　　　　　………………………………………………ジメルカプロール（別名ＢＡＬ）
　　　ふっ　………………………………………………高張ブトウ糖液、アセトアミド
有機弗素化合物－生体細胞内のＴＣＡサイクルの阻害。
ニトロ化合物－血液毒で血色素を溶解したりメトヘモグロビンとしたりする。
　　　　　　　　………………………………………………………………強心剤、興奮剤

問91　解答　(1)　イ　　　(2)　ア　　　(3)　ウ　　　(4)　ア　　　(5)　ウ
〔解説〕
(1)　酸、アルカリ等を選ぶ水酸化ナトリウム。
(2)　過酸化水素水である。
(3)　燃えるものはキシレンである。
(4)　沈澱させて除去（塩化銀として）するものは硝酸銀である。
(5)　酸化分解（アルカリ塩素法）は無機シアン化合物である。

問92　解答　① ○　② ○　③ ○　④ ケ　⑤ ○
　　　　　　⑥ ア　⑦ ○　⑧ ウ　⑨ エ　⑩ オ
〔解説〕
①、②、③は正しい。
④　解毒剤としてＰＡＭ又は硫酸アトロピンを使用するものは有機燐製剤である（イソ
　　フェンホス）
⑤　正しい。
⑥　塩酸と硝酸では白煙は出ない。塩酸とアンモニア水である。
⑦　正しい。
⑧　ガラスの加工に用いられるものは弗化水素酸である。
⑨　橙黄色の結晶は重クロム酸カリウムである。
⑩　空気に触れて赤褐色になるものはアニリンである。

問93　解答　(1)ア　3　　イ　6　　(2)ウ　7　　(3)エ　1　　オ　9
　　　　　　(4)カ　8　　キ　4　　ク　2　　(5)ケ　10　　コ　5
〔解説〕
(1)　アンモニアはアルカリであるから希酸（酸）で（中和）し多量の水で希釈する。
(2)　臭素は還元剤（チオ硫酸ナトリウム）を用いて分解し多量の水で希釈する。
(3)　やや燃えにくいもの（ニトロベンゼン）はおがくず又は可燃性溶剤（アセトン）に混
　　ぜて焼却する。
(4)　（無機シアン化合物）はアルカリ（水酸化ナトリウム）塩素法で（酸化）分解する。
(5)　（四アルキル鉛）分解法（次亜塩素酸ナトリウム）により分解後鉛を沈澱除去する。

問94　解答　a) (2)　b) (3)　c) (1)　d) (5)　e) (4)
〔解説〕
a)　除草剤のパラコート剤は嘔吐、下痢、粘膜の炎症、消化器の痛み、肝機能、腎機能
　　の障害をおこす。
b)　有機燐製剤はコリンエステラーゼを阻害し意識混濁、縮瞳、痙攣などが起こる。
c)　銅製剤の中毒は吐き気、嘔吐、腹痛で緑青色のものを吐く。
d)　黄燐剤の中毒はコレラ様の嘔吐、腹痛が現れ呼気はニンニク臭を呈する。
e)　無機シアン化合物は血液に作用して呼吸麻痺を起こし痙攣し瞬間的に死亡し死後紅
　　色の死斑が現れる。

問95　**解答**　a)ア 3　イ 4　b)ウ 6　エ 10　オ 11　カ 15
　　　　　　　　c)キ 16　d)ク 2　ケ 4　コ 16
〔解説〕
a)　ハロゲンで塩素は気体（黄緑色）。
b)　塩素は酸化剤で消毒殺菌や漂白剤に用いられる。家庭用の塩素系の漂白剤は酸と混ぜると危険である。又水 1 容に対し約 3 容とける。
c)　廃棄はアルカリ処理をし多量の水で希釈する。
d)　アンモニアは無色の気体、水によく溶けてアルカリ性を呈する。

問96　**解答**

	A群	B群
1	4	2
2	3	5
3	1	4
4	5	1
5	2	3

〔解説〕
1　有機のシアン化合物であるから酸類と離して貯蔵し強酸との反応性が高く引火性がある。‥‥アクリルニトリル
2　水と接触すると危険であるから石油中に貯える。‥‥カリウム
3　日光、空気で分解するから安定剤を加えておく。‥‥クロロホルム
4　引火性があり熱により分解し毒性のガスを発生し反応性に富む薬品であるから安定剤を加えて空気を断って貯蔵。‥‥アクロレイン
5　常温で気体冷却圧縮して耐圧容器に入れ温度の上昇に注意して貯蔵。
　　‥‥ブロムメチル

問97　**解答**　① イ　② ア　③ ウ　④ イ　⑤ ア
　　　　　　　⑥ ア　⑦ ウ　⑧ ウ　⑨ イ　⑩ ウ
〔解説〕
1　塩素酸ナトリウムは無色無臭。化学式 $NaClO_3$ である結晶。
2　酢酸エチルは無色の液体である。
3　塩化第二水銀は昇汞、アルコールに溶ける。
4　弗化水素は不燃性の気体で刺激臭がある。
5　硝酸は10％以下含有するものは劇物から除かれ腐食性の液体である。

問98　**解答**　1 ①　2 ④　3 ③　4 ②　5 ④
〔解説〕
1　保護具については規則の13条の 4 に示されているがアクリルニトリルは有機物であるから有機ガスを用いる。
2　金属を吸着させる方法をとる。酢を飲ませる方法は誤っている。
3　アルカリ塩素法で酸化分解したのち中和し金属を沈澱回収する方法と多量の場合は還元焙焼法を用いて金属（金、銀）を回収する方法をとる。
4　白色で針状の結晶は昇汞である。
5　蓚酸は風化性がある。又トリクロル酢酸は潮解性がある。ピクリン酸は徐々に熱すると昇華する。正しいのはフェノールである。

問99　解答　(1)　B　(2)　E　(3)　D　(4)　D　(5)　A
　　　　　　　(6)　E　(7)　B　(8)　C　(9)　A　(10)　C
〔解説〕
(1) アンモニア：アルカリである。酸で中和する。
(2) 塩化カドミウム：還元培焼法で金属を回収する。
(3) クロロホルム：燃焼する。（アフターバーナー、スクラバー）
(4) トルエン：燃焼する。（硅そう土等に吸着させて）
(5) 過酸化水素：希釈する。（多量の水）
(6) 塩化第二水銀：還元培焼法で回収する。
(7) 水酸化ナトリウム：アルカリである。酸で中和する。
(8) 硫酸：酸である。アルカリで中和する。
(9) 過酸化尿素：希釈する。（多量の水）
(10) 硝酸：酸である。アルカリ性で中和する。

問100　解答　1)　1、5　　2)　2、3　　3)　6、9
　　　　　　　4)　8、10　　5)　4、7
〔解説〕
1) 火傷をするもの　酸アルカリ。…………………………………硝酸、水酸化ナトリウム
2) コレラ症状が現れたり嘔吐物にニンニク臭がある。　………………………亜砒酸、黄燐
3) 血液毒である。………………………………シアン化ナトリウム、ニトロベンゼン
4) 有機溶媒類。…………………………………………………メタノール、スルホナール
5) 有機燐製剤。…………………………………………………………ＥＰＮ、パラチオン

〔解答・貯蔵方法（問1～問30）〕

問1 解答 (1) ○ (2) × (3) ○ (4) × (5) ○
〔解説〕
(1) 正しい。
(2) 四塩化炭素は地下室には保管しない。 (3) 正しい。
(4) 水酸化ナトリウム(別名：苛性ソーダ)ＮａＯＨや水酸化カリウム(苛性カリ) ＫＯＨ
は、潮解性(空気中の水分を吸って溶解する現象)および空気中の炭酸ガスCO_2と反応
して炭酸ナトリウムNa_2CO_3や炭酸カリウムK_2CO_3になってしまうので密栓保管。
(5)正しい。

問2 解答 (1) ○ (2) × (3) × (4) ○ (5) ○
〔解説〕
(1) 正しい。
(2) 水酸化カリウムは水分と炭酸ガスを吸収する。
(3) 硫酸H_2SO_4は空気中の水分を吸収し発熱するため、密栓して保存する。
硫酸は安定剤を必要としない。
(4)、(5)は正しい。

問3 解答 ア
〔解説〕
ア 空気中で風化する性質があるので、密栓して通風のよい冷所に保存する。
イ、ウ、エ、オは正しい。

問4 解答 イ
〔解説〕
アは正しい。イの弗化水素酸はガラスをおかすから、ポリエチレン製の容器で保管する。
ウ、エは正しい。

問5 解答 オ
〔解説〕
ア、イ、ウ、エは 正しい。オの水酸化カリウム－水分と二酸化炭素を吸収して潮解す
る性質があり、密栓して貯蔵する。

問6 解答 エ
〔解説〕
紙箱、紙袋、ポリエチレン袋等は密閉容器である。

問7 解答 ア
〔解説〕
常温でも酸素と水に分解するので、1/3の空間を持つとよい。
過酸化水素水H_2O_2は、日光の直射を避け、冷所に、有機物、金属塩、油類、その他有
機性蒸気を放出する物質と引き離して貯蔵する。とくに、温度の上昇、動揺などによって
爆発することがあるので、注意を要する。

問8 解答 イ
〔解説〕
塩素酸ナトリウム$NaClO_3$は白色の結晶で、潮解性があり、酸化剤である。
塩素酸ナトリウム$NaClO_3$は、無色無臭結晶、酸化剤、水に易溶。有機物や還元剤
との混合物は加熱、摩擦、衝撃などにより爆発することがあるのでこれらから避けて保存
する。金属容器を腐食するので金属容器は避ける。

問9 　**解答**　イ

〔解説〕

　7モルの水を持った結晶で空気中で風化する性質があるので、ガラス瓶中に密栓して貯蔵する。

　硫酸亜鉛ＺｎＳＯ₄・7Ｈ₂Ｏは、無色無臭の結晶、顆粒または白色粉末、風解性。水に易溶。有機溶媒に不溶。風解性なので密栓して乾燥した場所に保存。

問10　**解答**　エ

〔解説〕

　沸点は3.56℃でガスは重く、液化したものは揮発性があり引火性はない。

　ブロムメチルＣＨ₃Ｂｒは常温では気体であるため、これを圧縮液化し、圧容器に入れ冷暗所で保存する。

問11　**解答**　(1)　イ　　　(2)　ウ

〔解説〕

　(1) 水酸化カリウムは潮解性であるから密栓する。

　(2) 過酸化水素水は1/3の空間を保って貯蔵する。

問12　**解答**　(1)　イ　　　(2)　ア　　　(3)　ウ

〔解説〕

　(1) 水酸化ナトリウムは潮解性あり密栓。

　(2) ホルマリンは分解するから、安定剤を加える。

　(3) メタノールは揮発性があり、密栓して貯える。

問13　**解答**　(1)　エ　　　(2)　ウ　　　(3)　イ　　　(4)　ア

〔解説〕

　性状等を利用して特別な貯蔵法のあるものは覚える。潮解、分解、水中、石油中、安定剤等がある。

　(1) 水酸化カリウム(ＫＯＨ)は劇物(5%以下は劇物から除外)。(別名：苛性カリ)。空気中の二酸化炭素と水を吸収する潮解性の白色固体である。

　(2) 黄リンＰ₄は、無色又は白色の蝋様の固体。毒物。別名を白リン。暗所で空気に触れるとリン光を放つ。

　(3) クロロホルムＣＨＣｌ₃：無色、揮発性の液体で特有の香気とわずかな甘みをもち、麻酔性がある。空気中で日光により分解し、塩素Cl₂、塩化水素ＨＣｌ、ホスゲンＣＯＣｌ₂、四塩化炭素ＣＣｌ₄を生じる。

　(4) 過酸化水素水Ｈ₂Ｏ₂は、とくに、温度の上昇、動揺などによって爆発することがあるので、注意を要する。

問14　**解答**　(1)　イ　　　(2)　ア　　　(3)　ウ　　　(4)　エ

〔解説〕

　アンモニア水は揮発性、ベタナフトールは空気中で赤変、黄燐は自然発火するので水中に、ブロムメチルは気体を圧縮冷却して液化するなど、特殊な薬物の貯蔵法は注意する。

　(1) アンモニア水は無色透明、刺激臭がある液体。アンモニアNH₃は空気より軽い気体。

　(2) ベタナフトールＣ₁₀Ｈ₇ＯＨは、無色～白色の結晶、石炭酸臭、水に溶けにくく、熱湯に可溶。有機溶媒に易溶。遮光保存(フェノール性水酸基をもつ化合物は一般に空気酸化や光に弱い)。

　(3) 問13(2)を参照。

　(4) 臭化メチル(ブロムメチル)ＣＨ₃Ｂｒは本来無色無臭の気体だが、クロロホルム様の臭気をもつ。通常は気体。

問15　**解答**　(1)　ウ　　(2)　エ　　(3)　ア　　(4)　イ
〔解説〕
　　ナトリウムは石油中に。クロロホルムは分解するから安定剤を加える。ベタナフトールは空気や光線で変化する。黄燐は自然発火性で水中に貯える。
　　(1)　ナトリウムNa：アルカリ金属なので空気中の水分、炭酸ガス、酸素を遮断する。
　　(2)　問13(3)を参照。　　(3)　問14(2)を参照。(4)　問13(2)を参照。

問16　**解答**　(1)　ウ　　(2)　エ　　(3)　イ　　(4)　ア
〔解説〕
　　水酸化ナトリウムは湿気を吸収。アンモニア水は強い揮発性。クロロホルムは分解するので安定剤。過酸化水素は容器に空間を保つ。
　　(1)　問12(1)を参照。　　　　(2)　問14(1)を参照。　　　(3)　問13(3)を参照。
　　(4)　問13(4)を参照。

問17　**解答**　(1)　オ　　(2)　イ　　(3)　ウ　　(4)　エ　　(5)　ア
〔解説〕
　　特殊な貯蔵方法は覚える。1/3の空間は過酸化水素水であり、特殊なコーティングをしたドラム缶に保存するものは四塩化炭素で、安定剤を入れて保存するものはクロロホルムで、性状により貯蔵するものは揮発性のアンモニア水、吸湿性の水酸化カリウムである。
　　(1)　問14(1)を参照。　　　　(2)　問13(1)を参照。　　　(3)　問13(4)を参照。
　　(4)　四塩化炭素(テトラクロロメタン)CCl$_4$は、特有な臭気をもつ不燃性、揮発性無色液体、水に溶けにくく有機溶媒には溶けやすい。強熱によりホスゲンを発生。
　　(5)　問13(3)を参照。

問18　**解答**　(1)　オ　　(2)　エ　　(3)　ア　　(4)　イ　　(5)　ウ
〔解説〕
　　薬物の性状等を参考にして貯蔵方法を選ぶとよい。アンモニア水は揮発性、ロテノンは日光、空気中で分解、ブロムメチルは気体を圧縮冷却して液化しボンベに貯蔵、シアン化カリウムは酸類と離して貯え、硫酸亜鉛は風化性がある等である。
　　(1)　問14(1)を参照。
　　(2)　ロテノンはデリスの根に含まれる。殺虫剤。酸素、光で分解する。
　　(3)　問14(4)を参照。
　　(4)　シアン化カリウムKCNは、白色、潮解性の粉末または粒状物、空気中では炭酸ガスと湿気を吸って分解する(HCNを発生)。また、酸と反応して猛毒のHCN(アーモンド様の臭い)を発生する。
　　(5)　硫酸亜鉛ZnSO$_4$・7H$_2$Oは、無色無臭の結晶、顆粒または白色粉末、風解性。

問19　**解答**　(1)　ア　　(2)　イ　　(3)　ウ　　(4)　カ　　(5)　エ
〔解説〕
　　薬物の性状により貯蔵方法を定める。特殊な方法のものは必ず覚える。この中にオはない。
　　(1)　メタノールCH$_3$OHは特有な臭いの揮発性無色液体。可燃性。引火性。可燃性、揮発性がある。(2)　問13(1)を参照。
　　(3)　重クロム酸カリウムK$_2$Cr$_2$O$_7$は、橙赤色結晶、酸化剤。
　　(4)　問17(4)を参照。(5)　問14(1)を参照。

問20 解答 (1) イ (2) エ (3) オ (4) ウ (5) ア

〔解説〕

シアン化ナトリウムは酸類と離す。ブロムメチルは気体であるから圧縮液化する。クロルピクリンは揮発性でガラス瓶に入れ密栓。硫酸ニコチンは変色するから遮光瓶に入れる。硫酸銅は風化性あり。

(1) シアン化ナトリウム$NaCN$(別名青酸ソーダ、シアンソーダ、青化ソーダ)は毒物。白色の粉末またはタブレット状の固体。酸と反応して有毒な青酸ガスを発生する。

(2) 問14(4)を参照。

(3) クロルピクリンCCl_3NO_2は、無色～淡黄色液体、催涙性、粘膜刺激臭。

(4) 硫酸ニコチン($C_{10}H_{14}N_2$)$2H_2SO_4$は毒物。ニコチンを硫酸と結びつけて不揮発性にしたもの。無色で針状の結晶。刺激性の味がある。

(5) 硫酸銅、硫酸銅(Ⅱ)$CuSO_4 \cdot 5H_2O$は、濃い青色の結晶。風解性。

問21 解答 (1) オ (2) イ (3) ア (4) ウ (5) エ

〔解説〕

ベタナフトールは赤変するので遮光し、黄燐は水中に貯蔵する。アンモニアはハロゲン強酸と反応する。過酸化水素は不純物、アルカリで激しく分解するので1/3の空間を保って安定剤を加えて保管する。二硫化炭素は引火性が強いのでいったん開封したものには水をはっておく。

(1) 問14(2)を参照。 (2) 問13(2)を参照。 (3) 問14(1)を参照。 (4) 問13(4)を参照。

(5) 二硫化炭素は揮発性で、強い引火性のある特異臭のある無色液体である。したがって、可燃性のもの、発熱性、自然発火性物質からは十分に距離を離す。

問22 解答 (1) ウ (2) イ (3) ア (4) エ (5) オ

〔解説〕

(1) クロロホルムは安定剤として少量のアルコールを加えて分解を防止する。

(2) 過酸化水素も安定剤として少量の酸を加えて分解を防ぐ。

(3) 塩素は気体であるから、ボンベに入れておく。

(4) ホルマリンは重合しやすいから安定剤としてアルコールを加える。

(5) 四塩化炭素は特殊なコーティングをしたドラム缶に貯蔵する。

問23 解答 (1) ウ (2) イ (3) エ (4) オ (5) ア

〔解説〕

性状等を参考にして定める。

(1) 硫酸銅は風化性。

(2) シアン化カリウムは酸類と離す。

(3) ブロムメチルは気体を圧縮冷却して液化する。

(4) クロルピクリンは催涙性。

(5) ロテノンは空気中の酸素によって分解効力が失われる。

問24 解答 (1) オ (2) カ (3) キ (4) ウ (5) ク
(6) イ (7) ケ (8) エ (9) コ (10) ア

〔解説〕

特殊な貯蔵法、例えば水中に又は石油中に安定剤を加える、変質する等を加味して性状等を参考に選ぶとよいと思う。

カリウムは石油中に、弗化水素酸はポリエチレン製の容器に、硝酸銀は遮光して、ブロムメチルはボンベに、ベタナフトールも遮光、水酸化ナトリウムは密栓して、クロロホルムは安定剤を加えて、シアン化カリウムは酸類と離して、黄燐は水中に、二硫化炭素は強力な引火性があるので、可燃性、自然発火性のものから離してそれぞれ貯える。

問25　解答　(1) ケ　(2) オ　(3) カ　(4) エ　(5) ア
　　　　　　(6) キ　(7) ク　(8) ウ　(9) コ　(10) イ
〔解説〕　　性状、取り扱い上の注意を参考にして選ぶとよい。
　　　　(1) 揮発性、催涙性、刺激臭。
　　　　(2) 有機シアン化合物で、水に溶けない。アルカリで分解する。
　　　　(3) 気体。　　　(4) 酸化剤で可燃物質と離す。
　　　　(5) 揮発性が強い。　　(6) 吸湿性が強い。　　(7) 風化性がある。
　　　　(8) 酸類と離す。　　(9) 酸素によって分解する。
　　　　(10) 湿気によって分解し、ホスフィンを発生する。

問26　解答　4
〔解説〕
　　　　分解すると塩素、塩化水素、ホスゲン、四塩化炭素になるので安定剤として少量のアル
コールを加えておくと分解を防ぐことができる。

問27　解答　1
〔解説〕
　　　　不純物の混入に注意する。少量ならばガラスびん、大量ならばカーボイに保存し、1/3
の空間を保って貯蔵する。

問28　解答　3
〔解説〕
　　　　二酸化炭素（炭酸ガス）と水を吸収して潮解する。

問29　解答　A　3　　　a　4
　　　　　　　B　1　　　b　2
　　　　　　　C　6　　　c　1
　　　　　　　D　5　　　d　3
　　　　　　　E　4　　　e　5
　　　　　　　F　7　　　f　7
〔解説〕
　　貯蔵法は性状等を参考にして定める。
　・塩素酸ナトリウムNaClO₃は、無色無臭結晶、酸化剤、水に易溶。有機物や還元剤
との混合物は加熱、摩擦、衝撃などにより爆発することがある。除草剤。
　・ロテノンはデリスの根に含まれる。殺虫剤。酸素、光で分解するので遮光保存。2％以
下は劇物から除外。
　・硫酸H₂SO₄は比重の大きいやや粘稠性のある無色の不揮発性液体で、水を吸収すると
発熱する。用途は多岐に渡るが、肥料や化学薬品の製造、石油の精製、塗料や顔料の製造、
水分を吸収するため乾燥剤として用いられる。
　・ブロムメチル(臭化メチル)は、常温では気体。冷却圧縮すると液化しやすい。
クロロホルムに類する臭気がある。液化したものは無色透明で、揮発性がある。用途は燻
蒸剤。
　・硫酸銅、硫酸銅(Ⅱ)CuSO₄・5H₂Oは、濃い青色の結晶。風解性。水に易溶、水溶液
は酸性。劇物。用途は、試薬、工業用の電解液、媒染剤、農業用殺菌剤。
　・シアン化ナトリウムNaCNは毒物：白色粉末、粒状またはタブレット状。別名は青酸
ソーダという。空気中では湿気を吸収し、二酸化炭素と作用して、有毒なシアン化水素を
発生する。用途は、果樹の殺虫剤、冶金やメッキ用として使用される。

問30　解答　(1) (b)(a)　　(2) (d)(e)　　(3) (c)(c)
　　　　　　(4) (a)(b)　　(5) (e)(d)
〔解説〕
　　　　それぞれの薬物の用途、貯蔵方法は解答の通りである。

問1　**解答**　1　⑪　④　⑥　　　　2　⑩　⑯　　　3　⑤
〔解説〕
　　施行令第四十条の廃棄方法について。

問2　**解答**　(1)　1　　(2)　0　　(3)　0　　(4)　1　　(5)　0
　　　　　　　(6)　0　　(7)　0　　(8)　1　　(9)　1　　(10)　0
〔解説〕
　　(1) アンモニア水として、希酸で中和後多量の水で希釈。(2)、(3)は正しい。
　　(4) ホルムアルデヒドは次亜塩素酸塩で分解。(5)、(6)、(7)は正しい。
　　(8) メタノールは燃焼させる。
　　(9) バリウム塩は硫酸ナトリウムで硫酸バリウムの沈殿をさせる。(10)は正しい。

問3　**解答**　1
〔解説〕
　　・酢酸エチル、ピクリン酸は燃焼法である。
　　・メタクリル酸は燃焼法又は活性汚泥法を用いる。

問4　**解答**　2
〔解説〕
　　硅弗化ナトリウムは水に溶けにくいので消石灰を用いてｐH8.5以上とし、分解してか
　ら処理するとよい。

問5　**解答**　1
〔解説〕
　　メタノールは燃焼法を用いる。

問6　**解答**　2
〔解説〕
　　アフターバーナー及びスクラバーを具えた焼却炉で木粉（おが屑）又は可燃性溶剤と混
　合して焼却する。

問7　**解答**　2
〔解説〕
　　アフターバーナー及びスクラバーを具えた焼却炉で木粉（おが屑）又は可燃性溶剤と混
　合して焼却する。

問8　**解答**　(1)　ア　　(2)　オ　　(3)　エ　　(4)　ウ　　(5)　カ
　　　　　　　(6)　イ　　(7)　ア　　(8)　イ　　(9)　ア　　(10)　イ
〔解説〕
　　(1)水酸化カリウム、(7)硝酸、(9)塩酸は**中和法**。
　　(2)過酸化水素は**希釈法**。
　　(3)一酸化鉛は**固化隔離法**。
　　(4)重クロム酸ナトリウムは**還元法**。
　　(5)ホルマリンは**酸化法**。
　　(6)クロロホルム、(8)蓚酸、(10)四塩化炭素は**燃焼法**である。

解答・廃棄方法

問9　**解答**　1：3　　2：1　　3：5　　4：6　　5：2
〔解説〕
　　ジボランは、多量の次亜塩素酸と水酸化ナトリウムで酸化分解。（酸化法）
　　硫酸銀については、銀を回収する。（還元焙焼法）
　　四アルキル鉛は、多量の次亜塩素酸で酸化分解し沈殿固化する。（酸化隔離法）
　　臭素は、チオ硫酸ナトリウムで還元する。（還元法）
　　アクリルニトリルについては有機物の処理方法の一つである。（活性汚泥法）

問10　**解答**　2
〔解説〕
　　少量の界面活性剤を加えた亜硫酸ナトリウムと炭酸ナトリウムの混合溶液中で、撹拌し
　分解した後多量の水で処理する。

問11　**解答**　4
〔解説〕
　　硫酸銅$CuSO_4$は、水に溶解後、消石灰などのアルカリで水に難溶な水酸化銅
　$Cu(OH)_2$とし、沈殿ろ過して埋立処分。（沈殿法を用いる。）または、還元焙焼法で
　金属銅Cuとして回収。

問12　**解答**　イ
〔解説〕
　　正しいのは、重クロム酸カリウムとホルマリンである。シアン化合物はアルカリ塩素法
　により酸化分解する。四塩化炭素は可燃性溶媒と混ぜて、アフターバーナー、スクラバー
　を具備した焼却炉で高温燃焼する。

問13　**解答**　A ③　　B ②　　C ①　　D ④
〔解説〕
　　過酸化水素水：希釈法、弗化水素：沈澱法、アクリルニトリル：燃焼法、
　　水酸化ナトリウム：中和法をそれぞれ用いる。

問14　**解答**　(1)　4　　(2)　3　　(3)　1　　(4)　2
〔解説〕
　　(1) 酸化バリウムは沈殿法、(2) エチレンオキシドは活性汚泥法、
　　(3) ニトロベンゼンは燃焼法、(4) アンモニアは中和法である。

問15　**解答**　(1)　イ　　(2)　エ　　(3)　オ　　(4)　ア　　(5)　ウ
〔解説〕
　　(1) 水酸化バリウム－中和法（希硫酸）
　　(2) 三塩化燐^{りん}－アルカリ処理法（水酸化カルシウム）
　　(3) アクリルアルデヒド－酸化法（亜硫酸水素ナトリウム）
　　(4) 塩酸－中和法（消石灰又はソーダ灰）
　　(5) 重クロム酸カリウム還元沈殿法（硫酸第一鉄）

問16　**解答**　1. 4　　2. 5　　3. 1　　4. 2　　5. 3
〔解説〕
　　中和法は水酸化ナトリウム水溶液と塩酸である。過酸化水素は希釈法を用いる。トルエ
　ン、ピクリン酸は燃焼法であるが、トルエンは引火性が強いので少量ずつ燃やし、ピクリ
　ン酸は溶剤等と混ぜて再燃焼装置と洗滌装置の付いた焼却炉で焼却する。

問17 　解答　A 3　　B 5　　C 1　　D 2　　E 4
〔解説〕
　A　シアン化ナトリウムはアルカリ塩素法で酸化分解。
　B　五塩化アンチモンは硫化物とする。
　C　ニッケルカルボニルは酸化沈殿法。
　D　トリフルオロメタンスルホン酸は燃焼法。
　E　無水クロム酸は還元法を用いる。

問18 　解答　2
〔解説〕
　中和法を用いるものは酸類である。
　硫酸H_2SO_4は酸なので廃棄方法はアルカリで中和後、水で希釈する中和法。

問19 　解答　(1)　イ　　(2)　ウ　　(3)　オ　　(4)　ア　　(5)　エ
〔解説〕
　(1)　四塩化炭素は高温焼却する。
　(2)　過酸化水素は希釈法。
　(3)　硝酸は中和法。
　(4)　水酸化カリウムは中和法。
　(5)　メチルエチルケトンは燃焼法である。

問20 　解答　A イ　　B ア　　C ウ
〔解説〕
　A　ジメチル硫酸はアルカリ分解法。
　B　亜塩素酸ナトリウムは還元法。
　C　ホスゲンはアルカリ中にガスを吹き込み分解するアルカリ分解法である。

問21 　解答　① オ　② ア　③ イ　④ ウ　⑤ エ
〔解説〕
　①　黄燐は燃焼法（アフターバーナー、スクラバーを具える）。
　②　クロルピクリンは分解法。　③　フェノールは燃焼法。
　④　ホルマリンは酸化分解法。　⑤　臭素はアルカリ法を用いる。

問22 　解答　5
〔解説〕
　5のメタノール：燃焼法を用いる。酢酸エチルと同様である。
　メタノール（メチルアルコール）CH_3OHは、無色透明の揮発性液体。硅藻土等に吸収させ開放型の焼却炉で焼却する。また、焼却炉の火室へ噴霧し焼却する<u>焼却法</u>。

問23 　解答　(1)　4.　(2)　5.　(3)　2.　(4)　1.　(5)　3.
〔解説〕
　(1)　ホルムアルデヒドは分解法で、次亜塩素酸ナトリウムで分解する方法もある。
　(2)　硫酸は中和法　(3)　トルエンは燃焼法　(4)　水酸化カリウムは中和法
　(5)　亜硝酸ナトリウムは分解法である。

問24 　解答　3
〔解説〕
　クレゾールの区分は劇物であり、消毒剤として多く用いられていて、おが屑に吸収させるか、可燃性溶剤と混合して燃焼して廃棄する。

解答・廃棄方法

問25　解答　燐化亜鉛　　　　　　　オ　　　E
　　　　　　　　硫酸銅　　　　　　　　イ　　　A
　　　　　　　　塩素酸ナトリウム　　　ア　　　C
　　　　　　　　クロルピクリン　　　　ウ　　　B
　　　　　　　　ＤＤＶＰ　　　　　　　エ　　　D
〔解説〕
　　まず用途を定めてから、廃棄方法を選ぶとよい。　燐化亜鉛は殺そ剤で、可燃物と混ぜ
て燃焼するか、アルカリ塩素法で酸化分解する。
　　硫酸銅は殺菌剤で、沈殿法。　塩素酸ナトリウムは除草剤で、還元法。
　　クロルピクリンはくん蒸剤で、分解法。
　　ＤＤＶＰは殺虫剤で、燃焼法でアフターバーナー、スクラバーを備えた炉で行う。

問26　解答　ア　3　イ　1　ウ　4　エ　5　オ　2
〔解説〕
　　ア　水銀は回収法。　　　　　イ　トルエンは燃焼法。
　　ウ　過酸化水素は希釈法。　　エ　アンモニアは中和法（希酸）。
　　オ　重クロム酸ナトリウムは還元法である。

問27　解答　キシレン　　　　　　B　　　ウ
　　　　　　　　ホルマリン　　　　　C　　　ア
　　　　　　　　トルエン　　　　　　A　　　ウ
　　　　　　　　硝酸　　　　　　　　D　　　エ
　　　　　　　　アンモニア　　　　　E　　　イ
〔解説〕
　　薬物の用途を定め、性状を考えて廃棄方法を選ぶ。
　　キシレンは溶剤、染料中間体として用いられ、燃焼法。
　　ホルマリンは消毒、殺菌剤で、酸化分解法。
　　トルエンは溶剤、爆薬で、燃焼法。
　　アンモニアは寒剤であり、希酸による中和法である。

問28　解答　(1)　3　　(2)　2　　(3)　5　　(4)　4　　(5)　1
〔解説〕
　　(1)　蓚酸は燃焼法　　　　　　(2)　過酸化水素は希釈法
　　(3)　アンモニアは中和法　　　(4)　フェノールは燃焼法　　(5)　硫酸銅は沈殿法を用いる。

問29　解答　①　イ　　②　ウ　　③　エ　　④　ア
　　　　　　　　⑤　カ　　⑥　オ　　⑦　キ
　　　　　　　　⑧　ケ　　⑨　コ　　⑩　ク
〔解説〕
　　薬物の三態と色、性状を定めて用途を見つける。シアン化ナトリウムは酸化分解法（アル
カリ塩素法）、アンモニア水は中和法、クロルピクリンは分解法である。

問30　解答　(1)　1　　(2)　3　　(3)　4　　(4)　2
〔解説〕
　　(1)　水酸化トリフェニル錫は固化隔離法　　(2)　アンモニア水は中和法、
　　(3)　クロルピクリンは分解法　　　　　　　(4)　硫酸は中和法である。

問31　解答　A　3　B　1　C　4　D　5
〔解説〕
　　1．硫酸は中和　　3．ブロムエチルはガスを洗滌する。
　　4．シアン化ナトリウムはアルカリ塩素法で酸化分解した後、硫酸を加え中和し、多量の
　　　水で希釈して処理する酸化法。
　　5．硫酸銅は還元焙焼法で銅を回収するか、沈殿法を用いる。

問1 　**解答** 　(1)　✕ 　(2)　◯ 　(3)　✕ 　(4)　◯ 　(5)　✕
〔解説〕
　　　急性毒性情報以外の項目についても参考にしている。化学物質の中で医薬品、医薬部外品以外の化学物質について規制している。シアン化ナトリウムは空容器にできるだけ回収する。その後アルカリ塩素法を用いて、酸化分解処理後多量の水で洗い流す。

問2 　**解答** 　a　イ 　　b　ウ 　　c　エ 　　d　ア 　　e　オ
　　　　　　　　f　エ 　　g　イ 　　h　ウ 　　i　ア 　　j　オ
〔解説〕
　　　薬物の用途を定めた後、毒性を選ぶとよい。
用途
　(1)　DDVPは有機燐製剤でコリンエステラーゼの阻害。
　(2)　クロルピクリンは土壌燻蒸で催涙性が強い。
　(3)　ブロムメチルは種子果樹の燻蒸でクロロホルムと同系統の毒性がある。
　(4)　モノフルオール酢酸ナトリウムは殺そ剤で血糖低下、チアノーゼを起こす。
　(5)　塩素酸ナトリウムは除草剤で血液毒である。
毒性
　　DDVP：有機リン製剤で接触性殺虫剤。無色油状、水に溶けにくく、有機溶媒に易溶。
　　　　　水中では徐々に分解。有機リン製剤なのでコリンエステラーゼ阻害。
　　クロルピクリンCCl_3NO_2は、無色〜淡黄色液体、催涙性、粘膜刺激臭。毒性・治療法
　　　　　は、血液に入りメトヘモグロビンを作り、また、中枢神経、心臓、眼結膜を侵
　　　　　し、肺にも強い傷害を与える。治療法は酸素吸入、強心剤、興奮剤。
　　ブロムメチルCH_3Brは有機ハロゲン（臭素）化合物。
　　モノフルオール酢酸ナトリウムFCH_2COONaは、有機フッ素化合物。
　　塩素酸ナトリウム$NaClO_3$の毒性は血液毒で、血液の粘性が高くなり、黒色化する。
　　　　　腎障害、血尿、尿量過少がおき、重症化すると意識消失し死に至ることがある。

問3 　**解答** 　(1)　A①、B② 　　(2)　C①、D① 　　(3)　E② 　　(4)　F②
　　　　　　　　(5)　G①、H② 　　(6)　I② 　　　　　　　(7)　J①
〔解説〕
　　　薬物の毒作用は難しい。解答の通りである。
　(1)　シアン化水素HCNは、毒物。無色の気体または液体。猛毒で、吸入した場合、頭痛、
　　　めまい、意識不明、呼吸麻痺を起こす。
　(2)　クロロホルム$CHCl_3$は、無色、揮発性の液体で特有の香気とわずかな甘みをもち、
　　　麻酔性がある。原形質毒、脳の節細胞を麻酔、赤血球を溶解する。吸収するとはじめ
　　　嘔吐、瞳孔縮小、運動性不安、次に脳、神経細胞の麻酔が起きる。中毒死は呼吸麻痺、
　　　心臓停止による。
　(3)　メタノール（メチルアルコール）CH_3OH：毒性は頭痛、めまい、嘔吐、視神経障害、
　　　失明。致死量に近く摂取すると麻酔状態になり、視神経がおかされ、目がかすみ、つ
　　　いには失明することがある。
　(4)　ベンゾエピンは白色の結晶、工業用は黒褐色の固体。水に不溶の有機塩素系農薬。有
　　　機塩素化合物の中毒：中枢神経毒。食欲不振、吐気、嘔吐、頭痛、散瞳、呼吸困難、
　　　痙攣、昏睡。肝臓、腎臓の変性。魚類に対して強い毒性を示す。治療薬はバルビター
　　　ル。
　(5)　有機リン製剤の中毒：コリンエステラーゼを阻害し、頭痛、めまい、嘔吐、言語障害、
　　　意識混濁、縮瞳、痙攣など。治療薬は硫酸アトロピンとPAM。
　(6)　解答のとおり。
　(7)　LD_{50}：lethal dose 50 percent killのことで半数致死量。

解答・中毒症状・解毒方法

問4 **解答** ① コ ② ウ ③ キ ④ エ ⑤ イ
⑥ カ ⑦ ク ⑧ ケ ⑨ ア ⑩ オ
〔解説〕
① クロロホルム－原形質毒で麻酔作用。②　ダイアジノン－有機燐製剤。
③ モノフルオール酢酸ナトリウム－有機弗素製剤。アコニターゼの阻害。
④ メタノール－アルコール中毒で視神経をおかす。⑤　濃硫酸－接触毒。
⑥ クロルピクリン－血液毒。メトヘモクロビンをつくる。
⑦ 燐化亜鉛－ホスフィンの発生。⑧　水酸化カリウム－接触毒。
⑨ シアン化ナトリウム－酸と反応し、シアン化水素の発生。
⑩ 硫酸ニコチン－視神経毒で、よだれ吐き気等。

問5 **解答** (1) 3 (2) 2 (3) 1 (4) 4
〔解説〕
(1) ダイアジノンは有機燐製剤。
(2) ニコチンはタバコ葉中のアルカロイドで神経毒。
(3) クロルピクリンは目と呼吸器系を激しく刺激し催涙性がある。
(4) パラコートは皮ふより吸収されて中毒を起こす。

問6 **解答** 1. オ 2. ウ 3. ア 4. エ 5. イ
〔解説〕
ＤＤＶＰは有機燐製剤でコリンエステラーゼの阻害。
塩素酸ナトリウムは血液毒で血尿。
クロルピクリンは催涙性で血液毒。
水酸化ナトリウムは接触毒（やけど）。
シアン化水素は猛毒なガスである。

問7 **解答** (1) 2. (2) 3. (3) 1. (4) 5. (5) 4.
〔解説〕
中毒症状は難しい。
(1) シアン水素は猛毒である。
(2) メタノールはアルコール中毒と視神経がおかされる。
(3) ニトロベンゼンは血液毒であり、頭痛、めまい、昏睡を経て意識不明となる。
(4) ニコチンは神経毒。
(5) クロルピクリンも血液毒でありメトヘモグロビンを作る。

問8 **解答** (1) ① ス ② カ (2) ③ ツ ④ ソ
(3) ⑤ キ ⑥ サ (4) ⑦ ケ
(5) ⑧ エ ⑨ シ ⑩ イ
〔解説〕
農薬の中毒症状は難しい。解答の通りである。この中に、ア、ウ、オ、ク、コ、セ、タ、チ、テ、トはない。
(1) ＭＰＰ（フェンチオン）は、劇物。褐色の液体。弱いニンニク臭を有する。
有機溶媒には良く溶ける。水にはほんど溶けない。用途は害虫剤。有機燐製剤の一種で、パラチオン等と同じにコリンエステラーゼの阻害に基づく中毒症状。
(2) ロテノンはデリスの根に含まれる。殺虫剤。酸素、光で分解するので遮光保存。
(3) シアン化ナトリウムＮａＣＮ(別名青酸ソーダ)は、白色、潮解性の粉末または粒状物、空気中では炭酸ガスと湿気を吸って分解する(ＨＣＮを発生)。また、酸と反応して猛毒のＨＣＮ(アーモンド様の臭い)を発生する。
無機シアン化化合物の中毒：猛毒の血液毒、チトクローム酸化酵素系に作用し、呼吸中枢麻痺を起こす。治療薬は亜硝酸ナトリウムとチオ硫酸ナトリウム。
(4) Ｎ-メチル-1-ナフチルカルバメート（ＮＡＣ）は、:劇物。白色無臭の結晶。水に溶けない。アルカリに不安定。常温では安定。有機溶媒に可溶。
用途はカーバーメイト系農業殺虫剤。

(5) ニコチンは、毒物、無色無臭の油状液体だが空気中で褐色になる。殺虫剤。猛烈な神
　　経毒、急性中毒では、よだれ、吐気、悪心、嘔吐、ついで脈拍緩徐不整、発汗、瞳孔
　　縮小、呼吸困難、痙攣が起きる。

問9　**解答**　(1)　ア　　(2)　イ　　(3)　ウ　　(4)　オ　　(5)　エ
　〔解説〕
　　(1) 蓚酸は血液中の石灰と結合しやすい。
　　(2) メタノールはアルコール中毒で麻酔状態と視神経がおかされる。
　　(3) クロロホルムは原形質毒で麻酔状態と心臓麻痺である。
　　(4) 酢酸エチルは溶媒類で麻酔状態がおこる。
　　(5) 塩素は粘膜刺激症状で大量では呼吸停止により死亡する。

問10　**解答**　1　A　　2　B　　3　C　　4　D　　5　E
　〔解説〕
　　1　メタノールはアルコール中毒で視神経をおかす。
　　2　シアン化ナトリウムは猛毒の血液毒で、酸素の供給をたち呼吸麻痺をおこす。
　　3　ホルマリンは粘膜を刺激する。
　　4　クロロホルムは原形質毒で、強い麻酔作用がある。
　　5　蓚酸は血液中のカルシウムと結びつき神経系をおかす。

問11　**解答**　(1)　A②　　(2)　B②　　(3)　C①、D①　　(4)　E②　　(5)　F①
　　　　　　　(6)　G②、H②　　(7)　I②　　(8)　J①
　〔解説〕
　　薬物の毒作用は難しい。解答の通りである。
　　(1) 硝酸HNO_3が皮膚に触れると、キサントプロテイン反応を起こし黄色に変色する。
　　　　粘膜および皮膚に強い刺激性をもち、濃いものは、皮膚に触れるとガスを発生して、
　　　　組織ははじめ白く、しだいに深黄色となる。
　　(2) アンモニアNH_3を吸入した場合、激しく鼻やのどを刺激し、長時間吸入すると肺や
　　　　気管支に炎症を起こす。高濃度のガスを吸うと喉頭けいれんを起こすので極めて危険
　　　　である。
　　(3) クロロホルム$CHCl_3$は、原形質毒であり、脳の節細胞を麻痺させ、赤血球を溶解
　　　　する。
　　(4) メタノール(メチルアルコール)CH_3OH：毒性は頭痛、めまい、嘔吐、視神経障害、
　　　　失明。致死量に近く摂取すると麻酔状態になり、視神経がおかされ、目がかすみ、つ
　　　　いには失明することがある。
　　(5) クロム酸ナトリウムNa_2CrO_4は黄色結晶、酸化剤、潮解性。水によく溶ける。吸
　　　　入した場合は、鼻、のど、気管支等の粘膜が侵され、クロム中毒を起こすことがある。
　　　　皮膚に触れた場合は皮膚炎又は潰瘍を起こすことがある。
　　(6) 過酸化水素H_2O_2は、劇物。無色の透明な液体。皮膚に触れた場合は、やけどを起こ
　　　　す。眼に入った場合は、角膜が侵され、場合によっては失明することがある。
　　(7) 解答のとおり。
　　(8) LD_{50}：lethal dose 50 percent killのことで半数致死量。

問12　**解答**　(1)　1　(2)　5
　〔解説〕
　　有機燐製剤、砒素化合物、有機弗素化合物、有機塩素剤の中毒症状は覚える。
　　またそれぞれの解毒剤も必要であり、分類と用途等も大切である。
　　有機燐製剤の一種で、パラチオン等と同じにコリンエステラーゼの阻害に基づく中毒症状。
　　解毒剤はPAMと硫酸アトロピンである。

解答・中毒症状・解毒方法

問13　解答　1：3　　2：5　　3：1　　4：2　　5：4
〔解説〕
　　1　クロルピクリン－血液毒である。治療法は酸素吸入、強心剤、興奮剤。
　　2　蓚酸－カルシウム塩になりやすく神経系をおかす。
　　3　アクロレイン－気管支を刺激し、水ぶくれややけどを起こす。
　　4　黄燐－急性中毒ではコレラ様の症状が現れ、呼気と便はニンニク臭を呈する。
　　5　セレン－中毒は砒素に似ている。中毒は胃腸障害、肺炎、呼吸の衰弱等である。

問14　解答　③
〔解説〕
　　　メタノールは引火性であり、アルコール中毒（頭痛、めまい、嘔吐）で目がかすみ、失明することがある。

問15　解答　①　3　　②　1　　③　4　　④　2
〔解説〕
　　①　アクリルニトリルは粘膜刺激作用が強い有機シアン化合物である。
　　②　アニリンは血液毒。
　　③　ニコチンは神経毒。
　　④　弗化水素酸は接触毒（やけど）である。

問16　解答　(1)　2　　(2)　3　　(3)　1　　(4)　4
〔解説〕
　　(1)　塩素酸ナトリウムは血液毒。
　　(2)　沃化メチルは中枢神経抑制作用。
　　(3)　エチレンクロルヒドリンは皮膚から吸収し全身中毒症状。
　　(4)　ホルマリンは粘膜刺激性がある。

問17　解答　(1)　イ　　(2)　エ　　(3)　オ　　(4)　ウ　　(5)　ア
〔解説〕
　　(1)　ＥＰＮ－有機燐製剤。解毒剤は、ＰＡＭ・硫酸アトロピン。
　　(2)　砒素化合物－ＳＨ基と結合。
　　(3)　アンモニア－揮発性、刺激性が強い。
　　(4)　メタノール－アルコール中毒、視神経がおかされる。
　　(5)　蓚酸血－液中のカルシウムを奪取する。

問18　解答　(1)　イ　　(2)　エ　　(3)　オ　　(4)　ウ　　(5)　ア
〔解説〕
　　(1)　ＥＰＮ－有機燐製剤。解毒剤は、ＰＡＭ・硫酸アトロピン。
　　(2)　パラコート－細胞膜の脂質の酸化。
　　(3)　アンモニア－粘膜の刺激性が強い。
　　(4)　クロルピクリン－催涙性が強い。
　　(5)　ニコチン－神経毒である。

問19　解答　1．4　　2．5　　3．3　　4．2　　5．1
〔解説〕
　　1．アニリンは血液毒である。
　　2．シアン化ナトリウムも猛毒の血液毒で、酸素の供給を断ち呼吸を麻痺させる。
　　3．水酸化ナトリウムは接触毒（やけど）、
　　4．メタノールは中枢神経抑制作用があり視力障害を起こす。
　　5．ＥＰＮは有機燐製剤でありコリンエステラーゼ阻害する。

解答・中毒症状・解毒方法

問20 解答 1. 4   2. 3   3. 2   4. 1
〔解説〕
1　シアン化カリウム－シアン化物は猛毒性の血液毒で酸素の供給を断ち呼吸を麻痺させる。
2　パラコート－パラコートは体内の酸素と反応して活性酸素を生成し障害を起こす。
3　有機リン化合物－有機燐製剤はコリンエステラーゼの阻害する。
4　クロルピクリン－クロルピクリンは血液毒である。メトヘモクロビン結合体を作って酸素の供給を不充分にする。

問21 解答 (1) 1   (2) 5   (3) 3   (4) 2   (5) 4
〔解説〕
(1)　クロロホルムは原形質毒であり、麻酔性があり意識不明を起こす。
(2)　塩素は強い粘膜刺激症状、呼吸困難になる。
(3)　砒素は酵素活性を阻害する。
(4)　塩素酸塩は血液毒である。
(5)　ニコチンは神経毒である。

問22 解答 ① 4   ② 1   ③ 3   ④ 5   ⑤ 2
〔解説〕
　毒物の中毒症状は難しい。特に農薬中毒はいろいろな症状を現すので難題である。
①　有機燐製剤の一種である。コリンエステラーゼ活性阻害作用があり、軽症では倦怠感、頭痛、めまい、嘔吐、下痢等。解毒剤には、硫酸アトロピンやPAMを使用。
②　中毒症状は、振せん、呼吸困難。目に対する刺激特に強い。
③　嘔吐、振戦、痙攣、麻痺等の症状を伴い、次第に呼吸困難となり、虚脱症状となる。
④　有機フッ素化合物の中毒：TCAサイクルを阻害し、呼吸中枢障害、激しい嘔吐、てんかん様痙攣、チアノーゼ、不整脈など。治療薬はアセトアミド。
⑤　有機塩素化合物の中毒：中枢神経毒。食欲不振、吐気、嘔吐、頭痛、散瞳、呼吸困難、痙攣、昏睡。肝臓、腎臓の変性。治療薬はバルビタール。

問23 解答 (1) ① タ   ② オ   ③ タ   ④ ク   ⑤ ソ
　　　　　　(2) ⑥ イ   (3) ⑦ ウ   (4) ⑧ セ   (5) ⑨ ア   (6) ⑩ ス
〔解説〕
　一般的な応急措置の方法で解答の通りであり難しい。

問24 解答 (1) ク   (2) エ   (3) ウ、オ   (4) ケ   (5) ア
　　　　　　(6) コ   (7) イ   (8) キ   (9) カ
〔解説〕
　薬物中毒の応急措置の解毒剤は難しいため覚えるしかない。
(1)　砒素化合物－症状は、消化器系障害（嘔吐下痢）・酵素阻害
(2)　蓚酸塩類－症状は、低カルシウム血症
(3)　シアン化合物－症状は、呼吸障害
(4)　強アルカリ－症状、接触した細胞に作用して腐食するので、炎症、化学やけど、融解壊死を起こす。皮膚に付けた場合は、多量の水で充分に洗い流し、酢水などの薄い酸（弱酸）で洗う。誤飲した場合には吐き出させると、さらに食道を腐食するので吐き出せてはならない。牛乳または水を飲用させて希釈する。
(5)　モノフルオール酢酸製剤－症状は、ＴＣＡサイクル阻害
(6)　パラチオン－症状は、コリンエステラーゼ阻害
(7)　有機塩素剤－症状は、神経毒
(8)　強酸類－症状、接触した細胞に作用して腐食するので、炎症、化学やけど、凝固壊死を起こす。皮膚に付けた場合は、多量の水で充分に洗い流し、炭酸水素ナトリウム水溶液などの薄いアルカリ（弱アルカリ）で洗う。誤飲した場合には吐き出させると、さらに食道を腐食するので吐き出せてはならない。牛乳または水を飲用させて希釈する。
(9)　ヨード－症状－めまいや頭痛を伴う一種の酩酊(ヨード熱)を起こす。

解答・中毒症状・解毒方法

問25　解答　5
〔解説〕
　　　5：アセトアミドは有機弗素化合物の治療法として用いる。

問26　解答　ア
〔解説〕
　　　ＰＡＭと硫酸アトロピンは有機燐製剤の解毒剤で、チオ硫酸ナトリウムはシアン化合物の解毒剤である。

問27　解答　4
〔解説〕
　　　蓚酸の中毒は多量の石灰水を与えるか、胃洗浄を行う。またカルシウム剤の静脈注射を行うとよい。

問28　解答　1　オ　　2　イ　　3　ア　　4　ウ　　5　エ
　　　　　　　6　エ　　7　イ　　8　ウ　　9　ア　　10　オ
〔解説〕
　　　薬物の中毒症状は難題である。またこの他にも有機燐製剤、有機塩素剤、ニコチン剤、カルバメート剤、強酸、強アルカリ、金属、溶媒類等いろいろある。

問29　解答　A　5　　　B　3　　　C　1　　　D　4
〔解説〕
　　　特に農薬の毒作用は多機能にあらわれるので難しい。
　　　A　シアン化ナトリウムＮａＣＮ：シアン化合物なのでチオ硫酸ナトリウムＮａ₂Ｓ₂Ｏ₃や亜硝酸ナトリウムＮａＮＯ₂を解毒薬として使用。
　　　B　パラコートは、毒物で、ジピリジル誘導体。
　　　C　アンモニア（ＮＨ₃）の中毒症状は、吸入すると激しく鼻や喉を刺激し、長時間だと肺や気管支に炎症を起こす。皮膚に触れた場合にはやけど（薬傷）を起こす。
　　　D　クロルピクリンＣＣｌ₃ＮＯ₂の毒性・治療法は、血液に入りメトヘモグロビンを作り、また、中枢神経、心臓、眼結膜を侵し、肺にも強い傷害を与える。治療法は酸素吸入、強心剤、興奮剤。

問30　解答　(1)　5　　(2)　1　　(3)　2　　(4)　4　　(5)　3
〔解説〕
　　(1)　スルホナールは胃腸障害、腹痛、下痢等を現し、尿が赤くなる。
　　(2)　金塩類は末端の血管にはたらいて麻痺する。
　　(3)　ニトロベンゼンは頭痛、めまいの中毒を起こし、おもいものは嘔吐、麻痺、痙攣などを起こす。
　　(4)　弗化水素酸は接触毒で激しい痛みを感じる。
　　(5)　沃素は皮膚を褐色に染め、吸入すると酩酊状態になる。

問31　解答　(1)　エ　　(2)　ウ　　(3)　ア　　(4)　イ　　(5)　オ
　　　　　　　(6)　コ　　(7)　キ　　(8)　ケ　　(9)　カ　　(10)　ク
〔解説〕
　　　中毒の症状と治療方法は難題である。
　　(1)　ブロムメチルは呼吸困難。
　　(2)　有機弗素剤はＴＣＡサイクルの阻害。
　　(3)　有機塩素剤は中枢神経毒。
　　(4)　有機燐製剤はコリンエステラーゼの阻害。
　　(5)　砒素化合物は麻痺型と胃腸型というように代表的な症状を覚える。

解答・中毒症状・解毒方法

－ 301 －

問32　　解答　④
　〔解説〕
　　　その他亜硝酸ナトリウム、亜硝酸アミルの吸入等である。

問33　　解答　4
　〔解説〕
　　　4：砒素化合物はジメルカプール剤（ＢＡＬ）である。

問34　　解答　① 1　　② 4　　③ 3　　④ 2
　　　　　　　　⑤ 3　　⑥ 4　　⑦ 2　　⑧ 1
　〔解説〕
　　① カルバリルはカルバメート剤で有機燐製剤と同じ縮瞳があらわれ、けいれんの後、
　　　呼吸麻痺が起こる。解毒剤は硫酸アトロピンである。
　　② メタノールはアルコール中毒で麻酔、視神経がおかされ、患者は新鮮な空気の場所
　　　で安静にさせる。
　　③ シアン化カリウムは血液毒で呼吸麻痺を起こし、チオ硫酸ナトリウム、亜硝酸ナト
　　　リウム、亜硝酸アミルの吸入などを行う。
　　④ パラコートは粘膜の炎症、消化器の痛み、肝、腎機能の障害が起き、医師の治療を
　　　受ける。

解答・中毒症状・解毒方法

問1　解答　(1)　1　　(2)　2　　(3)　4　　(4)　3　　(5)　5
〔解説〕
　(1)　ニトロベンゼン－淡黄色の液体である。
　(2)　アニリン－空気に触れると褐色になる。
　(3)　二硫化炭素－引火性強く（-20℃でも引火）揮発性も強い。
　(4)　クロロホルム－日光、空気により分解（ホスゲン）し揮発性あり。
　(5)　メチルエチルケトン－比重が水よりも軽く、0.83である。

問2　解答　2
〔解説〕
　1〜5の中で可燃性の気体はエチレンオキシドである。液体はアクロレインとクロルピクリンで、固体はピクリン酸とフェノールである。

問3　解答　5
〔解説〕
　三種の異性体のあるものは
　フェニレンジアミン、キシレン、トルイジンである。
　フェニレンジアミンはo－m－p－共結晶である。
　キシレンはo－m－p－共液体である。
　トルイジンが正しい。

問4　解答　4
〔解説〕
　ホスゲンの化学式はＣＯＣl_2で四塩化炭素のＣＣl_4に似ている。

問5　解答　3
〔解説〕
　ガラスと反応してしまう薬品は弗化水素酸です。容器は鉛、エボナイト、ポリエチレン製のものに入れる。

問6　解答　2
〔解説〕
　硫酸は水の中に加えると発熱する。液を薄める場合は水に攪拌しながらこのものを徐々に加えて溶液を作る。化学工業の基礎薬品である。

問7　解答　①　3　　②　3　　③　4　　④　2
　　　　　　⑤　4　　⑥　1　　⑦　2　　⑧　4
〔解説〕
　①重クロム酸カリウム－橙赤色　　②ホルマリン－寒冷にあうと混濁
　③メタノール－揮発性の液体でアルコール臭
　④硝酸銀－無色の板状の結晶　　⑤酸化剤　　⑥殺菌剤　　⑦溶剤　　⑧鍍金

問8　解答　(1)　1、1　　(2)　2、3、3
〔解説〕
　(1)　硝酸銀－無色板状の結晶で有機物を黒色に変え、塩酸によって白色の塩化銀を沈澱する。ゆえに硝酸銀である。
　(2)　ヨウ素－黒灰色板状の結晶で昇華する性質があり、澱粉で藍色を呈しハイポ（チオ硫酸ソーダ）で脱色するもの、沃度である。

問9　**解答**　(1)　4　(2)　7　(3)　1　(4)　6　(5)　8　(6)　5
　　　　　　　　(7)　2　(8)　3

〔解説〕
(1)　酢酸鉛：別名を鉛糖といって甘みがある無色の柱状の結晶。
(2)　トルエン：引火性のある無色の液体シンナー等に用いられる。
(3)　水酸化カリウム：白色の固体　炎色反応が紫であるものはカリウムである。
(4)　アニリン：空気にふれると赤褐色になる液体。
(5)　塩化亜鉛：潮解性のある白色の粉末で硝酸銀によって白色の塩化銀を沈澱する。
(6)　四塩化炭素：揮発性、麻酔性無色の重い液体、消火器に用いられる。
(7)　硝酸：腐食性の激しい無色の液体発煙性がある。
(8)　クロルピクリン：市販品は淡黄色催涙性のある液体。

問10　**解答**　ア．①　7　②　9　イ．③　8　④　15　ウ．⑤　4　⑥　11
　　　　　　　エ．⑦　1　⑧　14　オ．⑨　3　⑩　10　カ．⑪　6　⑫　16
　　　　　　　キ．⑬　2　⑭　12　ク．⑮　5　⑯　13

〔解説〕
　ア．クロロホルム－無色の液体。揮発性でかすかに甘味あり。7、9
　イ．ホルマリン－寒冷で混濁。8、15
　ウ．燐化亜鉛－酸で毒性の強いガス（ホスフィン）。4、11
　エ．ヨウ素－黒灰色の板状結晶で昇華性がある。1、14
　オ．シアン化ナトリウム－酸で猛毒のガス（青酸ガス）を発生危険である。3、10
　カ．メタクリル酸－融点16℃と低いので冬場には結晶、夏場が液体である。
　　　アルコールやエーテルに任意の割合で混じる。6、16
　キ．水銀－金属光沢を有する重い液体　硝酸に溶け塩酸に溶けない。2、12
　ク．塩素－黄緑色の気体。5、13

問11　**解答**　A　a－2　b－6　　B　a－1　b－4
　　　　　　　C　a－3　b－5　　D　a－1　b－4
　　　　　　　E　a－3　b－5

〔解説〕
　A　アニリン－水に難溶、さらし粉で紫色を呈す。
　B　黄燐－にんにく臭で殺そ剤である。
　C　臭化メチル－気体であるが冷却圧縮で液化する。
　D　ヨウ素－板状の結晶、アルコールで赤褐色（医薬のヨードチンキ）。
　E　過酸化ナトリウム－純粋なもの白色水との反応は過酸化物であるから酸素である。

問12　**解答**　(1)　1　　(2)　5　　(3)　2　　(4)　1　　(5)　1
〔解説〕
(1)　1の$C_6H_4(CH_3)_2$は溶媒のキシレンである。2の$NaOH$は水酸化
　　ナトリウム。3のHClは塩化水素。4のPbOは一酸化鉛。
　　5のCCl_4は四塩化炭素。
(2)　リトマス試験紙を赤から青に変えるものはアルカリ性である。
　　5のアンモニアNH_3は、無色透明、刺激臭がある液体。アルカリ性。水溶液にフェ
　　ノールフタレイン液を加えると赤色になる。
　　1のHClは塩化水素。　2のHCNはシアン化水素。
　　3の$HCHO$はホルムアルデヒド。　4のH_2O_2は過酸化水素。
(3)　固体でにんにく臭のあるもので水中に貯えるもの。
　　2のP_4は黄燐。無色又は白色の蝋様の固体でにんにく臭を有する。
　　毒物。別名を白リン。暗所で空気に触れるとリン光を放つ。水、有機溶媒に溶けな
　　いが、二硫化炭素には易溶。湿った空気中で発火する。
　　1のNaはナトリウム。3のCS_2は二硫化炭素。4のSeはセレン。
　　5のCdOは酸化カドミウム。

(4) 赤褐色の液体で揮発性刺激性あり。1のBr₂は臭素。赤褐色の液体で揮発性刺激性で強い腐食作用を持ち、濃塩酸にふれると高熱を発するので、共栓ガラスビンなどを使用し、冷所に貯蔵する。なお、2のCl₂は塩素。3のCH₃Clはクロルメチル。4のHFは弗化水素。5のHClは塩化水素。
(5) 1の硝酸HNO₃は、劇物。工業用のものは淡黄色のものもあるが試薬の様な純粋なものは無色の液体である。湿った空気中で発煙する。
2のH₂SO₄は硫酸。3の（COOH）₂・2H₂Oは蓚酸。
4のNa₂O₂は過酸化ナトリウム。5のCH₃OHはメタノール。

問13 **解答** (1) 9　　(2) 5　　(3) 4　　(4) 7　　(5) 1
〔解説〕
(1) 2.4.6トリニトロフェノールと言いかすかにニトロベンゼン臭がある。
（ピクリン酸）
(2) 橙赤色の柱状結晶である。（重クロム酸カリウム）
(3) 市販品はたまごの腐ったような不快な臭気を持つ。揮発性引火性の液体。
（二硫化炭素）
(4) 黒灰色の金属光沢のある板状結晶。（沃素）
(5) 構造式が石炭酸に似ている空気中で赤変する。（ベタナフトール）

問14 **解答**　①　(1) 3　(2) B　　②　(1) 4　(2) A
　　　　　　　③　(1) 5　(2) A　　④　(1) 1　(2) B
　　　　　　　⑤　(1) 2　(2) A
〔解説〕
① アニリン－空気にふれて赤褐色を呈す。医薬、染料原料
② メチルエチルケトン－揮発性、引火性の液体で構造式はジメチルケトン（アセトン）に似ている。溶剤
③ 臭素－赤褐色の揮発性、刺激性、腐食性の液体である。酸化剤
④ 硫酸銅－藍色の結晶で風化性がある。農薬
⑤ ピクリン酸－淡黄色針状の結晶である。染料

問15 **解答**　①　(1) 2　(2) A　　②　(1) 3　(2) B
　　　　　　　③　(1) 5　(2) A　　④　(1) 1　(2) B
　　　　　　　⑤　(1) 4　(2) A
〔解説〕
① 黄緑色の気体。（塩素）　殺菌剤
② 純品は無色液体。市販品は微黄色の液体。（クロルピクリン）土壌燻蒸剤
③ 無色板状の結晶。（硝酸銀）写真
④ ロウ様のやわらかい固体。（黄燐）殺そ剤
⑤ 無色の針状結晶或いは放射線状結晶性の塊。（フェノール）防腐剤

問16 **解答**　(1) イ　　(2) ウ　　(3) エ　　(4) オ　　(5) ア
〔解説〕
(1) 水酸化ナトリウムは、炎色反応は黄色。
(2) クロロホルムは、アルコール性苛性カリと少量のアニリン、不快な刺激臭
(3) 亜硝酸塩類は、炭火の上で小爆発。
(4) メタノールハ、サリチル酸と硫酸とともに熱するとサリチル酸メチルを生じる。
(5) フェノールは、鉄（Ⅲ）で紫色。

問17 **解答** (1) ア (2) イ (3) オ (4) エ (5) ウ
〔解説〕
(1) 無水クロム酸：フェノールは、潮解性酸化性強く皮ふ、粘膜の刺激が強く、六価クロムの中毒を起こす。
(2) ニッケルカルボニルは、用途は触媒で急速に熱すると分解爆発。
(3) 四エチル鉛：ガソリンのアンチノック剤、日光で分解白濁、引火性金属腐食性あり。
(4) シアン化カリウム：空気中の炭酸ガス、水分を吸収して猛毒の青酸ガスを発生する。
(5) カリウム：水と接触すると爆発分解し石油中に貯える、空気中では酸化されやすい。

問18 **解答** (1) 1 (2) 4 (3) 2 (4) 1 (5) 2
〔解説〕
(1) ホスフィンは燐化水素と言う。
リン化亜鉛 Zn_3P_2 は、灰褐色の結晶又は粉末。かすかにリンの臭気がある。ベンゼン、二硫化炭素に溶ける。酸と反応して有毒なホスフィン PH_3 を発生。劇物、1％以下で、黒色に着色され、トウガラシエキスを用いて著しくからく着味されているものは除かれる。殺鼠剤。
(2) 毒性の強い黄緑色の気体。
塩素 Cl_2 は劇物。黄緑色の気体で激しい刺激臭がある。冷却すると、黄色溶液を経て黄白色固体。水にわずかに溶ける。沸点-34.05℃。
(3) 揮発性強くかすかに甘味のある液体。
クロロホルム $CHCl_3$ は、無色揮発性の液体で、特有の臭気と、かすかな甘みを有する。水にはわずかに溶ける。アルコール、エーテルと良く混和する。
(4) 芳香族炭化水素はベンゼン核を持っている。
キシレン $C_6H_4(CH_3)_2$（別名ジメチルベンゼン、メチルトルエン）は、無色透明な液体でo-、m-、p-の3種の異性体がある。水にはほとんど溶けず、有機溶媒に溶ける。溶剤。揮発性、引火性。
(5) 消火器（電気火災）に用いられている。
四塩化炭素(テトラクロロメタン) CCl_4（別名四塩化メタン）は、特有な臭気をもつ不燃性、揮発性無色液体、水に溶けにくく有機溶媒には溶けやすい。強熱によりホスゲンを発生。

問19 **解答** (1) 3 (2) 4 (3) 1 (4) 5 (5) 2
〔解説〕
(1) ナトリウム：水と接触すると爆発するから石油中に貯え炎色反応は黄色を呈する。
(2) 蓚酸：化学式 $(COOH)_2・2H_2O$ で2モルの結晶水を持ち注意して加熱すると昇華し急熱すると分解する。
(3) ピクリン酸：塩類は爆発性強く、黄色の針状結晶で化学式は $C_6H_2(NO_2)_3OH$ でニトロベンゼン臭と苦みがあり徐々に熱すると昇華し急熱あるいは衝撃により爆発。
(4) 硝酸銀：用途は鍍金（銀メッキ）写真に用い水溶液に塩酸を加えると白色の塩化銀の沈澱を生ずる。
(5) 四エチル鉛：ガソリンのアンチノック剤で市販品は赤色に着色し貯蔵法は規則が多い。

問20 **解答**

	A群〈性状〉	B群〈用途〉
(1)	2	1
(2)	3	5
(3)	1	2
(4)	5	4
(5)	4	3

〔解説〕
　(1) 黄燐：空気中で自然発火するから水中に貯蔵する。
　(2) アクリロニトリル：引火点が低く火災爆発性が強い又揮発性がある。
　(3) ＤＥＰ：農薬のデイプテレックスで有機燐である。アルカリに分解し有機溶媒にとける殺虫剤である。
　(4) クロム酸カリウム：黄色の結晶である。
　(5) 一酸化鉛：黄色～赤色の粉末。

問21 **解答** (1) C　　(2) D　　(3) A　　(4) E　　(5) B
〔解説〕
　(1) クロルメチル：通常は気体であるが貯蔵するときは圧縮して液体としてボンベ等に貯蔵する。
　(2) 燐化アルミニウム：空気中の水分にあうとＰＨ₃（ホスフィン）を発生し危険である。
　(3) 酸化鉛：黄色～赤色の重い粉末である。
　(4) 四エチル鉛：ガソリンのアンチノック剤として使用し通常は赤色に着色されていて貯蔵には規制があり特定毒物である。
　(5) ナトリウム：やわらかい銀白色の金属で石油中に貯蔵する。

問22 **解答** (1) 4　　(2) 3　　(3) 1　　(4) 5　　(5) 2
〔解説〕
　(1) トルエン：有機溶媒、引火性でシンナー等に用いられる。
　(2) シアン化ナトリウム：無機シアン化合物で酸と接触すると危険なＨＣＮを発生する。
　(3) ホルムアルデヒド：無色の気体で水溶液はホルマリンで化学式はＨＣＨＯ還元性あり寒冷にあうと混濁することがある。（安定剤としてアルコールを加えておく）。
　(4) ピクリン酸：塩類は特に爆発性が強い。
　(5) 四塩化炭素：揮発性蒸気は重く消火器に用いられる。

問23 **解答** (1) ②　　(2) ④　　(3) ③　　(4) ①　　(5) ④
　　　　　　(6) ②　　(7) ③　　(8) ②　　(9) ①　　(10) ①
〔解説〕
　(1) 　揮発性の特有の臭気があるものが必要である。
　　　　　この設問における車両に保護具としての義務付については、施行令第40条の5第の項→施行令別表第2に掲げられている品目のこと。また、厚生労働省令で定める保護具については、施行規則第十三条の6→施行規則別表第5に規定されている。
　(2) 　このものは気体であり中性又は弱酸性である。
　　　　　ホルムアルデヒドＨＣＨＯは、無色刺激臭の気体で水に良く溶け、これをホルマリンという。ホルマリンは無色透明の刺激臭の液体、低温ではパラホルムアルデヒドの生成により白濁または沈澱が生成することがある。水、アルコール、エーテルと混和する。
　(3) 　③について、酸とアルカリが接触すると反応が起こる為に離して貯蔵する。
　(4) 　炎色反応が黄色を示すものはナトリウムである。
　(5) 　ナトリウム塩であるから水に溶け、このものはアルコールにわずかに溶け、自身は酸化する。
　(6) 　酸化剤である。
　(7) 　酸であるから皮ふに触れると火傷する。
　(8) 　引火点-1℃で有機シアン化合物である。
　(9) 　クロルスルホン酸は液体、塩化水素は気体で、アニリンは液体である。
　(10) 　無色の針状結晶又は放射線結晶性塊、空気で赤変する。

解答・実地

問24　**解答**　(1)　②　　(2)　①　　(3)　④　　(4)　③　　(5)　③
　　　　　　　(6)　④　　(7)　②　　(8)　①　　(9)　④　　(10)　①

〔解説〕

(1)　眼に入った場合直ちに多量の水で15分以上洗い流し速やかに医師の手当を受ける。

(2)　アルカリのアンモニアは水で希薄な水溶液とし、希酸で中和後多量の水で希釈する。

(3)
$$\frac{80 \times \dfrac{30}{100} + 20 \times \dfrac{20}{100}}{80+20} \times 100 = 28 \quad \mathbf{x} = 28\%$$

$$\left(\frac{溶質+溶質}{溶液} \times 100 = \% \right)$$

(4)　クロロホルム、トルエン、アニリンは液体である。

(5)　弱酸と強アルカリの塩であるから水溶液はアルカリ性である。

(6)　酸化剤である。

(7)　トリクロル酢酸は固体。クロルメチル、塩化水素は気体である。

(8)　クロルスルホン酸と水の反応は硫酸と塩酸になる。

(9)　硝酸は特有の臭気がある。

(10)　アンモニア水と塩酸では白霧を生じる。

問25　**解答**　(1)　2　　(2)　1　　(3)　1　　(4)　3

〔解説〕

(1)　ダイアジノンは有機燐製剤で純品は無色の液体であるが農業用は淡褐色の液体でかすかなエステル臭がある。

(2)　有機燐製剤は殺虫剤

(3)　有機物は燃えるを応用する。

(4)　有機燐製剤の毒作用はコリンエステラーゼの阻害である。

問26　**解答**　(1)　3　　(2)　4　　(3)　2　　(4)　1

〔解説〕

(1)　塩素は黄緑色の気体である。

(2)　水道の消毒剤として用いられる。

(3)　石灰乳、苛性ソーダのアルカリを用いる。

(4)　塩素はハロゲンの一種である。

問27　**解答**　(1)　4　　(2)　1　　(3)　2　　(4)　2

〔解説〕

(1)　ＤＤＶＰは有機燐製剤で、微臭で無色の液体。有機溶媒に溶けてアルカリで分解する。

(2)　有機燐製剤は殺虫剤である。

(3)　有機物であるから燃える。

(4)　有機燐製剤の毒作用はコリンエステラーゼの阻害である。

問28　**解答**　(1)　2　　(2)　3　　(3)　2　　(4)　4

〔解説〕

(1)　ハロゲンの酸は不燃性で刺激臭がある。

(2)　珪酸塩を侵す。

(3)　酸であるから中和沈澱させる。

(4)　現在は樹脂の容器に貯蔵している（ポリエチレン又はポリ塩化ビニール）。

問29　解答　1 (9)　2 (2)　3 (10)　4 (3)　5 (8)
　　　　　　6 (1)　7 (4)　8 (7)　9 (5)　10 (6)
〔解説〕
　1　フェノール：針状又は放射状結晶性塊
　2　硫酸銅：藍色の固体
　3　フッ化水素酸：気体、刺激臭、腐食性強い
　4　重クロム酸カリウム：橙黄色の固体
　5　クロロホルム：無色の液体　揮発性強い
　6　黄燐：ろう様のやわらかい固体
　7　塩化水素：気体刺激臭発煙する
　8　ヨウ素：黒灰色の固体昇華性
　9　硝酸銀：無色固体
　10　ＥＰＮ：有機燐の農薬で殺虫剤

問30　解答　(1) A　(2) C　(3) D　(4) E　(5) G
〔解説〕
　(1)　塩化亜鉛：無色の固体。
　(2)　塩素：黄緑色の気体。
　(3)　臭素：赤褐色の液体。
　(4)　セレン：灰色又は黒色の固体。
　(5)　硫酸第二銅(五水和物)：青色の結晶。
　　　　塩化第二銅(二水和物)：緑色の結晶。(該当しない)
　　　　硫酸：無色油状の液体。(該当しない)

問31　解答　(1) B　(2) C　(3) A
〔解説〕
　(1)　硫酸　油状の重い液体
　(2)　塩酸と硝酸　刺激臭と発煙
　(3)　塩酸と硝酸と硫酸　強酸でアルカリにあうと発熱し中和する。

問32　解答　(1) B　(2) E　(3) A　(4) C　(5) D
〔解説〕
　(1)　塩化第二水銀：白色の針状結晶で重い。
　(2)　ヨウ素：黒灰色の板状の結晶。
　(3)　アニリン：無色の液体空気に接すると変色する。(赤褐色)
　(4)　硝酸銀：無色の板状の結晶。
　(5)　メタノール：無色透明の液体。

問33　解答　1 ③　2 ⑤　3 ⑨　4 ①　5 ⑧
　　　　　　6 ⑥　7 ⑩　8 ④　9 ②　10 ⑦
〔解説〕
　1　過酸化水素水：液体　無色透明濃厚　酸化力と還元力がある。
　2　クロロホルム：液体　無色透明　揮発性、分解するとホスゲンをじる、安定剤にアルコールを加えるとよい。
　3　クロルピクリン：液体　無色　市販品は微黄色を呈し催涙性ある。
　4　硫酸銅：固体　藍色　五水和物風解性あり。
　5　アニリン：液体　無色透明油状　空気中で変化（赤褐色）する。
　6　塩化水素：気体　無色　湿った空気で発煙する。
　7　塩素酸カリウム：固体　無色　易燃物と混ぜると危険（爆発性）ある。
　8　塩素：気体　黄緑色　殺菌消毒剤で酸化剤でもある。
　9　メタノール：液体　無色透明　エタノール臭、引火性あり。
　10　ホルマリン：液体　無色透明　寒冷時混濁するので常温貯蔵安定に少量のアルコールを加えるとよい。

問34　解答　1 ④　　2 ①　　3 ⑤　　4 ③　　5 ②

〔解説〕
1 硝酸：液体　有機物を黄色に染める。
2 水酸化ナトリウム：固体　炎色反応は黄色である。
3 ニコチン：液体　無色油状　空気中ですみやかに褐変し不快なたばこ臭でたばこ葉中の主アルカロイドである。
4 水酸化カリウム：固体　炎色反応は紫色である。
5 硫酸：液体　有機物を炭化して水で発熱する。

問35　解答　1 ⑤　　2 ⑩　　3 ②　　4 ⑦　　5 ④
　　　　　　6 ⑥　　7 ③　　8 ⑨　　9 ①　　10 ⑧

〔解説〕
1 重クロム酸カリウム：固体　橙赤色の結晶。
2 弗化水素酸：液体　無色透明　刺激性、腐食性ありガラス（珪石）を侵す作用あり。
3 塩化水素：気体　刺激臭、湿った空気で発煙する。
4 クロピクリン：液体　無色油状　市販品は微黄色で催涙性がある。
5 酢酸エチル：液体　無色透明　果実様の香気を有する。
6 トルエン：液体　無色透明　ベンゼン臭がありシンナーに用いられる。
7 ＤＤＶＰ：有機燐製剤　刺激性微臭の液体である。
8 二硫化炭素：液体　無色透明　引火性強く-20℃でも引火、市販品は不快な臭気がある。
9 硫酸銅：固体　藍色の結晶五水和物である。
10 メタノール：液体　無色透明　引火性、揮発性、アルコール臭がある。

問36　解答

解答欄	1	2	3	4	5
	○	○	○		○

〔解説〕
気体のものはアンモニア。
液体は硫酸、トルエン、酢酸エチル、クロロホルムであり、硫酸とクロロホルムは不燃性であるが、トルエン、4 の酢酸エチルは引火性の溶媒である。4 は誤り。

問37　解答　1 ③　　2 ⑤　　3 ④　　4 ①　　5 ②

〔解説〕
1 塩素：窒息性ガスである。
2 硝酸：強酸で有機物を黄色に染める。特有の臭気、腐食性がある。
3 クロロホルム：麻酔薬として用いられる。
4 ホルマリン：粘膜を刺激し鼻をむずむずさせる。
5 蓚酸：石灰と化合しやすい。

問38　解答　1 ⑤　　2 ③　　3 ④　　4 ⑦　　5 ⑨
　　　　　　6 ⑩　　7 ⑧　　8 ①　　9 ②　　10 ⑥

〔解説〕
1 黄燐：固体　白色～淡黄色　やわらかい湿った空気により燐光を発する。
2 ニコチン：液体　無色油状　空気により褐変、たばこ葉のアルカロイドヨードのエーテル溶液で褐色の沈澱する。
3 クロロホルム：液体　無色透明　麻酔性、揮発性あり。アルコール性苛性カリに少量のアニリンを加えて熱すると不快な臭いを発する。
4 硫酸：液体　無色透明　重い比重1.84である。
5 水酸化ナトリウム：固体　白色の粒状　強アルカリ性炎色反応は黄色である。
6 硝酸：液体　無色透明　特有の臭気腐食性、銅を溶かし藍色を呈する。
7 蓚酸：固体　無色の結晶　カルシウムと結びつきやすい。
8 メタノール：液体　無色透明　アルコール臭、サリチル酸メチルの原料。
9 ホルマリン：液体　無色透明　熱により重合し白色のパラホルムアルデヒドとなる。
10 過酸化水素：液体　無色透明　酸化力と還元力の両方を有している。

問39　**解答**　A ①　　B ②　　C ②　　D ②　　E ①　　F ①　　G ③
　　　　　　　 H ②　　I ②　　J ①　　K ①　　L ③　　M ③　　N ①
　　　　　　　 O ①　　P ②　　Q ②　　R ②　　S ①　　T ③
〔解説〕
　　四塩化炭素は無色の液体で水に溶けにくくベタナフトールは無色の固体で水に溶けにく
　い。クロム酸ナトリウムは黄色の固体で水に溶け顔料の原料である。
　　チオセミカルバジドは白色の固体で水に溶け殺そ剤であり、エチレンクロロールヒドリン
　は無色の液体で水に溶けて発芽促進剤として用いられている。

問40　**解答**　A ①　　B ②　　C ①　　D ②　　E ②　　F ①　　G ①
　　　　　　　 H ①　　I ①　　J ①　　K ③　　L ②　　M ①　　N ①
　　　　　　　 O ①　　P ③　　Q ①　　R ①　　S ①　　T ①
〔解説〕
　　過酸化水素は無色の液体、水と混じる酸化剤である。
　　塩酸アニリンは白色の固体で水に溶け試薬に用いる。
　　ロテノンは無色の固体で水に溶けない殺虫剤である。
　　ＤＥＰは白色の固体、水に溶け殺虫剤である。
　　チオセミカルバジドは白色の固体で水に溶け殺そ剤である。

問41　**解答**　ア 7　　イ 4　　ウ 2　　エ 1　　オ 6　　カ 3
〔解説〕
　　アニリン：液体　無色透明油状　空気に触れて赤褐色を呈する。
　　シアン化カリウム：固体　白色塊又粉末　水溶液は強アルカリ性酸類と離して貯蔵する。
　　モノフルオール酢酸ナトリウム：固体　白色粉末　重い　吸湿性酢酸臭、殺そ剤である。
　　四塩化炭素：液体　無色透明　重い　揮発性、麻酔性強く中毒を起こす。
　　ヘキサクロルヘキサヒドロメタノベンゾジオキサチエピンオキサイド（別名エンドスルフ
　ァン、ベンゾエピン）：固体　有機塩素剤　純品は白色農業用は黒褐色有機溶媒に溶けア
　ルカリで分解し魚毒があり規制されている。
　　ナトリウム：固体　軟らかい金属　水と激しく反応し危険である。
　　ヒドロキシルアミン：固体　無色の結晶（該当なし）
　　ジメチルー２・２ージクロルビニルホスフェイト（別名ＤＤＶＰ）：液体
　　有機燐製剤　無色油状、刺激性微臭の液、水で加水分解する。（該当なし）

問42　**解答**　(1) 5　　(2) 2　　(3) 1　　(4) 3　　(5) 4
〔解説〕
　(1) ジボランＢ₂Ｈ₆で硼素化合物である。
　(2) 五塩化リンＰＣｌ₅でりんの化合物　加水分解すると塩化水素ガスを発生する。
　(3) メチルメルカプタンＣＨ₃ＳＨでＳＨ基を持つ化合物で毒物に指定されている。
　(4) アセトニトリルＣＨ₃ＣＮで有機シアン化合物である。
　(5) 水酸化ナトリウムＮａＯＨで強アルカリである。金属の亜鉛アルミニウムと反応して
　　　水素ガスを発生する。

問43　**解答**　(1) 3　　(2) 2　　(3) 5　　(4) 1　　(5) 4
〔解説〕
　(1) 塩素酸カリウム：強酸とアンモニウム塩と接触させない（爆発の危険）。
　(2) アクリルアミド：日光や高温で重合分解する。
　(3) ピクリン酸：金属の酸化物　硫黄と混合すると更に激しく爆発する。
　(4) 無水クロム酸：強力な酸化剤であり可燃物と混合は危険である。
　(5) 黄燐：空気中で自然発火するので水中に貯蔵する。

問44　**解答**　(1)　3　　(2)　1　　(3)　2　　(4)　5　　(5)　4
〔解説〕
(1) クロロホルム：液体　無色透明　揮発性麻酔性日光、空気で分解する安定剤に少量の
アルコールを加えておくとよい。
(2) 弗化水素酸：液体　無色　刺激臭、珪酸塩を侵す。
(3) クレゾール：液体又は固体　オルト、パラは固体メタは液体、三種の異性体がある。
(4) 水酸化カリウム：固体　白色の塊　潮解性あり炎色反応は紫である。
(5) 硝酸銀：固体　無色板状結晶　有機物や日光で黒変する。

問45　**解答**　(1)　イ、ケ　　(2)　ウ、カ　　(3)　オ、キ
　　　　　　　(4)　ア、コ　　(5)　エ、ク
〔解説〕
(1) 重クロム酸カリウム：固体　橙赤色　水に良く溶け酸化剤である。
(2) ＤＤＶＰ：液体　農薬の有機燐製剤である。
(3) 水酸化ナトリウム：固体　白色　潮解性強アルカリ性である。
(4) トルエン：液体　無色　引火性がある。
(5) 塩素酸カリウム：固体　無色　易燃物と混ぜない。

問46　**解答**　①　ア　　②　イ　　③　ウ　　④　エ　　⑤　ケ
〔解説〕
① 硫酸銅：硫酸バリウムの沈澱である。　② よう素：よう素澱粉反応である。
③ 塩化亜鉛：塩化銀の沈澱である。　④ フェノール：第二鉄で紫色はフェノールである。
⑤ メタノール：メタノールを原料とする。

問47　**解答**　(1)　硝酸タリウム　　(2)　フッ化水素酸　　(3)　アンモニア水
　　　　　　　(4)　水酸化ナトリウム　(5)　ニコチン　　(6)　塩素酸ナトリウム
　　　　　　　(7)　ブロムメチル　　(8)　シアン化ナトリウム
　　　　　　　(9)　トルエン　　　(10)　塩化バリウム
〔解説〕
(1) $TlNO_3$　　（水に殆ど溶けなくて熱水に溶ける）
(2) HF　　　　（強酸で珪酸塩の検出に用いる）
(3) NH_4OH　　（NH_4Clの白煙）
(4) $NaOH$　　　（石けんの原料）
(5) $C_{10}H_{14}N_2$　（タバコ葉中のアルカロイド）
(6) $NaClO_3$　　（酸化剤）
(7) CH_3Br　　（気体であるが冷却圧縮すると液化）
(8) $NaCN$　　　（酸でHCNを発生）
(9) $C_6H_5CH_3$　（ベンゼンC_6H_6）
(10) $BaCl_2$　　（硫酸バリウムの沈澱）

問48　**解答**　a)　9　　b)　2　　c)　6　　d)　3　　e)　4
　　　　　　　f)　1　　g)　5　　h)　7　　i)　10　　j)　8
〔解説〕
a) 塩素酸カリウム：無色の固体　易燃物と混合は危険である。
b) シアン化ナトリウム：白色の粉末又塊の固体　酸と接すると危険。
c) 臭化メチル：常温で気体　冷却圧縮して液化しておいて貯蔵しておく。
d) 硫酸ニチクチン：無色針状の固体　刺激性の味（タバコの刺激性の味）
e) リン化亜鉛：暗赤色の固体　希酸にはPH_3を発生する。
f) 黄燐：やわらかい固体　白から淡黄色。
g) クロルピクリン：無色油状の液体　市販品は微黄色の液体、催涙性が強い。
h) ホルマリン：無色の液体　寒冷にあうと混濁する。
i) ＤＤＶＰ乳剤：農薬の有機燐製剤で液体　刺激性悪臭あり、水により分解しアルカ
リにも分解、有機溶媒に溶け殺虫剤である。
j) 硫酸銅：藍色の固体　風化性がある　熱すると無水物になる。

問49　解答　1　キ　2　エ　3　イ　4　ア　5　ウ
　　〔解説〕
　　　　1　蓚酸亜鉛：白色　　　　　　　2　クロム酸カルシウム：淡赤黄色
　　　　3　塩素酸コバルト：暗赤色　　　4　二酸化鉛：茶褐色
　　　　5　硫酸銅（五水塩）：藍色（青色）

問50　解答

分　類	解　答　欄
毒　物	（ウ）、（キ）、（コ）
劇　物	（イ）、（エ）、（カ）、（ク）、（ケ）
毒物又は劇物に該当しない物	（ア）、（オ）

〔解説〕
　　（ア）　除外限度は6％以下である。
　　（イ）　有機燐製剤でこのものは除外限度はない。
　　（ウ）　砒素化合物は毒物である除外限度はない。
　　（エ）　アルカリ類はアンモニア、アンモニア水は10％以下水酸化カリウム、ナトリウム
　　　　　は5％以下である。
　　（オ）　酢酸は毒物、劇物ではない。
　　（カ）　有機溶媒は劇物である。
　　（キ）　有機燐製剤で1.5％以下は劇物でありこのものは毒物である。
　　（ク）　5％以下の除外限度がある。
　　（ケ）　除外限度は1％以下である。
　　（コ）　このものには除外限度はない。

解答・実地

○×式まる覚え速効問題

法規・基礎化学
［解答・解説付］

設　　問	解答・解説
1.（　）この法律は、毒物及び劇物について、公衆衛生上の見地から必要な取締を行うことを目的とする。	×　公衆衛生上の見地からではなく、**保健衛生上の見地**からである。法第1条の目的
2.（　）この法律で「劇物」とは、別表第二に掲げる物であつて、医薬品及び医薬部外品を含むものをいう。	×　医薬品及び医薬部外品を含むものではなく、医薬品及び医薬部外品以外のものである。法第2条第2項
3.（　）毒物又は劇物の製造業の登録を受けた者以外の者でも、毒物又は劇物を販売又は授与の目的で製造することができる。	×　製造業の登録を受けた者でなければ、販売又は授与の目的で製造してはならないである。法第3条第1項
4.（　）毒物劇物営業者とは、毒物又は劇物の製造業者、輸入業者又は特定毒物使用者のことをいう。	×　特定毒物使用者ではなく、販売業者である。法第3条第3項
5.（　）毒物若しくは劇物の輸入業者又は特定毒物研究者でなければ、特定毒物を輸入してはならない。	○　設問のとおり。法第3条の2第2項
6.（　）特定毒物使用者は、特定毒物の品目にかかわらず、あらゆる用途に使用することができる。	×　特定毒物の品目ごとに政令で定める用途以外の用途に特定毒物を用いてはならない。法第3条の第5項
7.（　）毒物劇物営業者、特定毒物研究者又は特定毒物使用者でなければ、特定毒物を所持してはならない。	○　設問とおり。法第3条の2第10項

設　　問	解答・解説
8.（　）特定毒物研究者でなければ、特定毒物を製造することはできない。	×　毒物又は劇物の製造業者も製造することができる。
9.（　）毒物及び劇物取締法において、シンナー、接着剤も取締の対象である。	〇　設問のとおり。法第3条の3
10.（　）トルエン並びに酢酸エチル、トルエン又はメタノールを含有するシンナーは、興奮、幻覚又は麻酔の作用を有するものとして政令で定められている。	〇　設問のとおり。法第3条の3→施行令第32条の3
11.（　）引火性、発火性又は爆発性のある毒物劇物であって政令で定めるものは、業務の他正当な理由による場合を除いては、所持してはならない。	〇　設問のとおり。法第3条の4
12.（　）ピクリン酸は、業務その他正当な理由による場合を除いて、所持してはならない。	〇　設問のとおり。法第3条の4→施行令第32条の4
13.（　）毒物又は劇物の製造業又は輸入業の登録は、製造所又は営業所ごとに都道府県知事が行う。	×　都道府県知事ではなく、厚生労働大臣が行う。法第4条第1項
14.（　）毒物又は劇物の販売業の登録は、店舗ごとにその店舗の所在地の都道府県知事が行う。	〇　設問のとおり。法第4条第1項
15.（　）販売業の登録は、5年ごとに、更新を受けなければ、その効力を失う。	×　5年ごとではなく、6年ごとである。法第4条第3項
16.（　）毒物又は劇物の販売業の登録は、①一般販売業、②農業用品目販売業の2種類である。	×　2種類ではなく、特定品目販売業があり、3種類である。法第4条の2
17.（　）農業用品目販売業の登録を受けた者は、農業上必要な毒物又は劇物であって厚生労働省令で定めるもの以外の毒物又は劇物を販売し、授与し、又は販売若しくは授与の目的で貯蔵し、運搬し、若しくは陳列してはならない。	〇　設問のとおり。法第4条の3第1項

設　　問	解答・解説
18.（　）毒物又は劇物を貯蔵する場所にかぎをかけられないときは、その周囲に、頑固なさくを設ければよい。	○　設問のとおり。法第5条→施行規則第4条の4
19.（　）施錠できる貯蔵設備内であれば、毒物又は劇物とその他の物とを区分して貯蔵しなくてよい。	×　例え施錠できる貯蔵設備であっても、毒物又は劇物とその他の物とを区分して貯蔵する。施行規則第4条の4
20.（　）毒物又は劇物を貯蔵するタンクは、毒物又は劇物が飛散し、漏れ、又はしみ出るおそれがないものでなければならない。	○　設問のとおり。法第5条→施行規則第4条の4
21.（　）毒物劇物営業者が、製造業の登録にあっては、製造しょうとする毒物又は劇物の品目について登録しなければならない。	○　設問のとおり。法第6条の登録事項
22.（　）特定毒物研究者の許可は、6年ごとに更新を受けなければ、その効力を失う。	×　特定毒物研究者の許可は、6年ごとではなく、都道府県知事が許可を行う。法第6条の2
23.（　）都道府県知事は、麻薬、大麻、あへん又は覚せい剤の中毒者には、特定毒物研究者の許可を与えないことができる。	○　設問のとおり。法第6条の2第3項第3号
24.（　）毒物又は劇物を直接取り扱わない毒物劇物販売業の店舗であっても、毒物劇物取扱責任者を置かなければならない。	×　法第7条第1項ただし書き規定により、毒物劇物取扱責任者を置かなくてもよい。
25.（　）毒物劇物営業者が毒物又は劇物の製造業、輸入業又は販売業のうち二以上を併せ営む場合において、その製造所、営業者又は店舗が互いに隣接しているときは毒物劇物取扱責任者を兼務することができる。	○　設問のとおり。法第7条第2項のこと

設　問	解答・解説
26.（　）毒物劇物営業者は、毒物劇物取扱責任者を変更したときは、あらかじめ、その毒物劇物取扱責任者の氏名を届け出なければならない。	×　あらかじめではなく、30日以内に届け出る。法第7条第3項
27.（　）薬剤師の資格のある者は、毒物劇物取扱責任者になることができる。	○　設問のとおり。法第8条第1項
28.（　）厚生労働省令で定める学校で、応用化学に関する学課を修了した者は、毒物劇物取扱責任者になることができる。	○　設問のとおり。法第8条第1項
29.（　）18歳未満の者は、毒物劇物取扱責任者となることができる。	×　18歳未満の者は、毒物劇物取扱責任者になることができないである。法第条第2項
30.（　）麻薬、大麻、あへん又は覚せい剤の中毒者は毒物劇物取扱責任者になることができない。	○　設問のとおり。法第8条第2項
31.（　）毒物若しくは劇物に関する罪を犯し、罰金以上の刑に処せられ、その執行を終わった日から3年を経過している者は、毒物劇物取扱責任者の資格を有していれば毒物劇物取扱責任者となることができる。	○　設問のとおり。法第8条第2項第4号
32.（　）都道府県知事が行う特定品目毒物劇物取扱責任者に合格した者は、毒物劇物農業用品目販売業における毒物劇物取扱責任者となることができる。	×　販売品目の制限に関する規定により、この設問ような場合、農業用品目販売業ではなく、特定品目販売業である。法第8条第3項
33.（　）都道府県知事が行う一般品目毒物劇物取扱責任者に合格した者は、毒物劇物農業用品目販売業における毒物劇物取扱責任者となることができない。	×　一般品目毒物劇物取扱責任者には、販売品目の制限はない。

設問	解答・解説
34. （　）毒物又は劇物輸入業者が登録を受けていない毒物又は劇物を新たに輸入しようとするときは、1ヵ月前までに届け出なければならない。	×　この設問は登録の変更についてで、いわゆる追加申請のことである。1ヵ月前ではなく、あらかじめ申請をする。法第9条
35. （　）毒物劇物営業者は、氏名又は住所を変更した場合には、14日以内に都道府県知事にその旨を届け出なければならない。	×　14日以内ではなく、30日以内である。法第10条第1項
36. （　）毒物又は劇物販売業者は、店舗の名称を変更したが、都道府県知事に届け出をしなかった。	×　法第10条第1項の規定により30日以内に届け出なければならない。
37. （　）毒物又は劇物販売業者は、販売している品目を追加したが、都道府県知事に届け出をしなかった。	○　この設問の場合届け出なくてもよい。
38. （　）毒物又は劇物販売業者は、営業を廃止したときは、そのむねを14日以内に届け出なければならない。	×　14以内ではなく、30日以内に届け出なければならない。法第10条第1項第4号
39. （　）毒物又は劇物が盗難にあい、又は紛失することを防ぐのに必要な措置を講じなくてもよい。	×　講じなくてもよいではなく、講じなければならない。法第11条第1項
40. （　）毒物劇物営業者が毒物又は劇物の取扱いにあたって、営業所等の外部への飛散防止の措置を講じなければならない。	○　設問のとおり。法第11条第2項
41. （　）毒物劇物営業者は、すべての毒物又は劇物について、その容器として、飲食物の容器として通常使用される物を使用してはならない。	○　設問のとおり。法第11条第4項→施行規則第11条の4による飲食物容器禁止のこと。
42. （　）毒物劇物営業者が毒物の容器及び被包に、「医薬用外」の文字及び毒物については白地に赤色をもつて「毒物」の文字を表示しなければならない。	×　白地に赤色ではなく、赤地に白色である。法第12条第1項

設　　問	解答・解説
43. （　）毒物劇物営業者が劇物の容器及び被包に、「医薬用外」の文字及び劇物については黒地に白色をもつて「劇物」の文字を表示しなければならない。	×　黒地に白色ではなく、**白地に赤色**である。法第12条第1項
44. （　）毒物劇物営業者は、毒物又は劇物を販売する場合、その容器及び被包に毒物又は劇物の名称、成分及び含量を表示しなければならない。	○　設問のとおり。法第12条第2項
45. （　）毒物劇物営業者は、有機燐化合物及びこれを含有する製剤たる毒物又は劇物を販売する場合は、その容器及び被包に、厚生労働省令で定める解毒剤の名称を表示しなければならない。	○　設問のとおり。法第12条第2項→施行規則第11条の5
46. （　）毒物又は劇物を貯蔵し、又は陳列する場所に、「医薬用外」の文字及び毒物については「毒物」、劇物については「劇物」の文字を表示しなければならない。	○　設問のとおり。法第12条第3項
47. （　）特定の用途に供される劇物の販売について、硫酸タリウムを含有する製剤たる劇物を農業用として販売する場合は、あせにくい黒色に着色しなければならない。	○　設問のとおり。法第13条→施行令第39条→施行規則第12条
48. （　）燐化亜鉛を含有する製剤たる劇物は、あせにくい黒色に着色しなくても、これを農業用として販売し、授与することができる。	×　あせにくい黒色に着色しなければ、これを農業用として販売し、授与することはできない。法第13条→施行令第39条→施行規則第12条
49. （　）毒物又は劇物の製造業者がその製造したジメチル−2，2−ジクロルビニルホスフェイト（別名ＤＤＶＰ）を含有する製剤（衣料用の防虫剤に限る。）を販売するには、「使用前に開封し、包装紙等は直ちに処分すべき旨」を表示しなければならない。	×　法第13条の2→施行令第39条の2

設問	解答・解説
50. （　）譲受書には、販売又は授与した毒物又は劇物の名称及び数量、販売又は授与の年月日、譲受人の氏名及び住所のほか、職業、使用目的、使用方法が記載され、譲受人の押印が必要である。	✕　法第14条　使用目的、使用方法については、規定されていない。
51. （　）毒物劇物営業者が毒物又は劇物を販売したとき、譲受人から受ける書面の保存期間は、販売した期間から6年間保存しなければならない。	✕　6年間ではなく、5年間保存である。法第14条第4項
52. （　）毒物劇物営業者は、18歳の者に毒物又は劇物を交付してはならない。	✕　18歳未満の者に交付してはならないである。法第15条第1項第1号による交付の制限のこと。
53. （　）毒物劇物営業者は、麻薬、大麻、あへん若しくは覚せい剤の中毒者に毒物又は劇物を交付してはならない。	○　設問のとおり。法第15条第1項第3号
54. （　）毒物劇物営業者は、引火性、発火性又は爆発性のある毒物又は劇物であって政令で定めるものを交付を受ける者の氏名及び住所を確認しなければならない。	○　設問のとおり。法第15条第2項→法第3条の4→施行令第32条の3→施行規則第12条の2
55. （　）アルコール中毒者は、毒物及び劇物取締法上、毒物又は劇物の交付を受けることができない。	✕　アルコール中毒者は、法第15条における規定がないので、交付を受けることができる。
56. （　）毒物劇物営業者は、その取り扱う毒物又は劇物を廃棄したときは、30日以内にその旨を保健所に届け出なければならない。	✕　廃棄については、法第15条の2→施行令第40条の規定を遵守して廃棄すればよい。届出の必要はない。
57. （　）毒物劇物営業者が毒物又は劇物を廃棄する場合は、あらかじめ、都道府県知事の許可を受けなければならない。	✕　許可を受けなければならない規定はなく、法第15時用の2→施行令第40条、第38条の規定を遵守して廃棄する。ただし、以上の規定を違反した場合は、罰則規定がある。

設　　問	解答・解説
58.（　）毒物又は劇物の廃棄の方法に関する基準として、ガス体又は揮発性の毒物又は劇物は、保険衛生上危害の生ずるおそれのない場所で、少量ずつ放出し、又は揮発させる。	○　設問のとおり。法第15条の2→施行令第40条
59.（　）毒物又は劇物の廃棄の方法に関する基準として、地下1メートル以上で、地下水を汚染するおそれがない地中に確実に埋める。	○　設問のとおり。法第15条の2→施行令第40条における廃棄方法のこと。
60.（　）毒物及び劇物取締法で規定する廃棄基準の遵守規定は、国民すべての人を対象にしている。	○　設問のとおり。保健衛生上の見地から一般国民を含めた全ての人が法第15条の2の規定を遵守することを義務付けている。
61.（　）毒物又は劇物の廃棄にあたっては、政令で定める技術上の基準に従わなければならない。	○　設問のとおり。法第15条の2→施行令第40条
62.（　）四アルキル鉛は、保健衛生上の危害を防止するため、運搬、貯蔵、その他取扱いについて政令で定められているものではない。	×　四アルキル鉛は、政令で規定されている。法第16条→施行令第4条、第5条、第40条の2、第40条の3、第40条の4
63.（　）荷送人の通知義務に関して、荷送人は、交付する書面の記載事項として、当該毒物又は劇物の名称、成分及びその含量並びに数量を通知しなければならない。	○　設問のとおり。施行令第40条の6
64.（　）荷送人の通知義務に関して、荷送人は、毒物又は劇物を1回につき1,000kgを超えて運搬を他に痛くするときは、法定事項を記載した書面を交付する必要がある。	○　設問のとおり。施行令第40条の6
65.（　）毒物劇物販売業者は、毒物又は劇物を1回につき200ミリグラム以下を販売したときは、譲受人に対し、その性状及び取扱いに関する情報を省略することができる。。	○　設問のとおり。施行令第40条の9→施行規則第13条の8

設　　問	解答・解説
66.（　）運送業者が50%硫酸5,000キログラムを1台のタンクローリー車で運搬する場合、車両に運搬する劇物の名称、成分及びその含量を記載した書面を備えた。	○　設問のとおり。施行令第40条の5→施行規則第13条の4、第13条の5
67.（　）警察署長は、毒物劇物営業者に対し、保健衛生上の危害を生ずるおそれがあると認められるときは、回収を命じることができる。	×　警察署長ではなく、都道府県知事である。法第15条の3
68.（　）毒物又は劇物の製造業者の製造所において、毒物が漏れ出す事故が発生した。多数の者に保健衛生上の危害が生じるおそれがあったので、直ちにその旨を保健所、警察署又は消防機関に届け出るとともに必要な応急措置を講じた。	○　設問のとおり。法第16条の2第1項
69.（　）毒物又は劇物の販売業者の店舗ら、劇物が紛失したので、直ちにその旨を市町村へ届け出た。	×　市町村でなく、警察署である。法第17条第2項
70.（　）農家で保管していた劇物である農薬が盗難にあったので、直ちに警察署に届け出た。	○　設問のとおり。法第17条第2項
71.（　）毒物劇物監視員は、保健衛生上必要があると認められるときは、毒物又は劇物の販売業者の店舗に立ち入り、帳簿その他の物件を検査し、毒物又は劇物を収去することができる。	○　設問のとおり。法第18条
72.（　）毒物劇物監視員は、その身分を示す証票を携帯し、関係者の請求があるときは、これを提示しなければならない。	○　設問のとおり。法第18条
73.（　）都道府県知事（販売業の店舗の所在地が保健所を設置する市又は特別区の区域にある場合においては、市長又は区長。）は、毒物劇物販売業の登録を受けている者について、これらの者に毒物及び劇物取締法又はこれらに基づく処分に違反する行為があったときは、その登録を取り消すことができる。	○　設問のとおり。法第19条第4項

設　　　問	解答・解説
74.（　　）毒物劇物営業者は、その営業の登録が効力を失ったときは、30日以内に現に所有する特定毒物の品名及び数量を届け出なければならない。	×　30日以内ではなく、15日以内に届け出る。法第21条
75.（　　）毒物営業者が営業を廃止したときは、所有する特定毒物の品名及び数量を都道府県知事へ届け出なくてもよい。	×　廃止したときから30日以内に届け出なければならない。法第21条
76.（　　）シアン化ナトリウムを業務上取り扱う電気メッキ業者は、その事業場ごとに都道府県知事に業務上取扱者の届出を行わなければならない。	○　設問のとおり。法第22条→施行令第41条
77.（　　）毒物である砒素化合物を用いるシロアリ防除業者は、毒物劇物取扱責任者を置かなくてもよい。	×　法第22条→施行令第41条、同条第42条における業務上取扱者の届出のこと。
78.（　　）シアン化ナトリウムを業務上取り扱う金属熱処理業者は、その事業場ごとに都道府県知事に業務上取扱者の届出を行わなければならない。	○　設問のとおり。法第22条→施行令第41条、同条第42条における業務上取扱者の届出のこと。
79.（　　）塩酸をタンクローリー車を使用して、1回につき6,000キログラムを運搬する場合、当該タンクローリー車の運転手は、毒物劇物取扱責任者の資格を有する者でなければならない。	×　本設問を見ると業務上取扱者の届出が必要であり、かつ、その事業所ごとに1名毒物劇物取扱責任者を置かなければならないが、運転手自身に対しては毒物劇物取扱責任者の資格を有する者でなくてもよい。
80.（　　）最大積載量が7,000キログラムのタンクローリー車で塩素を運送する事業者は、その事業場ごとに都道府県知事に業務上取扱者の届出を行わなければならない。	○　設問のとおり。法第22条→施行令第41条
81.（　　）高等学校で、教材用として毒物又は劇物を使用している場合、その保管場所に、「医薬用外毒物」、「医薬用外劇物」の文字を表示しなければならない。	○　設問のとおり。法第22条第5項→法第12条。

設　　問	解答・解説
82.（　）「毒物及び劇物取締法」（法律）は、毒物又は劇物について、公衆衛生上の見地から必要な監督を行うことを目的とする。	×　公衆衛生上の見地から必要な監督ではなく、保健衛生上の見地から必要な取締である。法第1条
83.（　）研究所で業務上毒物及び劇物を取り扱う場合は、危害防止規定を作成しておれば、毒物及び劇物取締法の適用は受けない。	×　法第1条に保健衛生時用の見地から取締を行うとある。その取締とは、製造、輸入、販売、表示、貯蔵、運搬、廃棄等の取扱いに取締ということである。よって、この設問の場合、毒物及び劇物取締法の適用を受ける。
84.（　）毒物及び劇物取締法は、毒物及び劇物について、保健衛生上の見地から必要な取締を行うことを目的としている。	○　設問のとおり。法第1条の目的。
85.（　）この法律で「毒物」とは、別表第1に掲げる物であって、医薬部外品及び化粧品以外のものをいう。	×　医薬部外品及び化粧品ではなく、医薬品及び医薬部外品である。法第2条
86.（　）毒物又は劇物でも医薬品に指定されるものもある。	×　医薬品に指定されるものではなく、医薬品及び医薬部外品を除くである。法第2条。
87.（　）毒物又は劇物と同じような毒性、劇性の生理作用がある医薬品も毒物及び劇物取締法の対象である。	×　医薬品は、医薬部外品同様に、法第2条の規定により除かれる。
88.（　）「毒物」には、「特定毒物」を含まない。	×　特定毒物は、毒物に含む。毒物のうち、毒性の強いものをいう。法第2条第3項。
89.（　）毒物劇物製造業者は、毒物又は劇物を販売又は授与の目的で輸入することができる。	×　販売又は授与では輸入することはできない。法第3条第1項

設　問	解答・解説
90. （　　）毒物又は劇物の製造業の登録を受けた者は、毒物又は劇物の製造のために特定毒物を使用することができる。	〇　この設問は、法第3条第1項のこと。
91. （　　）毒物又は劇物の製造業の登録を受けた者は、販売業の登録を受けなくても、その製造した毒物又は劇物を毒物劇物営業者以外の者に販売することができる。	×　この設問における販売業の登録を受けない場合、毒物劇物営業者以外の者には販売できない。法第3条
92. （　　）特定毒物研究者は、毒物又は劇物製造業の登録を受けなくとも特定毒物を製造できる。	〇　法第3条の2第1項
93. （　　）毒物又は劇物販売業の登録を受けた者は、毒物劇物を販売又は授与の目的で輸入することができる。	×　販売業の登録を受けた者は、輸入することができない。法第3条第2項。
94. （　　）自ら使用することを目的として毒物又は劇物を輸入する場合、毒物劇物輸入業の登録は不要である。	〇　法第3条第3項のただし書きの規定により、登録は必要としない。
95. （　　）毒物又は劇物の製造業の登録を受けた者であれば、毒物又は劇物を何人にも対しても販売、授与することができる。	×　この設問にある「何人に対して」ではなく、法第3条第3項ただし書き規定のみである。
96. （　　）毒物又は劇物の販売業の登録を受けた者でなければ、毒物又は劇物を一般消費者に販売してはならない。	〇　設問のとおり。法第3条第3項。
97. （　　）研究の目的で毒物又は劇物を輸入する者は、毒物又は劇物の輸入業の登録を受けなければならない。	×　法第3条の規定において、販売又は授与の目的でなければ、この設問にあるような「研究の目的」と書かれているところをみると輸入業の登録を受けなくてもよい。

設　問	解答・解説
98.（　）毒物劇物製造業者が、製造した劇物を毒物劇物販売業者に販売するとき、譲受書の交付を受けなくても、販売できる。	○　設問のとおり。法第３条第３項ただし書き規定による。
99.（　）毒物劇物営業者とは、毒物又は劇物の製造業者、輸入業者、販売業者のことである。	○　設問のとおり。法第３条第３項。
100.（　）特定毒物研究者の許可は、５年ごとに更新を受けなければ、その効力を失う。	×　５年ごとではなく、都道府県知事の許可を受けた者でなければならないである。法第６条の２→施行令第33条の２
101.（　）特定毒物研究者とは、毒物又は劇物の製造業者、学術研究のため特定毒物を製造し、若しくは使用することができる者として都道府県知事の許可を受けた者のことである。	○　設問のとおり。法第３条の２第１項。
102.（　）毒物又は劇物の製造業の登録を受けた者は、特定毒物を製造してはならない。	×　法第３条の２第１項のことで、特定毒物を製造できる。
103.（　）特定毒物研究者は、学術研究のために特定毒物を製造できない。	×　法第３条の２第１項の規定により製造することができる。
104.（　）毒物若しくは劇物の輸入業者又は特定毒物研究者でなければ、特定毒物を輸入してはならない。	○　設問のとおり。法第３条の２第２項。
105.（　）特定毒物研究者は、学術研究のために特定毒物を輸入できる。	○　法第３条の２第２項。
106.（　）特定毒物使用者とは、特定毒物研究者又は特定毒物を使用することができる者として品目ごとに政令で指定する者のことである。	○　法第３条の２第３項。

設　　問	解答・解説
107. （　）特定毒物使用者は、全ての特定毒物を使用することができる。	×　全ての特定毒物が使用することができるではなく、政令で指定された品目のみ使用できる。法第3条の2第3項。
108. （　）特定毒物研究者であれば、特定毒物を学術研究以外の目的にも使用することができる。	×　法第3条の2第4項の規定により学術研究以外の目的で使用してはならない。
109. （　）毒物劇物営業者又は特定毒物研究者は、特定毒物使用者に対し、その者が使用することができる特定毒物以外の特定毒物を譲り渡してはならない。	○　設問のとおり。法第3条の2第8項。
110. （　）酢酸エチルを含有する接着剤は、何人も所持してはならない。	×　何人ではなく、法第3条の3の規定において、みだりに摂取し、若しくは吸入し、又はこれらの目的で所持してはならないである。
111. （　）エタノールは、薬物のうち興奮、幻覚又は麻酔の作用を有する毒物又は劇物（これらを含有する物を含む。）であって政令で定められている。	×　トルエン並びに酢酸エチル、トルエン又はメタノールを含有するシンナー、接着剤、塗料のこと。法第3条の3。
112. （　）トルエンは、薬物のうち興奮、幻覚又は麻酔の作用を有する毒物又は劇物（これらを含有する物を含む。）であって政令で定められている。	○　法第3条の3→施行令第32条の2。
113. （　）トルエンを含有する接着剤は、薬物のうち興奮、幻覚又は麻酔の作用を有する毒物又は劇物（これらを含有する物を含む。）であって政令で定められている。	○　法第3条の3→施行令第32条の2。

設　　問	解答・解説
114. （　）亜塩素酸ナトリウムを30％含有する製剤は、引火性、発火性又は爆発性のある毒物又は劇物であって、業務その他正当な理由による場合を除いては、所持してはならないものとして、政令で定められている。	○　法第３条の４→施行令第32条の３。
115. （　）硫酸を20％含有する製剤は、引火性、発火性又は爆発性のある毒物又は劇物であって、業務その他正当な理由による場合を除いては、所持してはならないものとして、政令で定められている。	×　亜塩素酸ナトリウム及びこれを含有する製剤（亜塩素酸ナトリウム30％以上を含有するものに限る。）、塩素酸塩類及びこれを含有する製剤（塩素酸塩類35％以上を含有するものに限る。）、ナトリウム、ピクリン酸のこと。法第３条の４→施行令第32条の３。
116. （　）ピクリン酸は、業務その他正当な理由による場合を除いては、所持してはならない。	○　設問のとおり。法第３条の４→施行令第32条の３。
117. （　）毒物又は劇物製造業者のうち、製剤の製造（製剤の小分けを含む。）若しくは原体の小分けのみを行う製造業者に係る登録に関する事務は、厚生労働大臣が行う。	×　法第４条の営業の登録により、原体及び製剤の小分けについての製造業者の登録は、都道府県知事が行う。 　このことについては平成30年法律第66号公布、施行令和2年4月1日により、毒劇物の原体の製造業又は輸入業の登録に関する事務・権限について、厚生労働大臣都道府県知事へ移譲された。
118. （　）毒物又は劇物の販売業の登録を法人の本社で受ければ、各支店ごとに毒物又は劇物の販売業の登録を受けなくても毒物又は劇物を販売できる。	×　各支店ごとに、毒物劇物販売業の登録が必要である。法第４条第２項。

○×式まる覚え速効230問（法規）

設　問	解答・解説
119. （　）毒物又は劇物の販売業の登録は、店舗ごとに厚生労働大臣が行う。	×　厚生労働大臣ではなく、都道府県知事が行う。法第4条第2項。
120. （　）毒物又は劇物の販売業の登録を受けようとする者は、店舗ごとに、その店舗の所在地の警察署長に申請書を出さなければならない。	×　警察署長ではなく、都道府県知事である。法第4条第2項。
121. （　）毒物又は劇物の販売業の登録は、6年ごとに、更新を受けなければ、その効力を失う。	○　設問のとおり。法第4条第3項。
122. （　）毒物劇物営業者は、登録申請内容に変更がないときには更新を受けなくてもよい。	×　法第4条第3項の規定に基づいて、登録の更新を受けなければならない。
123. （　）毒物又は劇物の販売業の登録の更新は、登録の日から起算して6年を経過した日の1月前までに店舗ごとに、その店舗の所在地の都道府県知事に申請書を出さなければならない。	○　設問のとおり。法第4条第3項→施行規則第4条〔登録の更新の申請〕。
124. （　）毒物劇物の製造業又は輸入業の登録は、5年ごとに、更新を受けなければ、その効力を失う。	○　設問のとおり。法第4条第3項。
125. （　）毒物又は劇物の販売業の登録の種類には、一般販売業、農業用品目販売業及び特定品目販売業の3種類がある。	○　設問のとおり。法第4条の2の販売業の種類のこと。
126. （　）毒物劇物一般販売業の登録を受けた者は、全ての毒物劇物及び特定毒物を販売することができる。	○　設問のとおり。法第4条の3。
127. （　）毒物又は劇物を貯蔵する場所が性質上かぎをかけることができないものであるときは、その周囲に堅固なくが設けてあること。	○　設問のとおり。施行規則第4条の4第1項第2号ホ。

設問	解答・解説
128. （　）毒物又は劇物の販売業者の店舗においては、毒物又は劇物を含有する粉じん、蒸気又は廃水の処理に要する設備又は器具を備えていなければならない。	×　この設問は、製造業者であれば設問のとおりであるが、販売業者とあるので該当しない。施行規則第４条の４第２項～第４項までの規定が販売業者が適用される。
129. （　）毒物又は劇物を陳列する場所には、消火設備があること。	×　消火設備があることではなく、かぎをかける設備あることである。施行規則第４条の４第１項第３号。
130. （　）毒物劇物製造業の登録を受けた者は、すべての毒物又は劇物を製造することができる。	×　この設問は、法第６条の登録事項についてである。登録以外の品目を製造又は輸入するときは、あらかじめ登録の変更を申請しなければならない。
131. （　）毒物劇物製造業の登録を受けた者は、製造しようとする品目について登録されているその品目のみ製造できる。	○　同上
132. （　）毒物劇物輸入業の登録を受けた者は、国内で流通している全ての毒物又は劇物を輸入することができる。	×　同上
133. （　）特定毒物研究者の許可については、その者の主たる研究所の所在地の都道府県知事が行う。	○　設問のとおり。法第６条の２。
134. （　）特定毒物研究者は、大学又は国、県の研究機関において研究に従事する者でなければならない。	×　法第６条の２第２項のことで、毒物に関し相当な知識を持ち、かつ、学術研究上、特定毒物を製造し、又は使用することを必要とする者でなければならない。

○×式まる覚え速効230問（法規）

設　　問	解答・解説
135. （　）都道府県知事は、毒物若しくは劇物又は薬事に関する罪を犯し、罰金以上の刑に処せられ、その執行を終わり、又は執行を受けることがなくなった日から起算して3年を経過していない者には、特定毒物研究者の許可を与えないことができる。	○　設問のとおり。法第6条の2第3項第3号。
136. （　）毒物劇物営業者は、自ら毒物劇物取扱責任者になることができる。	○　設問のとおり。法第7条第1項。
137. （　）10パーセント過酸化水素を直接取り扱って販売する店舗においては、毒物劇物取扱責任者を置く必要がある。	○　設問のとおり。法第7条第1項。
138. （　）毒物又は劇物を直接取り扱わないで伝票処理のみにより販売する店舗においては、毒物劇物取扱責任者を置く必要がないが、毒物劇物の販売業の登録は必要である。	○　設問のとおり。法第7条第1項。
139. （　）36パーセントのホルマリンを200リットル容器から1リットル容器に移し替え、他社に出荷している工場では製造業の登録は必要であるが、毒物劇物取扱責任者についても設置する必要がある。	×　法第7条第1項ただし書き規定により、自ら毒物劇物取扱責任者となりうるので、設置しなくてもよい。
140. （　）個人で経営している毒物劇物販売業者で、その個人本人が毒物劇物取扱責任者の資格を有しており、自ら毒物又は劇物による保健衛生上の危害の防止に携わるので、別に毒物劇物取扱責任者を設置しなかった。	○　法第7条第1項ただし書き規定による。
141. （　）毒物劇物製造業と販売業を併せて営む場合、その製造所と店舗が隣接しているときには、毒物劇物取扱責任者はこれらの施設を通じて1人で足りる。	○　設問のとおり。法第7条第2項。
142. （　）毒物劇物営業者が、同一店舗において毒物又は劇物の輸入業と販売業を併せ営む場合には、毒物劇物取扱責任者は1人で足りる。	○　同上

設　問	解答・解説
143. （　）毒物又は劇物製造業と販売業を併せ営む場合には、その製造所と販売所が互いに隣接していても、それぞれに毒物劇物取扱責任者を置かなければならない。	×　法第7条第2項のこと。それぞれではなく、1人で足りる。
144. （　）毒物又は劇物の製造業者は、毒物劇物取扱責任者を置いたときは、40日以内に厚生労働大臣又は都道府県知事にその毒物劇物取扱責任者の氏名を届け出なければならない。	×　40日以内ではなく、30日以内である。法第7条第3項。
145. （　）毒物劇物販売業者が、毒物劇物取扱責任者を変更したので、その日から25日後に毒物劇物取扱責任者の変更届を届け出た。	○　法第7条第3項の規定では、30日以内とあるので設問の25日後の届け出については、設問のとおりでよい。
146. （　）毒物劇物取扱責任者の資格についてであるが、薬剤師の免許を有する人は、毒物劇物取扱責任者となることができる。	○　設問のとおり。法第8条第1項第1号。
147. （　）毒物劇物取扱責任者の資格についてであるが、学校教育法第1条に定める大学で、応用化学に関する学課を修了した人は、毒物劇物取扱責任者となることができる。	○　設問のとおり。法第8条第1項第2号。
148. （　）毒物劇物取扱責任者の資格についてであるが、医師の資格で毒物劇物取扱責任者となることができる。	×　法第8条第1項に規定された者のみ。
149. （　）毒物劇物取扱責任者の資格についてであるが、危険物取扱試験に合格した者も毒物劇物取扱責任者となることができる。	×　法第8条第1項に規定された者のみ。
151. （　）20歳未満の人が、都道府県知事が行う毒物劇物取扱者試験に合格しても毒物劇物取扱責任者になることができない。	×　20歳未満の人ではなく、18歳未の人満である。法第8条第2項第1号。

設　　問	解答・解説
152. （　）18歳未満の者でも、毒物劇物取扱者試験を受けることができない。	×　18歳未満の者でも、毒物劇物取扱責任者の試験を受けることはできる。ただし、法第8条第2項の規定に基づいて、毒物劇物取扱責任者になることはできない。
153. （　）毒物劇物取扱責任者の資格についてであるが、大麻の中毒者は、毒物劇物取扱責任者になることができない。	○　法第8条第2項第3号。
154. （　）農業用品目毒物劇物取扱者試験の合格者は、厚生労働省令で定める農業品目のみを取り扱う輸入業の営業所の毒物劇物取扱責任者になることができる。	○　設問のとおり。法第8条第4項のこと。
155. （　）農業用品目毒物劇物取扱者試験に合格した者は、農業品目を製造する製造所の毒物劇物取扱責任者になることができる。	×　製造する製造所ではなく、輸入業の営業所若しくは店舗である。法第8条第4項。
156. （　）特定品目毒物劇物取扱者試験に合格した者は、農業用品目のみを販売する店舗において毒物劇物取扱責任者になることができる。	×　農業用品目ではなく、特定品目である。法第8条第4項。
157. （　）一般毒物劇物取扱者試験に合格した者は、特定品目のみを販売する店舗において毒物劇物取扱責任者になることができない。	×　一般で合格した者は、全ての毒物劇物を取り扱うことができる。
158. （　）毒物又は劇物の製造業者又は輸入業者は、登録を受けた毒物又は劇物以外の毒物又は劇物を製造し、又は輸入しようとするときは、30日以内に登録の変更をしなければならない。	×　30日以内ではなく、あらかじめである。法第9条のこと。
159. （　）毒物劇物の製造業の登録を取得している場合でも、製造する品目を追加する場合は、あらかじめ登録の変更を受けなければならない。	○　設問のとおり。法第9条のこと。

設　問	解答・解説
160.（　）毒物又は劇物の製造業者が登録を受けていない毒物又は劇物を新たに製造をしようとするときは、1ヵ月前までに届け出なければならない。	×　このことは登録の変更いわゆる追加申請については、1ヵ月前ではなく、あらかじめ申請をする。法第9条のこと。
161.（　）毒物劇物販売業者は、毒物劇物取扱責任者を設置したとき、又は変更したときは、毒物劇物取扱責任者の氏名を、50日以内にその店舗のある所在地の都道府県知事へ届けでなければならない。	×　50日以内ではなく、30日以内に届け出る。法第10条のこと。
162.（　）毒物劇物販売業者が、法人の役員を変更したときは、30日以内に変更を届け出ることを義務付けられている。	×　届出の必要はない。
163.（　）毒物劇物販売業者が、その店舗の名称を変更したときは、30日以内に変更を届け出ることを義務付けられている。	○　法第10条のこと。
164.（　）毒物劇物営業者は、毒物又は劇物が盗難にあい、又は紛失することを防ぐのに必要な措置を講じる必要はない。	×　法第11条第1項の規定により、必要な措置を講じる必要がある。
165.（　）毒物劇物営業者は、すべての毒物又は劇物について、その容器として、飲食物の容器として通常使用される物を使用してはならない。	○　設問のとおり。法第11条第4項→施行規則第11条の4における飲食物容器使用禁止のこと。
166.（　）高等学校における化学の実験室で用いられる毒物又は劇物について、その貯蔵容器に、飲食物の容器として通常使用される物を使用した。	×　全ての毒物又は劇物は飲食物の容器として使用してはならない。
167.（　）毒物劇物営業者が、劇物の容器として通常飲食物の容器として使われるものを使用するときは、飲用してはいけない旨の表示をしなければならない。	×　この設問にあるような規定はない。全ての毒物又は劇物は飲食物の容器として使用してはならない。法第11条第4項。

○×式まる覚え速効230問（法規）

設　問	解答・解説
168.（　）特定毒物の容器及び被包には、毒物として必要されている表示のほか「特定毒物」の文字が記載されていなければならない。	×　「医薬用外」の文字及び毒物については赤地に白色をもって「毒物」の文字、劇物については、白地に赤色をもって「劇物」の文字を記載しなければならない。法第12条第1項。
169.（　）毒物劇物営業者が、容器及び被包に解毒剤の称を表示しなければならない毒物及び劇物は、有機燐合物及びこれを含有する製剤である。	○　法第12条第2項→施行規則第11条の5。
170.（　）毒物又は劇物を貯蔵し、又は陳列する場所に、「医薬用外」の文字及び毒物については「毒物」、劇物については「劇物」の文字を表示しなければならない。	○　法第12条第3項。
171.（　）毒物劇物営業者は、その容器及び被包に、毒物又は劇物の名称と毒物又は劇物の成分及びその含量を表示しなければ販売することができないことになっているが、「硫酸」のように名称と成分が同一の場合は、名称を省くことができる。	×　法第12条の規定に基づいて、表示をしなければならない。
172.（　）有機燐化合物を含有する劇物には、解毒剤の名称を表示しなければならない。	○　法第12条第2項→施行規則第11条の5。
173.（　）毒物劇物営業者は、政令で定める毒物又は劇物については、厚生労働省令で定める方法により着色したものでなければ、これを農業用として販売し、又授与してはならない。	○　法第13条のこと。
174.（　）硫酸タリウムを含有する製剤たる劇物は、あせにくい黒色で着色したものでなければ、農業用として販売し、又は授与してはならない。	○　設問のとおり。法第13条→施行令第39条→施行規則第12条のこと。

設　問	解答・解説
175.（　）一般消費者が生活用品として使用する毒物又は劇物については、定められた基準に適合するものでなければ販売又は授与できないこととされている。その基準に関して、塩化水素を含有する液体状製剤の容器は厚生労働省令で定める試験に合格したものであること。	○　法第13条の2→施行令第39条の2→施行令別表第1を参照。
176.（　）毒物劇物販売業者が28％アンモニア水を毒物劇物営業者以外の者に販売するとき、譲受人から提出を受ける書面の記載事項として、名称及び数量について法律で定められている。	○　法第14条第1項の譲渡手続のこと。
177.（　）毒物劇物販売業者が28％アンモニア水を毒物劇物営業者以外の者に販売するとき、譲受人から提出を受ける書面の記載事項として、販売年月日について法律で定められている。	○　法第14条第1項の譲渡手続のこと。
178.（　）毒物劇物販売業者が28％アンモニア水を毒物劇物営業者以外の者に販売するとき、譲受人から提出を受ける書面の記載事項として、譲受人の住所、氏名、印について法律で定められている。	○　法第14条第1項の譲渡手続のこと。
179.（　）毒物劇物販売業者が28％アンモニア水を毒物劇物営業者以外の者に販売するとき、譲受人から提出を受ける書面の記載事項として、譲受人の職業について法律で定められている。	○　法第14条第1項の譲渡手続のこと。
180.（　）毒物劇物販売業者が28％アンモニア水を毒物劇物営業者以外の者に販売するとき、譲受人から提出を受ける書面の記載事項として、譲受人の使用目的について法律で定められている。	×　法第14条第1項の譲渡手続のこと。

設　　問	解答・解説
181. （　）毒物劇物営業者が毒物又は劇物を販売したときは、譲受人から提出を受ける書面の保存期間として、販売した日から2年間保存しなければならない。	×　2年間ではなく、5年間である。法第14条第4項のこと。
182. （　）毒物劇物営業者は、年齢20歳未満の者に毒物又は劇物を交付してはならない。	×　20歳未満の者ではなく、18歳未満の者である。法第15条の交付の制限。
183. （　）毒物劇物営業者は、麻薬、大麻、あへん又は覚せい剤の中毒者に毒物又は劇物を交付してはならない。	○　法第15条の交付の制限。
184. （　）毒物又は劇物の交付を受ける者の氏名及び住所の確認は運転免許証で行った。	○　交付を受ける者の確認は、法第15条第2項→施行規則第
185. （　）引火性、発火性等があり政令で定める毒物又は劇物の交付に際しては、交付を受ける者の氏名、住所をしっかり確認しているので、確認した事実を記載する帳簿までは作成していない。	×　帳簿を備え、その確認に関する事項を記載した帳簿を作成する。法第15条第3項→施行規則第12条の3。
186. （　）毒物劇物営業者は、その取り扱う毒物又は劇物を廃棄したときは、30日以内にその旨を保健所に届け出なければならない。	×　廃棄については、法第15条の2→施行令第40条の規定を遵守して廃棄すればよい。届出の必要はない。
187. （　）毒物及び劇物取締法において、保健衛生上の危害を防止するため必要があるときは、政令で、毒物又は劇物の運搬、貯蔵その他の取扱いについて、技術上の基準が定められている。	○　設問のとおり。法第16条のこと。
188. （　）毒物又は劇物の運搬に関して、20%塩酸を車両を使用して1回につき5,000キログラム以上運搬する場合の基準として、車両には0.3メートル平方の板に白地に黒色の文字で「毒」と表示した標識を車両の前後見やすい箇所に掲げること。	×　白地に黒色ではなく、黒地に白色である。施行令第40条の5→施行規則第13条の3。

設　　　問	解答・解説
189.（　）工場内屋外タンクのバブルが破損し、発煙硫酸が漏洩し、近隣住民に健康被害の可能性があったので、その旨、保健所に通報するとともに、危害防止のため必要な措置を講じた。	○　法第17条のこと。
190.（　）毒物営業者又は特定毒物研究者は、その取扱いに係る毒物又は劇物が盗難にあい、又は紛失したときは、その旨を保健所に届け出なければならない。	×　保健所ではなく、警察署である。法第17第2項。
191.（　）毒物劇物営業者が政令で定める基準に違反して毒物劇物の廃棄を行うことにより保健衛生上の危害を生ずるおそれがある場合であっても、都道府県知事は、その者に対し、危害防止のために必要な措置を命ずることはできない。	×　法第18条の規定に基づいて、必要な措置を講ずることができる。
192.（　）毒物劇物販売業者の登録が失効した場合、現に所有するとくてい毒物の品名及び数量は、20日以内に都道府県知事へ届け出なければならない。	×　20日以内ではなく、15日以内である。法第21条。
193.（　）電気メッキを行う事業者は、すべて業務上取扱者の届出が必要である。	×　すべて業務上取扱者ではなく、法第22条で規定されているシアン化ナトリウムを扱う場合は、業務上取扱者の届出が必要。
194.（　）電気メッキを行う事業者であって、その業務上クロム酸ナトリウムを取り扱う者のは、事業場ごとに毒物劇物取扱責任者を置かなければならない。	×　法第22条→施行令第41条。
195.（　）すべての毒物又は劇物運送業者は、毒物取扱責任者を置かなければならない。	×　すべての毒物又は劇物運送業者とあるが、法第22条→施行令第41条第3号の規定されている者が業務上取扱者であるので、これ以外の者は置かなくてもよい。

設　　問	解答・解説
196.（　）硝酸は、毒物である。	×　毒物ではなく、劇物。
197.（　）塩素酸カリウムは、毒物である。	×　毒物ではなく、劇物。
198.（　）水銀は、毒物である。	○　設問のとおり。
199.（　）ナトリウムは、毒物である。	×　毒物ではなく、劇物。
200.（　）アジ化ナトリウム0.1％を含有する製剤は、毒物である。	×　0.1％以下は除外される。
201.（　）別名ＥＰＮ1％を含有する製剤は、毒物である。	×　1.5％以下は除外される。
202.（　）ナラシン9％を含有する製剤は、毒物である。	×　10％以下は除外される。
203.（　）エマメクチン1％を含有する製剤は、劇物である。	×　2％以下は除外される。
204.（　）塩酸5％を含有する製剤は、劇物である。	×　10％以下は除外される。
205.（　）過酸化ナトリウム7％を含有する製剤は、劇物である。	○　設問のとおり。
206.（　）クレゾール4％を含有する製剤は、劇物である。	×　5％以下は除外される。
207.（　）蓚酸9％を含有する製剤は、劇物である。	×　10％以下は除外される。
208.（　）フエノール4％を含有する製剤は、劇物である。	×　5％以下は除外される。
209.（　）ベタナフトール4％を含有する製剤は、劇物である。	○　設問のとおり。

設問	解答・解説
210. （　）燐化亜鉛0.1%を含有する製剤は、劇物である。	✕　1％以下は除外される。
211. （　）硫酸5％を含有する製剤は、劇物である。	✕　10％以下は除外される。
212. （　）ホルマリン5％を含有する製剤は、劇物である。	◯　設問のとおり。
213. （　）アンモニア水5％を含有する製剤は、劇物である。	✕　10％以下は除外される。
214. （　）水酸化カリウム6％を含有する製剤は、劇物である。	◯　設問のとおり。
215. （　）過酸化水素6％を含有する製剤は、劇物である。	✕　6％以下は除外される。
216. （　）クロム酸鉛5％を含有する製剤は、劇物である。	✕　70％以下は除外される。
217. （　）酸化水銀5％を含有する製剤は、劇物である。	◯　設問のとおり。
218. （　）ロテノン1％を含有する製剤は、劇物である。	✕　2％以下は除外される。
219. （　）特定毒物とは、毒物より著しく毒性が強く、他の毒物又は劇物と異なり、使用者、用途、使用方法等厳しい基準が定められ、所持できる者については、毒物営業者、特定毒物研究者、特定毒物使用者に限定されている。	◯　設問の通り。法第2条第3項、法第3条の2。
220. （　）アジ化ナトリウムは、特定毒物である。	✕　特定毒物ではなく、毒物である。
221. （　）四アルキル鉛は、特定毒物である。	◯　設問のとおり。
222. （　）黄燐は、特定毒物である。	✕　特定毒物ではなく、毒物である。

○×式まる覚え速効230問（法規）

設　　問	解答・解説
223.（　）モノフルオール酢酸は、特定毒物である。	○　設問のとおり。
224.（　）燐化アルミニウムとその分解促進剤とを含有する製剤は、特定毒物である。	○　設問のとおり。
225.（　）水銀は、特定毒物である。	×　特定毒物ではなく、毒物である。
226.（　）毒物又は劇物を在庫をしないで、伝票上の操作のみで取引する販売業者は登録を要しない。	×　この設問は法第3条第3項により販売業の登録を要する。
227.（　）毒物の原体の小分けのみををを行う場合には都道府県知事の登録を要する。	○　設問のとおり。法第4条第1項、法第23条の3→施行令第36条の7に示されている。
228.（　）特定毒研究者は、その許可が効力を失ったときは、30日以内に、都道府県知事に、現に所有する特定毒物の品名及び数量届け出なければならない。	×　この設問は法第21条第1項のことで、30日以内ではなく、15日以内に届け出なければならない。
229.（　）「劇物」とは、別表第一に掲げる物であって、医薬品及び医薬部外品以外のものをいう。	×　この設問は法第2条第2項のことで、別表第①ではなく、別表第二に掲げられている物が劇物。
230.（　）モノフルオール酢酸は、特定毒物である。	○　設問のとおり。法第2条第3項→法別表第三に規定されている。

〔○×式まる覚え速効85問(基礎化学)〕

設　　　問	解答・解説
1.（　）酸素の元素記号は、O である。	○　設問のとおり。
2.（　）ヘリウムの元素記号は、Fe である。	×　Fe ではなく、He である。
3.（　）窒素の元素記号は、Ne である。	×　Ne ではなく、N である。
4.（　）水銀の元素記号は、Ag である。	×　Ag ではなく、Hg である。
5.（　）鉄の元素記号は、Fe である。	○　設問のとおり。
6.（　）臭素の元素記号は、Bi である。	×　Bi ではなく、Br である。
7.（　）塩素の元素記号は、Cl である。	○　設問のとおり。
8.（　）亜鉛の元素記号は、Zr である。	×　Zr ではなく、Zn である。
9.（　）カルシウムの元素記号は、Ca である。	○　設問のとおり。
10.（　）銅の元素記号は、Co である。	×　Co ではなく、Cu である。
11.（　）マグネシウムの元素記号は、Md である。	×　Md ではなく、Mg である。
12.（　）リチウムの元素記号は、Li である。	○　設問のとおり。
13.（　）ナトリウムの元素記号は、Na である。	○　設問のとおり。
14.（　）銀の元素記号は、Au である。	×　Au ではなく、Ag である。
15.（　）金の元素記号は、Ag である。	×　Ag ではなく、Au である。

設　問	解答・解説
16.（　）鉛の元素記号は、Pb である。	○　設問のとおり。
17.（　）ハロゲン元素で、臭素は常温で気体である。	×　気体ではなく、液体である。
18.（　）元素記号 Sn の元素名は、スズである。	○　設問のとおり。
19.（　）元素記号 As の元素名は、アルゴンである。	×　アルゴンではなく、砒素である。
20.（　）元素記号 S の元素名は、硅素である。	×　硅素ではなく、イオウである。
21.（　）電子核は、正の電荷を帯びた電子と電荷を帯びていない中性子からできている。	×　電子とではなく、陽子とである。原子の構造＝原子核〔陽子(電気的に＋)＋中性子(電気的に中性)〕＋電子(電気的に－)。
22.（　）原子の中心には正の電荷をもつ原子核がある。	○　設問のとおり。
23.（　）原子核は、正の電荷をもつ陽子と電荷をもたない電子により構成されている。	×　原子核は、陽子＋と中性子±により構成されている。
24.（　）原子核中に含まれている粒子は、陽子と中性子である。	○　設問のとおり。
25.（　）原子核の中心には原子核があり、原子核には陽子と分子が含まれる。	×　陽子と分子ではなく、陽子と中性子である。
26.（　）原子の質量は、原子核の質量と等しくない。	×　等しくないではなく、ほぼ等しいである。

設　問	解答・解説
27.（　）原子の構造に関することについて、原子核の中の陽子の数と中性子の数はつねに等しい。	×　原子番号＝陽子数＝電子数であるが、中性子数は等しい場合と等しくない場合とがある。例えば、1 H では中性子数 0、2 H（D 重水素）では中性子数 1。
28.（　）原子の構造に関することについて、陽子数と中性子数の和を質量数という。	○　原子番号＝陽子数＝電子数。質量数＝陽子数＋中性子数。
29.（　）イオン結合とは、陽イオンと陰イオンが静電気によって引き合ってできた結合である。	○　設問のとおり。
30.（　）イオン結晶とは、陽イオンと陰イオンの静電気的な力による結合である。	○　設問のとおり。
31.（　）イオン結晶とは、水に溶けやすいものが多い。	○　設問のとおり。
32.（　）共有結合とは、原子の間でそれぞれの原子の価電子を、両方の原子が共有することによってできる結合のことをいう。そして、共有されている電子対を共有電子対という。	○　設問のとおり。
33.（　）金属結合とは、金属元素の原子が集合して金属結晶を作る場合の化学結合のことをいう。価電子は結晶内を自由に動き回る自由電子となる。	○　設問のとおり。
34.（　）配位結合とは、共有される電子対の電子が両方の原子からではなく、一方の原子からのみ出されるときは配位結合という。	○　設問のとおり。
35.（　）陽イオンと陰イオンが静電気的引力による結合を、配位結合という。	×　配位結合ではなく、イオン結合である。
36.（　）イオン結合についての物質例として、Nacl と $CaSO_4$ がある。	○　設問のとおり。

設　　問	解答・解説
37.（　）共有結合についての物質例として、H_2O や H_2 がある。	○　設問のとおり。
38.（　）配位結合についての物質例として、CH_4 や NH_3 がある。	×　例えば、配位結合では NH_4^+ がある。
39.（　）金属結合についての物質例として、Na や Cu がある。	○　設問のとおり。
40.（　）単体とは、1 種類の元素からできている物質のことをいう。	○　設問のとおり。
41.（　）ルビーは、単体である。	×　ルビーは、単体ではなく、混合物からできている。
42.（　）ダイヤモンドは、単体である。	○　設問のとおり。
43.（　）物質の分類に関することで単体や化合物は、同位体である。	×　物質とは、1) 純物質（①単体：1 種類のみからできている純物質。②化合物：2 種類以上の元素からできている純物質。）と、2) 混合物（純物質が混じりあった物質）とに大別される。同位体とは陽子数が同じで（原子番号が同じで）、質量数（陽子数＋中性子数）が異なることをいう。水素と重水素など。
44.（　）食塩は、純物質である。	○　設問のとおり。食塩は、塩化ナトリウム NaCl のみからなる物質なので純物質。
45.（　）アルコールや硫酸は、化合物である。	○　設問のとおり。化合物とは、2 種類以上の元素からできている物質のこと。

○×式まる覚え速効35問（基礎化学）

設　問	解答・解説
46.（　）原子の構造に関することについて、原子番号は同じであるが、質量数の違うものを同素体という。	×　同素体ではなく、同位体である。同位体とは陽子数が同じで（原子番号が同じで）、質量数（陽子数＋中性子数）が異なることをいう。水素と重水素など。
47.（　）石油成分の炭素でも、人体をつくっている炭素でも、天然に存在する炭素に含まれる同位体の割合はほぼ同じである。	○　同位体とは陽子数が同じで（原子番号が同じで）、質量数（陽子数＋中性子数）が異なることをいう。水素と重水素など。同位体は多くの元素に存在し、その存在比は各元素ごとに一定である。
48.（　）同素体とは、単体で性質が同じもの同士のことをいう。	×　性質が異なるもの同士のことをいう。
49.（　）同一元素からできているが、性質の異なる単体を互いに同位体である。	×　同位体ではなく、同素体である。同素体とは、単体（同じ元素からできているもの）で、性質の異なるもの同士。例えば、ダイヤモンドとグラファイト（黒鉛）、赤リンと黄リン、酸素とオゾンなど。酸素O_2とオゾンO_3
50.（　）黒鉛とダイヤモンドは、互いに同素体の関係である。	○　黒鉛とダイヤモンドは同じ炭素のみからなるので同素体である。
51.（　）鉛と亜鉛は、同素体である。	×　鉛Pbと亜鉛Zn。典型金属元素。
52.（　）赤リンと黄リンは、同素体である。	○　設問のとおり。赤リンPと黄リンP。

○×式まる覚え速効85問（基礎化学）

設　　問	解答・解説
53. （　）アルカリ金属などを炎の中に入れると その成分元素に特有の発色を示す場合が あり、この発色現象をフェーリング反応 という。	×　フェーリング反応ではな く、炎色反応である。
54. （　）同一元素からできているが、性質の異 なる単体を互いに同素体という。	○　設問のとおり。例えば、 ダイヤモンドとグラファイ ト(黒鉛)のこと。
55. （　）一定の気体の体積は、圧力に反比例し 絶対温度に比例する。この法則を気体反 応の法則という。	×　この設問の法則は、ボイ ルル・シャルルの法則のこ とである。
56. （　）物質が変化するとき出入りする熱量は、 変化する前の状態と変化した後の状態だ けで決まり、変化の過程には無関係であ る。この法則をヘスの法則という。	○　設問のとおり。
57. （　）硝酸カリウムと塩化ナトリウムの混合 物の分離など物質の溶解する量が温度に より異なる性質を利用して、固体に含ま れる不純物をを分離する方法をチンダル 現象という。	×　チンダル現象ではなく、 ブラウン運動である。
58. （　）「ある化合物中の元素の質量比は、そ の化合物のの作り方に関係なく常に一定 である。」この法則のことをラボアジェの 質量保存の法則という。	×　ラボアジェの質量保存の 法則ではなく、プルースト の定比例の法則である。
59. （　）「物質全体の質量は、化学変化の前後 で変わらない。」このことをプルーストの 定比例の法則という。	×　プルーストの定比例の法 則ではなく、ラボアジェの 質量保存の法則である。
60. （　）「同温、同圧、同体積の気体には、気 体の種類に関係なく、同数の分子が含ま れている。」この法則のことをアボガドロ の法則という。	○　設問のとおり。

○×式まる覚え速効35問（基礎化学）

設　問	解答・解説
61.（　）「一定の温度では気体の圧力と体積とは互いに反比例する。」この法則のことをシャルルの法則という。	×　シャルルの法則ではなく、ボイルの法則である。因みに、シャルルの法則は、一定量の気体の体積は、圧力に反比例し、絶対温度に比例するである。
62.（　）「一定の温度で、一定量の液体に溶解する気体の量は、その気体の圧力（分圧）に比例する。」これをヘンリーの法則という。	○　設問のとおり。
63.（　）「物質の変化で出入りする熱量は、変化の始めの状態と終わりの状態で決まり、変化の過程には無関係である。」この法則のことをヘスの法則という。	○　設問のとおり。
64.（　）固体が液体になることを蒸発という。	×　蒸発ではなく、融解である。
65.（　）液体が固体になることを凝縮という。	×　凝縮ではなく、凝固である。
66.（　）液体が気体になることを蒸発という。	○　設問のとおり。
67.（　）気体を冷却すると液体になることを凝固という。	×　凝固ではなく、凝縮である。
68.（　）固体が気体になることを昇華という。	○　設問のとおり。
69.（　）固体が液体に変化するとき、熱を発生する。	×　固体が液体に変化する場合には融解熱が必要。
70.（　）固体が吸湿性のため、水分を吸収し、徐々に溶けてしまう現象を風解という。	×　風解ではなく、潮解である。例えば、潮解性をもつ化合物として、水酸化ナトリウム、水酸化カリウムなど。

○×式まる覚え速効85問（基礎化学）

設　問	解答・解説
71.（　）結晶が常温の空気中で次第に結晶水を失って粉末になる現象を潮解という。	×　潮解ではなく、風解である。例えば、風解性をもつ化合物として、炭酸ナトリウム＋水和物、硫酸銅五水和物など。
72.（　）ドライアイスという物質は、昇華しにくい物質である。	×　ドライアイスは昇華しやすい物質。昇華とは、固体から気体へ、気体から固体への状態変化。
73.（　）塩化ナトリウムという物質は、昇華しにくい物質である。	○　設問のとおり。
74.（　）一定の圧力のもとで固体を加熱していくと、ある温度で溶けて液体になる現象を融解という。	○　設問のとおり。
75.（　）触媒によって反応速度は変化するが、反応熱は変わらない。	○　触媒：反応速度を早くしたり、遅くしたりするが、それ自身は変化しない物質。
76.（　）溶媒に溶けている物質のことを、溶質という。	○　溶質：溶媒に溶けている物質。
77.（　）のり状で半固形のコロイド溶液をゲルという。	○　設問のとおり。ゲル：流動性を失ったコロイド。豆腐など。
78.（　）組成式中の各原子の原子量の総和を原子式量という。	×　原子式量ではなく、化学式量である。化学式量とは、組成式で示された原子とその数量から計算した原子量の総和である。
79.（　）化合物がまったく異なった2種以上の物質に変化することを分散という。	×　分散ではなく、分解である。分解とは、化合物が2種以上の物質に変化することである。

○×式まる覚え速攻5問（基礎化学）

設　問	解答・解説
80. （　）ビーカーとは、正確な濃度の溶液を調製するときに溶液の体積を正確に一定にするためにもちいるものである。	×　いわゆるビーカーは目盛りがあるが、不正確。この設問でいうところでいうものとは、メスフラスコのことである。このガラス器具は、モル溶液を調製するときに使用し、正確な器具である。
81. （　）水酸化鉄（Ⅲ）のコロイド溶液のように、コロイド粒子が液体に分散し、流動性を持ったコロイド溶液である。 82. （　）液体の水が水蒸気になったり、氷になったりする変化を、物理変化という。	×　ゲルとは、流動性を失ったコロイドのこと。豆腐など。○　設問のとおり。物理変化とは、物質自身は変わらないが、状態が変化することである。
83. （　）Ni は、Fe よりもイオン化傾向が小さい。	○　設問のとおり。イオン化系列（金属元素をイオン化傾向の大きいものから順に並べた序列）（大）K Ca Na Mg Al Zn Fe Sn Pb(H) Cu Hg Ag Pt Au（小）。
84. （　）周期表の1族の元素を総称してアルカリ金属、2族の元素を総称してアルカリ土類金属という。	×　アルカリ土類金属とは、2族元素（Be Mg Ca Sr Ba Ra）のうち Be とMgを除く元素のこと。
85. （　）弗素、塩素、ヨウ素、これらの元素を総称してハロゲンという。	○　設問のとおり。ハロゲン元素とは、17族元素（弗素 F、塩素 Cl、臭素 Br、ヨウ素 I、アスタチン At)の総称である。

○×式まる覚え速効85問（基礎化学）

わかる
毒物劇物取扱者試験問題集　　第8版
ＩＳＢＮ4-89647-290-5　Ｃ3043　￥2200Ｅ

令和4(2022)年5月14日発行　　　　　　　　　　定価2,420円(税込)

編　集　　毒物劇物安全性研究会
発　行　　薬　務　公　報　社

〒166-0003 東京都杉並区高円寺南２－７－１
拓都ビル
電　話　03（3315）3821
ＦＡＸ　03（5377）7275

薬務公報社の毒劇物図書

毒物及び劇物取締法令集

監修　毒物劇物安全対策研究会　定価二、七五〇円（税込）

法律、政令、省令、告示、通知を収録。毎年度に年度版として刊行

毒物及び劇物取締法解説

編集　毒物劇物安全性研究会　定価三、九六〇円（税込）

本書は、昭和五十三年に発行して令和四年で四十五年。実務書、参考書として親しまれています。

収録の内容は、1．毒物及び劇物取締法の法律解説をベースに、2．特定毒物・毒物・劇物品目解説〔主な毒物として、59品目、劇物は152品目を一品目につき一ページを使用して見やすく収録〕、3．基礎化学概説、4．例題と解説〔法律・基礎化学解説〕をわかりやすく解説して収録。

毒物劇物取扱者試験問題集　全国版

編集　毒物劇物安全性研究会　定価三、三〇〇円（税込）

本書は、昭和三十九年六月に発行して以来、毎年度版で全国で行われた道府県別に毒物劇物取扱者試験問題、解答・解説を収録して発行。

毒物劇物取締法事項別例規集　第十二版

監修　毒物劇物関係法令研究会　定価六、六〇〇円（税込）

法律を項目別に分類し、例規（疑義照会）を逐条別に収録。毒劇物の各品目について一覧表形式（化学名、市販名、構造式、性状、用途、毒性）等を収録。さらに巻末には、通知の年別索引・毒劇物の品目についても項目別索引・五十音索引を収録。